CAD/CAM/CAE 工程应用丛书

SolidWorks 2016 高级应用教程

第 2 版

张忠将　主编

机 械 工 业 出 版 社

本书结合 SolidWorks 的实际用途，深入浅出地介绍了 SolidWorks 2016 的高级功能模块。全书共 12 章，对配置管理和设计库、基于规则的模块化设计、管道与电气设计、模型渲染、动画制作、动力学及运动模拟分析、Electrical 电气设计、SolidWorks Composer 交互展示、大型装配体、静应力有限元分析、其他有限元分析和流体分析等内容进行了详尽的讲解。

本书每部分都配有典型实例，让读者对该部分的内容有一个实践演练和操作的过程，以加深对书中知识点的掌握。本书附赠网盘资料中配有素材、素材操作结果、习题答案和演示视频等，可使读者通过各种方式来学习本书介绍的知识。

本书内容全面、条理清晰、实例丰富，可作为大中专院校的 CAD/CAE 课程教材，也可作为广大工程技术人员和在校生的自学参考书。

图书在版编目（CIP）数据

SolidWorks 2016 高级应用教程 / 张忠将主编. —2 版. —北京：机械工业出版社，2017.4（2023.1 重印）

（CAD/CAM/CAE 工程应用丛书）

ISBN 978-7-111-56714-1

Ⅰ. ①S… Ⅱ. ①张… Ⅲ. ①计算机辅助设计－应用软件－教材

Ⅳ. ①TP391.72

中国版本图书馆 CIP 数据核字（2017）第 092050 号

机械工业出版社（北京市百万庄大街 22 号　邮政编码 100037）

策划编辑：张淑谦　　责任校对：张艳霞

责任编辑：张淑谦　　责任印制：单爱军

北京虎彩文化传播有限公司印刷

2023 年 1 月第 2 版・第 2 次印刷

184mm×260mm・19 印张・456 千字

标准书号：ISBN 978-7-111-56714-1

定价：65.00 元

凡购本书，如有缺页、倒页、脱页，由本社发行部调换

电话服务	网络服务
服务咨询热线：（010）88361066	机 工 官 网：www.cmpbook.com
读者购书热线：（010）68326294	机 工 官 博：weibo.com/cmp1952
（010）88379203	教育服务网：www.cmpedu.com
封面无防伪标均为盗版	金 书 网：www.golden-book.com

出 版 说 明

随着信息技术在各领域的迅速渗透，CAD/CAM/CAE 技术已经得到了广泛的应用，从根本上改变了传统的设计、生产、组织模式，对推动现有企业的技术改造、带动整个产业结构的变革、发展新兴技术、促进经济增长都具有十分重要的意义。

CAD 在机械制造行业的应用最早，使用也最为广泛。目前其最主要的应用涉及机械、电子、建筑等工程领域。世界各大航空、航天及汽车等制造业巨头不但广泛采用 CAD/CAM/CAE 技术进行产品设计，而且投入大量的人力、物力及资金进行 CAD/CAM/CAE 软件的开发，以保持自己技术上的领先地位和国际市场上的优势。CAD 在工程中的应用，不但可以提高设计质量，缩短工程周期，还可以节省大量建设投资。

各行各业的工程技术人员也逐步认识到 CAD/CAM/CAE 技术在现代工程中的重要性，掌握其中的一种或几种软件的使用方法和技巧，已成为他们在竞争日益激烈的市场经济形势下生存和发展的必备技能之一。然而，仅仅知道简单的软件操作方法是远远不够的，只有将计算机技术和工程实际结合起来，才能真正达到通过现代的技术手段提高工程效益的目的。

基于这一考虑，机械工业出版社特别推出了这套主要面向相关行业工程技术人员的“CAD/CAM/CAE 工程应用丛书”。本丛书涉及 AutoCAD、Pro/ENGINEER、Creo、UG、SolidWorks、Mastercam、ANSYS 等软件在机械设计、性能分析、制造技术方面的应用，以及 AutoCAD 和天正建筑 CAD 软件在建筑和室内配景图、建筑施工图、室内装潢图、水暖、空调布线图、电路布线图以及建筑总图等方面的应用。

本丛书立足于基本概念和操作，配以大量具有代表性的实例，并融入了作者丰富的实践经验，使得本丛书内容具有专业性强、操作性强、指导性强的特点，是一套真正具有实用价值的书籍。

机械工业出版社

前　言

SolidWorks 是重要的机械设计和制造软件。初学者一开始接触时，通常是使用其三维建模、曲面、装配和出工程图等基本功能，实际上，除此之外，SolidWorks 还包含很多功能模块，如 Composer、Electrical 等，其目的是为了满足不同的设计需求，使设计更加方便和快捷，也有的模块可对设计的合理性进行验证，如 Simulation 模块。

SolidWorks 在生产领域拥有较多的用户，国内很多企业都采购这款软件，所以有必要在掌握其基本功能的基础上，进一步学习，才能物尽其用。本书正是为了满足读者这一需求而编写的。

为了让广大读者可以快速、全面地掌握这款软件，本书语言精炼、简明，叙述详尽，内容深入，并充分结合实际操作，对一些 SolidWorks 中不易理解的功能进行了重点分析和讲解。

本书力求实用，配有大量的精彩实例和练习，这些实例和练习既操作简单，又很有趣味性和挑战性，能够让读者“寄学习于娱乐”，开开心心，既可掌握软件功能，还可以应用于实践，能够真正全面地掌握 SolidWorks 的使用方法。

本书共分 12 章，第 1 章，是配置管理和设计库，介绍了零件的多配置功能（包含设计表），以及设计库的使用等功能；第 2 章，主要介绍了模块化设计操作，包括方程式的使用和自上而下的设计方式等内容；第 3 章，介绍了管道与电气设计操作，也就是管件的设计，管件具有粗细大小相同等特点，所以 SolidWorks 也为其提供了独特的设计功能；第 4 章，是模型渲染，为了给客户介绍所设计的产品，通常需要对模型做一些修饰，而这就要用到渲染；第 5 章，介绍了动画制作操作，动画主要也是起演示作用的；第 6 章，是动力学及运动模拟分析，是对模型进行验证和模拟的主要功能模块（可进行路径分析等）；第 7 章，介绍了 Electrical 电气图样和电气三维布线的设计操作，Electrical 是重要的电气设计工具，既可以进行二维/三维设计，也可以进行模块化关联设计，能够大大加快电气工程的设计速度；第 8 章，是 Composer 展示模块，Composer 类似 PPT，可以灵活方便地将作品展示给客户；第 9 章，介绍了大型装配体的设计技巧，当机械所包含的零件越来越多时，该功能非常有效；第 10 章，是静应力有限元分析，是模型在受到静的作用力时的受力和位移等的分析；第 11 章，讲述了其他有限元分析操作，涵盖面较广，如频率分析、疲劳分析等；第 12 章，讲述了流体分析功能，流体分析是对流动物体的分析。

本书附赠网盘资料中带有操作视频、全部素材、范例设计结果和练习题设计结果等内容。利用这些素材和多媒体文件，读者可以像观看电影一样轻松、愉悦地学习 SolidWorks 的各项功能。

本书由张忠将担任主编，参加编写的还有李敏、陈方转、计素改、张小英、张兵兵、王崧、王靖凯、贾洪亮、张人栋、徐春玲、张政、张雪艳、韩莉莉、张雷达、张翠玲、张中乐、张人大、张冬杰、张人明、张程霞、腾秀香、付冬玲、齐文娟和张美芝，在此表示衷心感谢。

由于 CAD/CAM/CAE 技术发展迅速，加之编者知识水平有限，书中疏漏之处在所难免，敬请广大专家、读者批评指正或进行交流。

编　者

目　　录

第 1 章　配置管理和设计库

本章要点

- 配置
- 设计表
- 关于设计库

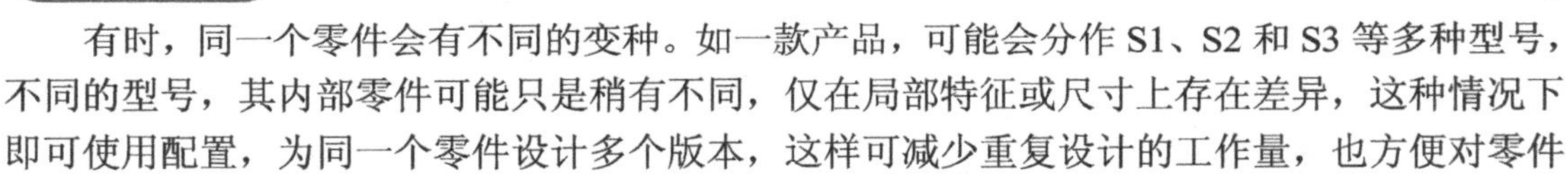

学习目标

有时，同一个零件会有不同的变种。如一款产品，可能会分作 S1、S2 和 S3 等多种型号，不同的型号，其内部零件可能只是稍有不同，仅在局部特征或尺寸上存在差异，这种情况下即可使用配置，为同一个零件设计多个版本，这样可减少重复设计的工作量，也方便对零件的某些项目进行统一修改。

1.1　配置

有两种方式为零件设计不同的变种，一种是添加配置的方式，一种是使用设计表的方式。其中添加配置的方式，是逐项、逐次添加零件变种的方式，适合零件变种较少的情况；而使用设计表的方式，是一次添加多个变种的方式，适合系列化的零件设计。

本节先来介绍一下“配置”方式添加零件变种的方法。

1.1.1　新建配置

零件的配置，或 1.2 节要讲到的设计表，都是通过 ConfigurationManager 配置管理器来进行添加的，下面看一个添加配置的操作。

STEP① 如图 1-1 所示，打开要添加配置的零件后（此处打开了一个 M4×10 的螺栓，要为其添加 M4×18 的螺栓配置），首先切换到 ConfigurationManager 配置管理器。

STEP② 右击配置项，选择“添加配置”菜单命令，打开“添加配置”属性管理器，如图 1-2 所示，输入“配置名称”“M4×18”，其他选项保持系统默认设置，单击“确定”按钮，添加一个配置。

STEP③ 对零件尺寸进行修改，主要将螺栓长度（位于“旋转”特征）由 10 修改为 18，将螺旋线的长度（位于“切除-扫描”特征）由 8 修改为“14”，完成添加配置操作（并定义了新配置的尺寸），如图 1-3 所示。

图 1-1 打开零件切换到 ConfigurationManager 配置管理器

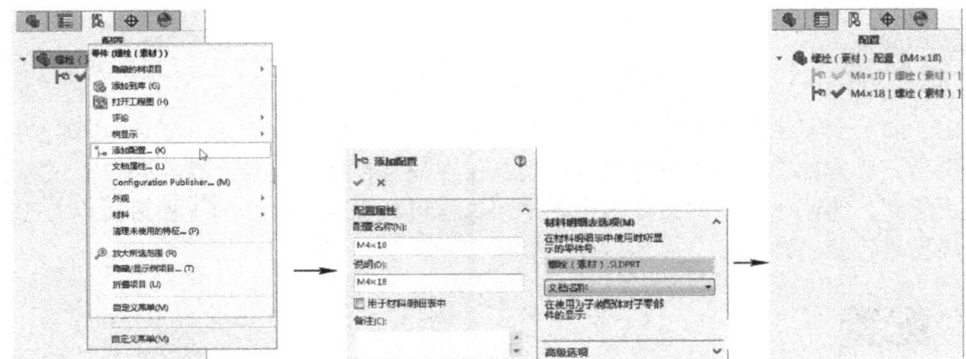

图 1-2 添加配置

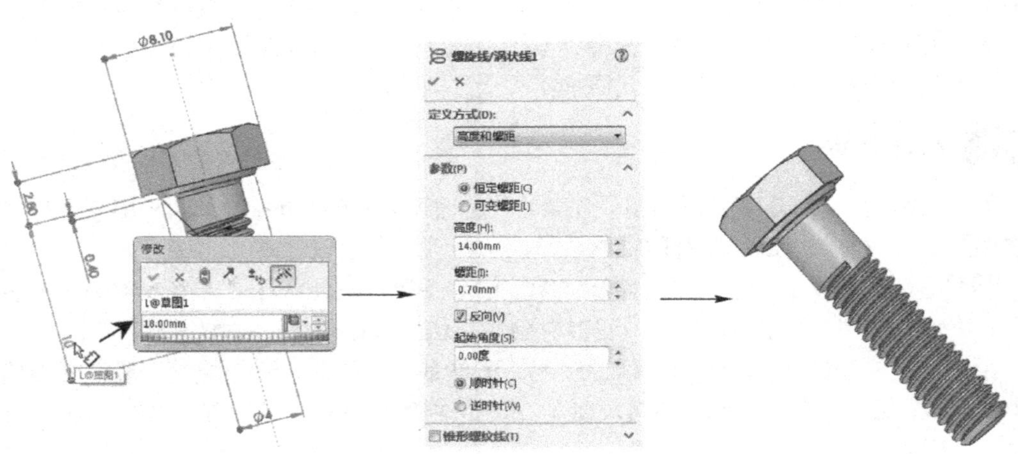

图 1-3 修改新配置下的模型尺寸

由上面操作不难看出，在新的配置下，实际上就是保存了新的模型尺寸等参数，从而定义了零件的新的版本（此时激活原有配置，将发现在原有配置中，零件尺寸未发生变化，1.1.2 节将讲述配置的激活操作）。

1.1.2 激活配置

在 ConfigurationManager 配置管理器中，右击处于“灰度”状态下的配置（当前配置会亮显），选择“显示配置”菜单命令，即可激活此配置（此时，根据所激活配置中记录的模型尺寸，将重新生成模型），如图 1-4 所示。

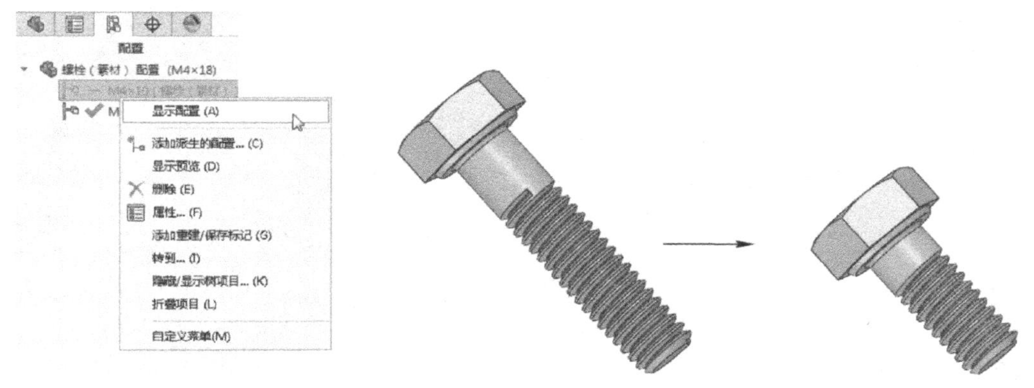

图 1-4 激活配置

1.1.3 编辑配置

激活配置后，对草图尺寸的修改和对特征尺寸的修改，对特征的压缩和解压缩，都将被记录为新的配置内容；而对特征的删除和添加，则不会被记录为配置内容，而是会对所有配置都产生影响。

右击配置，选择“属性”选项，可打开“配置属性”属性管理器，同图 1-2 所示的“添加配置”属性管理器。在此属性管理器中，可修改“配置名称”。如选中“用于材料明细表”复选框，可设置“备注”中的文字显示在工程图的材料明细表中；“材料明细表选项”卷展栏同样可设置配置在材料明细表中的显示。

在“高级选项”卷展栏中，选中“压缩特征”复选框，可令在一个活动配置中添加的特征，在未激活的配置中默认被压缩；选中“使用配置指定的颜色”复选框，可以令配置记录颜色设置；选中“添加重建/保存标记”复选框，可令此配置在打开模型时自动加载到缓存中，否则未激活的配置不被加载。加载到缓存的配置显示√，未加载的显示-。

1.1.4 派生配置

派生配置，是某配置的子配置，它的大多数尺寸与主配置相同，而只是在个别位置上有差异（除了差异位置，对主配置的其余尺寸的修改，也将同时反映在子配置中）。

右击某配置，选择“添加派生的配置”菜单命令，打开“添加配置”属性管理器，设置派生配置的名称，单击“确定”按钮，然后对派生配置的某些特定的尺寸进行单独修改（螺栓中螺纹的长度为 10mm），即可完成派生配置的创建，如图 1-5 所示。

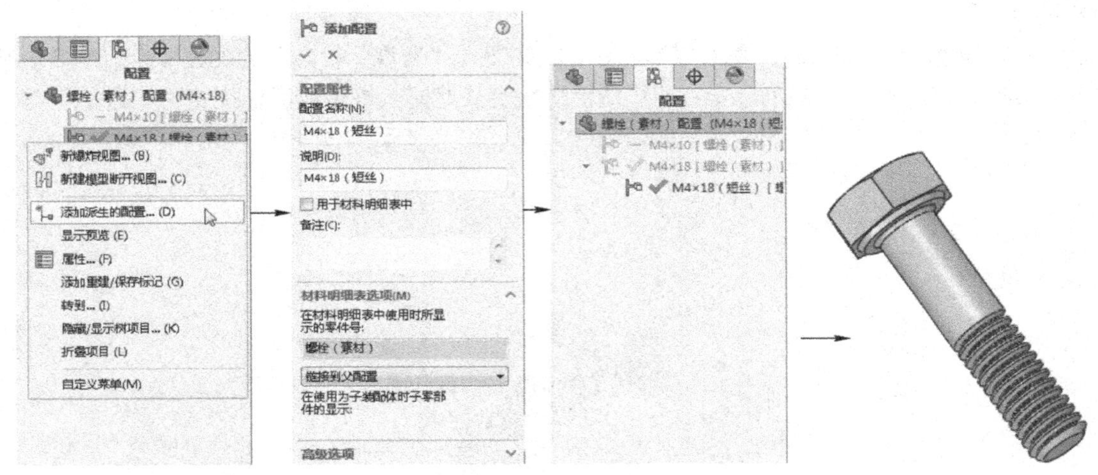

图 1-5 添加派生配置

1.1.5 删除配置

在 ConfigurationManager 配置管理器中，右击处于非活动状态的配置，选择“删除”菜单命令，即可将此配置项删除。

实例精讲——螺母零件库设计

本实例将为一螺母添加一系列的配置，以便将其定义为一个螺母零件库文件（关于 SolidWorks 的设计库，1.3 节还将有叙述，此处暂且如此称呼，实际上，就是一个多配置的螺母零件文件）。

【制作分析】

本实例操作较为简单，通过右击，不断为零件添加多个配置，并修改相关尺寸即可，如图 1-6 所示。

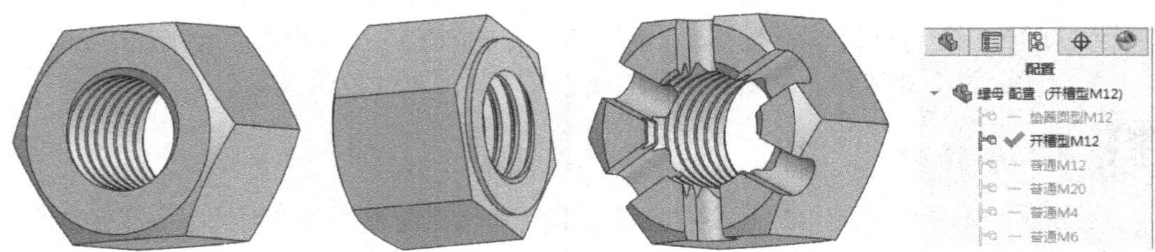

图 1-6 螺母零件库的设计

本实例，在具体操作时，可参照图 1-7 和表 1-1 进行螺母零件的设计（将设计全部 4 种尺寸的普通螺母，规格为 12 的垫圈面型螺母和规格为 12 的开槽型螺母）。

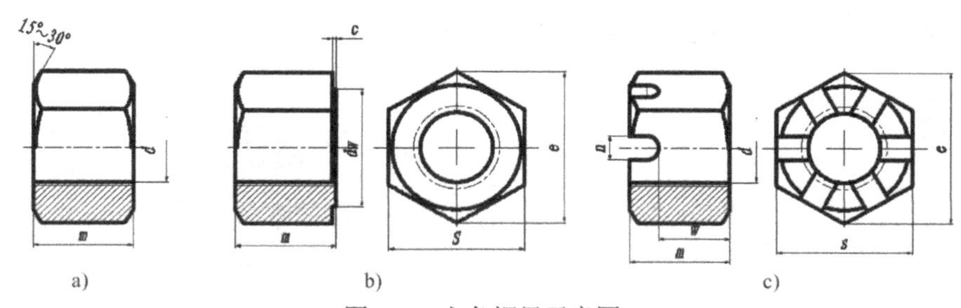

图 1-7 六角螺母示意图

a) 普通螺母 b) 垫圈面型螺母 c) 开槽型螺母

表 1-1 六角螺母尺寸参考表 （单位：mm）

d（螺母规格）	4	6	12	20
p（螺距）	0.7	1	1.75	2.5
m	5	5	14	22
e	1.1	11.5	21.9	34.6
s	7	10	18	30
c（垫圈面型）	0.4	0.5	0.6	0.8
dw（垫圈面型）	6	9	17	28
n（开槽型）	1.5	2	3.5	5
w（开槽型）	3	5	10	16

【制作步骤】

STEP 1 打开本书提供的素材文件“螺母(素材).SLDPRT”，切换到 ConfigurationManager 配置管理器，然后右击配置项，选择“添加配置”菜单命令，添加一名称为“普通 M6”的新配置，如图 1-8 所示。

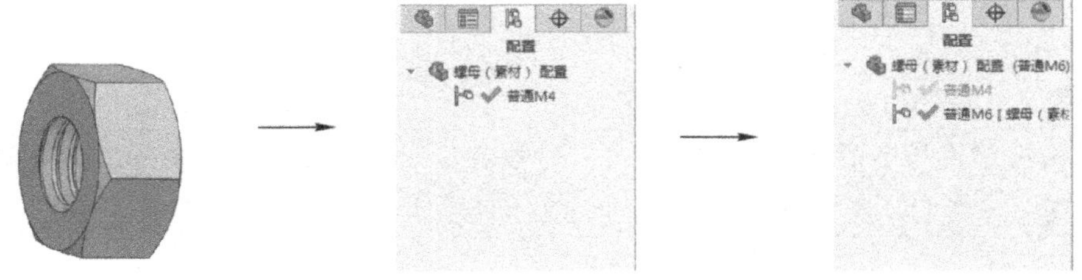

图 1-8 打开素材文件并添加“普通 M6”配置

STEP 2 通过修改零件尺寸，令新配置内螺母的内径为 6（修改“草图 5”），零件的螺距为 1（修改“螺旋线/涡状线 1”），螺母内接正六边形对角点的距离为 11.5（修改“草图 1”），两个平行边的长度为 10（修改“草图 2”），完成新配置内参数的修改，如图 1-9 所示。

STEP 3 通过相同操作，添加另外两个普通螺母配置，并根据表 1-1 修改相关尺寸，令其符合规定，如图 1-10 所示。

STEP 4 激活“普通 M12”配置，然后添加“垫圈面型 M12”配置，再在此配置中，压缩“镜像 1”特征，并解压缩“拉伸 2”特征，再根据表 1-1 修改相关尺寸，完成“垫圈面型

M12”螺母配置的添加，如图 1-11 所示。

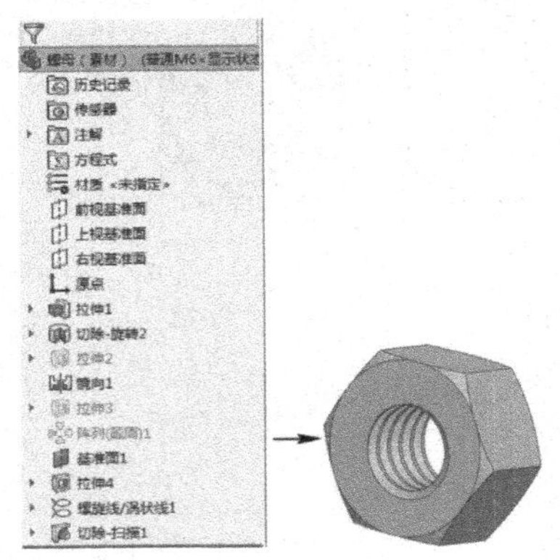

图 1-9　修改相关尺寸完成“普通 M6”配置

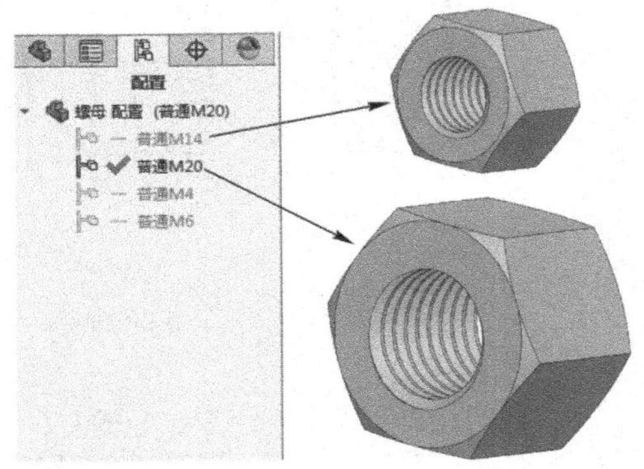

图 1-10　添加其余普通螺母配置

STEP 5 激活“普通 M12”配置，然后添加“开槽型 M12”配置，再在此配置中，解压缩“拉伸 3”和“阵列(圆周)1”特征，再根据表 1-1 修改相关尺寸，完成“开槽型 M12” 螺母配置的添加，如图 1-12 所示。

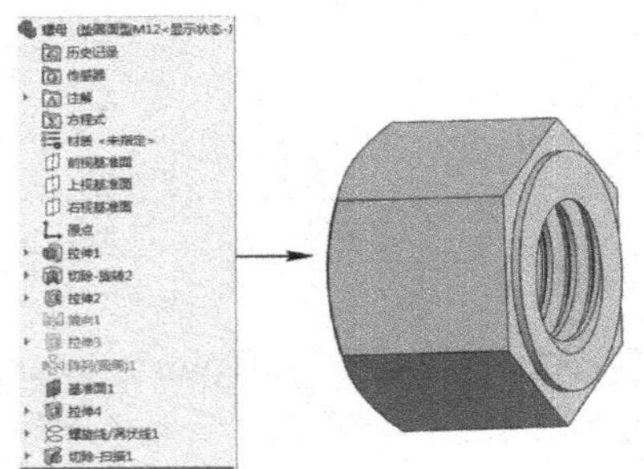

图 1-11　添加“垫圈面型 M12”配置

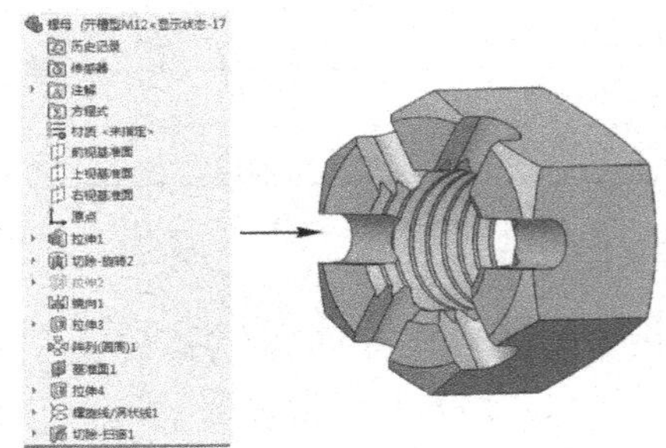

图 1-12　添加“开槽型 M12”配置

提示

> 本实例提前添加了多个特征，并执行了对应的压缩等操作，读者不妨思考一下，如从头开始创建，应如何完成本螺母零件库的创建（可参考 1.1.3 节中的讲述）。

1.2 设计表

设计表，就是通过表格的方式来描述配置。当配置很多时，如每个配置都通过单独添加来实现，费时又容易出错，为此系统提供了设计表，以 Excel 表格的方式来描述和添加配置。本节讲述相关操作。

1.2.1 插入设计表

用设计表来表达装配的操作并不复杂，只是在设计之前最好重命名需要在配置中设置的

尺寸名称，以方便在设计表中可以分辨出每个尺寸的位置。设计表完成后，可以再一次生成多个表格。下面介绍插入设计表的操作。

STEP 1 打开本书提供的素材文件“轴承壳.SLDPRT”，右击模型树中的“注解”项，选择“显示特征尺寸”菜单项，将模型尺寸显示出来，如图 1-13 所示。

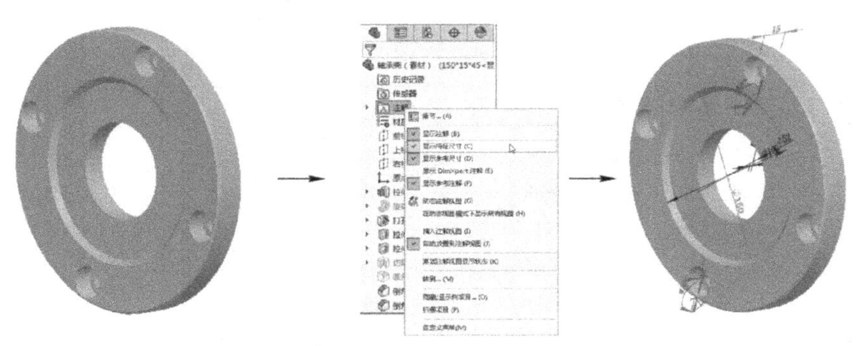

图 1-13　打开素材文件并显示特征尺寸

STEP 2 双击显示出来的部分特征尺寸，修改其名称为如图 1-14 所示的文字。完成操作后，再次右击“注解”项，选择“显示特征尺寸”菜单项，将显示出来的“特征尺寸”隐藏，如图 1-15 所示。

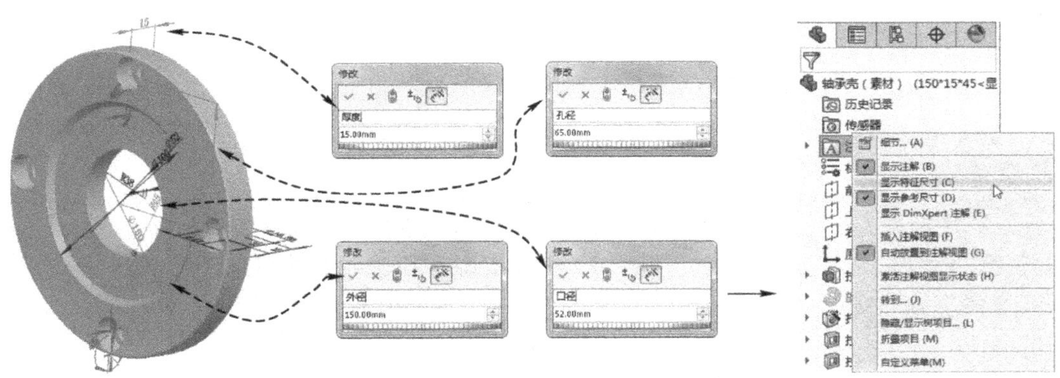

图 1-14　重命名尺寸名称　　　　图 1-15　取消显示特征尺寸

STEP 3 完成上述操作后，选择“插入”>“表格”>“设计表”菜单命令，打开“系列零件设计表”属性管理器，选中“自动生成”单选按钮（表示自动生成设计表），单击“确定”按钮继续，如图 1-16 所示。

提示

如图 1-16 右图所示的管理器中，“空白”是指空白的表格，“来自文件”是指使用文件生成表格，其余选项意义不大，通常保持系统默认设置即可。

STEP 4 系统打开“尺寸”对话框（如果在图 1-16 右图所示的管理器中选择“空白”单选按钮，则不会出现此对话框），选择上面重命名的能找到的尺寸，单击“确定”按钮，打开

"系列零件设计表"，如图 1-17 所示。

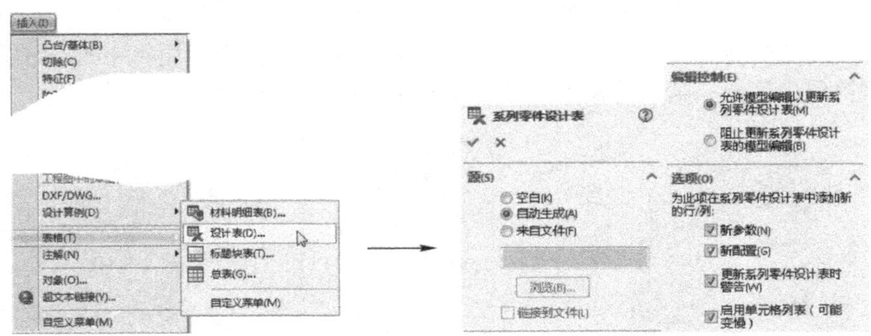

图 1-16 插入设计表

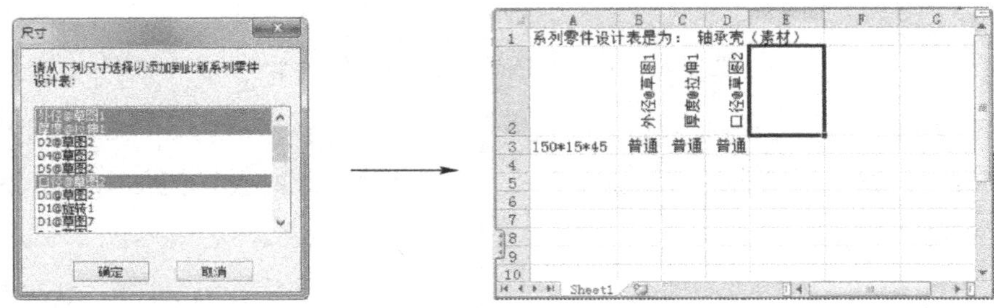

图 1-17 选择设计表中要设置的尺寸

"系列零件设计表"中，首行为表格名称，可默认或根据需要设置；第 2 行，是要设置的尺寸名（或特征名等）；第 3 行（及以下行）是配置名称和尺寸值，以及特征属性等（包括是否隐藏、颜色等）。

STEP 5 双击"旋转 1"特征，将其添加到表格（包括状态），如图 1-18 所示。

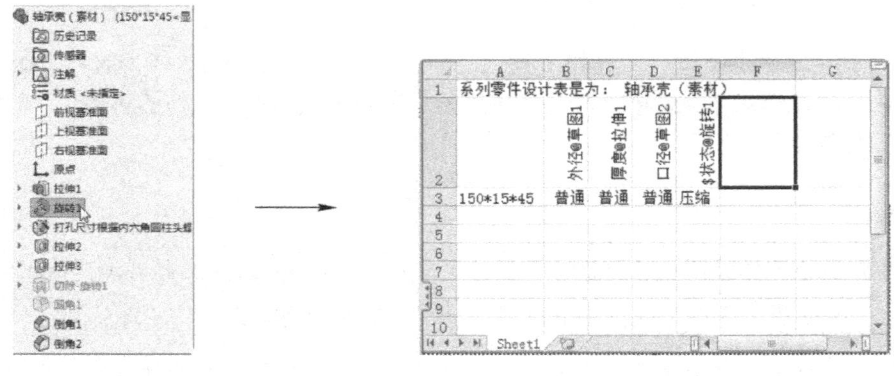

图 1-18 选择要设置的特征

STEP 6 双击上面操作中未添加的需要在表格中进行设置的尺寸项——“孔径”，将其添加到表格中，如图 1-19 所示。

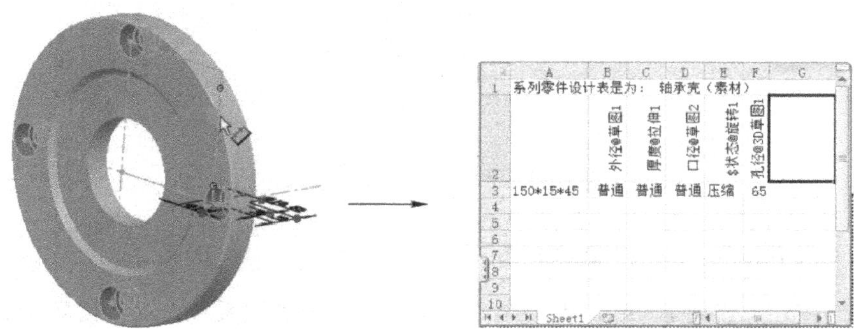

图 1-19 选择未加入的尺寸

STEP 7 选择第 3 行除第 1 列外的数据，右击选择的数据，选择“设置单元格格式”菜单命令，打开“设置单元格格式”对话框，如图 1-20 左图所示，设置单元格格式为“数值”，如图 1-20 右图所示（下面要设置的其余数据区数据也需要设置为“数值”）。

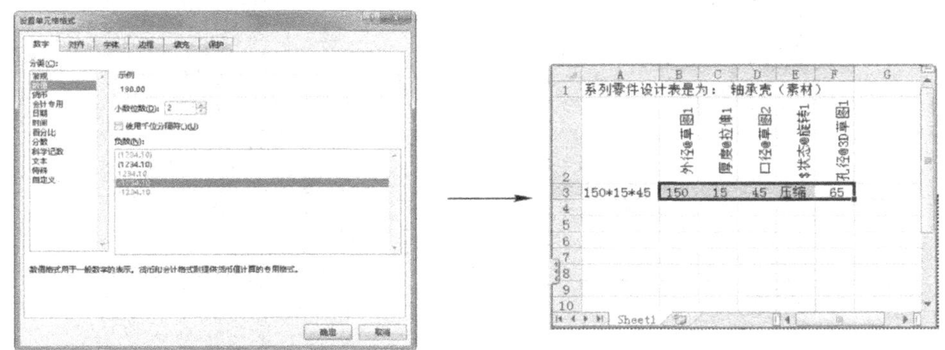

图 1-20 设置表格数值区为数值类型

STEP 8 按图 1-21 左图所示数值输入数据以添加新的配置，然后在操作区任意位置（非表格区）单击，退出表格，并打开如图 1-21 右图所示对话框，单击“确定”按钮，即可使用表格添加新的配置。

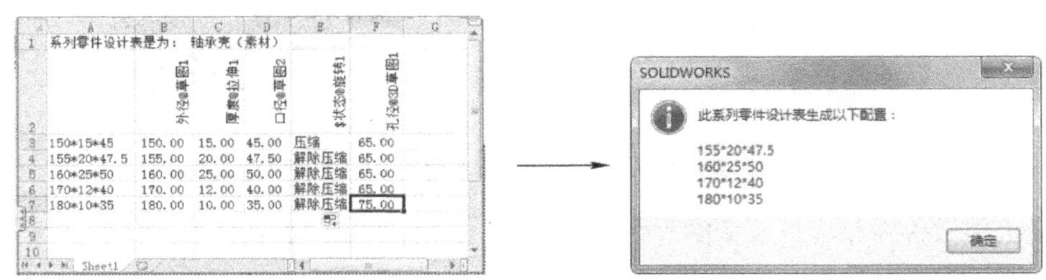

图 1-21 输入表格数据和确认插入配置

STEP 9 图 1-22 所示为新添加的配置，激活不同的配置项可查看效果。

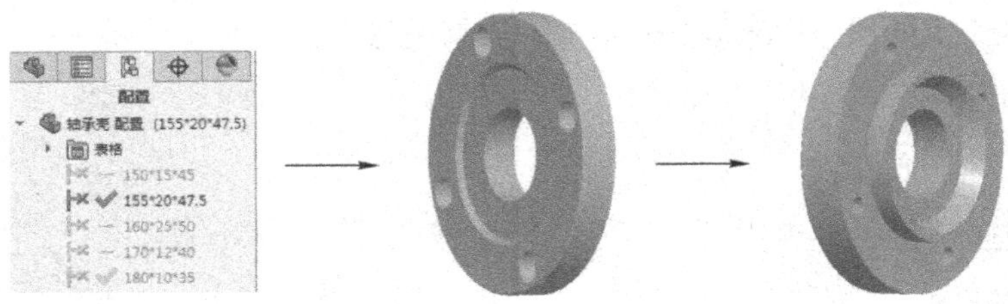

图 1-22　新添加的配置

1.2.2 插入外部 Microsoft Excel 文件为设计表

可以首先在外部使用 Excel 编辑好要添加的配置（规则同系统自动生成的设计表），尺寸名称和特征名称（@前是尺寸名称，@后为特征名称）要与零件完全一致，然后选择“插入”>“表格”>“设计表”菜单命令，打开“系列零件设计”属性管理器，选中“来自文件”单选按钮，再选择编辑好的 Excel 文件，单击“确定”按钮，即可使用外部表格生成配置，图 1-23 所示为螺塞零件使用外部表格生成配置的操作。

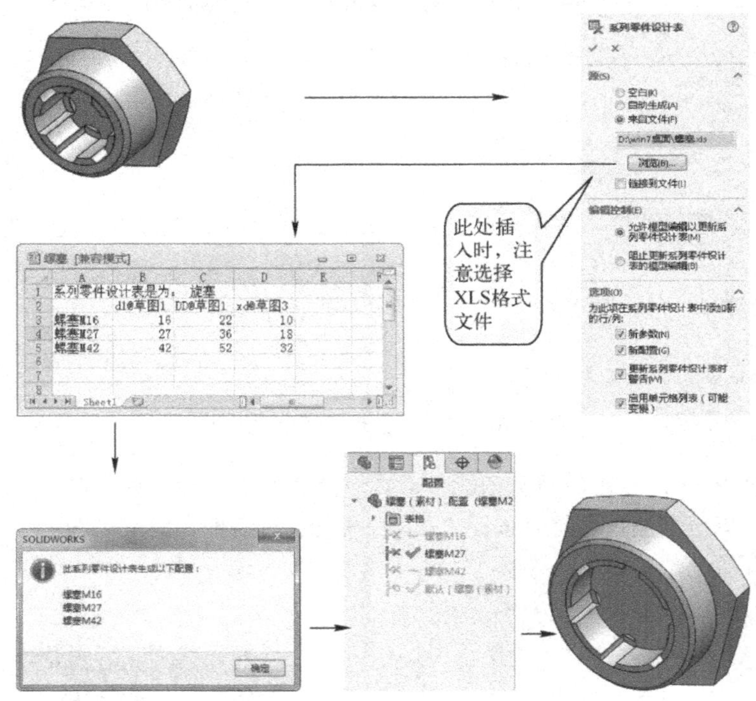

图 1-23　通过外部 Microsoft Excel 文件为零件添加配置

此处素材文件为相应目录下的“螺塞（素材）.SLDPRT”文件。

1.2.3 编辑设计表

在 ConfigurationManager 配置管理器中，右击插入的“系列零件设计表”，选择“编辑表格”菜单命令，可重新打开设计表并对表格进行编辑。如添加新的配置，或设置新的要加入到配置中的尺寸（或特征）等。

在重新打开设计表的过程中，系统将打开“添加行和列”对话框，通过此对话框，可选择要在表格中设置的新的尺寸（选择处于“参数”列表栏中的项目），或设置要添加到设计表中的配置（位于“配置”列表栏中，此配置可能是通过“新建配置”操作创建的），如图 1-24 所示。

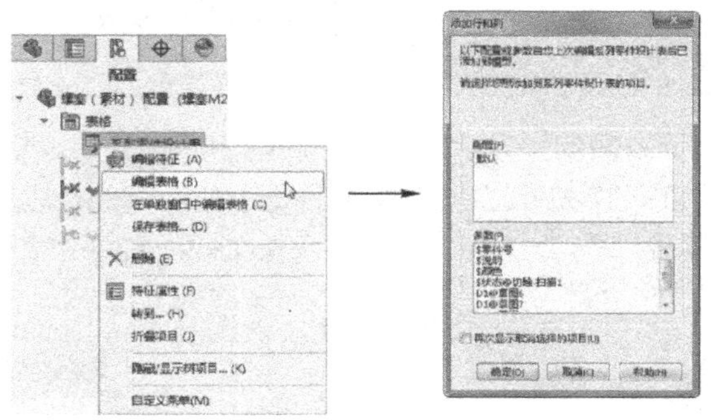

图 1-24　编辑设计表

1.2.4 保存设计表

在 ConfigurationManager 配置管理器中，右击插入的“系列零件设计表”，选择“保存表格”菜单命令，可将设计表保存为 Microsoft Excel 文件，以在外部保存模型的配置，如图 1-25 所示（保存的 Excel 文件，可用于重新导入零件配置）。

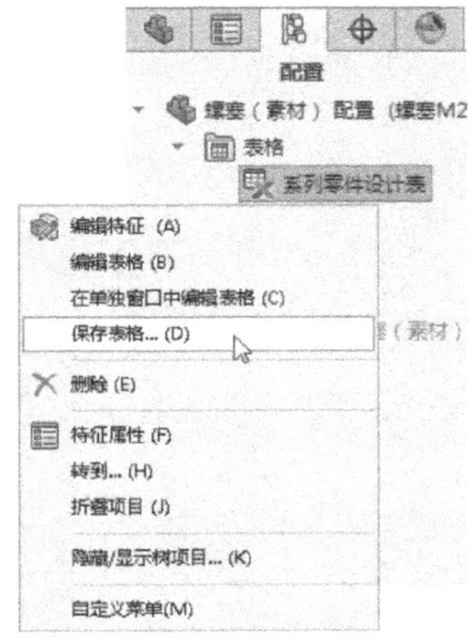

图 1-25　保存设计表

1.3　关于设计库

除了自定义零件的多个配置以节省设计时间外，实际上，SolidWorks 默认也提供了庞大的包括多种标准的基础零件库。要使用这种零件库，可选择“工具”>“插件”菜单命令，打开“插件”对话框，然后选择“SolidWorks Toolbox Utilities”和“SolidWorks Toolbox Library”这两项，启用这两个插件，如图 1-26 左图所示。

提示

> “SolidWorks Toolbox Utilities”插件用于装载钢梁计算器和轴承计算器，以及生成凸轮、凹槽和结构钢等（其工具位于“Toolbox”菜单中）；“SolidWorks Toolbox Library”插件用于装入 Toolbox 设计库，以及 Toolbox 配置工具。

Toolbox 零件库，位于右侧的“设计库”中，启用相关插件后，单击右侧“设计库”标签按钮，打开“设计库”并在“Toolbox”项下找到需要添加的零件，然后将其拖动到操作区中，即可在装配体中加载此零件（在“零件”文件中拖入 Toolbox 中的零件，将生成派生零件），如图 1-26 右图所示。

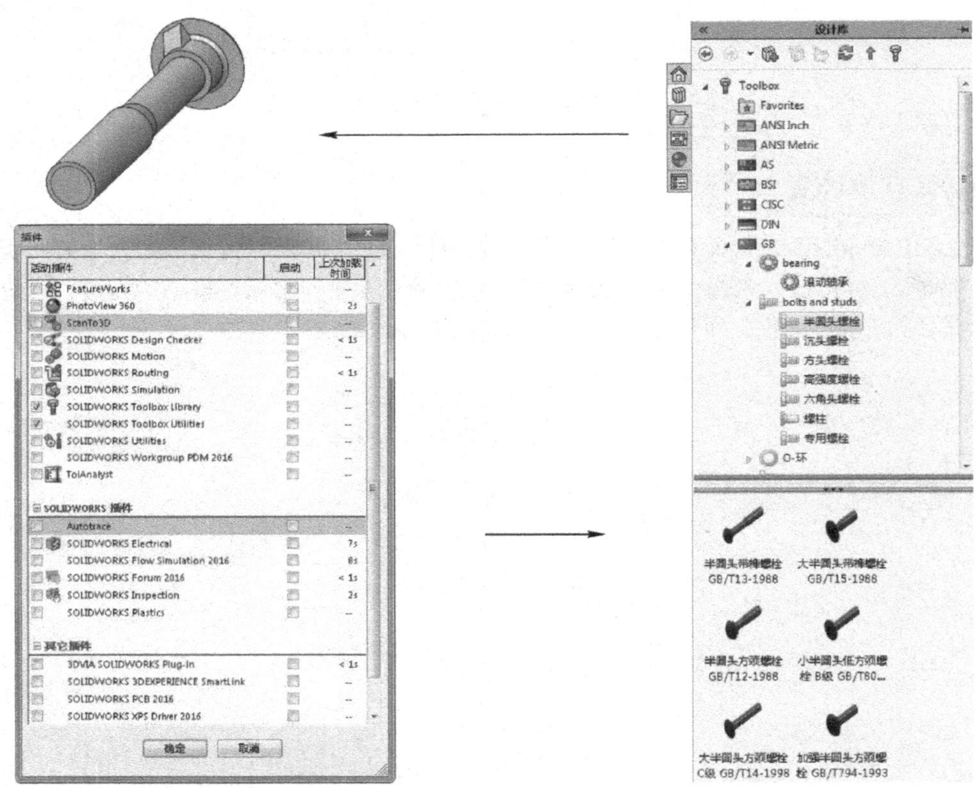

图 1-26 打开“Toolbox”插件并添加螺栓

知识库

> 也可将自定义的零件添加到零件库中，此时只需右击零件模型树根目录，选择“添加到库”菜单命令，即可选择路径，将模型添加为库文件（不可添加到 Toolbox，只可将其添加到通过单击“添加文件位置”按钮所添加的目录中）。

实例精讲——填料压盖零件库设计

本实例为使用设计表为填料压盖零件添加一系列的配置，以将其定义为一个填料压盖零件库文件，如图 1-27 所示。

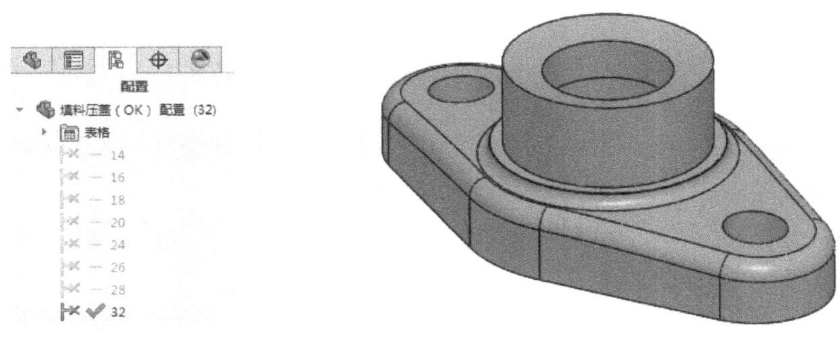

图 1-27 添加的配置和填料压盖模型效果

【制作分析】

本实例操作较为简单，首先修改相关尺寸名称，然后插入设计表，并编辑表内容即可（实际上，主要就是表格的编辑），下面介绍相关操作。

【制作步骤】

STEP 1 打开本书提供的素材文件“填料压盖.SLDPRT”，如图 1-27 右图所示。然后编辑“草图 1”，并为此草图中的相关尺寸设置新的名称，如图 1-28 所示（右侧图形，只是表明了要设置的尺寸名称，实际操作时尺寸大小不变）。

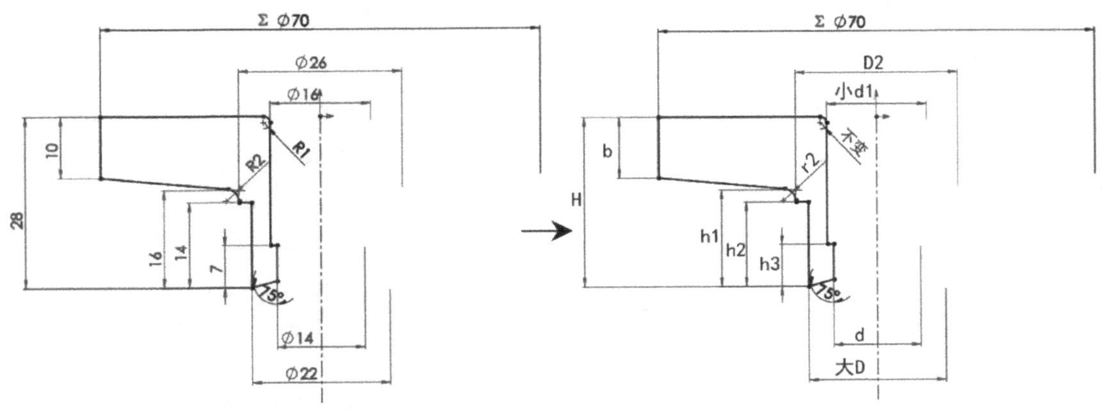

图 1-28 重命名“草图 1”的尺寸名称

STEP 2 继续操作，打开“草图 2”，也为此草图中的相关尺寸设置新的名称，如图 1-29 所示（右侧图形，同样只是表明了要设置的尺寸名称，实际操作时尺寸大小不变，为什么要如此命名可参考填料压盖的设计标准）。

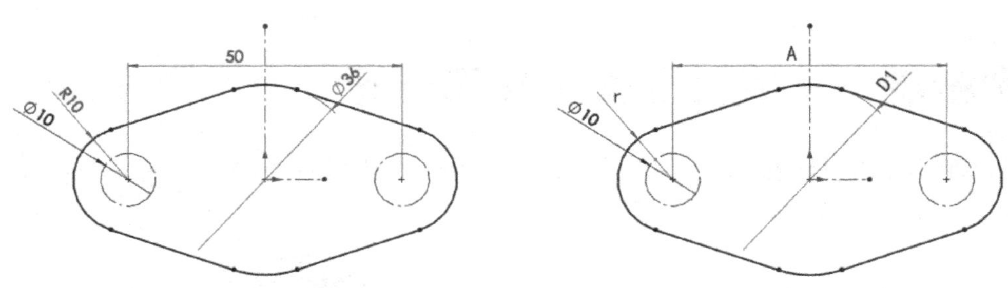

图 1-29 重命名“草图 2”的尺寸名称

STEP③ 退出草图，右击“圆角 2”的半径尺寸值，在打开的“尺寸”属性管理器中，设置其尺寸名称为“*r*1”，如图 1-30 所示。

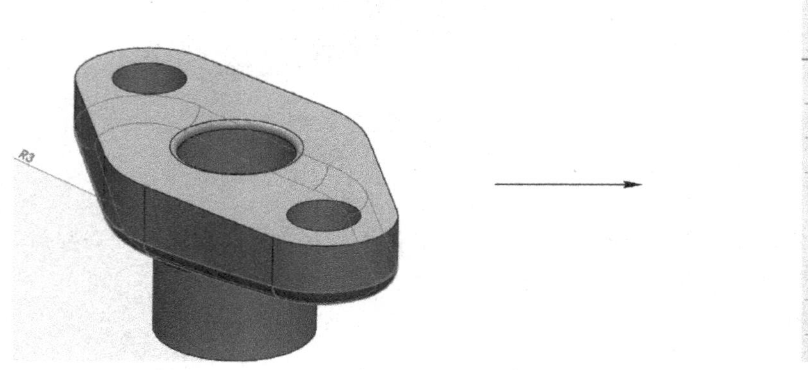

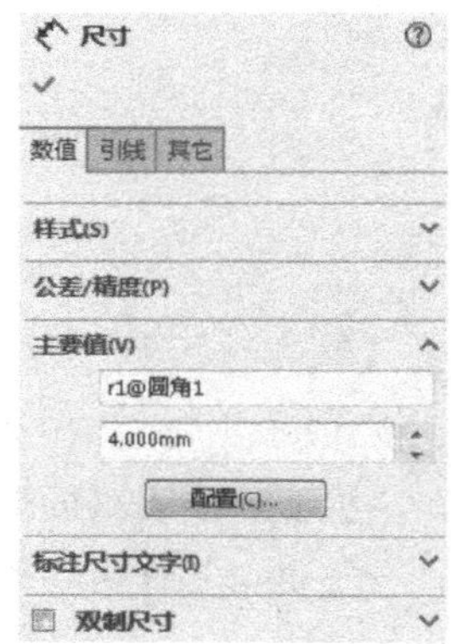

图 1-30 设置圆角半径的尺寸名称

STEP④ 选择“插入”>“表格”>“设计表”菜单命令，打开“系列零件设计”属性管理器，选中“自动生成”单选按钮，单击“确定”按钮，再在打开的“尺寸”对话框中选择前面命名过的零件尺寸，并单击“确定”按钮，如图 1-31 所示。

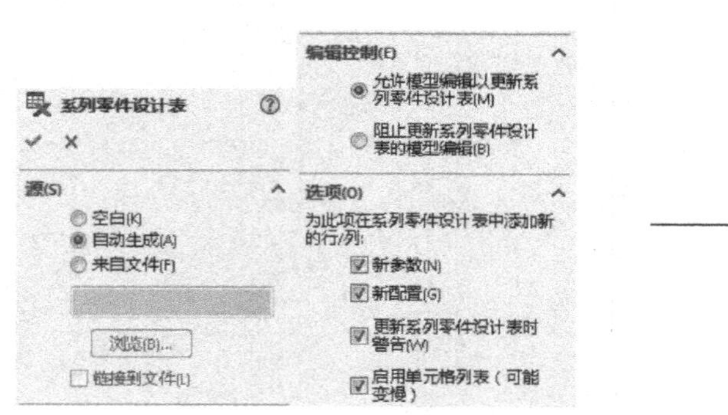

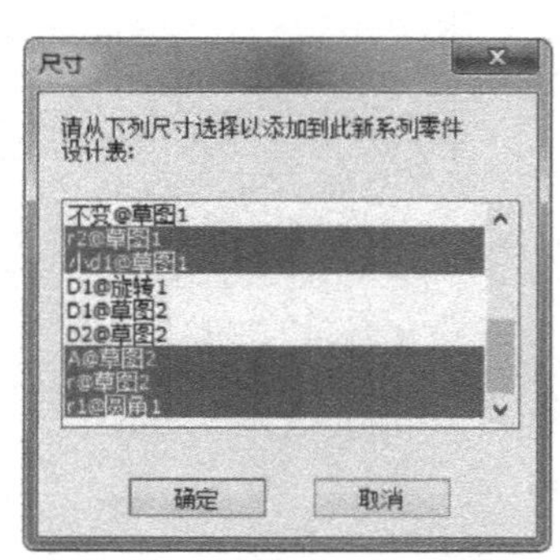

图 1-31 插入系列零件设计表

STEP⑤ 系统打开 Excel 格式的“系列零件设计表”，按图 1-32 所示填写表格数据，然后单击表格外任意一点，退出表格的编辑，并在打开的对话框中，单击“确定”按钮，即可完成多个配置的创建，效果如图 1-27 所示（可激活不同配置）。

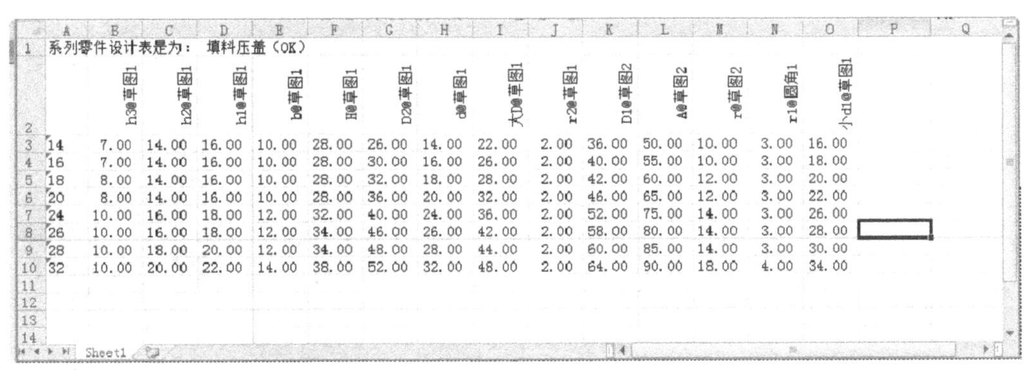

系列零件设计表是为： 填料压盖（OK）

	h3@草图1	h2@草图1	h1@草图1	b@草图1	H@草图1	D2@草图1	d@草图1	大D@草图1	r2@草图1	D1@草图2	A@草图2	r@草图2	r1@圆角1	小d1@草图1
14	7.00	14.00	16.00	10.00	28.00	26.00	14.00	22.00	2.00	36.00	50.00	10.00	3.00	16.00
16	7.00	14.00	16.00	10.00	28.00	30.00	16.00	26.00	2.00	40.00	55.00	10.00	3.00	18.00
18	8.00	14.00	16.00	10.00	28.00	32.00	18.00	28.00	2.00	42.00	60.00	12.00	3.00	20.00
20	8.00	14.00	16.00	10.00	28.00	36.00	20.00	32.00	2.00	46.00	65.00	12.00	3.00	22.00
24	10.00	16.00	18.00	12.00	32.00	40.00	24.00	36.00	2.00	52.00	75.00	14.00	3.00	26.00
26	10.00	16.00	18.00	12.00	34.00	46.00	26.00	42.00	2.00	58.00	80.00	14.00	3.00	28.00
28	10.00	18.00	20.00	12.00	34.00	48.00	28.00	44.00	2.00	60.00	85.00	14.00	3.00	30.00
32	10.00	20.00	22.00	14.00	38.00	52.00	32.00	48.00	2.00	64.00	90.00	18.00	4.00	34.00

Sheet1

图 1-32　编辑“系列零件设计表”

1.4　本章小结

本章主要介绍了零件的配置和设计表的使用。这两种方式，都是将具有相同（或相似）特征不同尺寸的多个零件，使用配置将它们设计为一个零件。使用这两种方式，可简少零件数目，利于零件管理，对于系列化的产品设计，应用起来非常方便。

1.5　思考与练习

一、填空题

（1）零件的配置或设计表，都是通过________________配置管理器来进行添加的。

（2）右击处于“灰度”状态下的配置（当前配置会亮显），选择________菜单命令，即可激活此配置。

（3）激活配置后，对________的修改，和对________的修改，对特征的________和________，都将被记录为新的配置内容，而对特征的________和________，则不会被记录为配置内容。

（4）______配置，是某配置的子配置，它的大多数尺寸与主配置相同，而只是在个别位置上有差异。

（5）________就是通过表格的方式来描述配置。

二、问答题

（1）简述设计表的结构。

（2）如何使用设计库插入轴承零件？试简述其操作。

（3）如何将配置加入设计表？

三、操作题

（1）使用本章所学的知识，按照图 1-33 左图所示，创建本书提供的素材文件“练习（素材）.sldprt”的多个配置，其效果如图 1-33 右图所示。

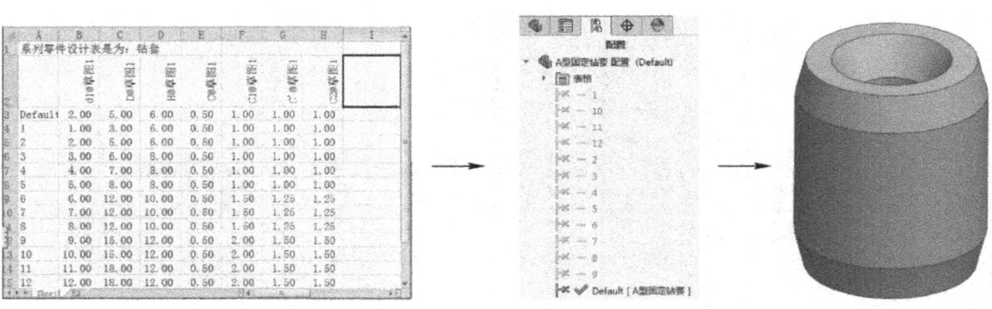

	A	B	C	D	E	F	G	H
1	系列零件设计表是为：钻套							
2		d1@草图1	D@草图1	H@草图1	C@草图1	C1@草图1	C'@草图1	C2@草图1
3	Default	2.00	5.00	6.00	0.50	1.00	1.00	1.00
4	1	1.00	3.00	6.00	0.50	1.00	1.00	1.00
5	2	2.00	5.00	6.00	0.50	1.00	1.00	1.00
6	3	3.00	6.00	8.00	0.50	1.00	1.00	1.00
7	4	4.00	7.00	8.00	0.50	1.00	1.00	1.00
8	5	5.00	8.00	8.00	0.50	1.00	1.00	1.00
9	6	6.00	12.00	10.00	0.50	1.50	1.25	1.25
10	7	7.00	12.00	10.00	0.50	1.50	1.25	1.25
11	8	8.00	12.00	10.00	0.50	1.50	1.25	1.25
12	9	9.00	15.00	12.00	0.50	2.00	1.50	1.50
13	10	10.00	15.00	12.00	0.50	2.00	1.50	1.50
14	11	11.00	18.00	12.00	0.50	2.00	1.50	1.50
15	12	12.00	18.00	12.00	0.50	2.00	1.50	1.50

图 1-33 零件的设计表、所添加的配置和模型效果

第 2 章 基于规则的模块化设计

本章要点

- 链接数值
- 方程式
- 在装配体环境下进行“Top-Down”关联设计

学习目标

本章讲述使用方程式设计模型，以及在装配体环境下进行“Top-Down”关联设计模型的方法。使用方程式设计模型可以令模型的尺寸间相互关联，从而令模型的修改变得更加智能（链接数值是方程式的一个简单表达方式），且避免出错。

2.1 链接数值

所谓链接数值就是将模型中的两个或几个尺寸与同一个变量关联，令这两个或几个尺寸的数值相等，从而建立这几个尺寸之间的链接关系。这样当更改其中一个尺寸的值时，与此变量关联的尺寸也将同时更改。

操作时首先右击模型树左侧“注解”项，选择“显示特征尺寸”菜单命令，将所有特征尺寸显示出来；然后右击要设置“链接数值”的尺寸，选择“链接数值”菜单命令，打开“共享数值”对话框，命名一个共享数值（可根据需要随意命名），单击“确定”按钮；然后通过相同操作，为其余要设置链接的尺寸设置与此共享数值的链接即可，如图 2-1 所示。

提示

需要注意的是，在“共享数值”对话框中所填入的命名，实际上就是定义了一个全局变量，完成操作后，用户可在左侧模型树的“方程式”文件夹中找到所设置的变量（选择“工具”>“方程式”菜单命令，也可以在打开的对话框中见到所创建的全局变量），如图 2-2 所示。

那么什么是变量呢？它实际上是程序开发中的一个名词，是一段有名字的连续存储空间。可以理解为一个容器，容器名不变，但是所存储的数值可以改变。除全局变量之外，还有局部变量等，不过在 SolidWorks 中通常只使用全局变量。

“链接数值”设置完成后，修改其中一个尺寸值，然后单击“常用”工具栏中的“重建模型”按钮，可发现建立了关联的尺寸同时发生了变化，如图 2-3 所示（此处是使用两个正六边形执行的拉伸切除操作，所以关联后会很方便）。

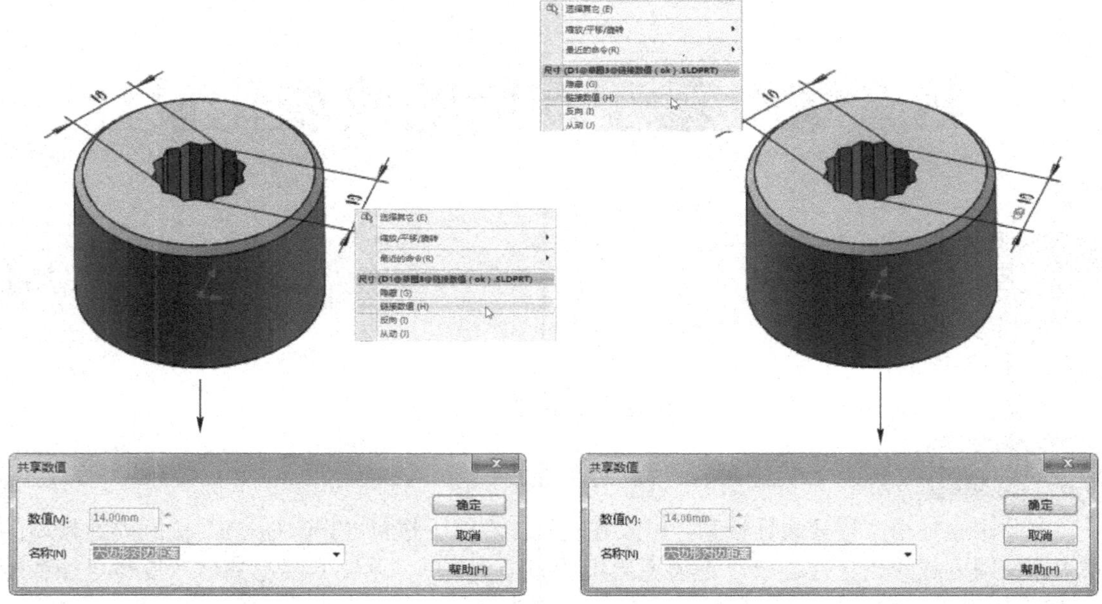

图 2-1　先后为尺寸设置相同的共享数值

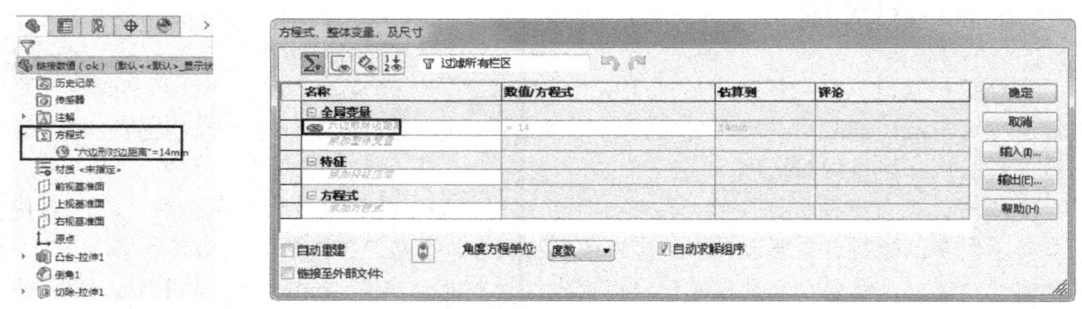

图 2-2　包含方程式变量的模型树和打开的“方程式***”对话框

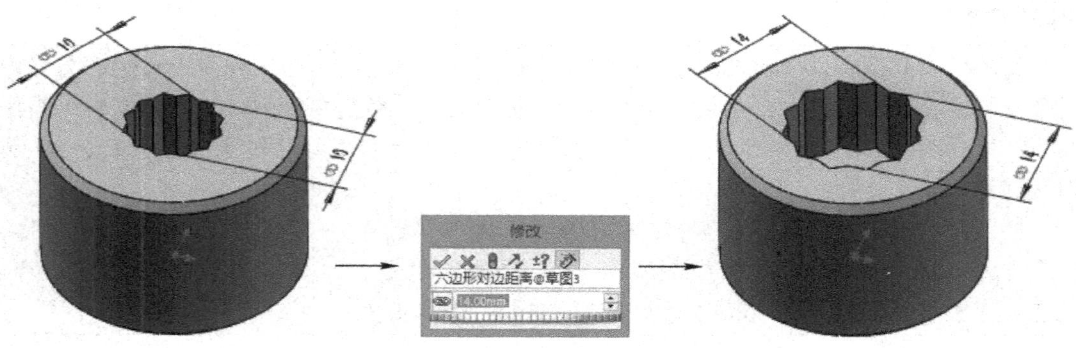

图 2-3　更改一个尺寸另外一个尺寸也发生了变化

2.2 方程式

在创建模型时，有时需要使用模型的一个尺寸值来定义另外一个尺寸值，或由于其他原因需要在参数之间创建关联，而这些关联无法使用普通的几何关系来添加，此时，即需要使用方程式。需要说明的是，方程式多用于设置两个尺寸间的复杂关系。简单链接关系，可使用上 2.1 节中讲述的链接数值。

2.2.1 方程式基础

方程式实际上就是一个公式，如 $Y=X+1$，只是在 SolidWorks 中 Y 和 X 多为尺寸名称。在学习为模型添加方程式之前，需要先来了解一些基础知识，如尺寸名、变量、公式的驱动关系等，具体如下：

- **尺寸名**：双击后可在打开的对话框中，对其名称进行修改。尺寸路径是“尺寸名@特征名”形式的，@为分割符号，前面是尺寸名，后面是特征名。如在装配体中，则为“尺寸名@特征名@零件名”。
- **变量**：关于变量在 2.1 节中做过相关解释。需要注意的是，SolidWorks 中的变量都是全局变量，即使用时不必考虑范围，在整个模型或装配体中都可用，而公式则会区分是零件内可用还是装配体内可用。
- **公式的驱动关系**：与普通公式相同，SolidWorks 中的公式也都是右侧驱动左侧的形式。如 $Y=X+1$，是指用 X 尺寸值来求出 Y 的值，如果 $X=5$，那么 $Y=6$。
- **运算符的优先级**：公式中可以使用加、减、乘、除等算术运算符，并可使用括号来定义运算符的优先级，所引用的尺寸名应用双引号括起来，可包含常数。

2.2.2 方程式的添加

SolidWorks 新版中，需要在“方程式、整体变量、及尺寸”对话框中，完成对方程式的添加操作。

如图 2-4 所示，首先选择“工具”>“方程式”菜单命令（提前打开素材文件，并将所有特征尺寸显示出来），打开“方程式、整体变量、及尺寸”对话框；然后将光标置于方程式下的栏中，单击要设置方程式的尺寸，将此尺寸名称添加到方程式；再将光标置于“数值/方程式”栏，单击其余尺寸并添加运算符等，即可完成方程式的添加。

以上操作，主要通过法兰“外径”尺寸和“内径”尺寸，来定义 4 个法兰孔圆周阵列直径的大小。完成方程式的添加后，修改一个关联尺寸，如通过双击将外径修改为“300”，然后单击“常用”工具栏中的“重建模型”按钮，可发现模型整体发生了变化（圆周阵列的直径变成了 205，如图 2-5 所示）。

“方程式、整体变量、及尺寸”对话框中，部分选项的含义如下：

- **“方程式视图”按钮**：在下面列表中分栏显示全局变量、特征和方程式。
- **“草图方程式视图”按钮**：显示仅用于草图的全局变量和方程式。
- **“尺寸视图”按钮**：在下面列表中分栏显示全局变量、特征和所有尺寸（包含方程式）。

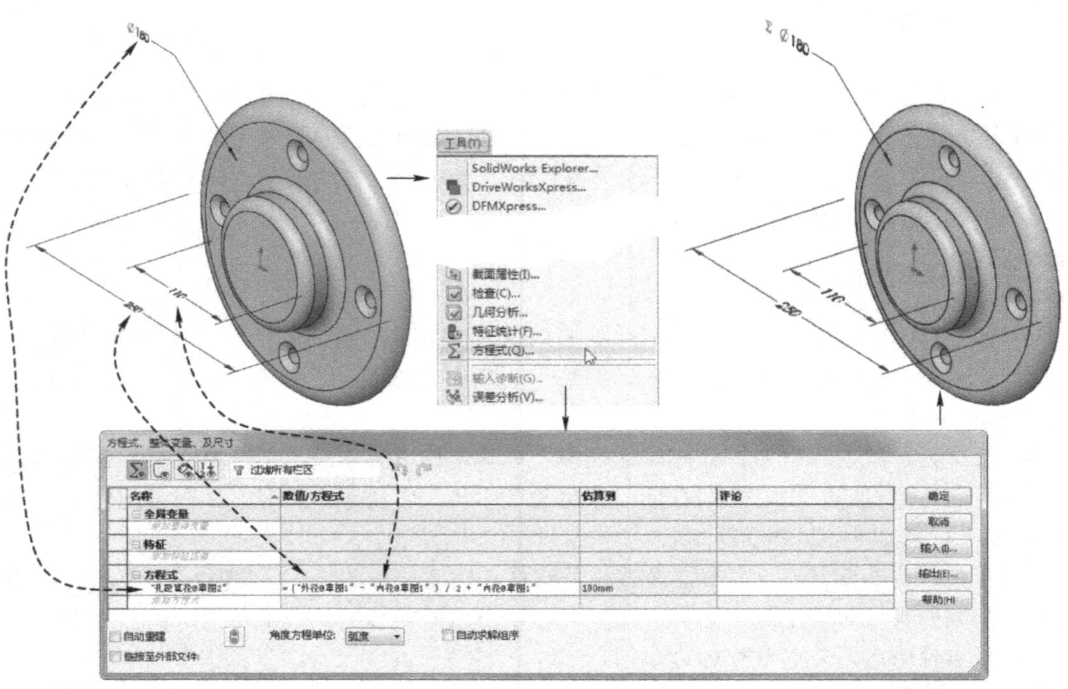

图 2-4 定义方程式

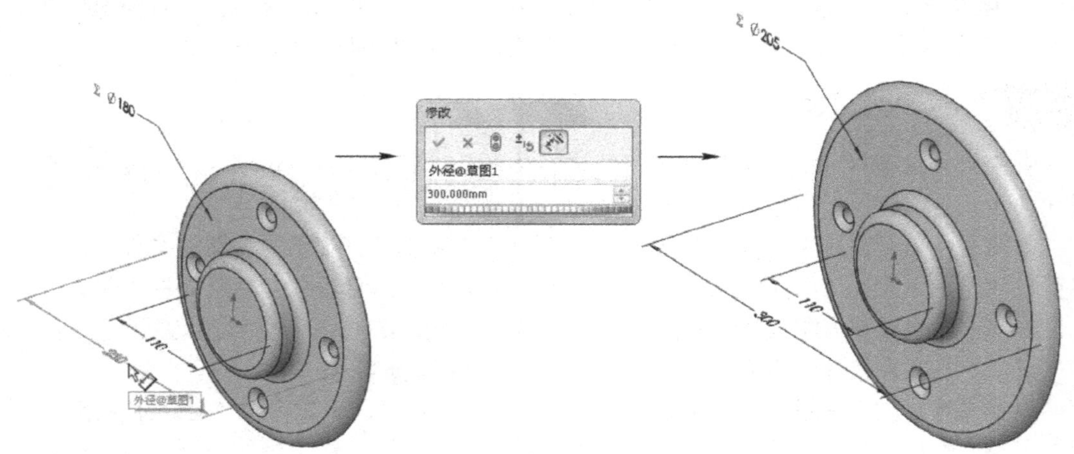

图 2-5 修改尺寸

- **“按序排列的视图”按钮**：在下面列表中不分栏显示所有自定义的内容，如变量、特征状态（压缩或解除压缩）和全局变量等。
- **“全局变量”栏**：用于定义全局变量。
- **“特征”栏**：用于定义特征状态，压缩、解除压缩，或质量、密度等。
- **“方程式”栏**：用于添加方程式。

➢ **“自动重建”复选框：** 选择此复选框在更改了相关尺寸值后，自动重建模型。

➢ **“链接至外部文件”复选框：** 设置当前内容链接到外部的 TXT 文件，此文件内包含规范的方程式，定义链接后外部文件的更改将影响模型。

➢ **“自动求解组序”复选框：** 当有多个方程式时，选中此复选框，系统将自动决定求解方程式的顺序，否则将自上而下进行顺序求解。

➢ **“输出”和“输入”按钮：** 将方程式输出为 TXT 文件，或将 TXT 文件输入到当前窗口，生成方程式。

2.2.3 函数

在创建方程式的过程中，也可以使用函数来参与数值的计算，如使用 sin 函数求某角度的正弦值，使用 cos 函数求某角度的余弦值等。

选择“工具”>“方程式”菜单命令，打开“方程式、整体变量、及尺寸”对话框。首先设置要添加方程式的尺寸，然后可在“数值/方程式”栏中，选择要使用的函数，再添加相应的变量值和关系式等，如图 2-6 所示（此处 INT 为取整函数）。

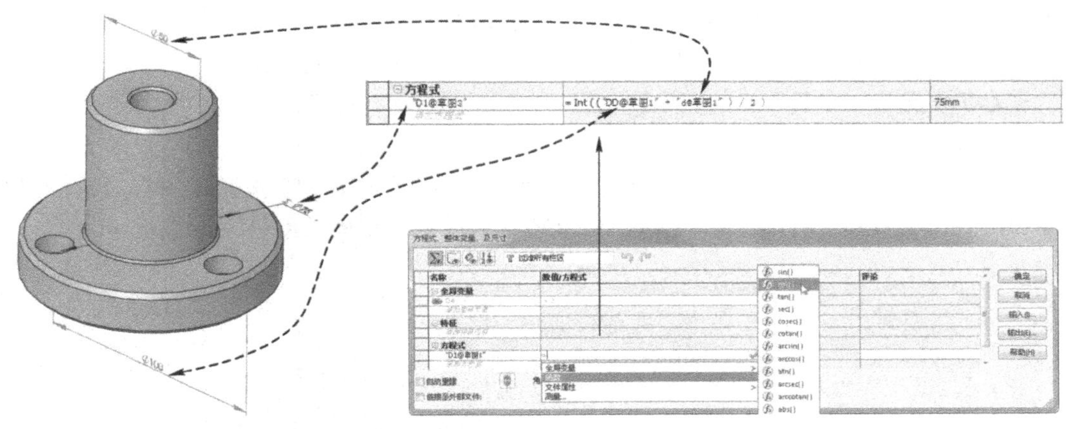

图 2-6　使用函数

提示

> 所谓函数是指在某一变化过程中有两个变量 x 和 y，当对于 x 的每一个确定的值，y 都有唯一确定的值与它对应时，则 y 与 x 有函数关系。在 SolidWorks 中，实际上，函数就是一种计算的方式。只是在 SolidWorks 中，还可以使用 if 等判断语句类的函数（用法参见下面实例精讲）。

实例精讲——使用方程式设计“动态孔”

如图 2-7 所示，对于一条具有多个孔的板，如何在板延长时，自动添加孔的数量？这个问题在工作过程中会经常遇到，本实例介绍使用方程式解决此问题的方法。

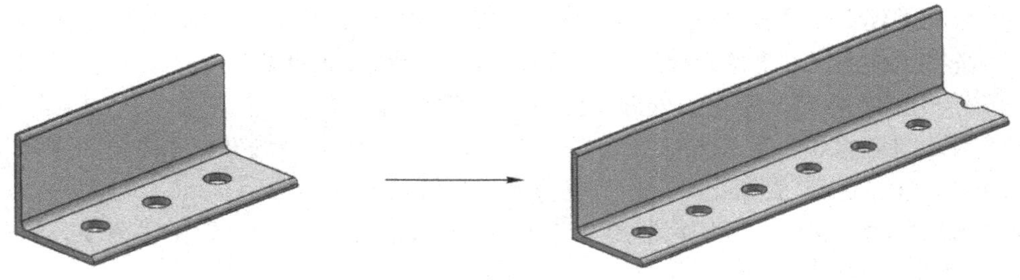

图 2-7 孔的数量随板的长度增加效果

【制作分析】

本实例关键是使用了方程式，令阵列的个数与板的长度关联，此外使用 if 语句判断板长度很小时（不够阵列的时候）将阵列特征压缩。

【制作步骤】

图 2-8 显示尺寸效果

STEP 1 打开本书提供的素材文件“孔板.sldprt”。首先右击模型树左侧“注解”项，选择“显示特征尺寸”菜单命令，将特征尺寸显示出来（并隐藏不需要的尺寸），如图 2-8 所示。

STEP 2 选择“工具”>“方程式”菜单命令，打开“方程式、整体变量、及尺寸”对话框，添加如图 2-9 所示的两个方程式。

STEP 3 修改板的长度，单击“常用”工具栏中的“重建模型”按钮，可发现孔的数量随着板的长度的变化而自动增加，如图 2-10 所示（此处将板的长度修改为 210mm）。

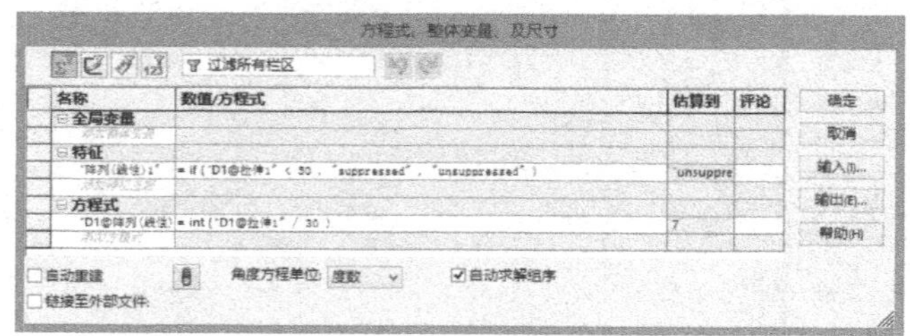

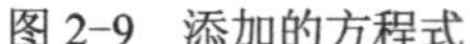

图 2-9 添加的方程式

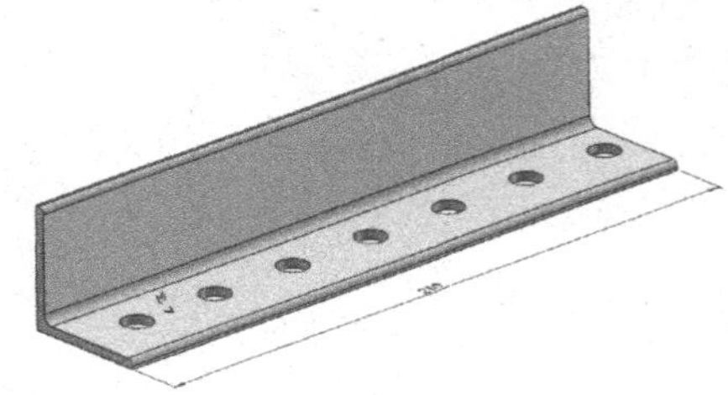

图 2-10 修改尺寸后的效果

2.3 在装配体环境下进行 Top-Down 关联设计

所谓 Top-Down 设计，即“自上而下”的设计方法。

前面讲述的都是“自下而上”的设计方式，即首先设计单个零件（一个个设计好），然后将设计好的零件组装起来，再验证设计的合理性等。自下而上设计的好处是，开始时较简单，但是缺少总体规划后期容易出问题，且出现问题后修改烦琐，需要将相关零件都单独修改正确。本节介绍一种新的设计方式，即自上而下的设计方式。此方式可自装配体开始设计，也可以在部分装配体中直接添加要设计的关联零件，是一种较为智能高级的设计方式。

2.3.1 关联特征

所谓关联特征，就是指在装配体中，创建一个零件中与其他零件关联的特征。如单独打开具有关联特征的零件，可在左侧模型树中发现此特征的外部参考引用标志“->”。关联特征会随着参考零件的更改而更改。下面介绍一个关联特征的创建操作。

首先打开本书提供的装配体素材文件，然后右击“前盖”零件，单击“编辑”按钮，在装配体中对零件进行编辑。进入“前盖”前部表面的草绘模式，然后单击“转换实体引用”按钮，设置与“箱”体对应孔的草图，如图 2-11 所示。再使用创建的草图，对“前盖”零件执行拉伸切除操作，拉伸切除 4 个孔，完成关联特征的创建，如图 2-12 所示（此图中的模型树展示了添加的带有外部参考引用标志“->”的关联特征）。

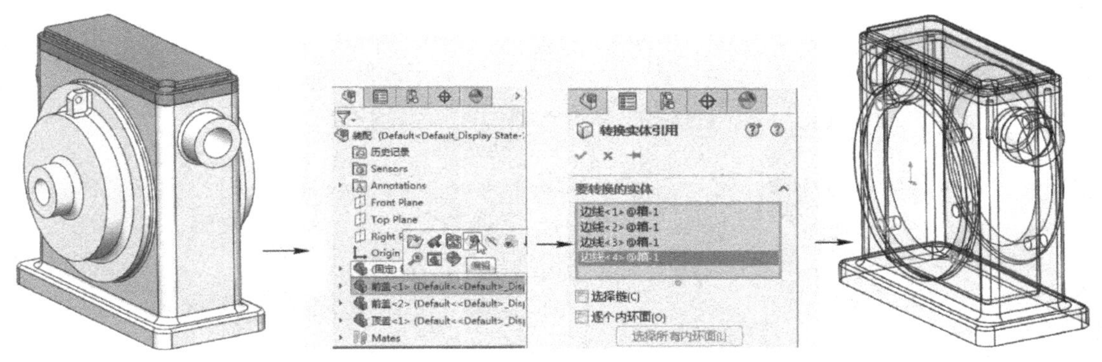

图 2-11　在装配状态下对模型进行编辑并创建引用其他实体边线的草图

通过相同操作，可为“顶盖”添加关联特征，如图 2-12 右图所示。

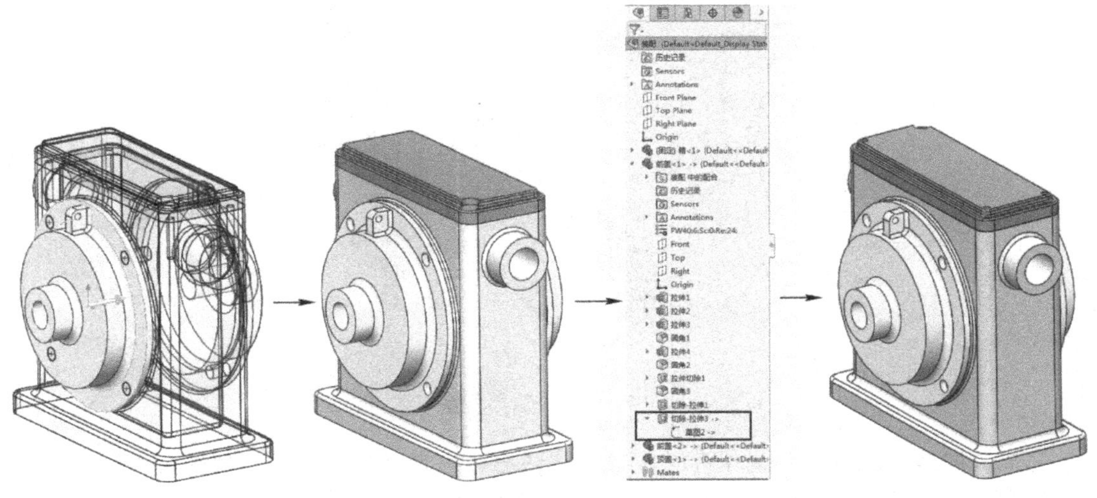

图 2-12　使用创建的草图执行拉伸切除操作创建关联特征

2.3.2 关联零件

如果在装配环境下直接执行创建零件的操作，则此零件为关联零件（关联零件可保存在装配体内，即外部没有单独的零件文件）。可通过如下操作创建关联零件。

首先打开本书提供的装配体素材文件，然后单击“装配体”工具栏中的“新零件”按钮，开始创建新零件，选择“前视基准面”绘制草图，如图 2-13 所示；然后通过创建基准面绘制圆（直径为 11），执行扫描操作，即可完成关联零件的创建，如图 2-14 所示。

关联零件与关联特征不同的是，关联零件的零件名称带有参考引用标志“->”和“∧装配名称”标志，如图 2-14 右图所示。

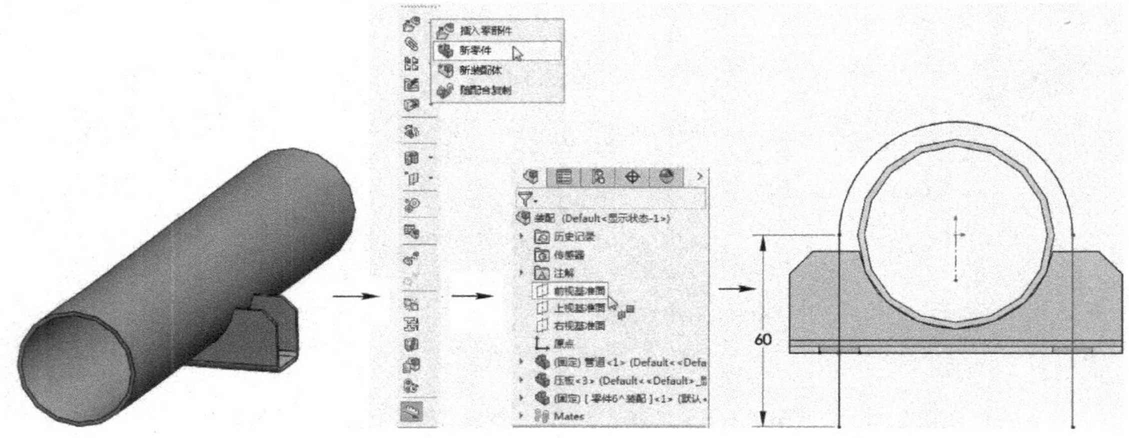

图 2-13 创建关联零件操作 1

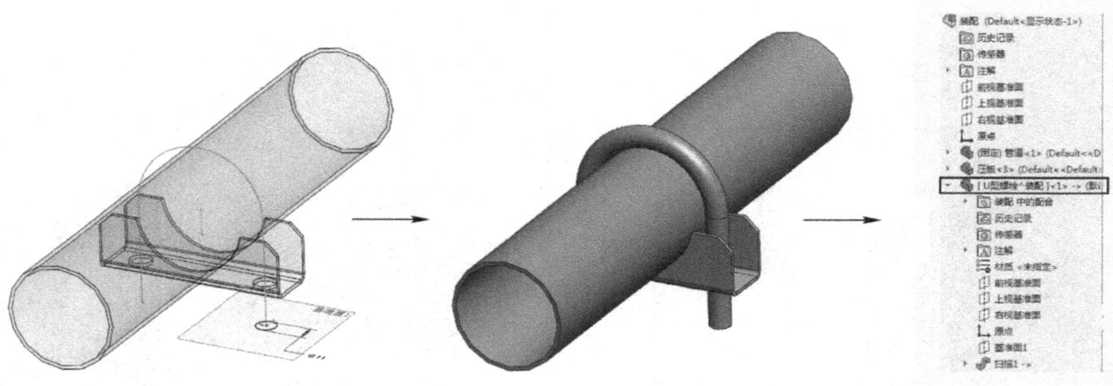

图 2-14 创建关联零件操作 2

完成关联零件的创建后，保存装配体，将弹出“另存为”对话框，如图 2-15 所示。在此对话框中选中“内部保存”单选按钮，可将关联零件保存在装配体内部；选择“外部保存”单选按钮，可将零件保存在外部，但是外部保存的零件依然与装配体保持关联关系。

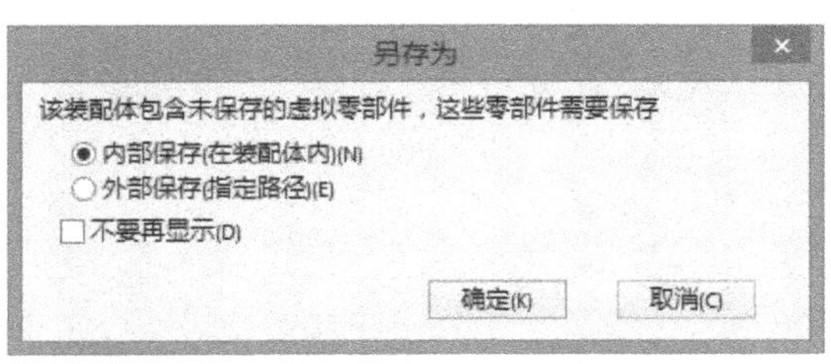

图 2-15 “另存为”对话框

2.3.3 布局草图

布局草图可看作是一种最彻底的“Top-Down”关联设计方式。操作时可首先在新装配文件中选择“插入”>“布局”菜单命令绘制布局草图，然后以此草图为参照，定位并绘制各个零部件，从而完成装配体的绘制，图 2-16 所示为带轮装配模型的绘制。

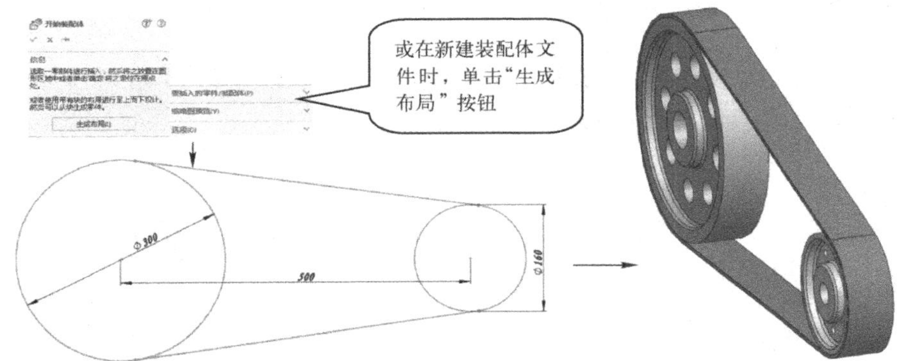

图 2-16 使用布局草图进行“Top-Down”关联设计

布局草图中，各个零部件的绘制与前面操作基本相同，所以此处不再单独讲述。

在布局草图装配体中，各个零部件都与布局草图关联，即零部件与布局草图间存在外部参考关系，所以在后期调整时，对布局草图所做的修改将反映到各个零部件上。此外，使用布局草图可以减少配合的使用（布局草图与普通草图区别不大，只不过是在装配体中创建的草图，然后再逐个绘制零件，并设置零件特征与布局草图中的线约束而已）。

提示

使用布局草图创建的装配体，在模型树装配体名称前，会显示“布局草图”图标，如图 2-17 所示。

如要显示布局草图，可右击此图标，选择“显示布局”菜单命令，如图 2-18 所示。

如要隐藏布局草图，同样可右击此图标，选择“隐藏布局”菜单命令。

如要编辑布局草图，则右击此图标，选择“布局”菜单命令（或重新执行“插入”>“布局”菜单命令）。

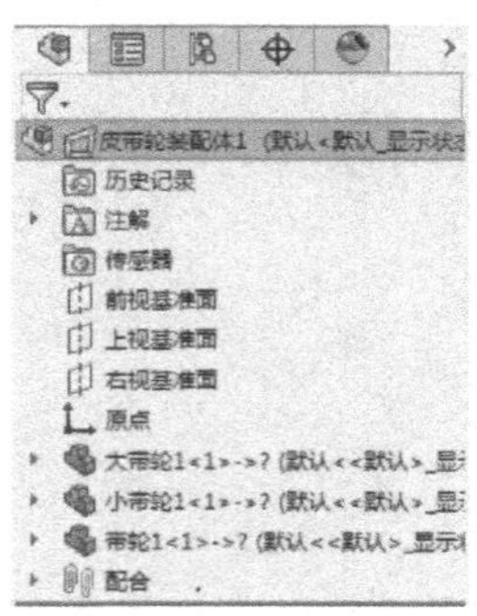

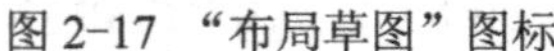
图 2-17 “布局草图”图标

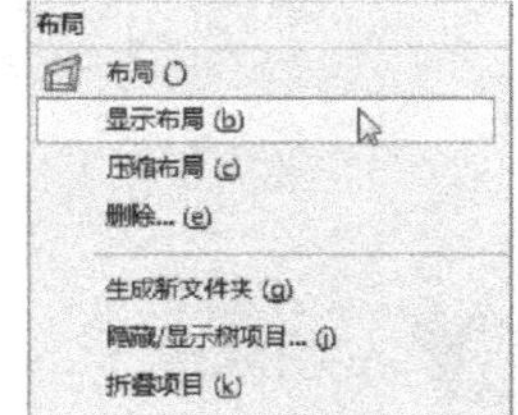

图 2-18 布局草图操作右键菜单

实例精讲——关联设计定滑轮

本实例将通过定滑轮的支座来设计定滑轮装配体的其他零部件，如图 2-19 所示（其中部分零件采用导入方式，其余零件都保存在装配体文件中）。

图 2-19 关联设计定滑轮装配体

【制作分析】

本实例关键是应用了关联零件，在装配体中数次插入新零件，并通过捕捉支座的相关尺寸来创建零件，具体操作如下。

【制作步骤】

STEP① 打开本书提供的素材文件“定滑轮.SLDASM”，如图 2-20 左图所示。先创建一个经过轴承孔中点的基准面，然后选择“插入”>“零部件”>“新零件”菜单命令，选中此基准面绘制草图，如图 2-20 中图所示；然后旋转出实体，如图 2-20 右图所示。

STEP② 继续创建此芯轴零件，在其一侧中点位置创建两个孔，孔的规格如图 2-21 左图所示，两个孔的位置重合，效果如图 2-21 右图所示。

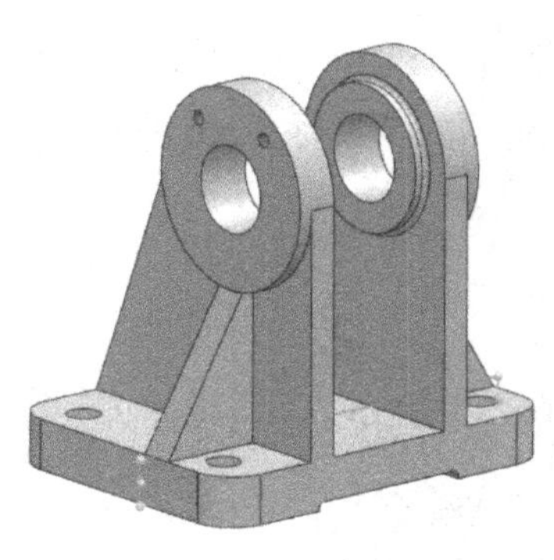

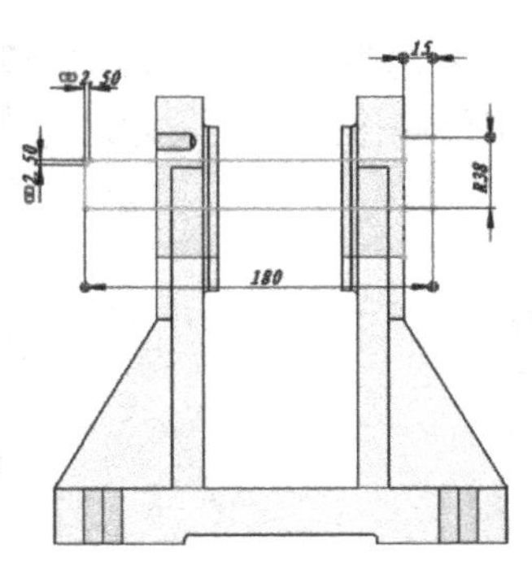

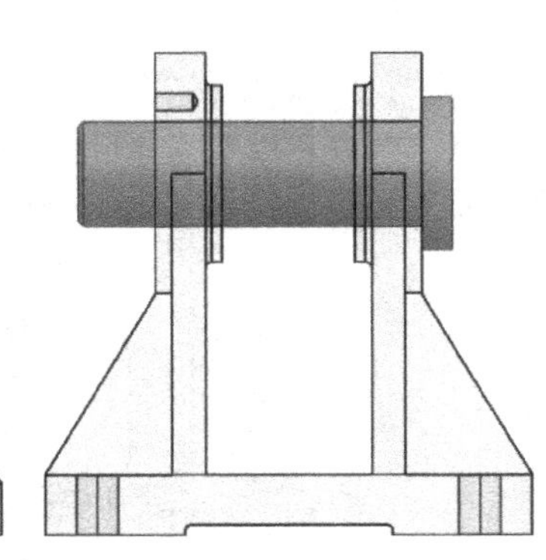

图 2-20　创建草图并进行旋转

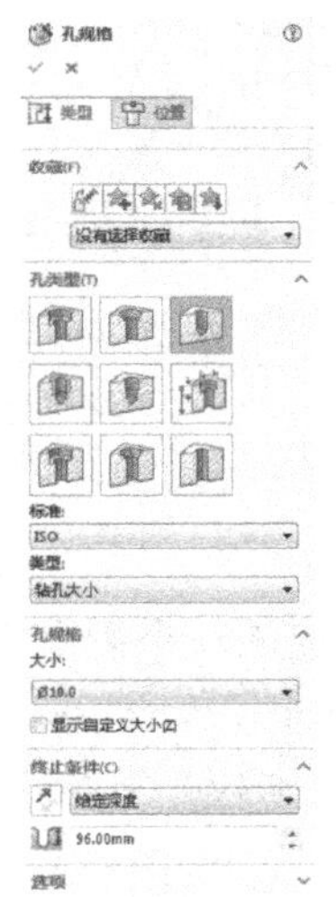

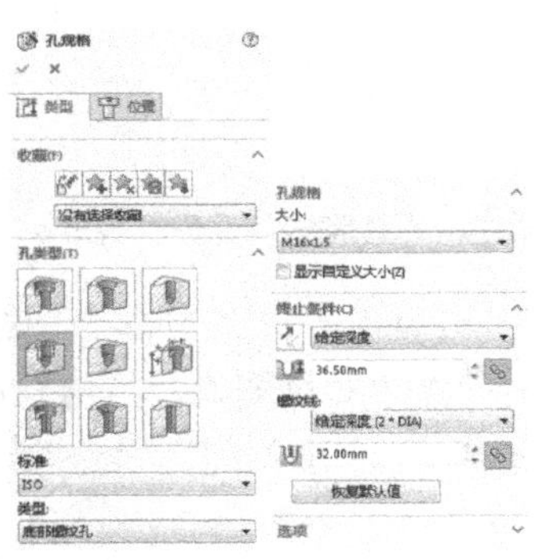

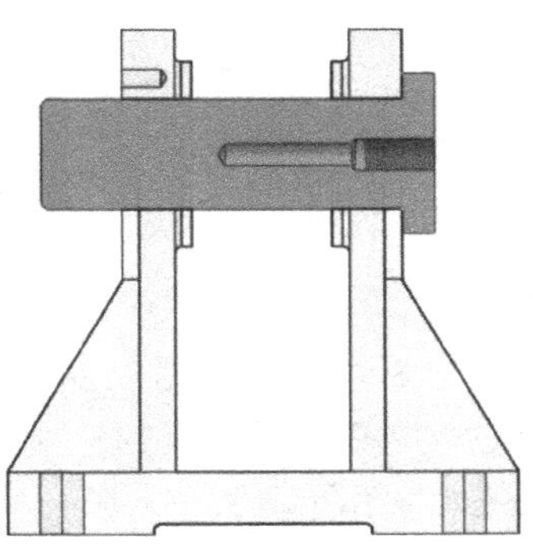

图 2-21　创建两个孔

STEP 3 在零件的前视基准面中绘制草图，如图 2-22 左图所示，然后执行旋转切除操作；再次绘制草图，如图 2-22 右图所示，并执行拉伸切除操作，创建芯轴。

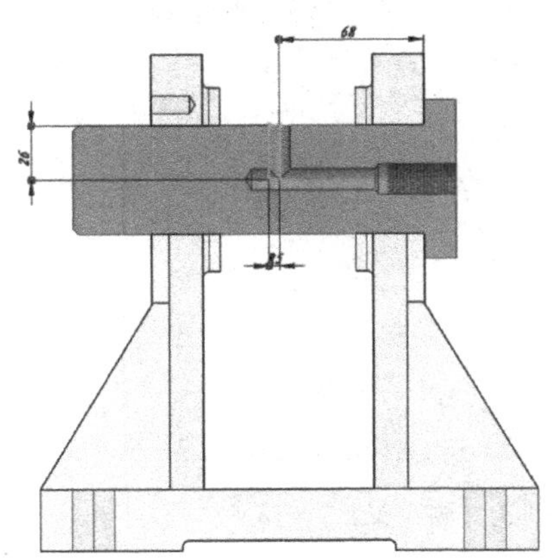

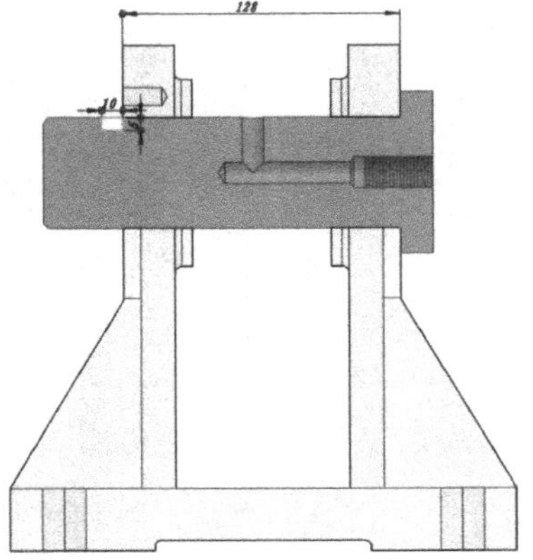

图 2-22　绘制草图并进行旋转切除和拉伸切除

STEP 4 再次选择“插入”>“零部件”>“新零件”菜单命令，并选择步骤 1 创建的基准面绘制草图；再执行旋转凸台/基体操作，创建实体，并在实体内部执行 5mm 的圆角操作，创建滑轮，如图 2-23 所示。

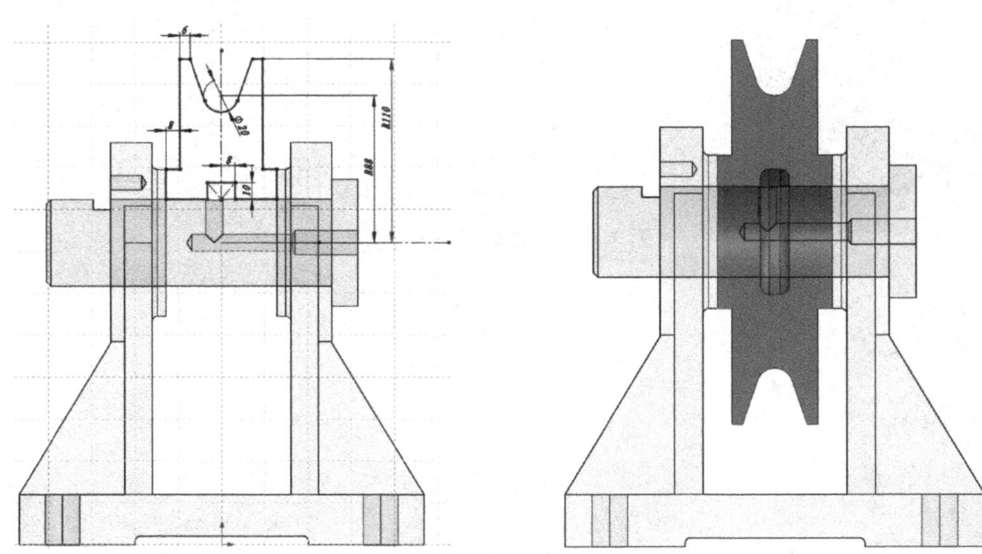

图 2-23 创建新的关联零件并进行旋转

STEP 5 选择“插入”>“零部件”>“新零件”菜单命令，选择支座的一个侧面为关联平面，并创建草图，如图 2-24 左图所示；然后对草图执行拉伸操作，拉伸长度为 10mm，再以“转换实体引用”方式创建草图，并执行拉伸切除操作，创建此零件（卡板）上的两个孔，如图 2-24 右图所示。

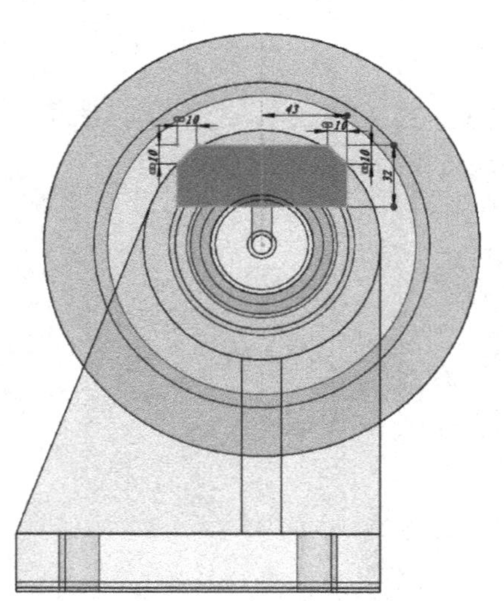

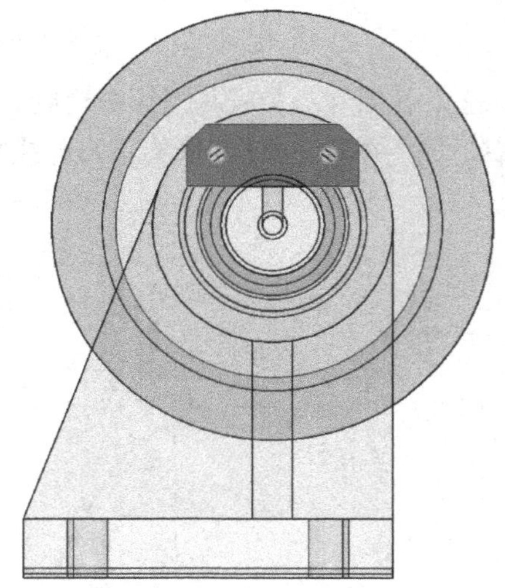

图 2-24 创建新零件并创建关联特征

STEP 6 完成关联零件的创建后保存装配体，并设置将所有零件保存在装配体内；再导入本书提供的其余零件，添加配合，完成定滑轮的创建，如图 2-25 所示。

图 2-25　完成关联设计并导入其余装配文件

2.4　本章小结

本章主要介绍了与方程式相关的链接数值，方程式的添加和应用以及“Top-Down”设计的方法等内容。方程式可令零件尺寸之间产生关联，进而对零件的后期修改变得相对简单。“Top-Down”是一种新的设计思路，可减少设计错误。

2.5　思考与练习

一、填空题

（1）所谓链接数值就是将模型中的两个或几个尺寸都与＿＿＿＿＿＿关联，令这两个或几个尺寸的数值＿＿＿＿＿＿。

（2）需要在＿＿＿＿＿＿＿＿＿＿＿＿对话框中，完成对方程式的添加操作。

（3）所谓关联特征就是指在装配体中，创建一个零件中与其他零件关联的＿＿＿＿＿＿。如单独打开具有关联特征的零件，可在左侧模型树中发现此特征的外部参考引用标志＿＿＿＿＿＿。

（4）关联零件与关联特征不同的是，关联零件的零件名称带有参考引用标志“->”，并有＿＿＿＿＿＿＿＿＿＿＿＿＿标志。

二、问答题

（1）简述什么是关联零件。

（2）解释一下“尺寸名@特征名@零件名”的意义。

三、操作题

（1）使用本章所学的知识，按照图 2-26 和图 2-27 所示，创建“参数化的弹簧”（方程式中，D2 开头的对应螺距，D4 和 D5 是圈数，D3 是直径，D1 是高度）。

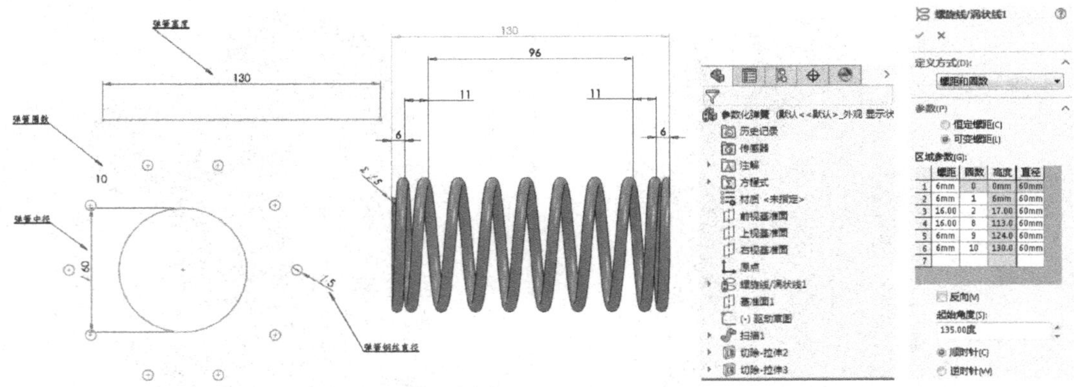

图 2-26　设计的参数弹簧、弹簧模型树和“螺旋线/涡状线 1”的参数

方程式、整体变量、及尺寸

名称	数值/方程式	估算到	评论
全局变量			
"弹簧圈数n"	= "弹簧圈数@驱动草图"	10	
添加整体变量			
特征			
添加特征压缩			
方程式			
"弹簧钢丝直径@草图2"	= "弹簧钢丝直径@驱动草图"	5mm	
"弹簧中径@草图1"	= "弹簧中径@驱动草图"	60mm	
"切除长度@草图3"	= "弹簧中径@草图1" + "弹簧钢丝直径@草图2"	65mm	
"D20001@螺旋线/涡状线1"	= 1	1	
"D20002@螺旋线/涡状线1"	= 2	2	
"D20003@螺旋线/涡状线1"	= "弹簧圈数n" - 2	8	
"D20004@螺旋线/涡状线1"	= "弹簧圈数n" - 1	9	
"D20005@螺旋线/涡状线1"	= "弹簧圈数n"	10	
"D50000@螺旋线/涡状线1"	= "弹簧钢丝直径@驱动草图" + 1	6mm	
"D40005@螺旋线/涡状线1"	= "D50000@螺旋线/涡状线1"	6mm	
"D40001@螺旋线/涡状线1"	= "D40005@螺旋线/涡状线1"	6mm	
"D40004@螺旋线/涡状线1"	= "D40001@螺旋线/涡状线1"	6mm	
"D40002@螺旋线/涡状线1"	= ("弹簧高度@驱动草图" - 2 * ("D10001@螺旋线/涡状线1" + "D10002@螺旋线/涡状线1")) / ("D20003@螺旋线/涡状线1" - "D20002@螺旋线/涡状线1")	16mm	
"D40003@螺旋线/涡状线1"	= "D40002@螺旋线/涡状线1"	16mm	
"D30001@螺旋线/涡状线1"	= "弹簧中径@驱动草图"	60mm	
"D30002@螺旋线/涡状线1"	= "弹簧中径@驱动草图"	60mm	
"D30003@螺旋线/涡状线1"	= "弹簧中径@驱动草图"	60mm	
"D30004@螺旋线/涡状线1"	= "弹簧中径@驱动草图"	60mm	
"D30005@螺旋线/涡状线1"	= "弹簧中径@驱动草图"	60mm	
添加方程式			

自动重建　角度方程单位: 度数　自动求解组序
链接至外部文件:

确定　取消　输入(I)...　输出(E)...　帮助(H)

图 2-27　本操作题要添加的方程式

第 3 章　管道与电气设计

本章要点

- 管道设计基础
- 布线操作
- 线夹和导线
- 如何创建符合规定的线路零部件
- 管道和软管与电气线路的操作基本相同

学习目标

现在的很多机械，为了操作方便，或者性能稳定，都会使用电路进行控制，所以出现了机电一体化的概念。由此，在设计模型时，不可避免地会涉及布线问题。机器中线路众多，如果单根绘制，会很烦琐，不如使用系统提供的 Routing 插件。Routing 不仅可以设计线路，还可以设计管道。本章讲述其操作。

3.1　管道设计基础

在正式设计管路之前，不妨先打开一个管路零件，认识一下管路的设计环境和基本结构，查看与之前所设计的零件有何不同，并查看管路设计的主要工具栏等。有了这些基础，再学习管路的创建会事半功倍。

3.1.1　管路实际上就是一个装配体

打开本书提供的素材文件“电脑和 USB 线.SLDASM”，查看左侧模型树，不难发现管路就是一个装配体（如图 3-1 所示，素材提供的是一条 USB 延长线）。只是与普通装配文件有

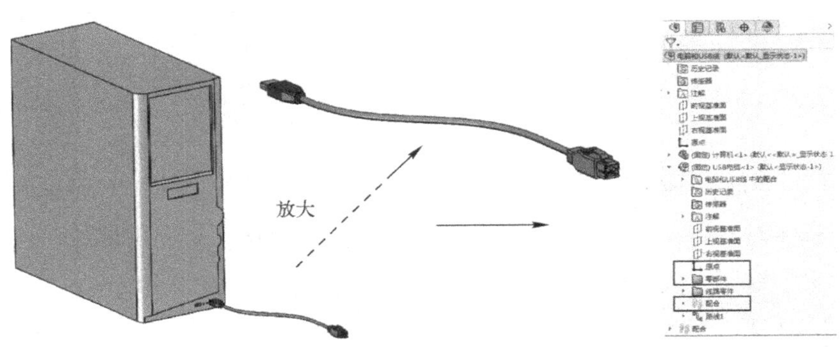

图 3-1　打开素材文件效果和左侧模型树

所不同：首先装配图标比普通装配文件多了一个管路标志；其次在管路装配文件中，还多了“零部件”和“线路零件”两个模型文件夹，以及一个“路线”项。

其中“零部件”文件夹用于归类创建的管路接头，而“线路零件”文件夹用于归类管路实体；管路装配体中的“路线”项，实际上就是一个三维草图，它的作用是告诉管路沿此路径布线或布管。可见，管路更像是先绘制草绘路径，然后扫描，再绘制组合接头的操作。

也许有的读者会问：管道作为一种装配体，与普通建模区别大吗？实际上，确实可以使用扫描等功能，来完成电气设备中的布线操作。只是如此建模，会令后续工作很烦琐，也不利于后期电气图样的绘制，所以 SolidWorks 提供了一个新的模块——Routing 模块对线路和管道等进行设计，以节省绘图时间。

装配环境下的管道操作，通常不用导入零件，或只需倒入基础零件（或直接打开某产品的装配文件），然后使用 Routing 工具进行布线即可（详见 3.2 节）。即管路装配体不是装配出来的，虽然装配工具也可以适当使用。

3.1.2 Routing 模块的主要工具栏

SolidWorks 中设计各种管路，如电力线路、汽车内的各种软管、化工管道等都需要用到 Routing 模块（即管路模块）。Routing 模块在 SolidWorks 中以插件的形式集成在软件中，使用时首先需要在装配环境下将其调出，此时选择“选项”>“插件”菜单项，打开“插件”对话框，再选中“SOLIDWORKS Routing”项即可，如图 3-2 所示。

启用 Routing 插件后，在装配体环境下，会显示多个 Routing 设计工具栏，如图 3-3 所示。

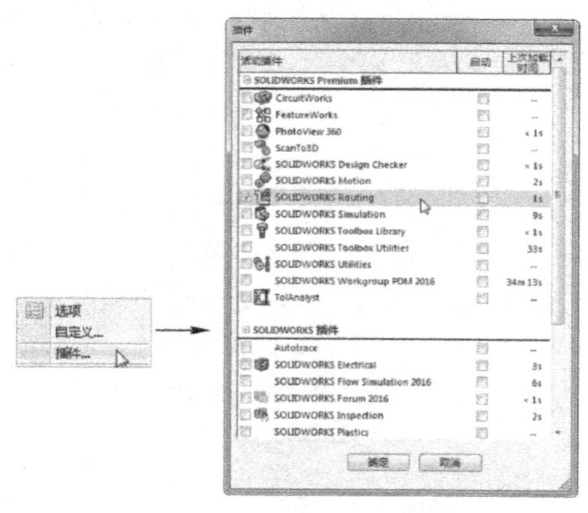

图 3-2 打开“Routing 插件”

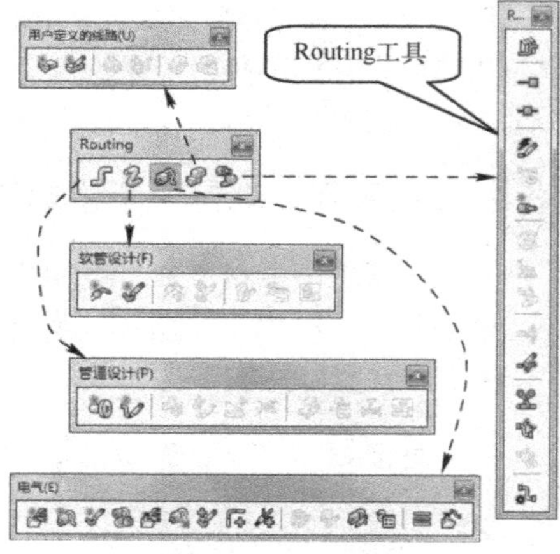

图 3-3 多个 Routing 设计工具栏

Routing 模块共包括“软管设计”“管道设计”“电气”“用户定义的线路”和“Routing 工具”5 个工具栏。其中“软管设计”“管道设计”“电气”和“用户定义的线路”设计属于“线路”工具栏按钮；而“Routing 工具”工具栏，在设计以上几种管路中都会用到（“电气”就是电气设备中的电路管线，“管道”是化工管道，“软管”是机械设备中的软管道，“自定义管路”主要用于设计通风管道）。

3.2 布线操作

布线操作其实很简单，通常只需两步，先插入接头，然后进行自动布线即可，下面以“电气”布线为例，讲述其布置方法（3.2.1～3.2.3 节为顺序操作）。

3.2.1 插入接头

布线操作通常从插入接头开始。打开装配文件后（打开素材文件“机箱、主板和风扇.SLDASM”，如图 3-4 左上图所示），单击“电气”工具栏中的“通过拖/放来开始”按钮，然后在右侧自动打开的“设计库”中找到要放置的零件（或接头），将其拖动到要布置的位置（如此处的散热片上，在散热片附近，接头会自动捕捉到合适的位置），即可插入接头，如图 3-4 右下图所示，并进入布线环境。

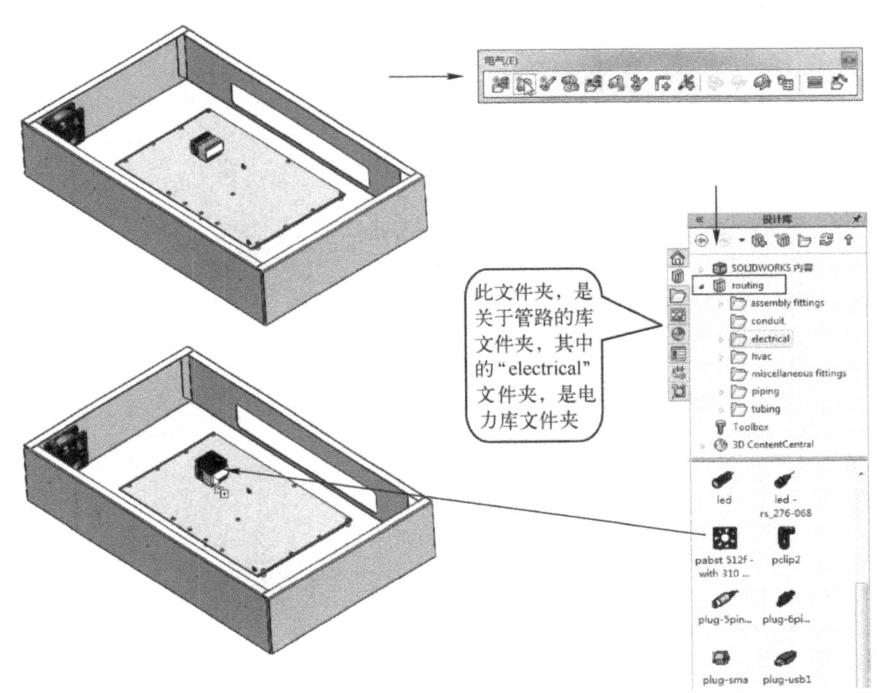

图 3-4　插入接头

插入接头，实际上是进入布线环境的一种方式（即通过单击“通过拖/放来开始”按钮开始步路），进入布线环境的同时插入了接头。除此之外，也可以单击“电气”工具栏中的“按‘从/到’开始”按钮，以“从/到”清单方式进行步路（此方式不常用，需要提前创建 Excel 格式的“步路清单”）；或不用接头，直接单击“起始于点”按钮，通过选择一个面和点的方式开始步路（此时，所得线路无接头）。

> 第一次布线，有很多读者也许不理解，为什么拖动的库中接头（或零件）会自动捕捉到合适的位置？这主要是因为，在库文件中提前添加了“配合参考”的结果，在后面 3.4 节中，将讲述自定义此类零件并添加“配合参考“的方法。
>
> 如果在库中未找到需要使用的接头零件，也可以自定义。

3.2.2 设置线路属性

通过拖动接头进入管路布置环境后，并未完成布线操作，系统会自动打开“线路属性”属性管理器，如图 3-5 所示（完成布线后，可单击“电气”工具栏中的“线路属性”按钮，重新打开此管理器），通过此管理器，可命名此管路装配体的名称，并可选择线路子类型；此外“外径”用于设置电缆中线芯的粗细，“覆盖层”用于设置电缆覆盖层的厚度，“参数”和“选项”通常无法更改。

图 3-5 “线路属性”属性管理器

> 线路“子类型”中的“缆束”和“电缆/电线”项，在电气中区别不大，只在使用步路引导线时有用；“外径”项，在不选中“固定直径”复选框时，也无太大意义，因为在后期操作中，电缆会根据配线的多少，而自动调整电缆的外径。

此时，保持系统默认设置，直接单击“确定”按钮，进入后续的自动布线操作即可。

3.2.3 自动布线

完成上述操作后（插入接头并确认线路属性），可继续进行自动布线操作。此时，系统自动打开“自动步路”属性管理器，如图 3-6 左上图所示。先不进行步路，而是再从右侧的“设计库”中拖动另外一个接头文件“connector (3pin) female”到主板的插座上，以保证有两个接头连接点。

在“自动步路”属性管理器中，选中“选择”卷展栏中的列表区，再在操作区选中两个接头的两个连接点，系统即可自动步路电力线路，然后连续单击“确定”按钮，即可完成步路操作，如图 3-6 所示。

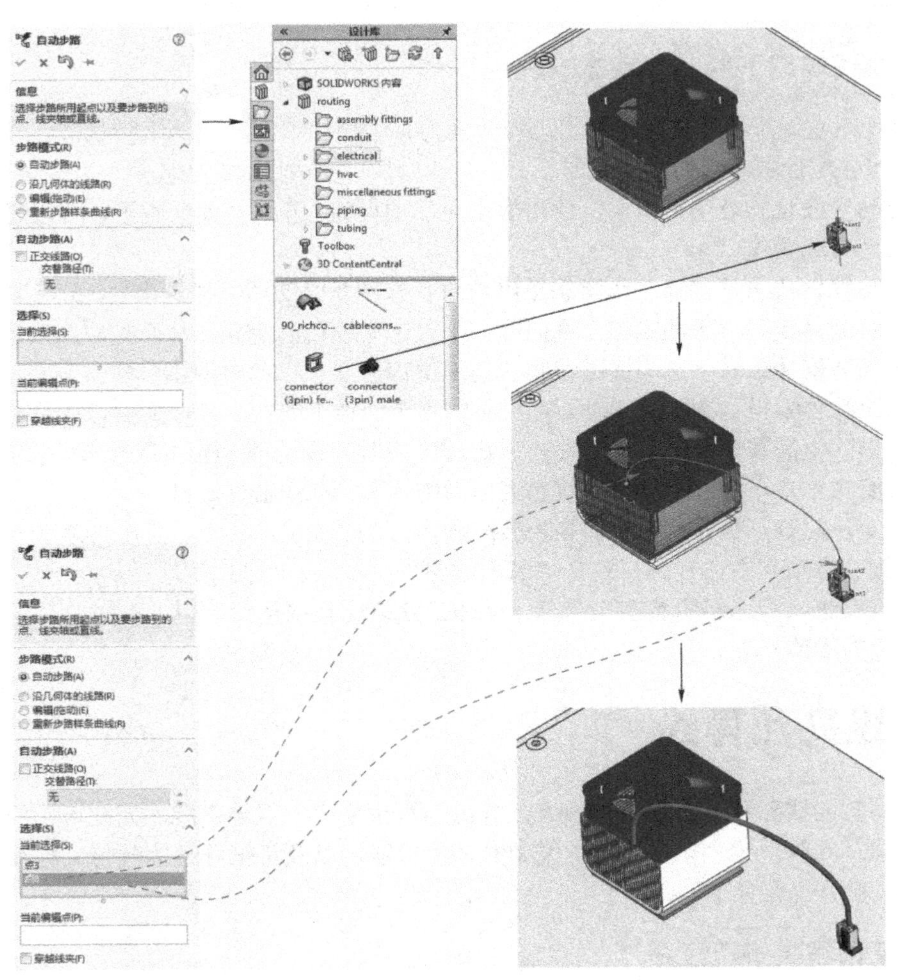

图 3-6 插入其余接头并进行自动布线

下面解释一下“自动步路”属性管理器中各选项的意义：

➢ **“自动步路”**：选择此按钮后，可通过选择两个库文件的线路“连接点”来“自动步路”。
➢ **“沿几何体的线路”**：是指通过绘制三维图线，作为步路路径来步路。所绘制的图线应为直线或样条曲线，绘制的线与任何一个接头的线路“连接点”相连，即可达到自动步路的目的。
➢ **“编辑（拖动）”**：选择此单选按钮，可对生成的步路曲线进行编辑。
➢ **“重新步路样条曲线”**：选择此单选按钮，可令路径经过线夹（关于“线夹”，可见 3.3.1 节）。
➢ **“正交线路”**复选框：选择后可以正交模式步线。

Routing 文件夹是系统提供的标准线路库文件，共有六个文件夹，其中“assembly fittings”“miscellaneous fittings”和“piping”文件夹中的文件用于布置管道，“conduit”用于布置电力套管，“electrical”用于布置电线电缆，“tubing”用于布置软管。

3.2.4 布线环境下的四个状态

在步线环境下，通常存在四种状态，分别为自动步线状态、线路编辑状态、步线装配体编辑状态和装配状态，它们的区别如下。

- **自动步线**状态处于最里层，此时右上角的图标为 样式。此状态下，可以进行模型的自动布线操作。
- **线路编辑**状态是自动布线状态退出后的状态，此时的图标样式为 。此状态下可以通过绘制直线和样条曲线等三维曲线，手工定义线路的走向，从而完成布线操作。
- **布线装配体编辑**状态为线路编辑状态退出后的状态，此时的图标样式为 ，即处于线路装配体编辑状态。此状态下，可对线路装配体中的各个零件文件进行单独调整，也可删除不需要使用的零件文件，或通过添加/删除配合重新定义某个接头的位置等。
- **装配**状态是布线装配体编辑状态退出后的状态，即普通的装配模式，此时可执行此层下的各种装配操作。

在装配状态下，右击线路，选择“编辑线路”菜单项，如图 3-7 所示，可直接进入线路编辑状态。此外，单击工具栏中某些按钮，也可进入需要的线路状态。

图 3-7　编辑线路

3.3 线夹和导线

自动布置的线路可能会很乱，或者很容易与原模型产生重叠干涉，为此可用线夹来规范线路的走向。此外，线夹也可设置电缆中有几根导线，以及每根导线的颜色、粗细和连接状态等，相关操作介绍如下。

3.3.1 使用线夹规范线路

自动布线后的线路，其路径通常较随意，可能无法满足设计要求，此时同现实中的步路一样，不妨使用线夹来规范线路。

可首先打开素材文件“机箱、主板和风扇.SLDASM”，同 3.2.3 节的操作，进行了布线操作后，在装配环境下，直接拖动右侧设计库中“electrical”文件夹中的“90_richco_hurc-4-01-clip”文件到箱体侧壁的孔上，并使用默认的设置，再连续拖动多个线夹到侧壁的位置处，即可完成线夹的布置，如图 3-8 所示。

在布置线夹的过程中，在放置第一个线夹时，系统会弹出“线夹配置”对话框，此对话框中列出了几种线夹规格，可供用户根据需要选择使用，其中“2-01-3.2mm Dia”，是指此线夹适合通过的电线直径为 2.1～3.2mm，默认线夹使用的直径为 3.4mm。

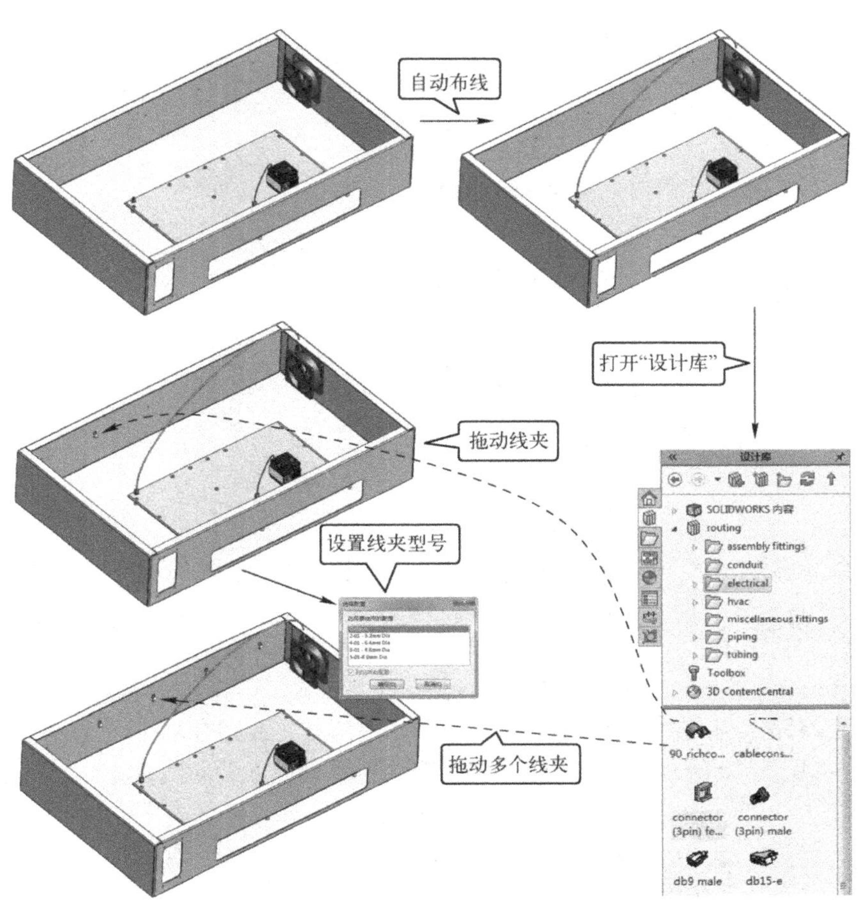

图 3-8 添加线夹

布置线夹时，按〈Tab〉键可调整线夹的方向。此外，布置线夹的操作，是从装配状态开始的，即完成布线后，完全退出布线模式后的普通装配状态。

布置好线夹后，可以令自动布置的线路通过线夹。首先单击"Routing 工具"工具栏"令线路通过线夹"按钮，然后选择要进行步路的样条曲线，再选择要令线路通过的线夹轴，并连续选择多个线夹轴，即可令线路通过线夹，如图 3-9 所示。

完成线夹的布置后，如希望线路不再受某个线夹的束缚，可单击"Routing 工具"工具栏中的"从线夹脱钩"按钮，再选择某个线夹的线夹轴，即可令线路从线夹脱钩。

脱钩完成后，似乎线路并未离开线夹位置，这是因为在令线路通过线夹时，系统自动对代表线路的样条曲线进行了切割，而在令线路从线夹脱钩时，系统未反向执行连接操作。所以，此时路线的位置保持不变，可拖离线夹，但是线路已经是多条样条曲线了。

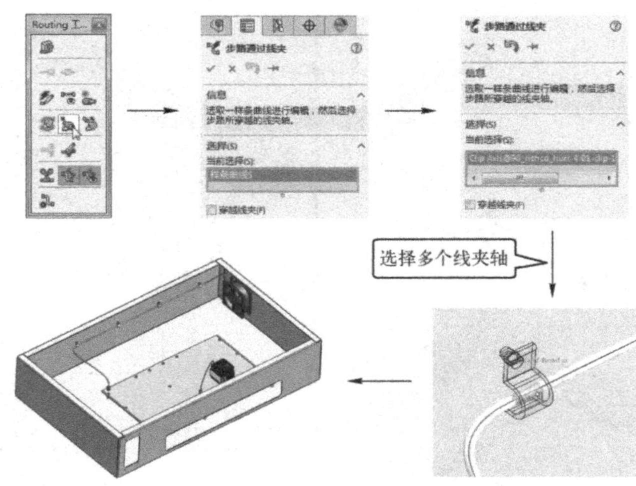

图 3-9　令线路通过线夹

单击“Routing 工具”工具栏中的“旋转线夹”按钮，可在编辑线路时调整线夹的方向。

3.3.2 分割线路

单击“Routing 工具”工具栏中的“分割线路”按钮，可自装配状态直接进入线路编辑状态，此时在线路上任意位置处单击，都可自单击位置处将线路分割（按〈Esc〉键退出分割线路状态），如图 3-10 所示。线路分割后，可自分割点处连入新的线路。

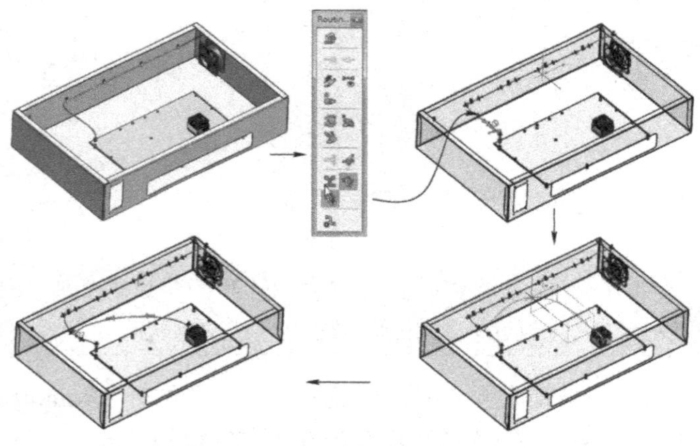

图 3-10　分割线路并插入新导线

提示

此处操作，是接着上面 3.3.1 节的操作，继续执行了分割线路的操作，而且在分割线路后，通过绘制样条曲线（选中切割点和另外一个连接点），执行了插入新导线的操作。

3.3.3 定义线路中的导线数

在线路编辑状态下，单击“电气”工具栏中的“编辑电线”按钮，可打开“编辑电线”

属性管理器。在此管理器中，单击“添加电线”按钮，打开“电力库”对话框，在此对话框中，通过单击“添加”按钮可添加线路型号；完成后，选中添加的线路型号，再单击“编辑电路”属性管理器中的“选择路径”按钮，然后选择某个线路，可令选中的线路包含选中的线路型号，如图 3-11 所示（执行多次操作可为每条线段设置不同的导线）。

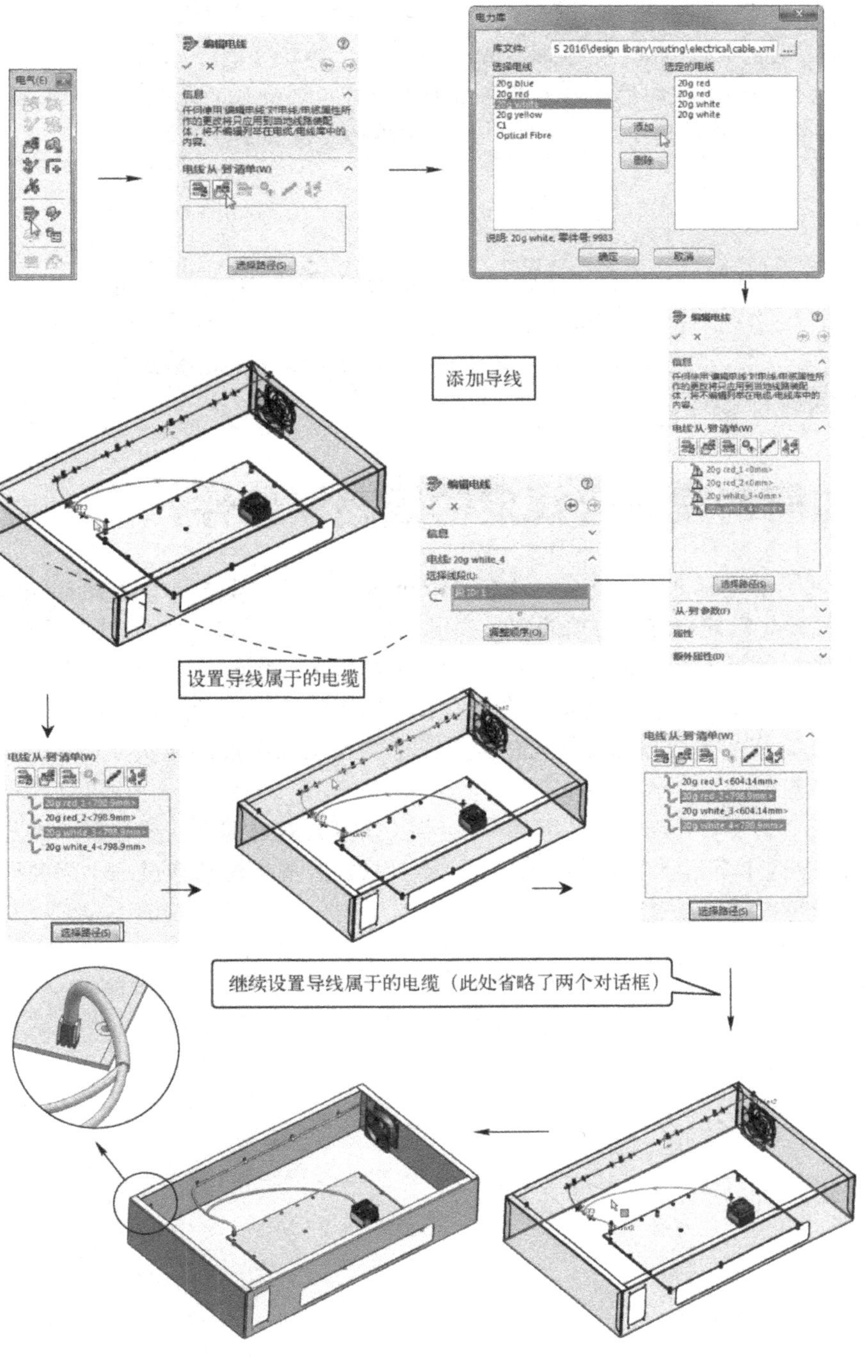

添加导线

设置导线属于的电缆

继续设置导线属于的电缆（此处省略了两个对话框）

图 3-11　设置导线

“编辑电线”属性管理器共提供了6个按钮，用于为电缆添加导线，分别为“刷新电线”、“添加电线”、“删除电线”、“什么错”、“扭曲的面组”和“替换电线”。其中，“刷新电线”按钮用于查错，而“什么错”按钮，用于提示出现了什么错误；“添加电线”按钮，用于添加导线，“替换电线”按钮用于替换导线，“删除电线”按钮用于删除导线。“扭曲的面组”按钮用于设置多条线为缠绕线，缠绕线的效果并不一定显示出来，但是此处这么设置，其目的是后续操作有利于计算电线的长度。

需要说明的是，系统只提供了四种颜色的导线（见图3-11中“电力库”对话框），以及缆束C1和一条光纤。且线路的规格（如粗细）不可更改，所以使用其他规格的电缆进行布线时，需要自定义相应配置的电缆库文件（Excel格式或.xml格式），定义方法可参考原始的定义文件。

3.4 如何创建符合规定的线路零部件？

系统提供了创建零部件的向导，单击“Routing 工具”工具栏中的“Routing 零部件向导”按钮，可打开此向导，然后可按照向导提示创建零部件。但是，此方式较烦琐，选项众多，不适合初学者，所以下面介绍另外一种创建线路零部件的方式。

实际上线路零部件，就是具有线路起点（被称作“连接点”），并添加了适当的配合参考的零件文件，无需使用向导也可轻松创建。下面介绍上面用过的接头文件“connector (3pin) female”的创建方法。

首先打开素材文件“创建线路零部件-接头（素材）.SLDPRT”（或自行绘制此零件文件），单击“Routing 工具”工具栏中的“生成连接点”按钮，然后通过一个面和面上点，定义好连接点的位置，如图3-12所示。

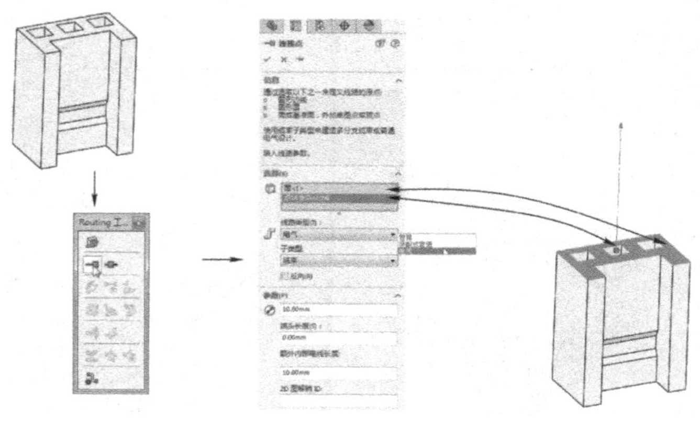

图3-12 创建零件并添加连接点

单击“参考几何体”工具栏中的“配合参考”按钮，选择三个面，添加配合参考特征，如图 3-13 所示。保存文件，再将其移动到“electrical”文件夹中，即可作为线路零部件使用了。

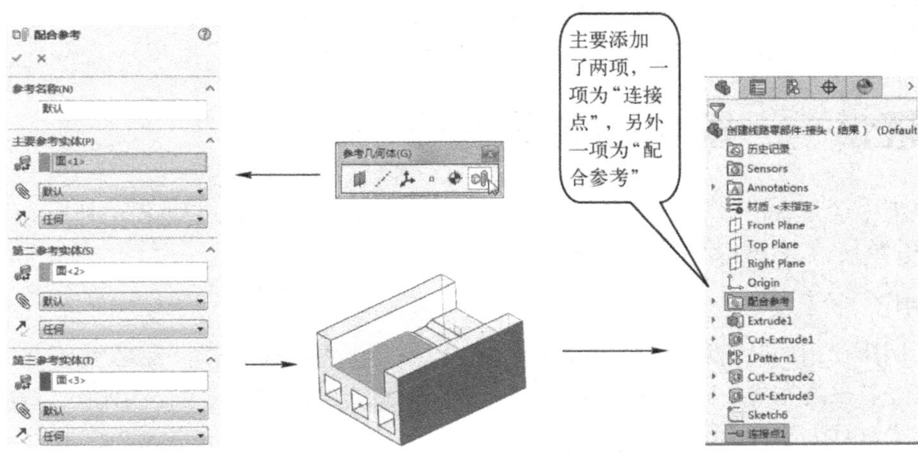

图 3-13　添加配合参考

提示

> 配合参考操作中，被配合的零件需不需要添加配合参考？实际上配合参考操作是单向的，被配合的零件或者说所添加零件的附着位置，无需添加对应的配合。在添加具有配合参考的零件时，系统会自动布置合适的位置以符合全部或部分配合，它只与面、线等有关，而与被配合对象是否有配合参考无关。

在创建线路零部件、添加连接点时，系统会打开“连接点”属性管理器，在此管理器的“选择”卷展栏中，可设置线路的类型，如此零件是电气还是管道等。所以说连接点的创建即意味着已经确定了线路的类型。实际上，创建线路时也可以单击“电气”工具栏中的“起始于点”按钮来进行此项选择。

下面解释一下 Routing 工具栏中其余按钮的作用（与线夹相关按钮和“分割线路”按钮，前面已做了详细讲解，此处不再赘述）。

- **“快速提示”**按钮和**“零部件向导”**按钮：“快速提示”按钮，用于打开在步路时的自动帮助；“零部件向导”按钮，用于创建零部件，其功能烦琐，本文后面创建零部件操作未使用此功能。
- **“生成连接点”**和**“生成线路点”**按钮：用于在线路装配环境下创建新的连接点。“生成连接点”按钮前面已用过，下面介绍一下“生成线路点”按钮。此按钮，在电气设备中很少使用（很少创建线路点，因为大多数线路都是有两个接头的，中间件很少），即使在线夹零部件中，线路点也是可有可无（线夹零部件创建的关键点是需要创建线路经过的中心轴）；其主要用于在管道等线路中，创建四通、三通或直通的中心点，这样在线路上添加此类零部件时，系统可以自动捕捉到此点。

➢ **“自动步路”**按钮和**“显示引导线”**按钮：前一个按钮可直接进入自动步路模式；后一个按钮用于在从/到模式配线时，显示配线的引导线（此功能初学者很少涉及）。

➢ **“覆盖层”**按钮：用于为线路添加覆盖层。

➢ **“更改线路直径”**按钮和**“修复线路”**按钮：前者用于管道模式，用于更改管路的直径；“修复线路”按钮，用于修复步路弯折处的错误。

实例精讲——配电柜布线操作

配电柜中通常有很多导线，用于连接不同的插头，本实例讲述在配电柜中使用 SolidWorks 的 Routing 模块，进行线路配置的操作。具体如下。

【制作分析】

本实例所使用的装配模型和布线后的模型，以及两条布线放大后的效果，如图 3-14 所示。本实例第一条电路布线，通过直接创建连接点的方式进行，而第二条线路则使用“直接放置”零件的方式进行创建，下面介绍具体操作。

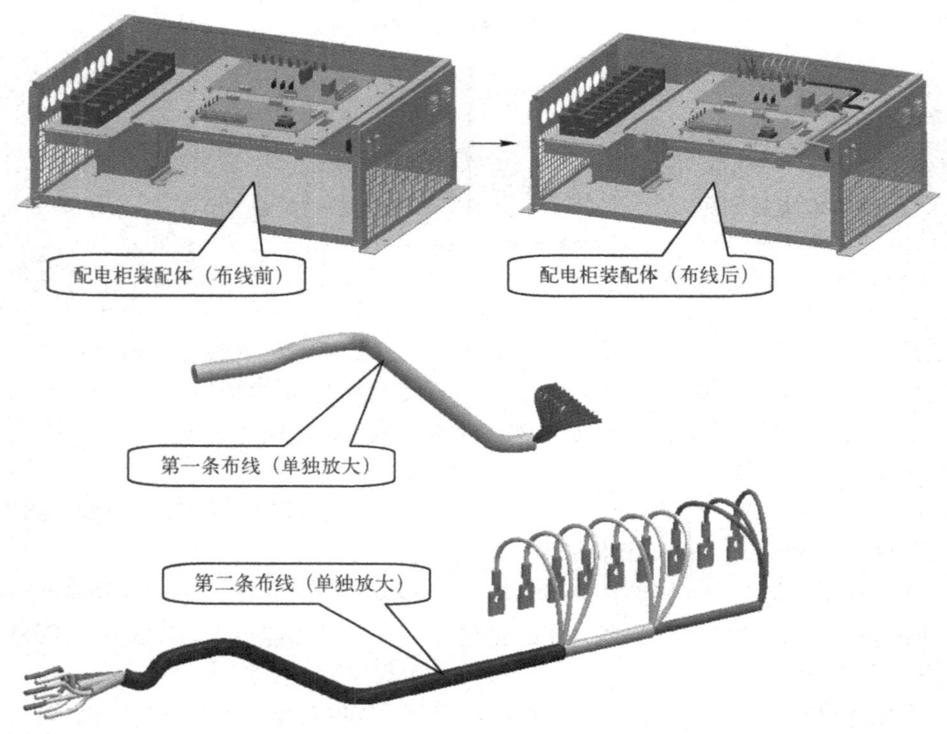

图 3-14 配电柜布线操作过程

【制作步骤】

STEP 1 打开本书提供的素材文件“配电柜.SLDASM”，首先查看模型，找到要使用导线连接的两个接头，如图 3-15 所示。

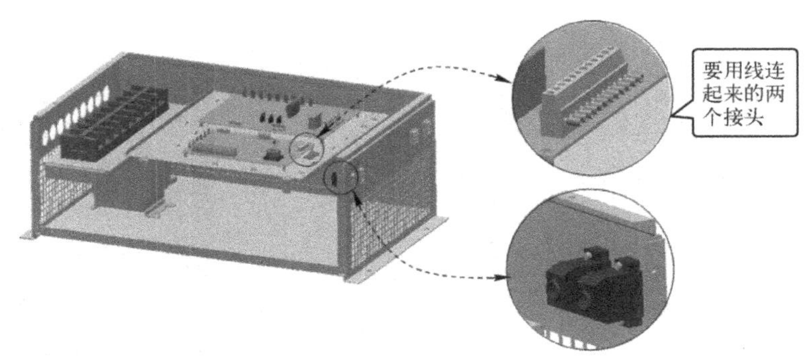

图 3-15 打开素材文件并找到要连接的接头

STEP 2 创建距离上面铁板 4mm 的基准面，如图 3-16 所示（此基准面是为后续通过绘制 3D 草图创建导线路径做准备）。

STEP 3 单击“电气”工具栏中的“起始于点”按钮，打开“连接点”属性管理器。如图 3-17 左图所示。然后单击模型接口处的一个圆边线，确定第一个连接点的位置，其余选项保持系统默认设置，单击“确定”按钮继续。

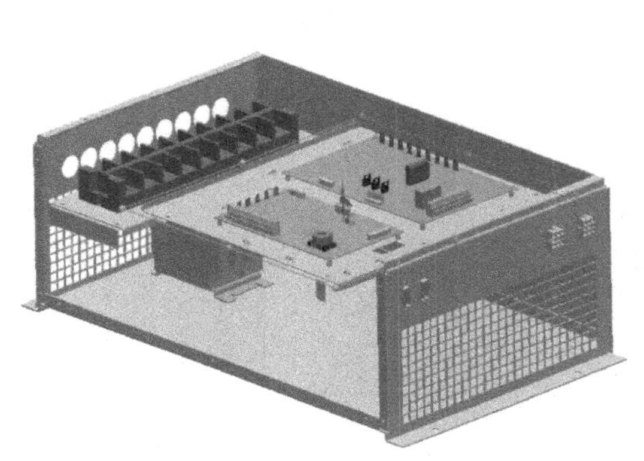

图 3-16 创建基准面

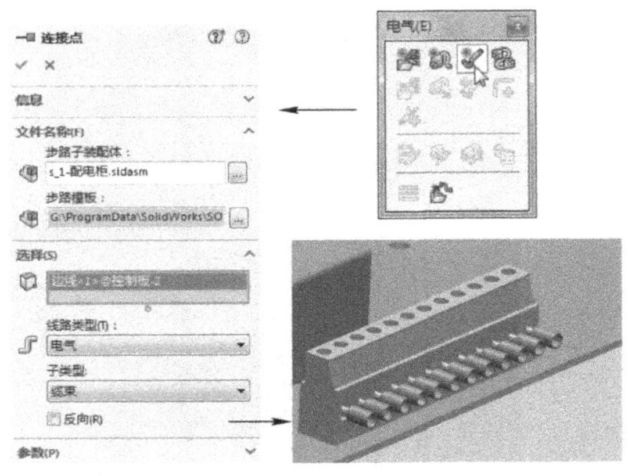

图 3-17 创建连接点

STEP 4 系统打开“线路属性”属性管理器，如图 3-18 左图所示。设置线路外径为“1mm”，单击“确定”按钮，打开“自动步路”属性管理器，如图 3-18 中图所示。单击“取消”按钮，进入布线环境的线路编辑状态，然后连续单击“电气”工具栏中的“添加点”按钮，同样通过单击接口处的一个圆边线，创建多个连接点，如图 3-18 右图所示。

提示

如连接点处的连线长度太长，在线路的布线装配体编辑状态下，可通过拖动端点的方式，对连接点处的连线长度进行适当调整。

STEP 5 在线路编辑状态下，选中步骤 2 创建的基准面，然后单击“草图”工具栏中的“基准面上的 3D 草图”按钮，将 3D 草图限制在此基准面上。使用“直线”和“圆弧”等命令绘制草图，作为电缆的干线，如图 3-19 所示。

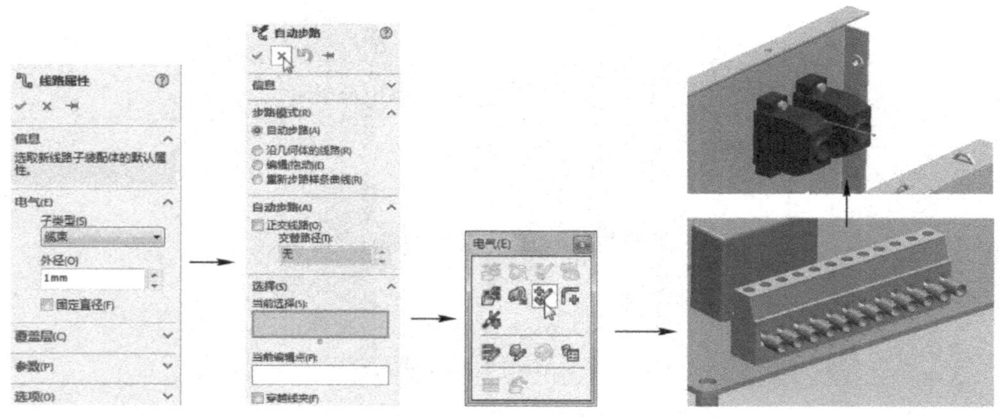

图 3-18 添加多个连接点

STEP 6 完成步骤 5 的操作后，单击“草图”工具栏中的“3D 草图”按钮，进入普通 3D 图线绘制状态，然后通过绘制样条曲线，连接步骤 5 绘制的干线，和步骤 3、步骤 4 绘制的连接点，基本上完成第一条电缆的布线操作，如图 3-20 所示。

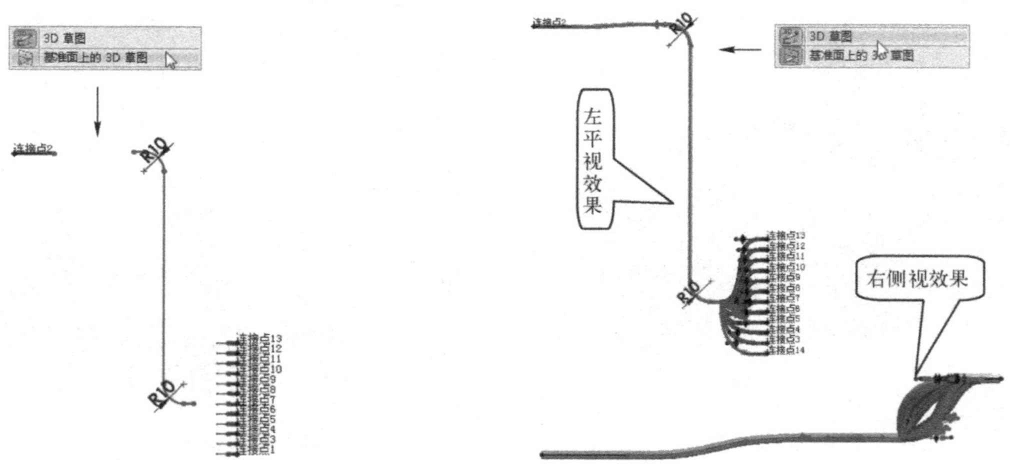

图 3-19 绘制 3D 草图效果

图 3-20 创建样条曲线效果

STEP 7 在线路编辑状态下，单击“电气”工具栏中的“编辑电线”按钮，打开“编辑电线”属性管理器，然后为每根导线设置通过的电线根数，如图 3-21 所示（电缆的出发点处，每条导线只有一根电线，且都为蓝色导线。主干线处，一直到另一个接头的连接点处，电线根数为 12 条，与实际情况相符）。完成布线操作，连续单击“确定”按钮退出布线模式即可（粗电缆的颜色，可在装配模式下进行单独设置）。

STEP 8 通过相同操作，可创建第二条电缆，如图 3-22 所示。第二条线路与第一条线路的创建略有不同，它是从“直接放置”零件开始创建的。创建时可使用系统提供的素材文件“自定义.sldprt”，将其放置到“Routing”文件夹下，然后直接拖放开始布置操作即可，其余步骤基本一致。

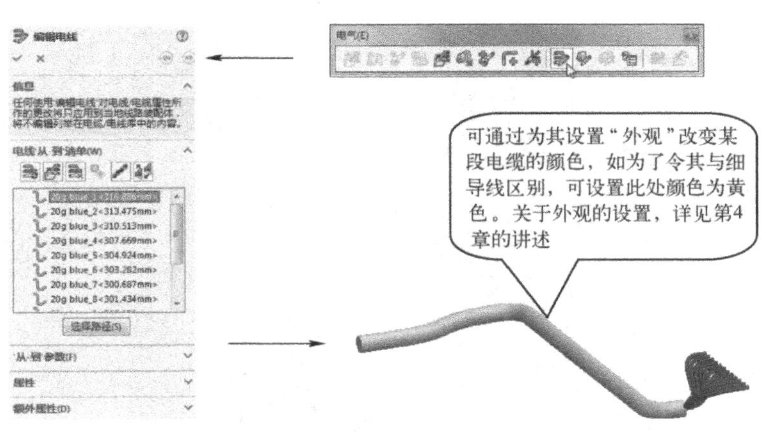

图 3-21 设置导线效果

第二条线路同样需要创建基准面，并首先绘制基准面上的 3D 草图作为粗电缆部分；另外，由于线路被分为了三部分，所以需要使用分割线路功能将主干线断开。

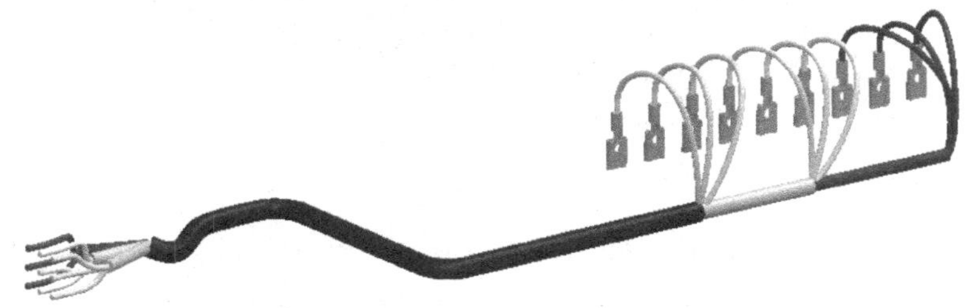

图 3-22 第二条布线的操作效果

在完成布线操作后，"电气"工具栏的最后位置处，将出现一个"平展线路"按钮，单击此按钮，可将线路展平，并自动计算出线路的长度，以及自动创建出电力材料明细表和工程图明细等，从而创建电气工程图，有兴趣的读者不妨自行尝试一下。

3.5 管道和软管与电气线路的操作基本相同

与电气线路相同，首先拖动管道接头，然后进行自动步路操作，选择接头的两个连接点，即可完成管道或软管的步路操作，具体操作如下。

STEP 1 打开本书提供的素材文件"液压站.SLDASM"，如图 3-23 左上图所示，拖动"自定义螺纹接头"到模型的接口位置处，如图 3-23 其余图形所示（需首先将本书提供的素材文件"自定义螺纹接头.SLDPRT"，复制到"C:\ProgramData\SolidWorks\SolidWorks 2016\Design Library\routing\piping\threaded fittings (npt)"文件夹中）。

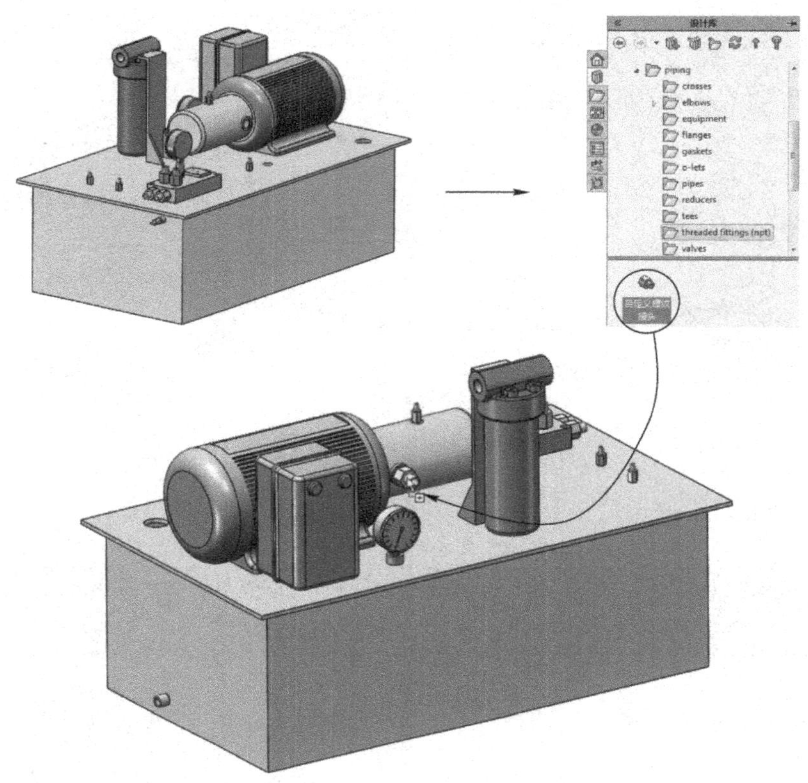

图 3-23 打开素材文件并拖动接头

STEP 2 系统自动打开“线路属性”属性管理器，如图 3-24 所示，保持默认设置，单击“确定”按钮继续操作，系统进入线路编辑状态，此时再次拖动“自定义螺纹接头”到模型的另外一个接头处即可，如图 3-25 所示。

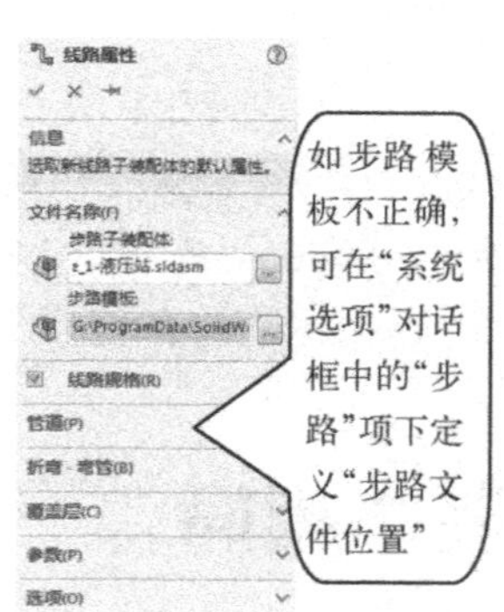

图 3-24 “线路属性”属性管理器

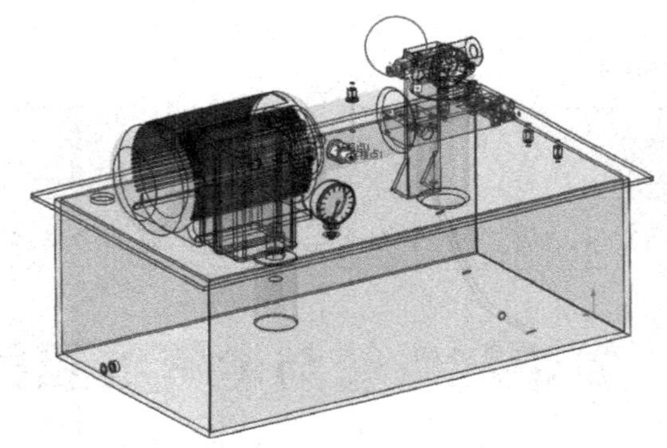

图 3-25 拖动到另一个接头处

STEP 3 完成上述操作后，单击“Routing 工具”工具栏中的“自动步路”按钮，打开“自动步路”属性管理器，如图 3-26 中图所示，选择添加的两个接头的两个连接点，系统将自动生成管路，如图 3-26 右图所示。

提示

为什么管道系统中不会自动打开“自动步路”属性管理器呢？这主要是因为工厂中的管道，在实际步路时，很大程度上会受到建筑物等的影响，所以管道在布置时，多通过手工画线的方式来完成，而不是通过自动步路来完成。

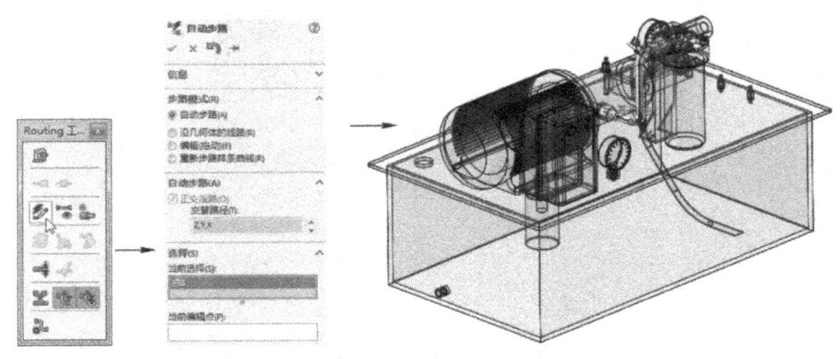

图 3-26　自动步路

STEP④ 连续单击“确定”按钮，退出步路状态，完成第一个管路的添加操作，效果如图 3-27 所示。

STEP⑤ 通过相同操作，可完成其余管路的步路操作，效果如图 3-28 所示。

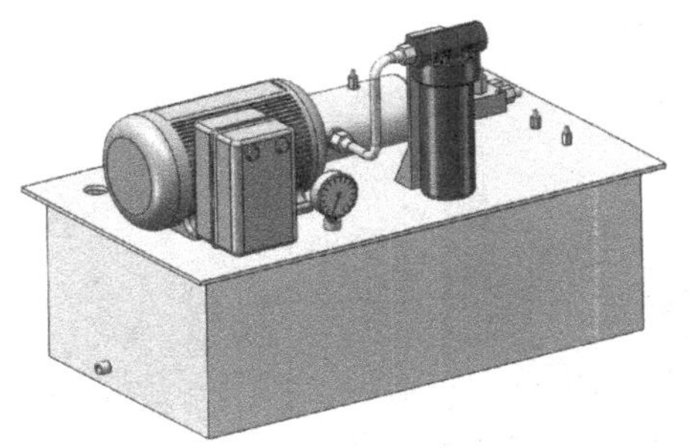

图 3-27　第一条管路的步路效果

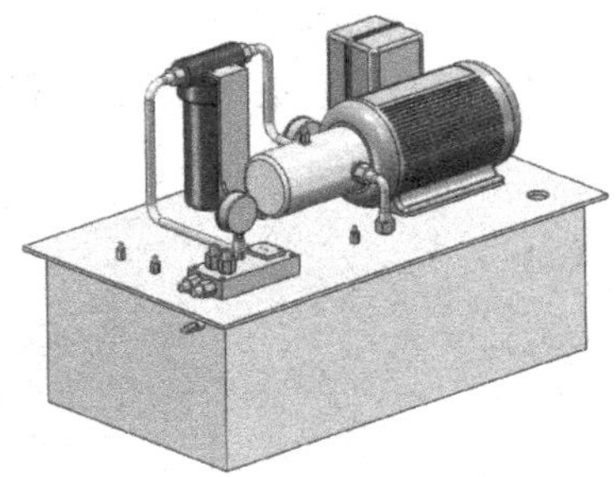

图 3-28　所有管路的步路效果

提示

为什么自动生成的管道有蓝有黄？这主要是因为管道系统多较粗，其弯曲的位置大多都是固定成型的弯管，实际工作中是需要单独焊接的，所以自动步路时，系统自动选用模型库中的弯管，并以黄色标示出来。

提示

为什么有一个管道无法完成配置？本图例从油箱到油泵处的管道，由于管路太短，自动步路时的折弯半径无法满足系统要求(即自动生成的弯管放不下)，所以在创建此管道时，需要进行自定义设置，然后在布管时，使用横竖向的线以及圆角操作绘制即可，如图 3-29 所示。此时不会使用模型库中的弯管。

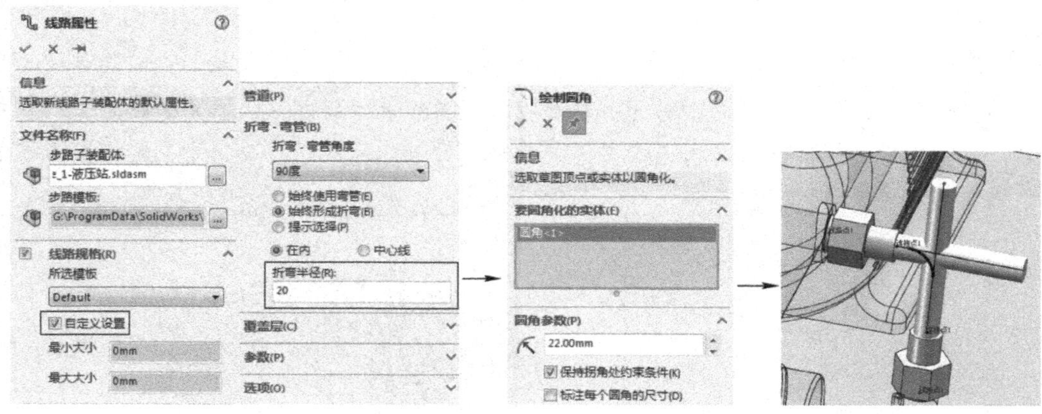

图 3-29　自定义布管

实例精讲——工业水循环过滤系统管道操作

工业水循环过滤系统由多个罐体组成，在罐体的中间需要布置管道。本实例讲述从装配体创建，到管道布置的所有操作过程。

【制作分析】

本实例所创建的罐体装配体和管道布管效果，如图 3-30 所示。操作时罐体使用提供的素材文件并进行阵列，管道通过绘制辅助线，然后布管得到（需添加多个法兰），具体操作如下。

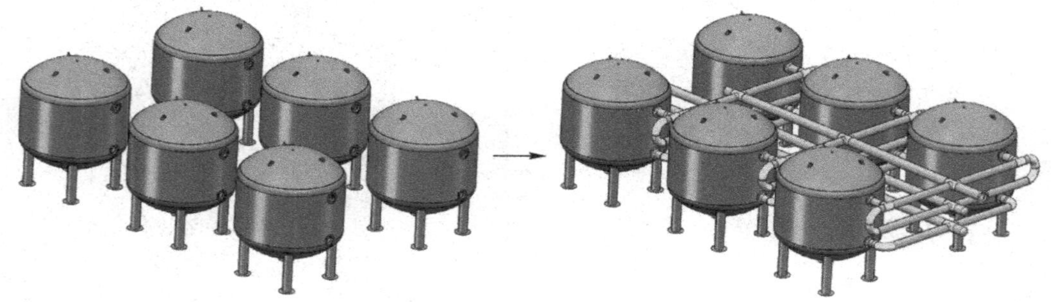

图 3-30　罐体装配体和管道布管效果

【制作步骤】

STEP 1 新建装配文件并导入本书提供的素材文件“水罐.SLDPRT”，然后对导入的水罐模型执行阵列操作，如图 3-31 所示（阵列操作时，阵列距离应为 5000×6200，且应令罐体的两个开口与所有罐体的长度方向一致）。

STEP 2 单击“管道设计”工具栏中的“通过拖/放来开始”按钮，打开设计库，并拖放多个“welding neck flange”法兰件到罐体的接口处，如图 3-32 所示。

STEP 3 退出布线模式，创建基准面，在其中绘制多条辅助线，如图 3-33 所示（草图中，横向的草图线距离每排罐子罐口的距离为 750mm，顶部罐口下的草图线，与最顶部的草图线的距离为 800mm，两侧延伸的长度也为 800mm）。

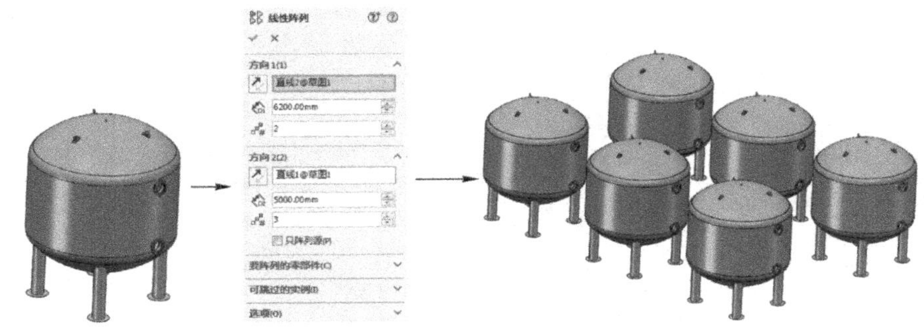

图 3-31　导入罐体并执行阵列操作效果

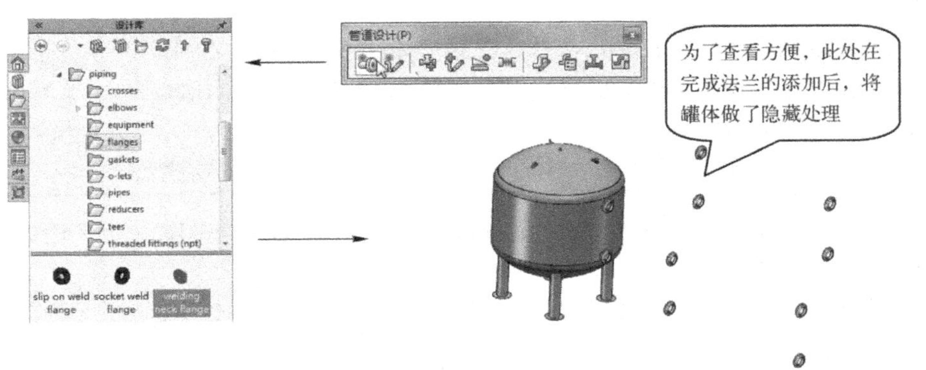

图 3-32　添加多个法兰

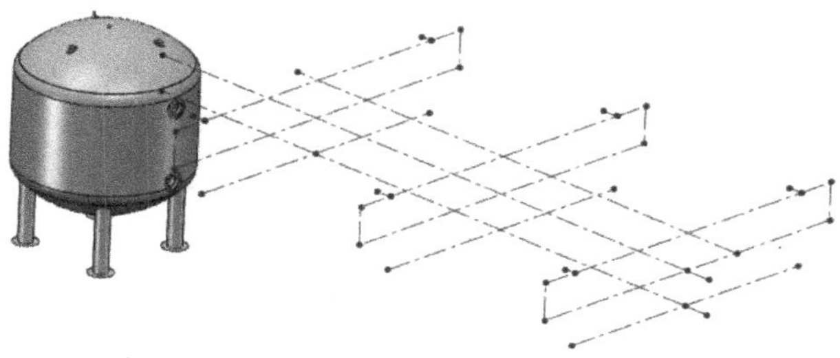

图 3-33　创建的辅助线效果

提示

为什么需要创建草图？因为此处管道较复杂且缺少参考物，提前创建好草图有利于后期管道的精确布置。

STEP 4 单击“管道设计”工具栏中的“编辑线路”按钮，重新进入线路编辑状态，然后沿步骤 3 绘制的辅助线首先绘制竖向的圆弧线和与其相连的线（如图 3-34 所示，圆角会自动生成），然后拖动“设计库”中的“straight tee inch”文件（三通）到所绘线的三通位置处进行布线，如图 3-35 所示。

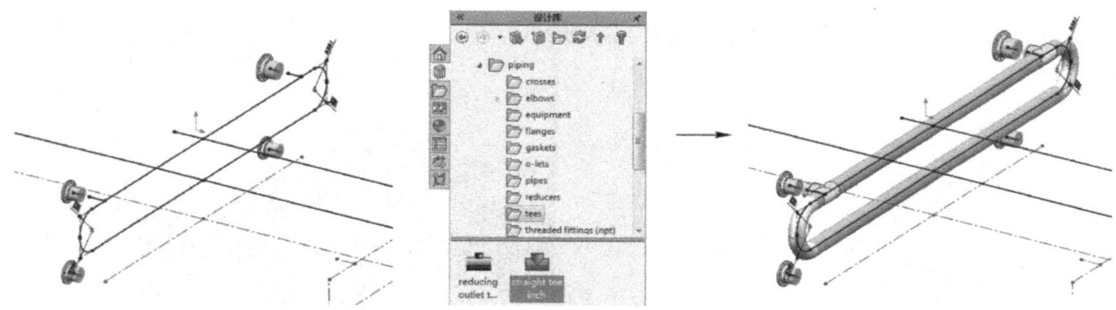

图 3-34 绘制竖向圆弧线和与其相连线效果　　图 3-35 拖放三通效果

在捕捉草图绘制直线时，应在线路编辑模式下进行操作（即重新编辑线路后的环境），而且应注意，所绘制的直线（那个回路）应在中间点处断开（即分两段绘制），此操作的目的是利于后期三通和四通的布置。

完成三通和四通的布置后，将法兰处的管道点直接拖动到布置好的管道环路点上即可。

STEP 5 通过相同操作，拖放“reducing outlet cross inch”文件（四通）到所绘线的四通位置处，完成第一排管路的布管操作，如图 3-36 所示。

STEP 6 通过相同操作，以先绘制线，再添加三通和四通的方式，可完成其他部分管线的布管操作，如图 3-37 所示。

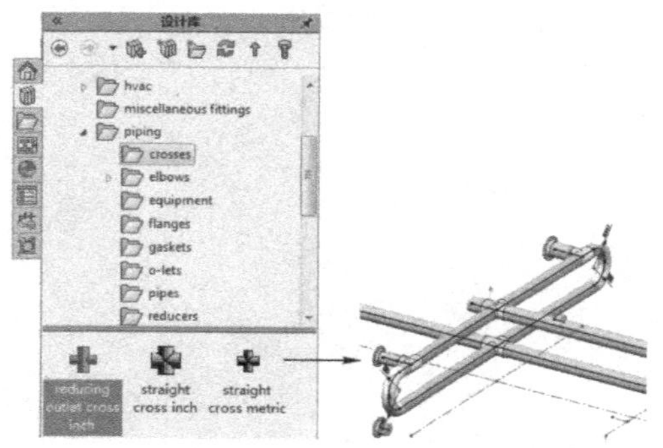

图 3-36 拖放四通效果

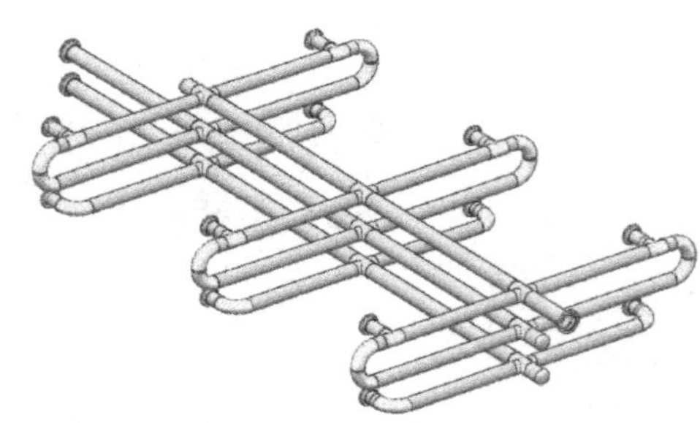

图 3-37 其余管道布管效果

STEP 7 最后导入本书提供的素材文件“尾端.SLDPRT”，并添加必要的法兰件，可完成所有布管操作，最终效果如图 3-30 右图所示。

1. 关于“软管”：本章未单独介绍软管功能，实际上软管与管道非常类似，也提供法兰等组件，且所创建的管路，除非在属性配置时单独设置使用软管，否则所创建的管路，通常都是正交模式配置的。只不过软管管路不会创建弯管件（这点与电力线路类似），因为毕竟软管较细，是用于机械设备内的管路，通常无需焊接。

2. 如何更改管道线路的直径：在线路编辑模式下右击管路，选择"更改线路直径"按钮，可在打开的属性管理器中对线路的直径进行调整。调整时，注意单击右上角的"下一步"按钮，切换不同的界面，完成对管路直径的配置。

3. 什么是管道"贯穿"（连接）：管道贯穿用于创建贯穿管道的管路。当在已有的管道的某个非断点位置处绘制线路，并创建不同直径的管路时（多比原管路直径小，管路之间有干涉），右击接点，选择"连接"按钮，即可令较细的管道贯穿较粗的管道，并在较粗的管道上创建孔。

3.6 本章小结

本章主要介绍了使用 SolidWorks 提供的 Routing 工具创建管路的操作。管路共包括三部分：电力管线、软管和管道。其操作基本上差别不大，通常是先创建接头，然后进行自动布管，或通过绘制直线、样条曲线等到接头的连接点上，完成布线操作。

Routing 模块的应用，在于提高了布线的效率和方便绘制工程图，特别在线路繁杂时，更容易显示出它的优势，所以应根据需要灵活掌握布线的关键技巧。

3.7 思考与练习

一、填空题

（1）管路实际上就是一个________；只是这个________有所不同：首先多了一个管路标志；然后还多了________和________两个模型文件夹。

（2）管路装配体中的__________项，实际上就是一个三维草图，它的作用告诉管路沿此路径布线或布管。

（3）SolidWorks 提供了一个新的模块，__________模块，来对线路和管道等进行设计，以节省绘图时间。

（4）Routing 模块共包括、__________、__________、__________、__________和"Routing 工具"5 个工具栏。其中__________工具栏中的按钮，用于打开其余工具栏。

（5）Routing 工具在设计__________、__________和__________时都会用到。

（6）插入接头，实际上是进入布线环境的一种方式（即通过单击"通过拖/放来开始"按钮开始步路），进入布线环境的同时插入了接头。除此之外，也可以单击"电气"工具栏中的__________按钮，以"从/到"清单方式进行步路；或不用接头，直接单击__________按钮，通过选择一个面和点的方式，开始步路。

（7）"Routing"文件夹存放系统提供的标准线路库文件，共有 6 个文件夹，其中"assembly fittings""miscellaneous fittings"和"piping"文件夹中的文件用于__________。

（8）自动布线后的线路，其路径通常较随意，可能无法满足设计的要求，此时同现实中的步路一样，不妨使用__________来规范线路。

（9）在线路编辑状态下，单击"电气"工具栏中的____________按钮，可在打开的属性管理器中为电缆定义导线数。

（10）创建符合规定的线路零部件，关键是在普通模型文件上定义____________和____________。

二、问答题

（1）通过本章学习，可知道管路实际上就是一个装配体，那么在进行管路布线时，通常需不需要执行装配操作？如何添加约束等操作？

（2）在创建线路零部件时，由于布线时，第一个添加的零部件决定了要创建的管路类型（例如，是电气、软管还是管道），那么应该如何令线路零部件决定线路类型？

（3）为什么管道中的弯管，很多都是黄色的？为什么有的不是黄色的？

三、操作题

（1）打开本书提供的素材文件“配电柜.SLDASM”，如图3-38左图所示，使用本章所学的知识进行其他部分的布线操作，效果如图3-38右图所示。

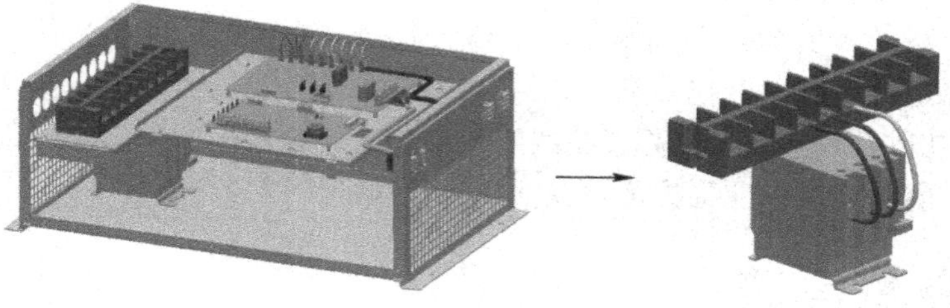

图3-38 素材文件和布线效果

> **提示：** 本实例操作，需使用素材文件中提供的自定义接头（模型库中的接头，无法与模型位置处对齐）。

（2）打开本书提供的素材文件“暖气系统.SLDASM”，如图3-39左图所示，使用本章所学的知识，执行布管操作，效果如图3-39右图所示。

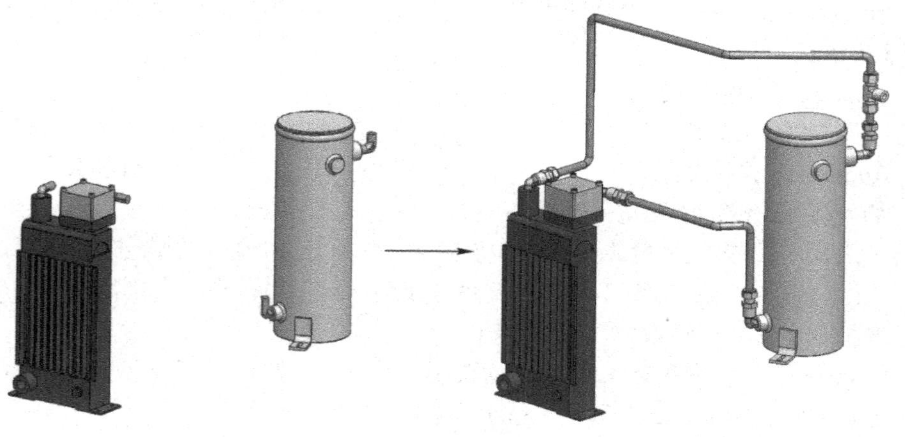

图3-39 素材文件和布管效果

第4章 模型渲染

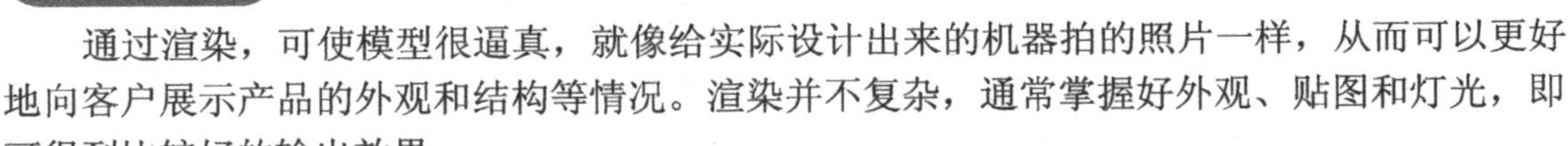

本章要点

- 渲染工具介绍
- 主要渲染过程
- 其他渲染设置

学习目标

通过渲染，可使模型很逼真，就像给实际设计出来的机器拍的照片一样，从而可以更好地向客户展示产品的外观和结构等情况。渲染并不复杂，通常掌握好外观、贴图和灯光，即可得到比较好的输出效果。

本章讲述将设计好的模型渲染输出的相关知识。

4.1 渲染工具介绍

SolidWorks 是通过什么模块进行渲染的？或者说 SolidWorks 的渲染空间是什么？在学习 SolidWorks 渲染操作之前先来解决这个问题。

实际上即使不进行渲染，也可以在 SolidWorks 的正常建模环境下为模型添加材质和贴图，并设置灯光。这些操作与后面将要介绍的渲染操作相同，都可通过 SolidWorks 的“DisplayManager”选项卡来实现。不同之处在于，普通建模环境下设置的材质、贴图和灯光，只在 SolidWorks 的建模环境下显示，即只影响操作窗口中模型的样式且显示粗糙。要实现正确的渲染输出，即将模型渲染成逼真的图片，在 SolidWorks 2016 中需要使用 PhotoView 360 插件。

如图 4-1 左图所示，单击顶部“常用”工具栏“选项”下拉菜单中的“插件”项，在弹出的“插件”对话框中选中“PhotoView 360”复选框，启动 PhotoView 360 插件；然后右击顶部工具栏空白处，在弹出的快捷菜单中选择“渲染工具”菜单项，可调出“渲染工具”工具栏，使用此工具栏，可完成对模型的渲染操作。如图 4-1 右图所示。

知识库

> PhotoView 360 插件，2009 版之前称为 PhotoWorks，从 2010 版开始 PhotoView 以独立的程序出现，因此需要在 Windows“开始”菜单中启动此工具。

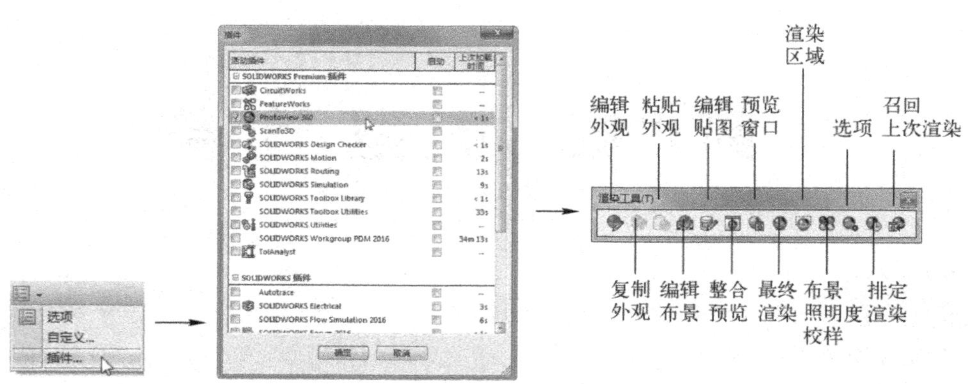

图 4-1　启动渲染插件并调出渲染工具栏

下面介绍在普通建模环境下（或装配环境下），“DisplayManager”选项卡，与启用了PhotoView 360 插件时相比较有何差别。如图 4-2 所示，左侧 DisplayManager 选项卡为未启用PhotoView 360 插件时的样式，右侧 DisplayManager 选项卡为启用了 PhotoView 360 插件时的样式（及模型渲染和不渲染的差别）。

通过观察不难发现，启用 PhotoView 360 插件后，“DisplayManager”选项卡中的“PhotoView 360 选项”按钮可用了，此按钮主要用于设置渲染输出图像的大小和清晰度等参数；设置线光源的影响范围也有差别，“SolidWorks 光源”栏内的按钮可设置普通环境下的光源开启，而“PhotoView 360 光源”栏内的按钮则可设置 PhotoView 环境下光源的开启（灰度关闭，彩色开启，可右击，通过弹出的快捷菜单，打开或关闭相应的线光源），其他“外观”“贴图”“布景”等，在两种模式下都有作用，只是显示的精度不同。

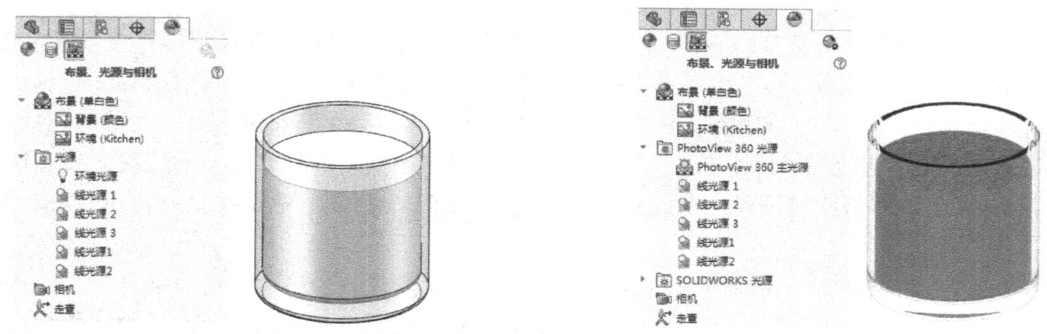

图 4-2　PhotoView 360 插件启用前后“DisplayManager”选项卡和模型渲染前后的效果（相同的外观材质和灯光）

提示

“DisplayManager”选项卡是渲染操作的主要选项卡，通过此选项卡可执行渲染的大部分操作（如设置外观材质、贴图和布景等）。通常通过右击打开快捷菜单执行相关操作，与单击工具栏中的相关按钮效果相同，只是缺少了“最终渲染”和“预览”等命令。

4.2 主要渲染过程

通常渲染只有关键的那么几步，分别是设置外观、贴图和灯光，然后执行“最终渲染”命令输出即可。其中贴图和灯光，根据需要有时无需操作，所以实际上外观的设置最关键，最终渲染有时也可通过“整合预览”命令代替。本节讲述相关操作。

4.2.1 外观相当于设置对象的材质

外观相当于现实工作中决定使用什么材料来制造某个零件，如螺钉旋具，手柄部分可用塑料，而刀杆多为钢材。

要为模型设置外观（此处操作可先打开本书提供的素材文件），可单击“渲染工具”工具栏中的“编辑外观”按钮，打开“颜色”属性管理器。首先通过右击“所选几何体”栏删除默认选中的几何体，再单击“实体”按钮，并单击素材文件实体（这里单击相框），然后在右侧“外观、布景和贴图”任务窗格标签中，选择一外观（这里选择“粗制黄松木”外观），将其设置给选中的相框实体，即可完成外观的设置，如图4-3所示。

完成外观的设置后，直接单击“渲染工具”工具栏中的“渲染”按钮，可查看设置材质的效果（可以发现此时相框模型较像木质），如图4-3左下图所示。

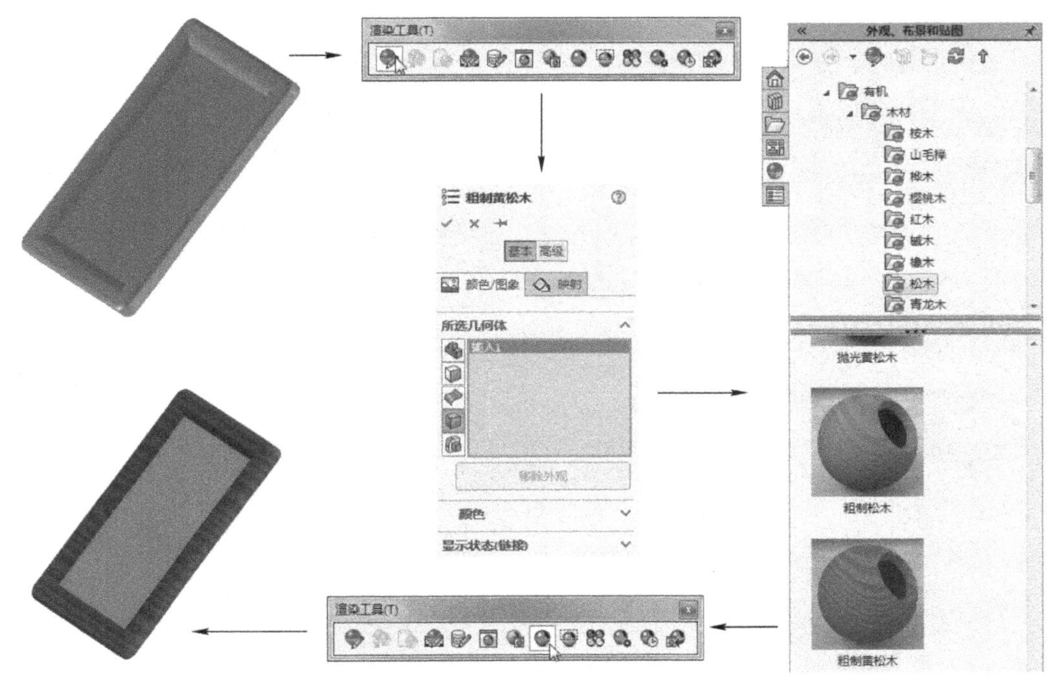

图4-3 设置外观并渲染输出

渲染操作中的外观设置，就是首先选中要设置的特征、实体或面等，然后在右侧窗格标签中，选中要使用的外观项即可。

在渲染的过程中，“颜色”属性管理器中的“颜色/图像”选项卡中，“颜色”选项卡用于更改外观的颜色；“显示状态”选项卡，用于在多配置实体中令更改的外观作用于某个配置。

单击“颜色”属性管理器中的“高级”按钮，可打开其余选项卡，如图 4-4 左侧 3 个图所示，可对更多的“颜色”选项进行设置。

其中“映射”和“表面粗糙度”选项卡，只对织物、粗陶瓷和某些塑料外观（有纹理的外观）有作用，用于对纹理的方向等进行设置。实际上当所选用的外观具有纹理时，在基本模式下，也会显示“映射”选项卡，如图 4-4 右图所示，此选项卡与高级模式下的“映射”选项卡作用相同，只是其选项和设置会更加形象一些。

“照明度”选项卡作用较大，其中“漫射量”项就是对散光的反射量；三个“光泽”项，用于设置零件上高光的强度和颜色；“反射量”项用于设置类似镜面反射的程度；“透明量”项用于设置透明度；“发光强度”项可用于模拟灯泡；“圆形锐边”项用于将锐利的角做圆形化渲染处理。

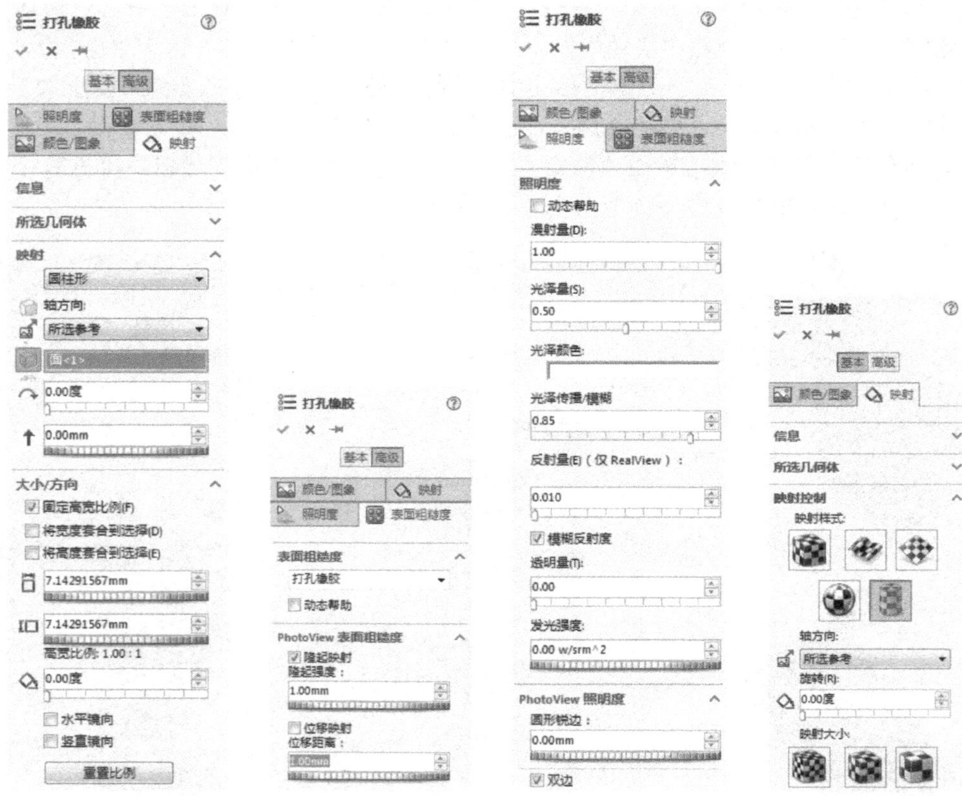

图 4-4 “颜色”属性管理器中的选项卡

提示

需要注意的是，在 SolidWorks 左侧模型树中有个“材质”项，此项设置也可影响外观，但并不是渲染时要使用的。“材质”项除了可影响模型外观，还可设置模型的质量等属性，即“材质”项是分析操作时要设置的项，而渲染时只需设置外观即可。

4.2.2 贴图像是穿衣服

贴图就是将真实的图片（如拍照的图片）贴到零件表面（像穿衣服一样），令渲染效果更加逼真。

要执行贴图操作，可单击“渲染工具”工具栏中的“编辑贴图”按钮，然后单击“浏览”按钮，在打开的对话框中选择好要使用的贴图图片，再选择要进行贴图的零件表面，然后切换到“映射”选项卡，再根据需要调整贴图的大小即可（也可直接拖动贴图的控制点，对贴图大小进行调整），如图 4-5 所示。

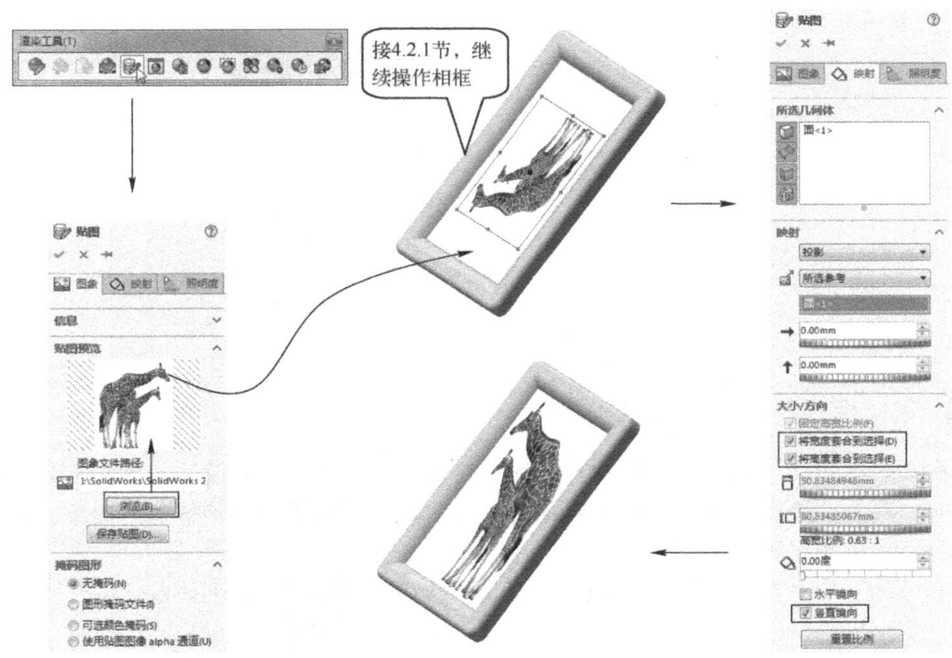

图 4-5 设置贴图

“贴图”属性管理器中部分选项的作用具体如下：

- **“图像”**选项卡中的**“掩码图形”**卷展栏：掩码图形相当于 PhotoShop 中的图层遮罩，指使用一个图形罩在当前贴图图形上，然后用于遮罩图形的白色区域变为透明的区域，或者选中某个颜色，以消除贴图图形中的此颜色，如选中“使用贴图图像 Alpha 通道”项，则可渲染生成带图层的图像。
- **“映射”**选项卡中的**“大小/方向”**卷展栏：用于调整贴图图形的大小和方向，或进行水平和竖直反转等（各选项的具体作用，读者不妨自行尝试）。
- **“映射”**选项卡中的**“映射”**卷展栏：用于设置贴图图形的位置和图形投射到模型表面的方式，下面的两个按钮，用于调整贴图图形相对于所选面的位置；“投影”下拉列表可设置贴图图形映射到零件表面的投影方式（“标号”可理解为一种包裹形式的贴合，类似于在实际零件上粘贴标签；“投影”是先将图绘制在指定基准面上，然后再从基准面将贴图映射到选中的面上；“球形”用于投射球面；“圆柱形”用于投射圆柱面）。

提示

> 如工作区中为模型添加的贴图图形始终显示不出来，可在“前导视图”工具栏的“隐藏/显示项目”下拉列表中单击“查看贴图”按钮，如图 4-6 所示。

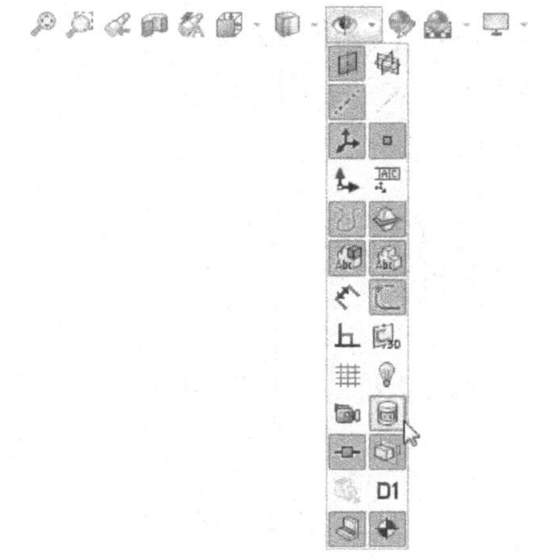

图 4-6　显示贴图

4.2.3 灯光相当于摄影师的布光

摄影师拍照时为了得到清晰的图片，或获得需要的拍照效果，除了自然光之外，通常还需要对被拍照的对象进行打光。SolidWorks 也可对此进行模拟，对被渲染的对象，通过添加各种光源为其添加照射光线等。

下面添加一个“聚光源”。在添加之前，通过导航控制区“DisplayManager”选项卡中的“布景、光源和相机”列表项，先关闭系统自动打开的“线光源”（此处，接 4.2.2 节，继续操作相框文件），并设置背景明暗度和布景的反射度都为 0，如图 4-7 所示（以模拟黑夜效果）。

然后右击“线光源 1”项，选择“添加聚光源”菜单命令，再设置聚光源的位置以及亮度和柔边参数等，即可得到需要的灯筒照射相框的效果，如图 4-8 所示。

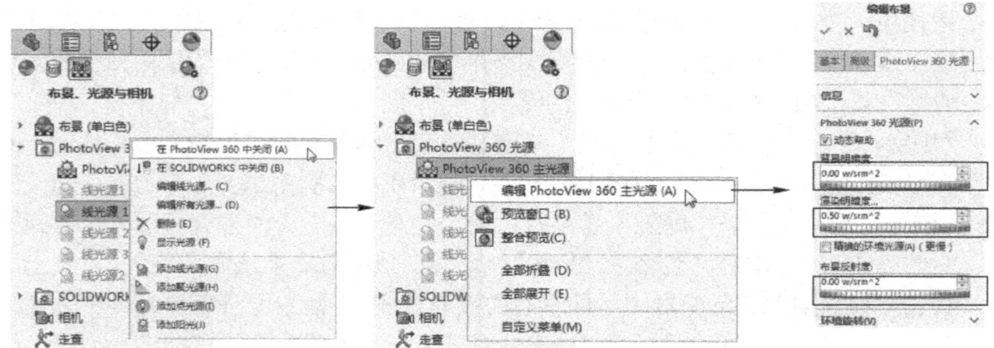

图 4-7　关闭线光源并设置背景亮度

下面解释一下“编辑布景”属性管理器中各个选项的作用。

- **背景明暗度**：相当于背景的亮度，设置为 0 就是黑色的夜空。
- **渲染明暗度**：渲染时，模型本身的亮度。
- **布景反射度**：是所设置布景空间墙壁反射光线的能力。

在“DisplayManager”选项卡的“布景、光源和相机”列表项中，“布景照明度”项的下面还有个“环境光源”项，此项只对 SolidWorks 工作区起作用，对渲染效果无影响。

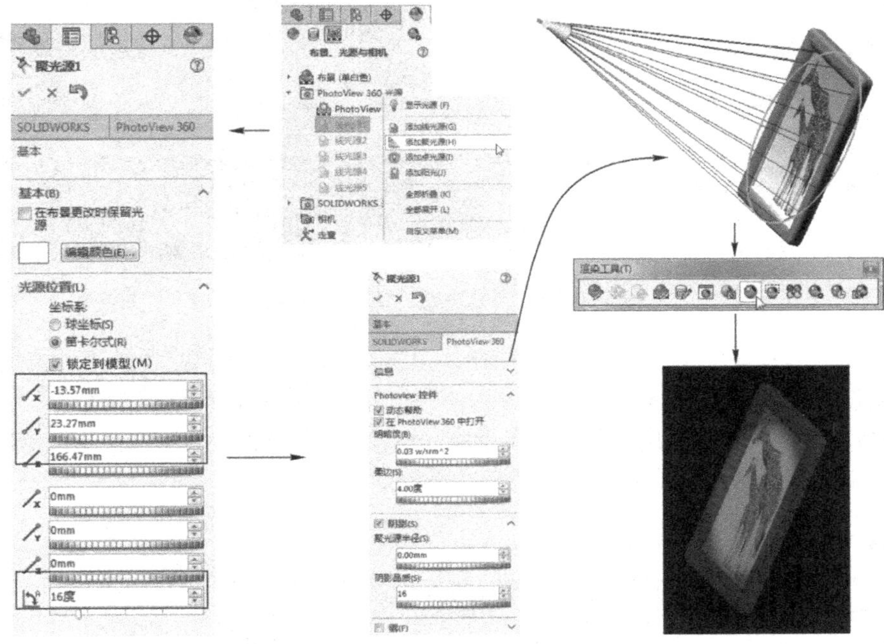

图 4-8 添加聚光源并进行渲染输出

下面解释一下“聚光源”属性管理器中各选项的作用。

- “基本”选项卡中的“基本”卷展栏：只在 SolidWorks 工作区中起作用，对渲染效果无影响。
- “光源位置”卷展栏：中的选项用于调整光源的位置。
- “PhotoView”选项卡：用于设置渲染时光源的强度（明暗度），光源边界处的柔和程度（柔边），以及光源边界处是否有阴影等。

“线光源”和“点光源”的属性管理器中的各选项的作用也与此相同。

PhotoView 中共可添加三种光源：线光源、聚光源和点光源。其中，线光源多用于模拟太阳光（或其他远距离光源），是一种均匀光线；聚光源的光线被限制在一个圆锥体内，可用于模拟手电筒；点光源多用于模拟灯泡，光从灯泡的中心向外辐射。

4.2.4 渲染后得到的效果

完成外观的添加以及其他设置工作（如灯光设置，或保持系统默认）后，单击“渲染工具”工具栏中的“最终渲染”按钮，即可在打开的“最终渲染”窗口中得到渲染效果，如图 4-9 所示。此时，单击“保存图像”按钮，可保存渲染图像。

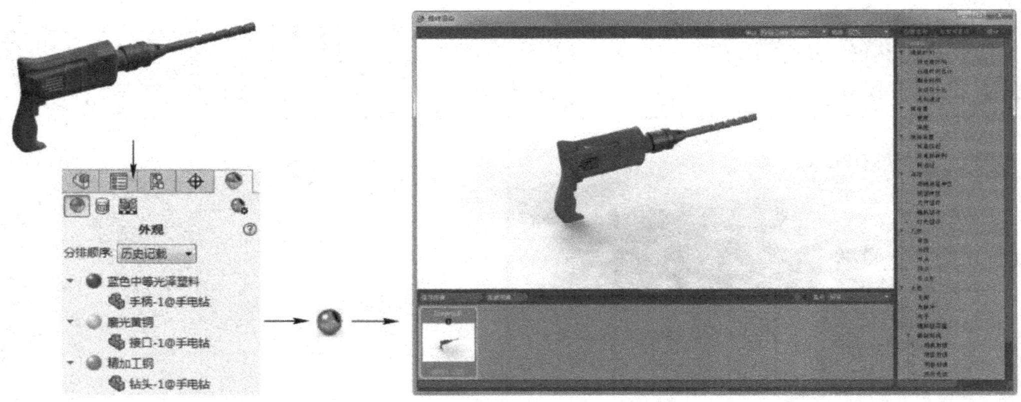

图 4-9 添加外观并进行最终渲染输出

如只是想临时查看渲染效果，不立即输出，也可单击“整合预览”或“预览窗口”按钮，预览模型效果。其中“整合预览”命令将在当前操作区中整合预览模型效果，“预览窗口”命令将在打开的窗口中显示预览效果。“布景照明度校样”按钮，用于预览布景照明度亮暗，然后可根据预览的照明度状况，对光源的亮度等进行调整。

知识库

可单击“渲染工具”工具栏中的“选项”按钮，打开“PhotoView 360 选项”属性管理器，如图 4-10 所示，通过此界面设置图像输出的大小和分辨率等参数，各卷展栏的具体作用如下：

- **输出图像设定**：用于设置输出图像的大小，以及图像格式和默认输出路径等。
- **渲染品质**：用于设置预览和最终渲染时，输出图像的品质（即分辨率）。此卷展栏中选中“自定义渲染设置”复选框，可定义渲染时采用的“反射”和“折射”次数（因为光线是需要在房间中反射多次，才能被吸收的），数越大图像越逼真，渲染也越耗时。“灰度系”用于设置“中级色调”（处于最亮和最暗之间的颜色）的亮度，值越大“中级色调”越亮。
- **光晕**：令发光或反射光的位置变模糊，类似雾的效果。
- **轮廓渲染**：渲染时可以渲染出模型的轮廓线。

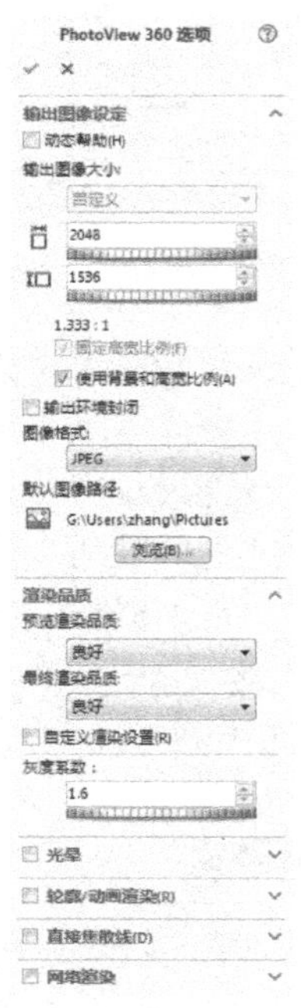

图 4-10 “PhotoView 360 选项”属性管理器

> ➢ **直接焦散线**：焦散是指光线穿过透明物体，在透明物体表面发生的漫散射现象，如水面的粼粼波光，此处即用来定义焦散效果和焦散质量的。
>
> ➢ **网络渲染**：定义使用网络渲染，此时需要局域网的其他计算机打开 SolidWorks 组件中的“PhotoView 360 Network Render Client”程序，并单击“立即进入客户端模式”按钮，然后在渲染时可使用多台计算机对模型进行渲染，以节省渲染时间。

实例精讲——渲染玻璃杯

本实例讲述一个简单的玻璃杯渲染的实例，以复习前面学到的渲染过程。玻璃和水都是透明介质，按说渲染起来应该较为复杂，但实际上却是 PhotoView 360 插件的“拿手”操作，一点也不困难。

【制作分析】

本实例将渲染一个盛放着绿色液体的玻璃杯，渲染时主要用到了玻璃、水（静水和重波纹水）外观，如图 4-11 所示，重波纹水外观用于模拟水表面的状态。具体操作如下。

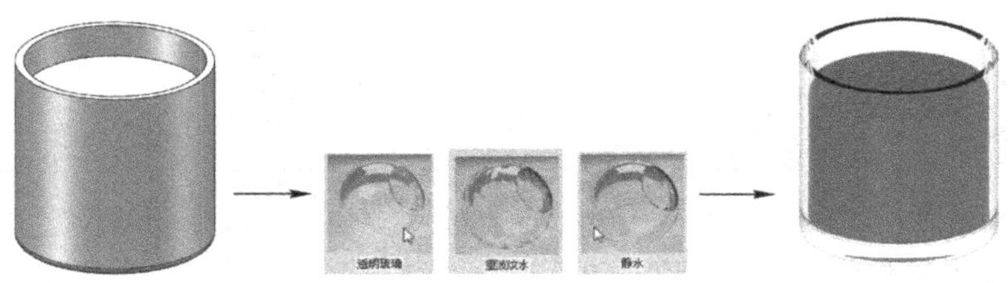

图 4-11 零件模型和分模后的型芯、型腔

【制作步骤】

STEP 1 打开本书提供的素材文件“水杯（素材）.SLDPRT”，单击“渲染工具”工具栏中的“编辑外观”按钮，然后选择杯子实体为要设置外观的对象，并通过右侧“外观、布景和贴图”任务窗格为其设置“透明玻璃”外观，如图 4-12 所示。

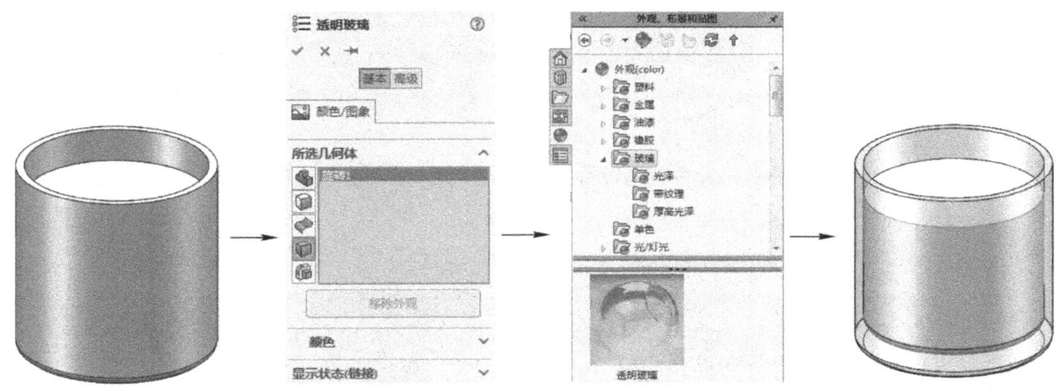

图 4-12 为杯子实体设置透明玻璃外观操作

STEP 2 单击“渲染工具”工具栏中的“编辑外观”按钮，然后选择水实体为要设置外观的对象，通过右侧“外观、布景和贴图”任务窗格为其设置“静水”外观，并为其设置颜色为“绿色”，如图 4-13 所示。

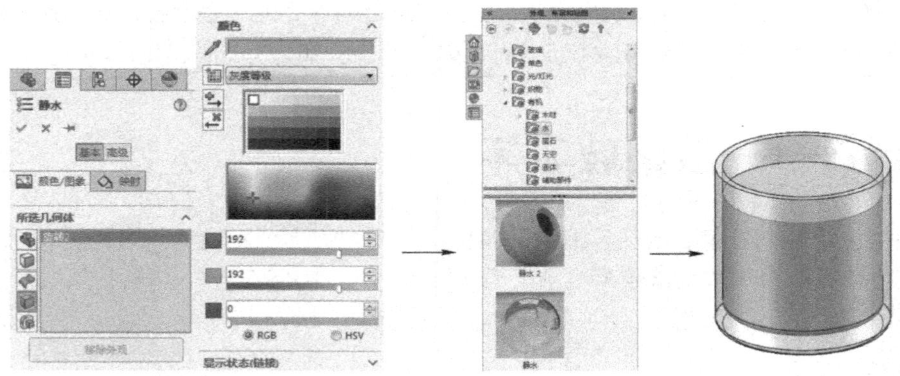

图 4-13 为水实体设置静水外观

在通过“外观”属性管理器的“颜色”卷展栏设置外观的颜色时，最好通过上面的块颜色框 进行设置，否则容易出现渲染错误。

STEP 3 单击“编辑外观”按钮，然后选择玻璃实体的上表面为要设置外观的对象，通过右侧“外观、布景和贴图”任务窗格为其设置“重波纹水”外观。完成操作后，单击“渲染工具”工具栏中的“最终渲染”按钮，即可得到渲染效果，如图 4-14 所示。

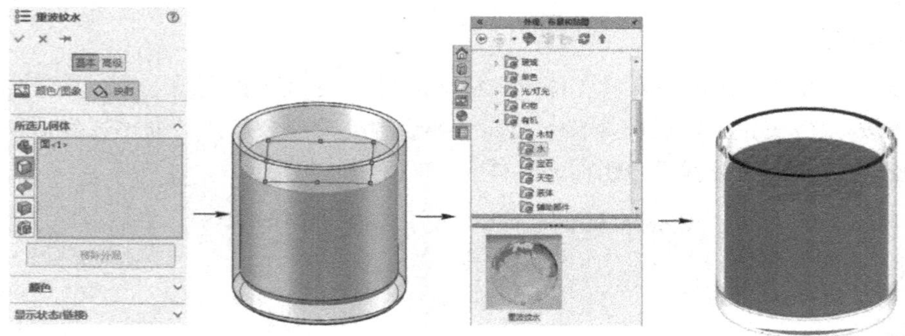

图 4-14 为玻璃表面设置重波纹水外观和渲染效果

使用默认的渲染环境，不管是白色背景还是其他背景，渲染后杯子都会带有阴影，如需去掉此阴影，可右击导航控制区“DisplayManager”选项卡中“布景、光源和相机”列表项中的“布景”项，在弹出的快捷菜单中，选择“楼板阴影”或“楼板反射”项即可，如图 4-15 所示。

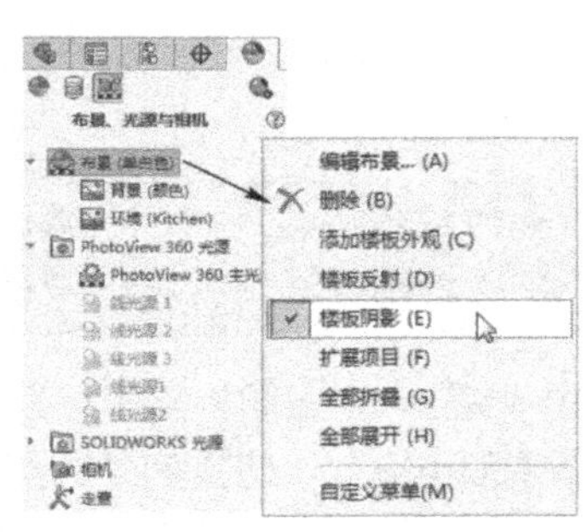

图 4-15 取消反射

4.3 其他渲染设置

除了外观、贴图和灯光之外，为了实现一些特殊的效果，还可在渲染过程中，为渲染添加布景、相机，和进行走查操作等。这些操作在实际渲染过程中有时会用到，本节简单介绍其作用和设置方法。

4.3.1 如何添加布景

布景就如在照相馆照相时，后面的那张背景图片，也可以理解为渲染的布局空间。

要设置布景，可单击“渲染工具”工具栏中的“编辑布景”按钮，然后在右侧“外观、布景和贴图”任务窗格标签中，选中一布景格式，再在左侧“编辑布景”属性管理器的“楼板”卷展栏中设置布景“楼板”的平面位置（通常选择一模型上的面作为布景楼板参照的“所选基准面”），然后进行渲染，即可使用布景输出图形了。设置布景操作如图 4-16 所示。

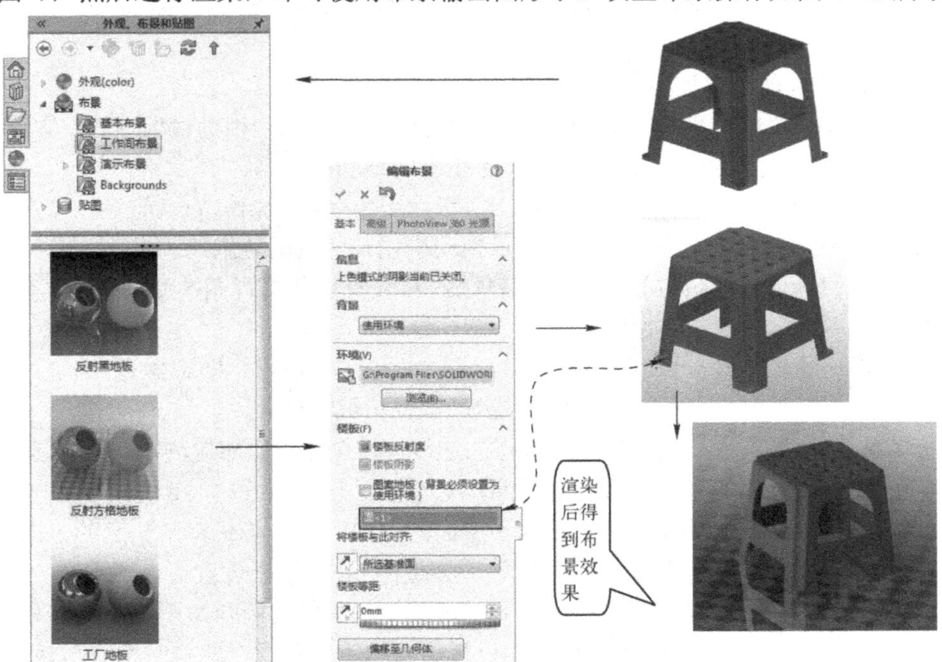

图 4-16 设置布景

提示

> 需要注意的是，此处设置布景的操作，与通过“前导视图”工具栏中的“应用布景”按钮设置布景是一致的，只是此处可以设置布景楼板的位置。

在“编辑布局”属性管理器中（图 4-16 中图）除了可以设置楼板位置外，其他可以设置的选项较少（通常保持系统默认设置即可）。如切换到“高级”选项卡，可设置楼板的位置和大小，“照明度”选项卡，与“光源”中的“布景照明度”的设置相同（可参见 4.2.3 节中的讲解）。

需要再说明一下，系统提供的布景可分为三类，基本布局、工作间布局和演示布局，如图 4-16 左图所示。其中基本布局是仅有背景颜色的布局样式，工作间布局是包括某种样式地面的布局环境，演示布局具有三维的布局环境。

4.3.2 如何使用相机

PhotoView 中的相机也与现实中的类似，是指将相机置于当前的操作空间中，令相机镜头朝向需要的位置，从而得到需要的相机视图的过程，如图 4-17 所示。

在导航控制区“DisplayManager”选项卡中的“布景、光源和相机”列表项“光源”列表的下方，可以发现“相机”项，如图 4-18 左图所示，右击此项，选择“添加相机”菜单命令，打开“相机”属性管理器，通过此管理器设置相机的位置、镜头方向和视野等，单机“确定”按钮，即可添加相机。

完成相机的添加后，右击添加的相机，选择“相机视图”菜单命令，可将当前视图切换为相机视图（或取消相机视图），如图 4-17 右图所示。然后可进行渲染，从而得到特定区域的渲染效果。

“相机”属性管理器中各选项的意义如下：

- **对准目标**：选中此项后，移动相机（或设置其他属性），相机目标点的位置不变。
- **浮动**：相机的目标点（即聚焦点），随相机的移动而移动。
- **显示数字控制**：相机浮动状态下可用，可以用数字显示相机的当前坐标位置。如取消选中此项，则需要在图形区中，通过拖动来调整相机的位置。
- **锁定除编辑外的相机位置**：选中此选项后，可设置在相机视图中禁用视图调整命令（如“旋转”和“平移”等命令）。
- **目标点**：通过选择一点（或面、线），设置相机的目标点，即聚焦点。
- **相机位置**：通过选择一点（或面、线），设置相机的位置，
- **旋转**：是指相机绕相机位置和目标点的连线旋转的角度。如旋转 90°，相当于由横向拍摄切换到竖向拍摄。选择一参考面，则垂直于此面的方向，为相机的正方向（即如果将选择的面看作地面，那么垂直于地面的方向，就是相机正常拍照的方向）。
- **视野**：相机的视野范围。ℓ用于设置可以照多远，h用于设置可以照多宽。
- **景深**：此选项用于设置相机焦点前后，可拍摄的图像的清晰范围（范围之外的图像，会进行模糊处理）。不选中此项则相机视口内的所有图像，渲染时都清晰显示。

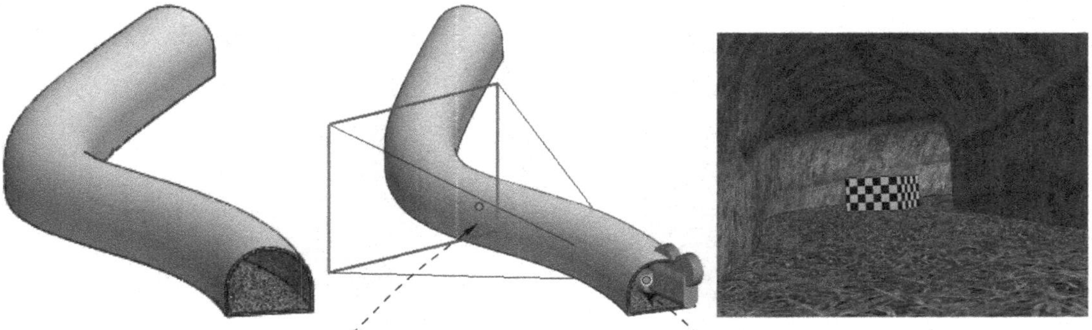

图 4-17　相机和相机视图

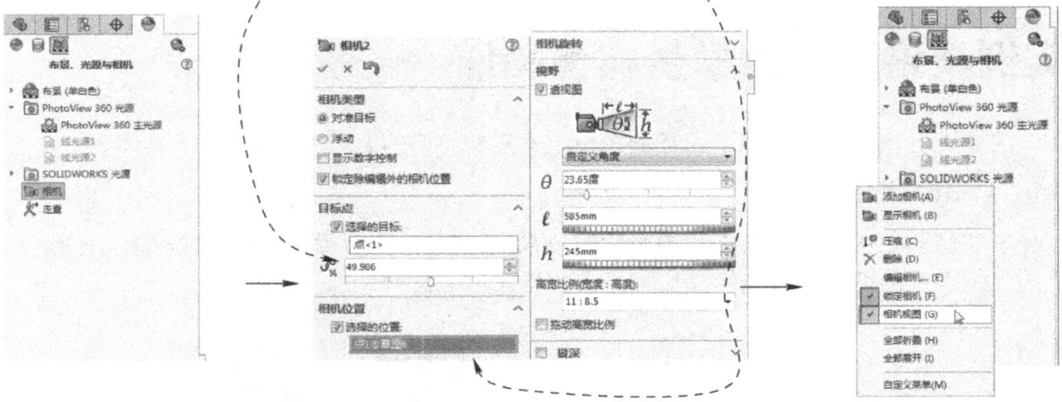

图 4-18　添加相机

提示

上面的图像如结合本书第 5 章将要讲到的动画处理操作，可以制作穿越山洞的动画，有兴趣的读者，不妨一试（或查看本书提供的最终效果）。

4.3.3 什么是走查

在导航控制区“DisplayManager”选项卡中的“布景、光源和相机”列表项“光源”列表的下方的最后一项为“走查”项。右击此项，选择“添加走查”菜单命令，可打开“走查”属性管理器，如图 4-19 所示。选择一平面作为走查的“地面”，然后单击“开始走查”按钮，即可进入走查操作界面，通过单击相应的走查按钮就可以“走动查看零件”了。

走查操作，相当于绕着模型“走动查看”，所以称其为“走查”。走查时单击“运动”工具栏中的“记录”按钮●，可以对走查过程进行录像，录像完成后，录制的内容将记录在此“走查”项中，当编辑此走查时，可播放录制的走查内容（“运动”工具栏中的其他按钮功能较为简单，读者不妨自行学习，此处不再赘述）。

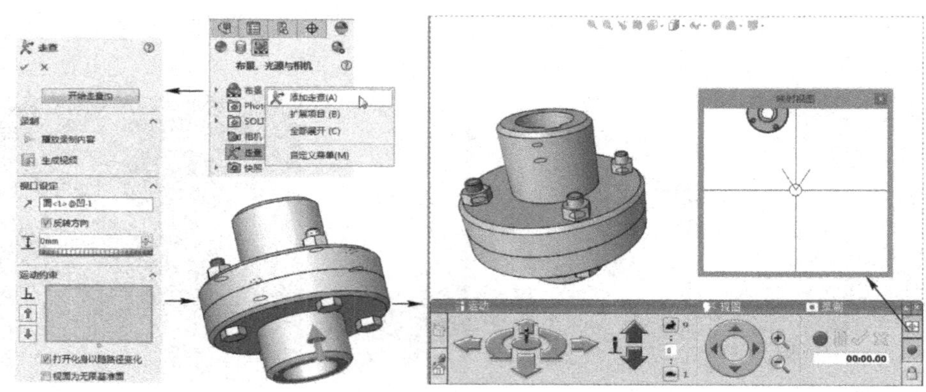

图 4-19 添加走查

实例精讲——给学生宿舍拍照

为了充分说明相机等渲染元素的作用，本实例将为宿舍模型“拍照”，具体如下。

【制作分析】

本实例所使用的模型文件和拍照后的效果，如图 4-20 所示。在操作过程中，主要涉及相机的定位，视图切换和灯光的添加等，具体操作如下。

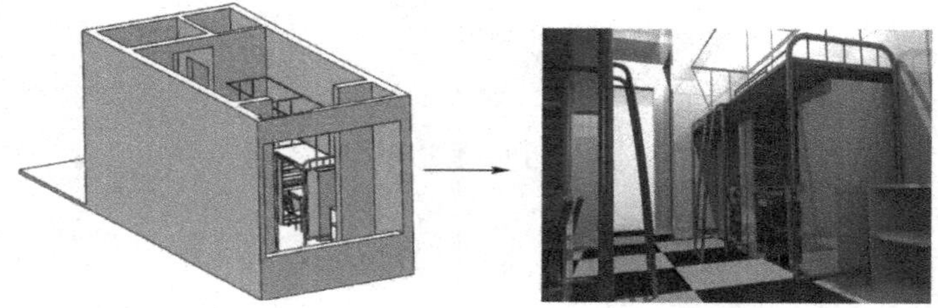

图 4-20 零件模型及拍照后效果

【制作步骤】

STEP 1 打开本书提供的素材文件“装配.SLDASM”，如图 4-20 左图所示，单击“渲染工具”工具栏中的“编辑外观”按钮，选择宿舍地面为其设置外观纹理，如图 4-21 所示。

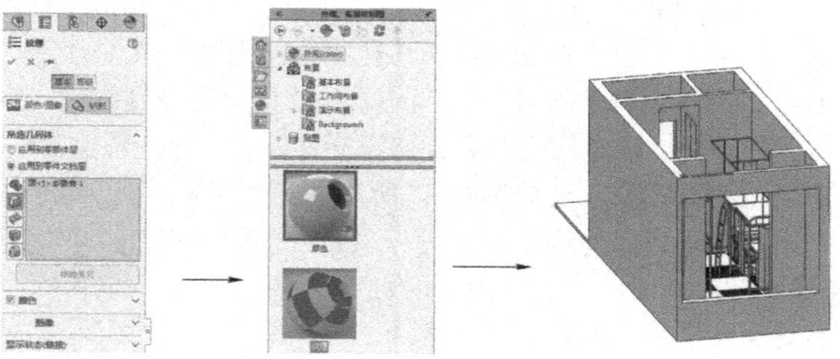

图 4-21 为地板设置外观纹理

STEP 2 右击“DisplayManager”选项卡“布景、光源和相机”列表项中的“线光源 X”项，选择“添加点光源”菜单项，然后拖动代表点光源的红点到宿舍的上方（以模拟灯泡），并设置点光源的功率为 0.3，如图 4-22 所示。

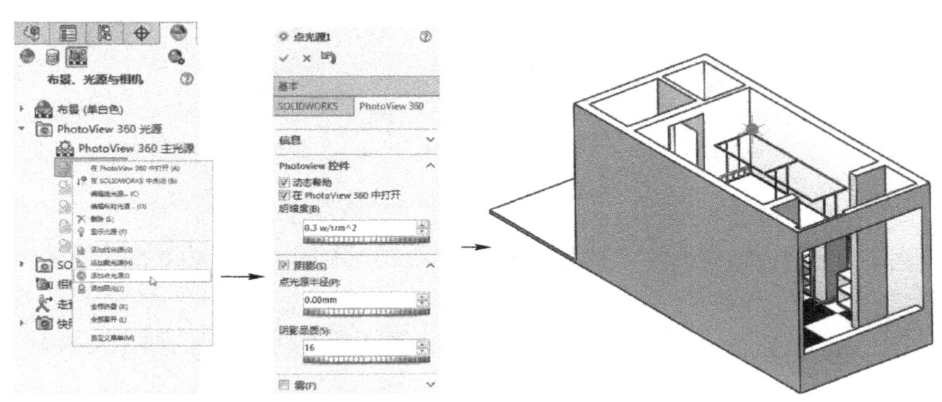

图 4-22 添加点光源

STEP 3 右击“DisplayManager”选项卡“布景、光源和相机”列表项中的“相机”项，选择“添加相机”菜单项，打开“相机”属性管理器，然后通过选择一点设置相机的目标点，通过选择窗户底部的一条线，设置相机的位置，添加相机，如图 4-23 所示。

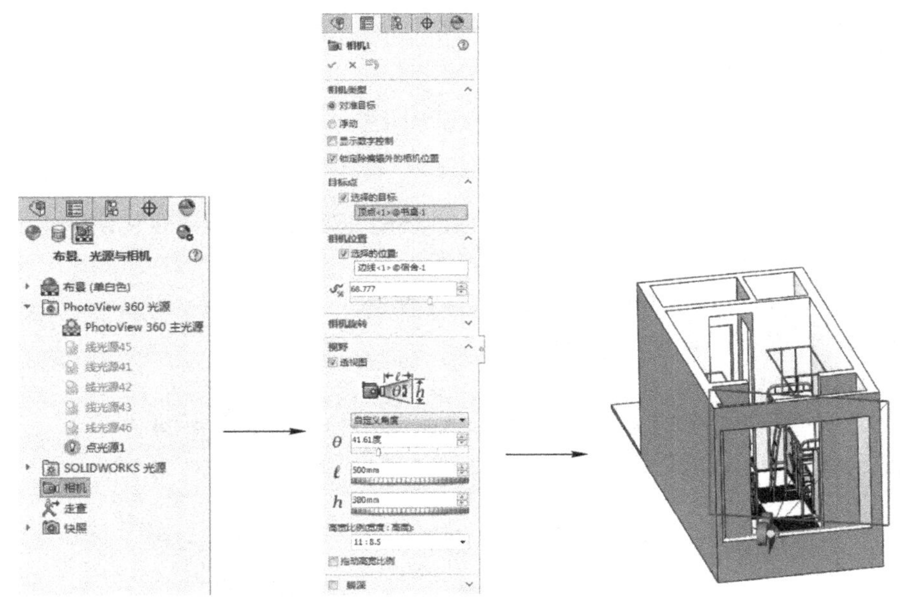

图 4-23 添加相机

STEP 4 完成相机的添加后，右击添加的“相机”项，选择“相机视图”菜单命令，将当前操作界面切换到相机视图窗口，然后单击“渲染工具”工具栏中的“最终渲染”按钮，即可得到相机视图的渲染效果，如图 4-20 右图所示。

4.4 本章小结

本章主要介绍了在 SolidWorks 中渲染模型的操作方法，其中“外观”“贴图”和“灯光”的设置，应重点掌握。

4.5 思考与练习

一、填空题

（1）要实现正确的渲染输出，即将模型渲染成逼真的图片，在 SolidWorks 2016 中，需要使用________________插件。

（2）________________选项卡是渲染操作的主要选项卡，通过此选项卡可执行渲染的大部分操作。

（3）________相当于现实工作中，决定使用什么材料来制造某个零件，如螺钉旋具，手柄部分可用塑料，而刀杆多为钢材。

（4）在 SolidWorks 左侧模型树中有个________项，此项设置也可影响外观，但并不是渲染时要使用的，________项除了可影响模型外观，还可设置模型的质量等属性，即________项是分析操作时要设置的项，而渲染时只需设置外观即可。

（5）________就是将真实的图片（如拍照的图片）贴到零件表面（像穿衣服一样），令渲染效果更加逼真。

（6）“DisplayManager”选项卡“布景、光源和相机”列表项中“布景照明度”项的下面还有个“环境光源”项，此项只对________________起作用，对渲染效果无影响。

二、问答题

（1）完成相机的添加后，如何操作可将当前视图切换为相机视图？切换到相机视图后，如何操作可将相机视图切换到普通视图？

（2）系统提供了哪三类布景？每种布景有何不同？

（3）简述一下什么是走查？

三、操作题

（1）打开本书提供的素材文件“螺丝刀（素材）.sldprt”，如图 4-24 左图所示，使用本章所学的知识为其添加外观并进行渲染，效果如图 4-24 右图所示。

图 4-24 素材文件和渲染效果

第5章 动画制作

本章要点

- 运动算例操作界面
- 动画向导
- 认识马达
- 动画操作
- 插值动画模式
- 生成相机动画

学习目标

运动算例（即 MotionManager）是 SolidWorks 用于制作动画的主要工具，可用于制作商品展示动画、机械装配动画，以及模拟装配体中机械零件的机械运动等。其动画原理与 Flash 等常用动画制作软件的原理基本相同，都是通过定义单帧的动画效果，然后由系统自动补间零件的运动或变形从而生成动画。

本章讲述基本动画的制作操作。

5.1 运动算例操作界面

右击 SolidWorks 操作界面顶部空白区域，在弹出的快捷菜单中选择“MotionManager”菜单项，然后在底部标签栏中单击“运动算例 x”标签可调出“运动算例”操控面板，如图 5-1 所示。此操控面板是在 SolidWorks 中创建动画的主要操作界面。

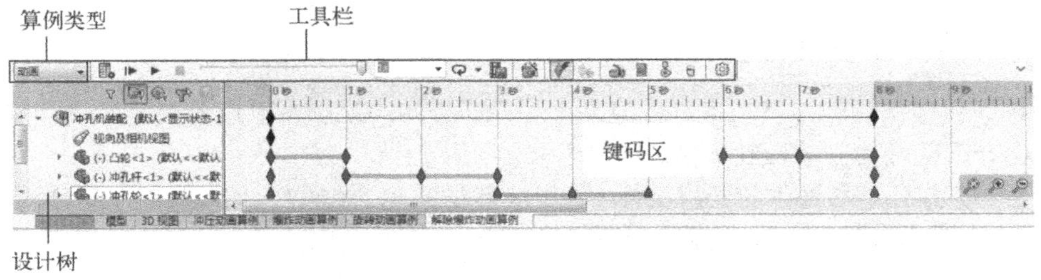

图 5-1 “运动算例”的操控面板

运动算例操作界面主要由动画类型、工具栏、键码区和设计树几个主要部分组成，下面介绍各组成部分的作用。

➢ **“算例类型”**下拉列表：从此下拉列表中可以选择使用“动画”“基本运动”和“Motion

分析”三种算例类型。动画算例侧重于动画制作；基本运动算例类型制作动画时考虑了质量等部分因素，可制作近似实际的动画；在使用“Motion 分析”动画类型时，考虑了所有物理特性并可图解运动效果。

要使用“Motion 分析”动画类型，需要在顶部“选项”下拉列表中选择“插件”项，并在打开的对话框中，启用“SolidWorks Motion”插件。

- **工具栏**：通过操控面板的工具栏可以控制动画的播放，当前帧的位置，并可为模型添加马达、弹簧、阻尼和接触等物理因素，以对这方面的实际物理量进行模拟（不同算例类型，可以使用的动画按钮并不相同）。
- **键码区**：显示不同时间，针对不同对象的键码。键码是模型在某个时间点状态或位置的记录。在工具栏“自动键码”按钮处于选中状态时，用户对模型执行的操作，可自动被记录为键码，也可单击“添加/更改键码”按钮，来添加键码。
- **设计树**：是装配体对象、动画对象（如马达）和配合等的列表显示区，其与右侧的键码区是对应的，右侧键码为空时，表示此时段此对象不发生变化或不其作用。

通过单击设计树上部的“过滤器”按钮，可以有选择地显示某些需要对其进行操作的对象，如单击“过滤选定”按钮，将只在设计树和键码区中显示选定对象的设计树和键码。

5.2 动画向导

SolidWorks 的动画模块默认提供了一个向导，使用此向导，很容易制作一些简单的动画，如简单的旋转动画（可用于产品展示），爆炸视图动画和装配动画（可用于说明产品构造）等。本节先来介绍 SolidWorks 的这个功能。

5.2.1 旋转零件动画

所谓旋转零件动画，就是令零件绕某个轴不断旋转的动画，以达到展示所设计零件的目的，下面介绍动画向导的详细操作。

STEP① 打开本书提供的素材文件“企鹅（素材）.SLDPRT”，切换到“运动算例”面板，如图 5-2 所示，然后单击“动画向导”按钮，打开动画向导。

STEP② 在系统默认打开的操作界面中，首先选中“旋转模型”单选钮（表示旋转模型，其余单选按钮的作用，将在下面 5.2.2 节讲述），并单击“下一步”按钮；然后在下一个向导界面中，选中“Y-轴”（表示绕 *Y* 轴旋转），“旋转次数”设置为“10”次，并设置“顺时针”旋转，单击“下一步”按钮；在向导的最后一个操作界面中，设置动画的总长度和动画的开始时间（“开始时间”之前的时间段，如已有动画视频，此视频将不变，此处将生成静止帧），然后单击“完成”按钮，即完成了动画的创建。向导操作界面如图 5-3 所示。

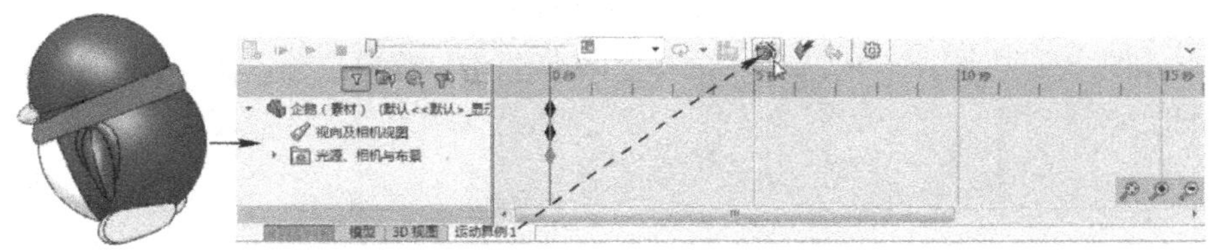

图 5-2　打开素材并切换到“运动算例”面板

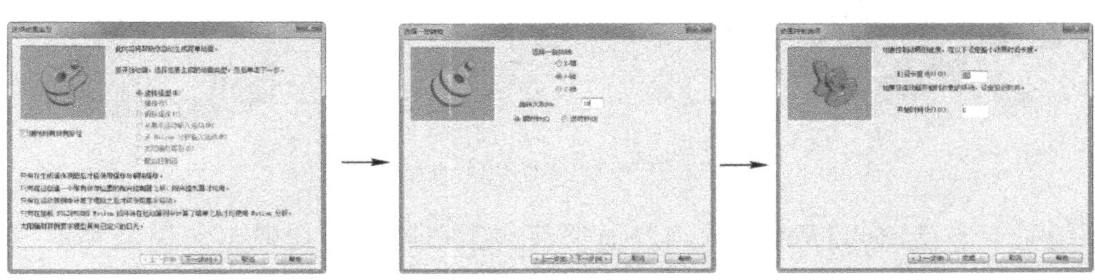

图 5-3　向导操作界面

STEP③ 完成向导操作后，系统自动生成动画，并生成了关键帧，如图 5-4 上图所示，此时单击此操控面板中的“播放”按钮，即可以查看生成的动画了，如图 5-4 下图所示（模型将绕 *Y* 轴多次旋转）。

图 5-4　播放视频

旋转动画中，如是装配体零件之间将没有相对运动，所以是最简单的动画。

5.2.2 制作爆炸或装配动画

对于进行了装配并创建了爆炸视图的装配文件，可以使用动画向导创建爆炸动画（或装配动画，装配动画是爆炸动画的反向动画）。如 5.2.1 节中 5-3 左图所示，之所以不可以选择“爆炸”和“解除爆炸”单选按钮，就是因为素材文件中未创建爆炸动画。下面介绍爆炸和装配动画的创建操作。

STEP 1 首先打开本书提供的素材文件“平口钳装配.SLDASM”，如图 5-5 左图所示，可发现此装配文件已经创建了爆炸视图，并处于爆炸视图状态，切换到“ConfigurationManager”选项卡，右击如图 5-5 中图所示的选项，选择“解除爆炸”菜单选项，解除爆炸状态，效果如图 5-5 右图所示。

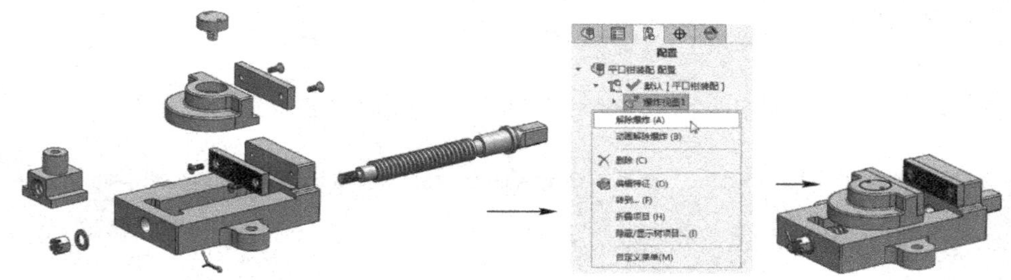

图 5-5 打开素材文件并取消爆炸状态

STEP 2 右击 SolidWorks 操作界面顶部的空白区域，在弹出的快捷菜单中选择“MotionManager”菜单项（如底部已经显示出“运动算例”标签，则无需此操作），再在底部标签栏中，单击“运动算例 1”标签，打开“运动算例”操控面板，如图 5-6 所示。

图 5-6 打开“运动算例”操控面板

STEP 3 在“运动算例”操控面板中单击“动画向导”按钮，在打开的“选择动画类型”对话框中选中“爆炸”单选钮，并单击“下一步”按钮，设置动画长度为 12s，动画开始时间为 0s，单击“完成”按钮，即可完成爆炸动画的创建，如图 5-7 所示。

STEP 4 完成爆炸动画的创建后，在“运动算例”操作面板中单击“播放”按钮▶，可观看刚才创建的爆炸动画。

STEP 5 单击“动画向导”按钮，在打开的对话框中选中“解除爆炸”单选钮，然后单击“下一步”，同样设置动画长度为 12s，设置动画的起始时间也为 12s，即可以创建解除爆炸的动画（在爆炸动画操作执行完毕后，会执行反操作）。

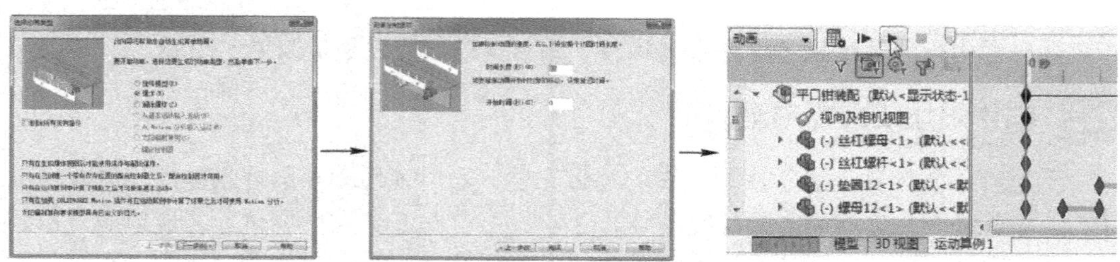

图 5-7 创建爆炸动画并进行播放

除了上面介绍的动画类型外，使用动画向导还可以创建如下两种动画。

➢ **从基本运动输入运动**：由于在动画类型的运动算例中很多效果无法模拟（如引力等），而在基本运动算例类型中对关键帧的操作又有一定的限制，所以使用此功能可以将运动算例中生成的动画导入到动画算例，以进行后续的帧频处理。

➢ **从 Motion 分析输入运动**：同“从基本运动输入的运动”选项。

此外，如图 5-7 左图所示的对话框中，选中“删除所有现有路径”复选框，可在创建新动画前，删除现有的所有动画（即首先清除操控面板中的所有动画）。

5.2.3 保存动画

完成动画的制作后，单击“运动算例”操控面板中的“保存动画”按钮，打开“保存动画到文件”对话框，如图 5-8 所示，通过选择保存路径等，可将制作的动画保存为 AVI 视频文件。然后即可以使用此视频文件向其他人或客户展示自己制作的作品了。

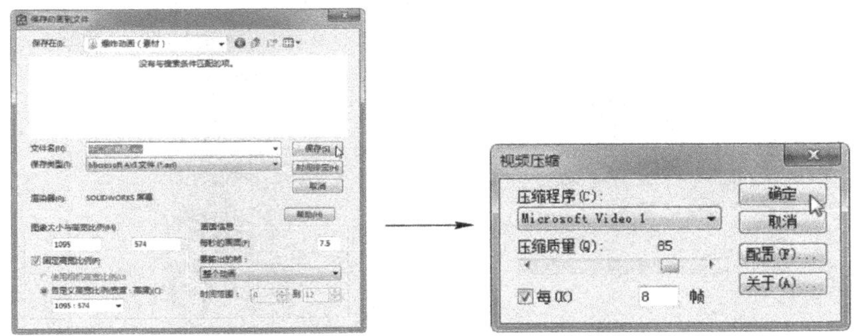

图 5-8 保存当前动画

在保存视频的过程中，可设置动画大小、生成动画的时间范围和动画格式，并可设置视频的压缩程序，以及压缩质量等，通常保持系统默认设置，即可得到需要的动画效果（缩小视频区域时需注意，视频被缩小后，可能令部分零件无法查看）。

实例精讲——产品展示动画模拟

本实例将讲述一个产品自定心卡盘展示的动画，以复习前面学到的动画制作知识。操作的目的是将产品的构造表达清楚。

【制作分析】

本实例将首先创建产品的爆炸视图，然后创建爆炸动画，接着创建装配动画，最后创建旋转动画，三个动画顺次创建，并顺次播放，以达到完全展示零件的目的，如图 5-9 所示。下面介绍操作。

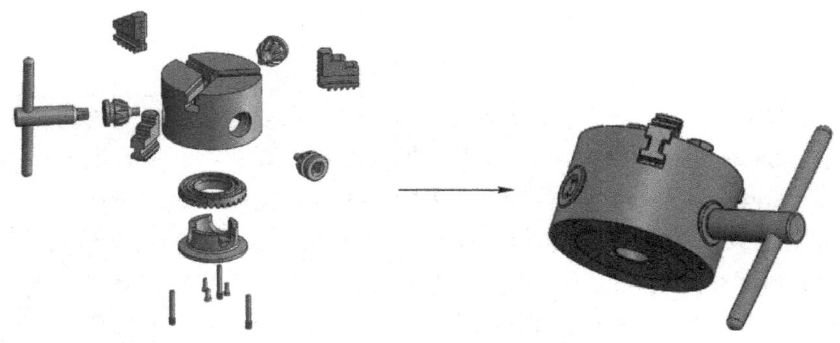

图 5-9 零件爆炸图及装配结果

【制作步骤】

STEP① 打开本书提供的素材文件“卡盘装配.SLDASM”。首先单击“装配”工具栏中的“爆炸视图”按钮，通过数次选择移动的方式创建自定心卡盘的爆炸视图，如图 5-10 所示。创建过程中注意零件尽量不要穿越，并尽量直线移动。

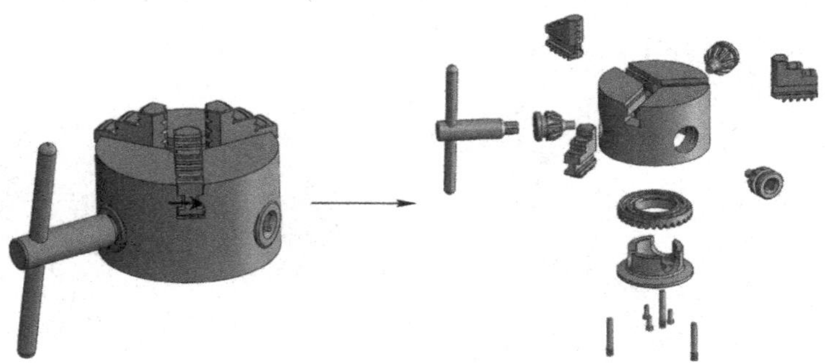

图 5-10 打开素材并创建爆炸视图

STEP② 完成爆炸视图的创建后，单击底部“运动算例”标签切换到运动算例操作空间，在“运动算例”操控面板中单击“动画向导”按钮，然后顺次创建两段长度都为 13s 的爆炸动画和装配动画，如图 5-11 所示。

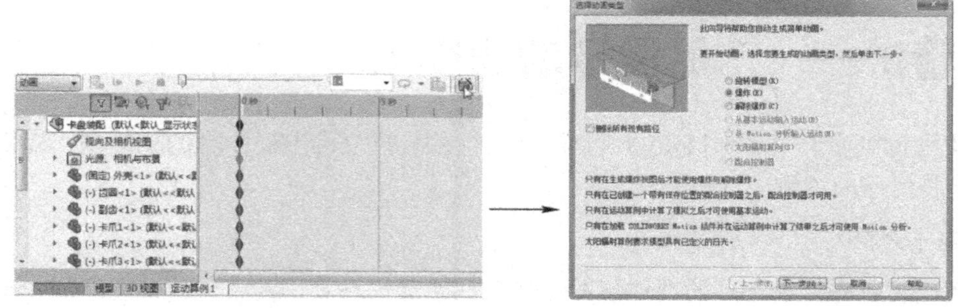

图 5-11 创建爆炸动画

STEP③ 单击“运动算例”操控面板中的“动画向导”按钮，打开“选择动画类型”

对话框，并选中“旋转模型”复选框，然后顺次操作（起始帧设置为 23s），创建旋转动画，如图 5-12 所示。

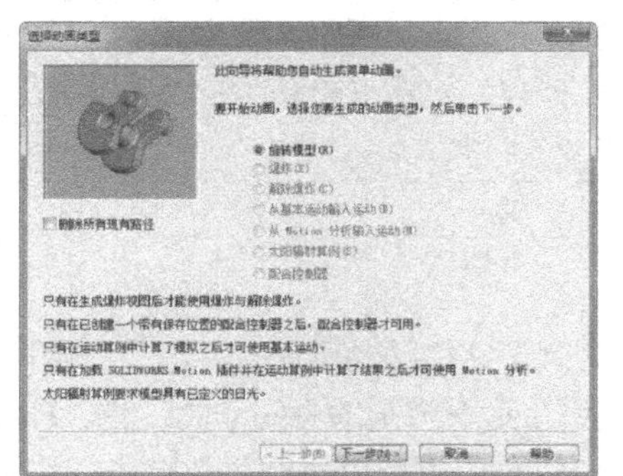

图 5-12　创建旋转动画

5.3　手动制作动画

5.2 节讲述的动画操作，都是通过向导创建动画的操作，虽然操作简单，也能实现一些动画效果，但是对于复杂一些的动画要求，就显得力不从心了，为此，有必要了解一些手动操作动画的技巧。如动画帧的手动调整，自动补间动画的生成，对象的显示/隐藏动画，以及马达元素的添加等。

5.3.1　调整动画对象的起始方位

在创建动画的过程中，运动算例默认使用模型或装配体空间的视图位置或视图方向，为运动算例第一个键码中模型的位置和视图方向，用户对其做的视向调节不会记录为键码如需要改变动画第一帧的视图方向，或将视图方向的改变记录为键码可执行如下操作：

右键单击运动算例设计树中的“视图及相机视图”项，在弹出的右键快捷菜单中选择“禁用观阅键码生成”菜单项（取消其选中状态），如图 5-13 所示，然后再调整视图方向时即可将对视图方向的更改记录为键码。

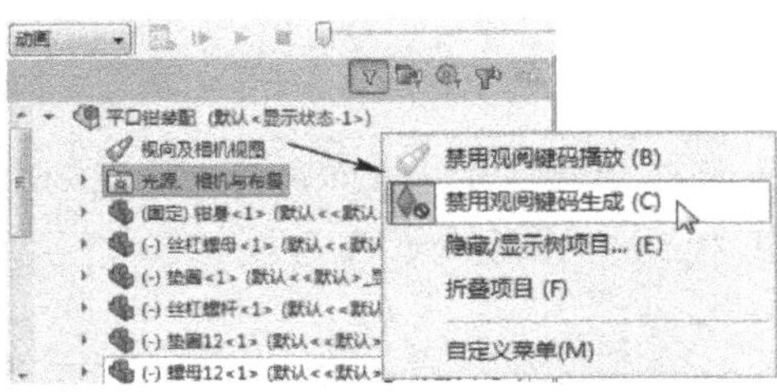

图 5-13　开启观阅键码

如在右键快捷菜单中选择“禁用观阅键码播放”菜单项，那么在播放动画时将忽略视图方向的改变，如选择“隐藏/显示树项目”菜单项，则可在打开的“系统选项”对话框中设置设计树中可以显示的项目。

除了上面讲述的几种创建动画的方法外，单击“屏幕捕获”工具栏中的“录制视频”按钮，对当前界面的操作进行录制，再单击“装配体”工具栏中的“移动零部件”按钮，拖动零部件也可创建视频动画（此种方法较少采用）。

5.3.2 简单关键帧的调整

如果用户学过 Flash，那么一定接触过由矩形变圆形这样的动画制作。即首先在两个帧点处分别画一个矩形和一个圆，然后 Flash 将自动补充由矩形变成圆的中间动画过程。Flash 中将这种动画称作“补间动画”，在 SolidWorks 动画制作的过程中也可以执行此类操作，具体如下。

打开本书提供的素材文件“夹具.SLDASM”，并切换到“动画算例”模式，然后在键码区中将当前键置于某个时间点（如“5”秒处，单击即可），并保证“自动键码”按钮处于选中状态，然后手动拖动零件到某个位置，如图 5-14 所示。松开鼠标，系统将在当前时间点处自动添加键码，并创建补间动画（单击“播放”按钮可查看动画效果）。

如想更加精确地控制零件的移动或旋转，可在装配体的动画算例中右击零部件，在弹出的快捷菜单中选择“以三重轴移动”菜单项，将在操作界面中显示用于移动零部件的三重轴，如图 5-15 所示，此时拖动三重轴的各个轴线即可对零部件进行操作。

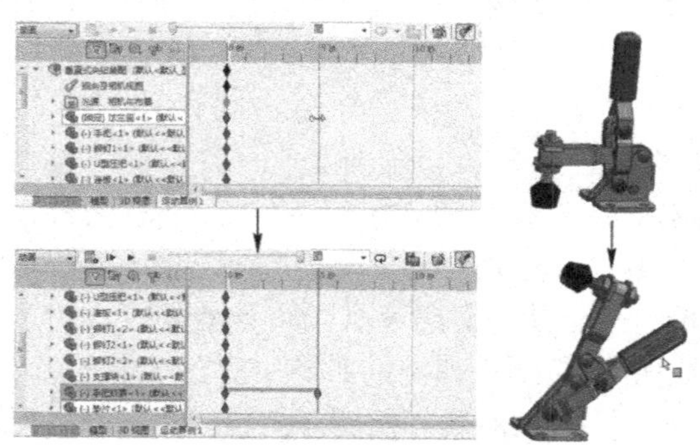

图 5-14 通过拖动零件创建动画

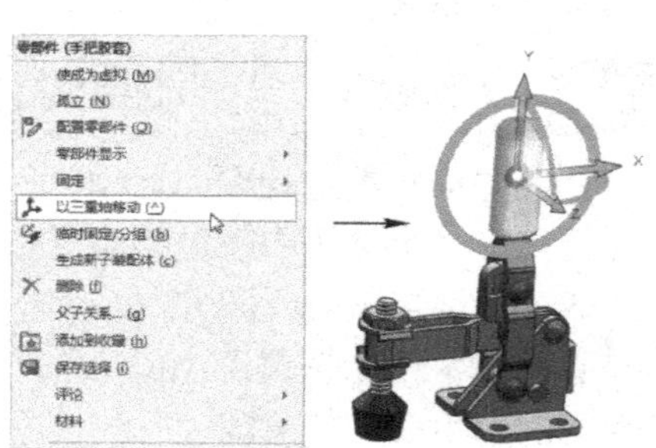

图 5-15 调出三重轴

提示

右击三重轴坐标系的轴面或轴圈，可以在弹出的快捷菜单中选择更多的选项，以更加精确地定义零件偏移的值（如选择“显示旋转三角形 XYZ 框”菜单项，可以在显示的框中指定零件旋转的具体角度值）。

注意，此处定义的零件运动，需要在添加配合的允许范围内操作，否则所加操作将被忽略。

5.3.3 对象的显示、隐藏和颜色变换动画

结合 5.3.1 节，在“禁用观阅键码生成”菜单项处于选中状态下，对模型的显示和隐

藏操作，可以自动生成键码（所以此处不做过多讲述）。但是颜色的变换，通过上述操作却不会自动生成键码。要令模型的颜色更改也被记录为键码，可在“自动键码”按钮处于选中状态下，首先将键码移动到需要记录键码的位置处，然后在左侧算例树中展开要更改颜色零件的算例树，右击“外观”项，选择“外观”菜单项，在打开的“颜色”属性管理器中更改模型的外观，即可在需要的位置处自动生成键码，并同时生成颜色变换的动画，如图 5-16 所示。

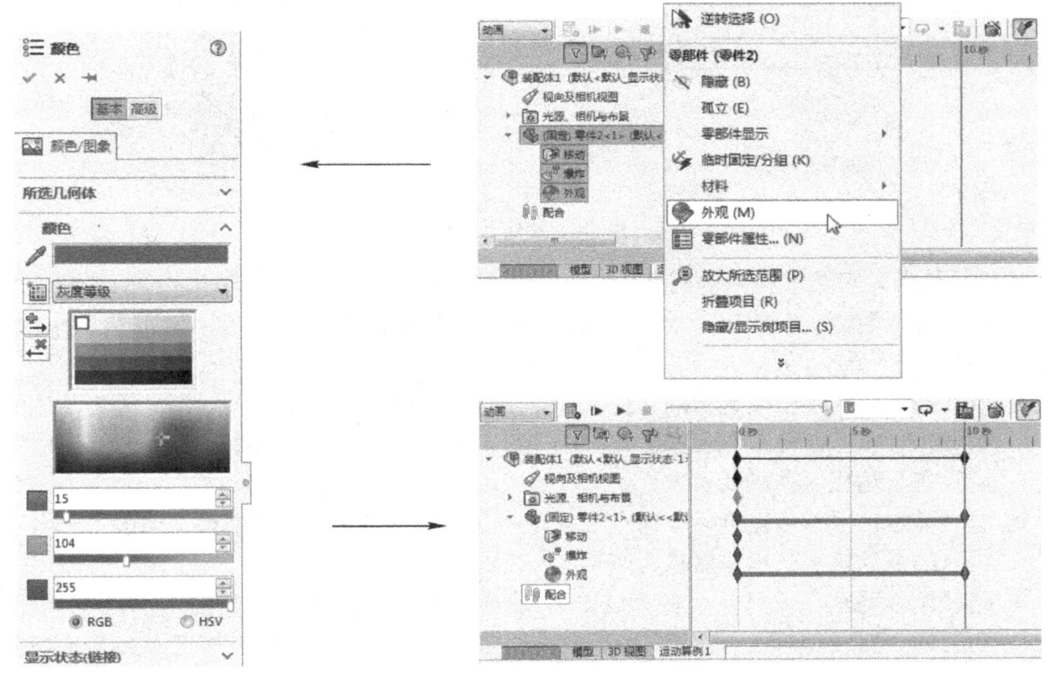

图 5-16　通过改变颜色生成动画

提示

> 除了自动生成关键帧，实际上右击“动画算例”操控面板右侧的时间条中任意有对象对应的位置，选择“放置键码”菜单项，都可以在单击位置处插入键码。自动插入的关键帧键码到前一个键码之间，将不产生补间动画，即两个键码间可能是瞬态变化的。

5.3.4 马达的添加和使用

“马达”可令被驱动的对象，在配合允许的范围内做旋转或直线运动，操作时可设置旋转的速度或直线移动的速度。

单击“动画算例”操控面板工具栏的“马达”按钮，选择某个圆柱面等设置马达动力输出的位置，在“运动”卷展栏中设置马达的类型和速度，单击“确定”按钮，即可为选中对象添加默认 5s 驱动的马达动画。如果默认添加了马达与其他零件的配合关系，则可在配合允许的范围内，带动其他零部件运动，如图 5-17 所示。

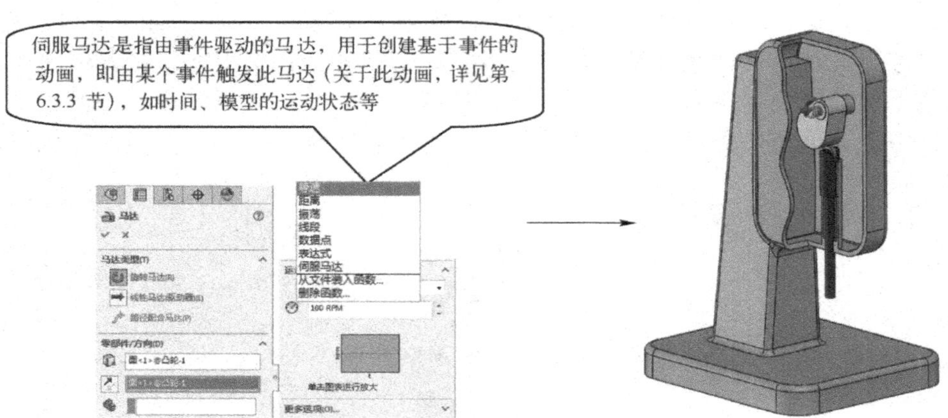

图 5-17 通过添加马达创建动画

添加马达后，可通过拖动键码区中马达对应的键码来加长或缩短马达运行的时间长度。默认添加的马达类型为“旋转”“等速”（100RPM，即 100r/min）的马达，此外也可创建“线性马达”和“路径配合马达”，下面解释一下这三种马达类型。

- **旋转马达**：绕某轴线旋转的马达，应尽量选择具有轴线的圆柱面、圆面等为马达的承载面，如选择边线为马达承载面，零件将绕边线旋转。当马达位于活动的零部件上时，应设置马达相对移动的零部件。
- **线性马达**：用于创建沿某方向直线驱动的马达，相当于在某零部件上添加了一台不会拐弯的发动机，其单位默认为毫米/秒。
- **路径配合马达**：此马达只在“Motion 动画”算例中有效，在使用前需要添加零件到路径的“路径配合”，而在添加马达时则需要在“马达”属性管理器中添加此配合关系为“马达位置”。

此外，在“马达”属性管理器的“运动”卷展栏中可以设置等速、距离等多种马达类型，如图 5-17 左图所示。下面再集中解释一下这些马达类型有何不同：

- **等速**：设置等速运动的马达，如转/分（RPM）或毫米/秒。
- **距离**：设置在某段时间内，马达驱动零部件转多少度或运行多少距离。
- **振荡**：设置零部件以某频率，在某个角度范围内或距离内振荡。
- **线段**：选中此选项后，可打开一对话框，在此对话框中，可添加多个时间段，并设置在每个时间段中零件的运行距离或运行速度。
- **数据点**：与“线段”选项的作用基本相同，只是此项用于设置某个时间点处的零件运行速度或位移。
- **表达式**：通过添加表达式可设置零件在运动过程中变形，也可设置零部件间的相互关系等（其方法与软件开发非常类似，可在函数中引用其他零部件的某个尺寸值，此尺寸值位于此零部件某“尺寸”属性管理器的主要值卷展栏中）。
- **从文件装入函数和删除函数**：用于导入函数或删除函数。

实例精讲——挖土机动画模拟

本实例将讲解使用 SolidWorks 设计挖土机模型挖掘动画的操作，主要包括挖掘和放下物体两个动作。在操作的过程中应着重注意线段类型马达的添加和使用。

【制作分析】

挖土机的挖掘臂共有三个液压缸，底部的缸体用于控制挖掘臂的升降，顶部的两个液压缸用于形成挖掘操作。本节使用三个直线类型的马达分别模拟这三个液压缸推动或伸缩，如图 5-18 所示。下面介绍相关操作。

图 5-18　通过添加马达创建动画

【制作步骤】

STEP 1 打开本书提供的素材文件“挖土机总装.SLDASM”，并单击底部的“运动算例 1”标签打开“运动算例”操作面板。

STEP 2 单击操控面板工具栏中的“马达”按钮，选择操作台底部的圆柱面作为马达位置，选择“底座装配”为马达要相对移动的零部件，如图 5-19 左图和中图所示。然后在“运动”卷展栏的下拉列表中选择“线段”下拉列表项，在打开的“函数编制程序”对话框中，输入如图 5-19 右图所示数据，添加一旋转马达。

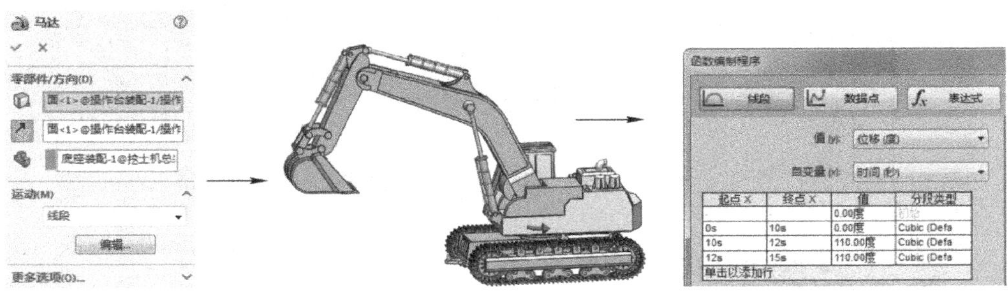

图 5-19　添加旋转马达并定义马达线段

STEP 3 同步骤 2 的操作，单击“马达”按钮，选择支撑动臂的一个“活塞”，要相对移动的零部件选择其下部的“活塞缸”，然后输入“线段”运动类型的相关数据，如图 5-20

所示。

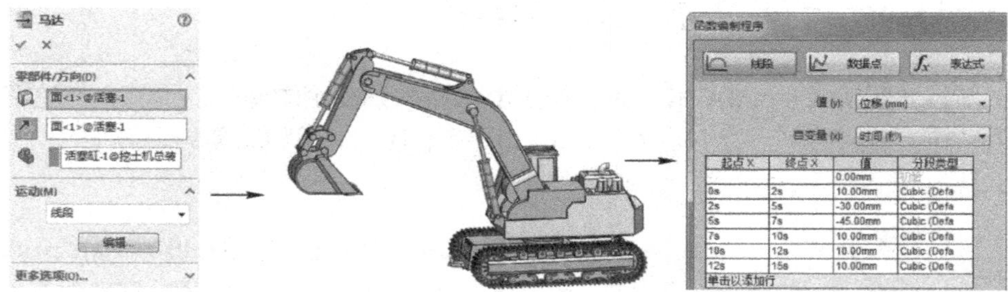

图 5-20 添加第一个直线马达并设置马达线段

STEP④ 同步骤 3 的操作，添加动臂上部“活塞”的直线马达，图 5-21 所示，并按照图 5-21 右图所示设置马达的线段参数。

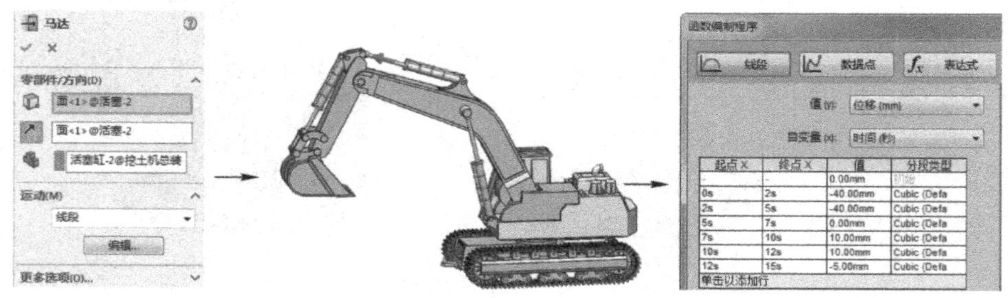

图 5-21 添加第二个直线马达并设置马达线段

STEP⑤ 同步骤 3 的操作，添加驱动挖斗的“活塞”的直线马达，要相对移动的零部件同样选择与其相连的“活塞缸”，如图 5-22 所示，并按照图 5-22 右图所示设置马达的线段参数。完成全部操作后，单击“播放”按钮，可查看动画效果。

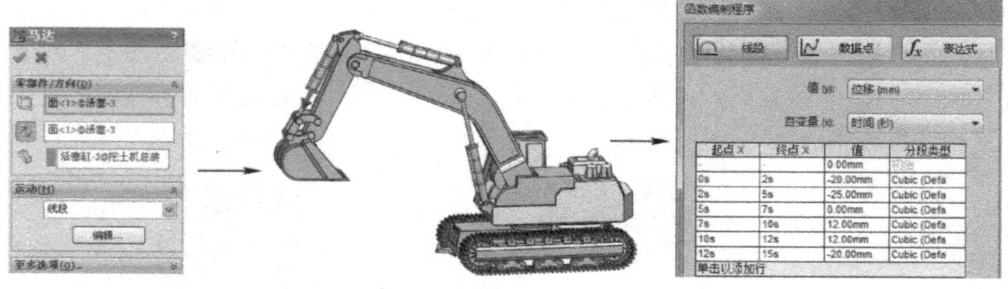

图 5-22 添加第三个直线马达并设置马达线段

5.4 复杂动画制作

除了上面这些动画的创建之外，还可以创建更多的复杂动画，如路径动画、相机动画、齿轮动画以及方程式驱动的动画，下面介绍相关操作。

5.4.1 路径动画

可以令目标对象顺着某条绘制好的路径移动，以形成路径动画，具体操作如下。

STEP① 在装配环境中首先装配一个平板，然后绘制一条样条曲线，再导入一个带有中心点的球，然后定义球的中心点和样条曲线之间的“重合”配合关系，如图5-23所示。

STEP② 添加配合，定义球中心点与样条曲线之间的距离为“10mm”，如图5-24所示。

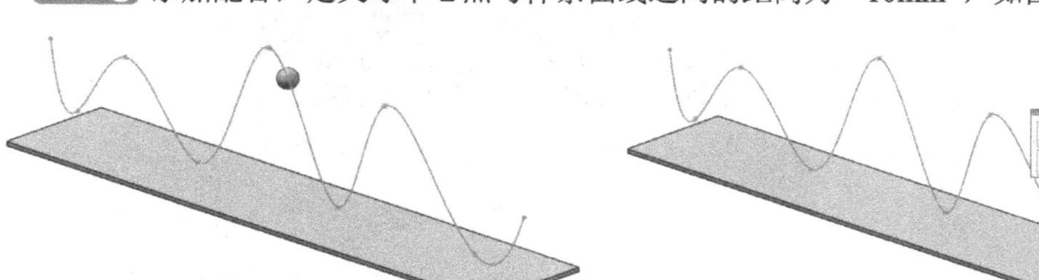

图5-23 导入零件并定义“重合”配合关系　　图5-24 定义“距离”配合关系

STEP③ 单击底部的“运动算例1”标签，打开“运动算例”操控面板，将“当前时间点”置于“2s”处，编辑距离配合，定义此时间点处的距离为“290mm”，如图5-25所示。完成操作。

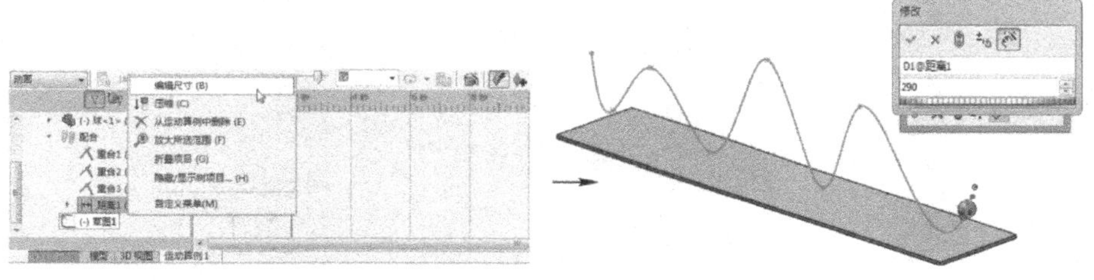

图5-25 新时间点处重新定义“距离”配合操作

STEP④ 如图5-26左图所示，系统自动生成了补间动画，然后将样条曲线隐藏，单击“播放”按钮，即可查看路径动画效果了，如图5-26右图所示（有些像小球的跳动）。

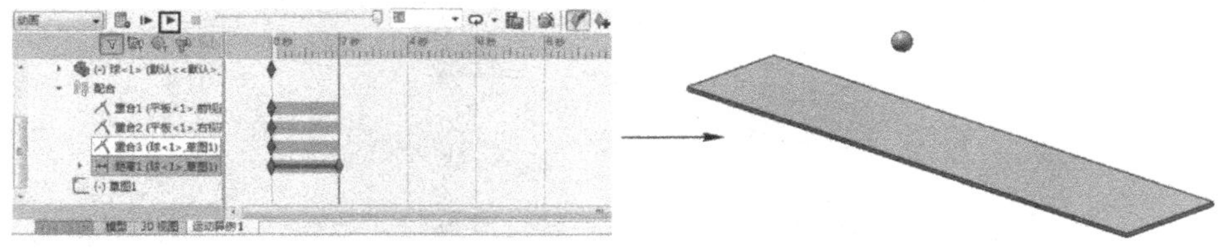

图5-26 生成的动画和播放效果瞬时图

5.4.2 相机动画

将相机固定在某个参照物上，然后令参照物运动，即可生成相机动画，下面介绍相关操作。

STEP① 首先打开本书提供的素材文件“宿舍装配.SLDASM”（第4章渲染章节中操作过此文件），然后创建一个距离底部窗框60mm的基准面，再在基准面中绘制一条样条曲线，如图5-27所示。

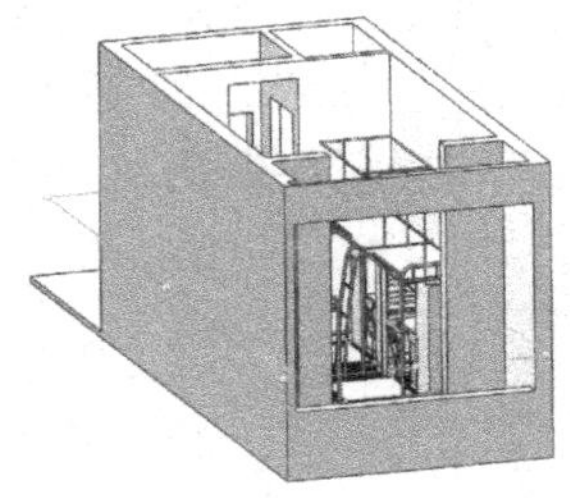

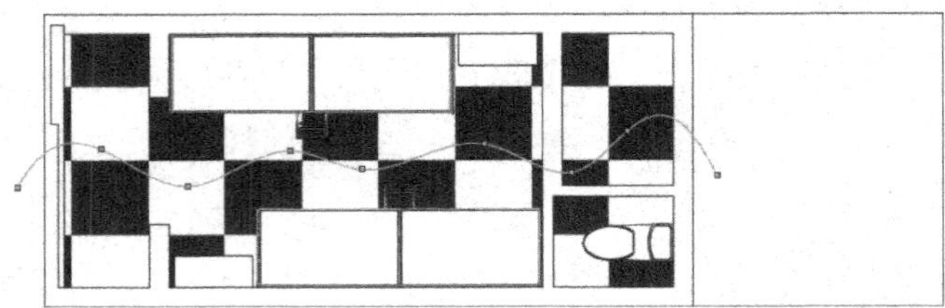

图5-27 创建基准面并绘制样条曲线

STEP② 导入“辅助块. SLDPRT”文件，然后选择此块底部一条边线的中点和绘制的样条曲线，为其定义约束为“路径配合”，如图5-28所示（应注意设置“随路径变化”并选中“X”轴的“偏航控制”关系）。

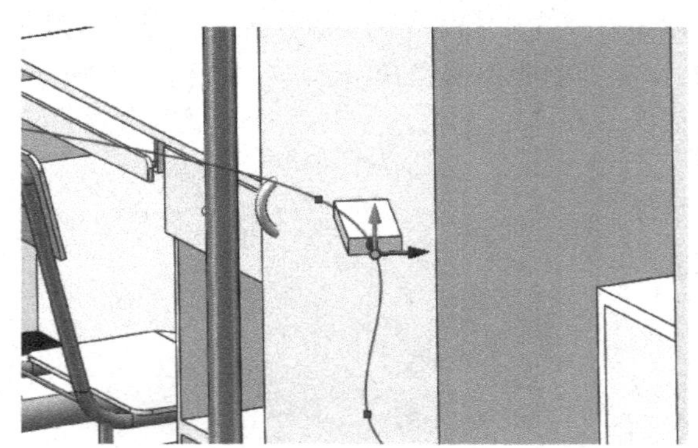

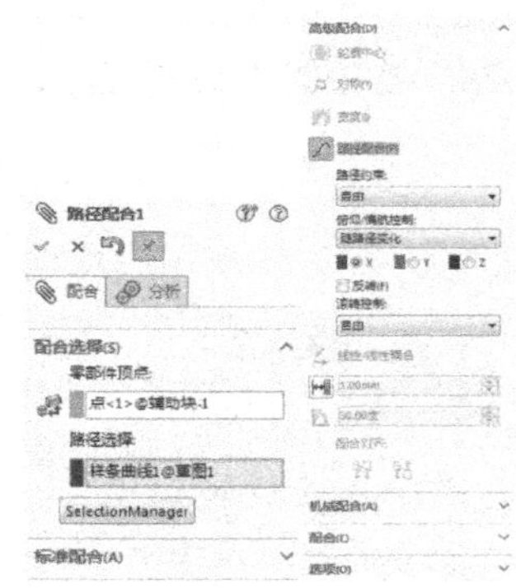

图5-28 设置路径配合约束

STEP③ 设置相同的点到宿舍最前端外部面的距离配合为“900mm”，如图5-29所示（如辅助块的中点无法被选中，可将样条曲线暂时隐藏）。

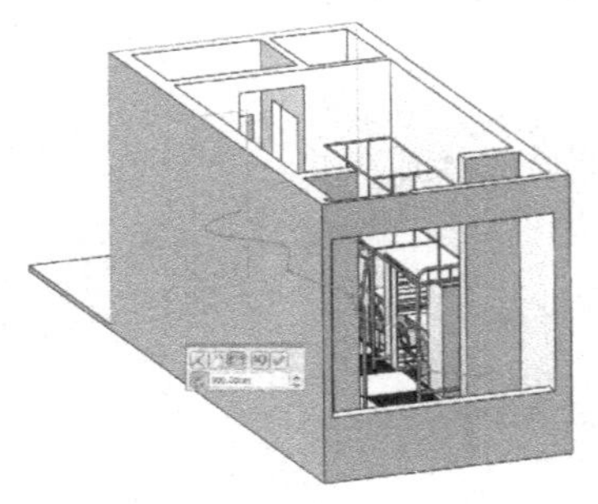

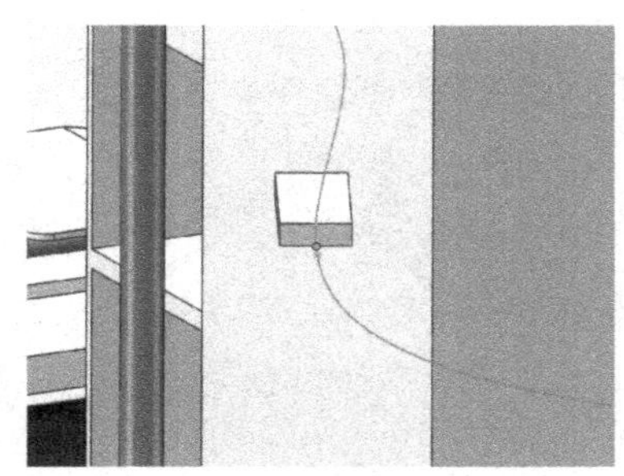

图5-29 设置距离约束

STEP④ 选择“辅助块”的上表面，设置与窗户底部窗框的约束为“平行”配合关系，如图5-30所示。

STEP 5 编辑相机。设置其目标位置为“辅助块”上表面的前端中点，设置“相机位置”为“辅助块”上表面的后部中点，如图 5-31 所示。

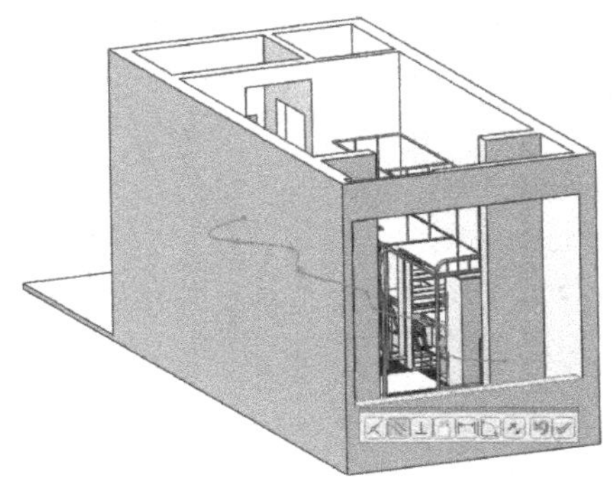

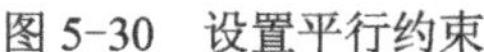

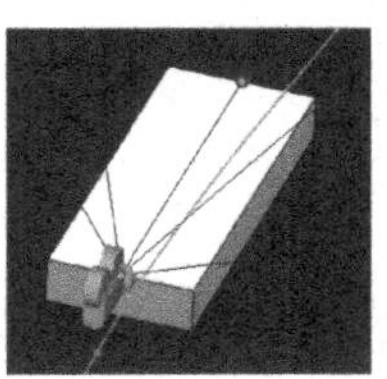

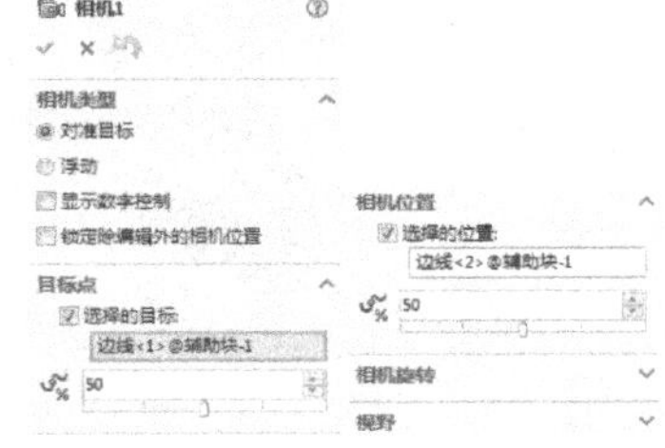

图 5-30　设置平行约束

图 5-31　定义相机位置

STEP 6 首先将当前视图设置为相机视图，然后切换到运动算例环境，将当前帧移动到“10s”位置处，修改“距离 10”配合的大小为“100mm”，如图 5-32 所示。完成操作后，系统将生成动画，单击“播放”按钮，进行播放即可。

图 5-32　修改距离约束生成动画

5.4.3 齿轮动画

齿轮动画的关键不在动画的创建，而在于配合条件的添加。如图 5-33 所示，打开素材文件“齿轮动画.SLDASM”（已定义了齿轮的轴向配合），首先定义两个齿轮间的齿轮配合关系，相同的比率，决定两个齿轮转速相同；然后定义一个齿轮与齿条的“齿条小齿轮配合”配合，如图 5-34 所示；最后为齿条添加一个直线马达（作为驱动），即可得到齿轮动画了。

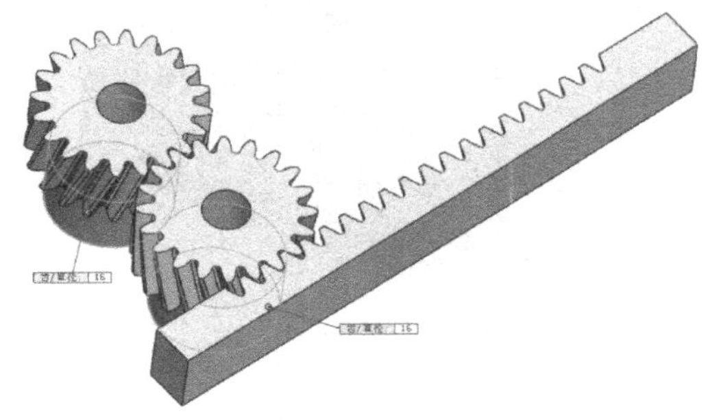

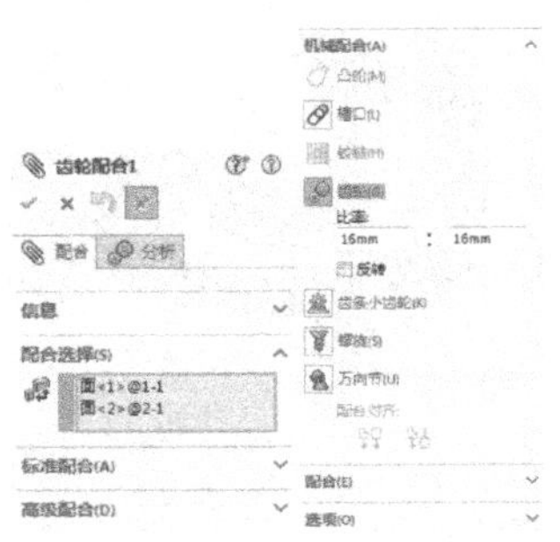

图 5-33　“齿轮配合”配合的添加

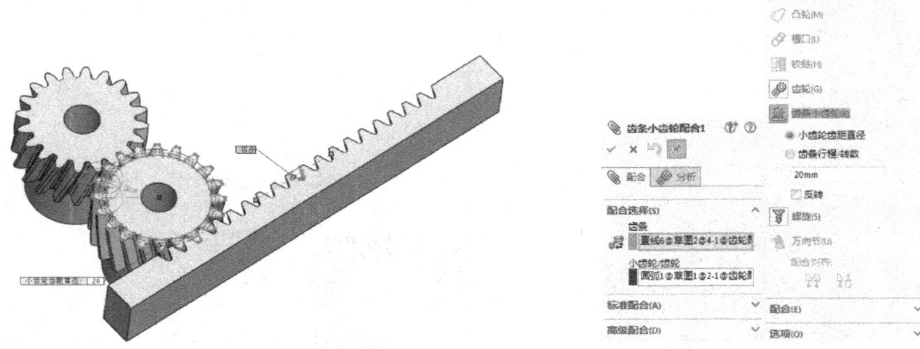

图 5-34 “齿条小齿轮配合”配合的添加

5.4.4 带轮动画

带轮动画的关键同样也在于配合条件的添加，下面介绍一个操作。

STEP① 如图 5-35 所示，打开素材文件“带轮动画.SLDASM”（已为带轮轴定义了配合），选择“插入”>“装配体特征”>“皮带/链”菜单项，选择两个带轮的内侧面，添加一个皮带/链特征（实际上就是生成了一条线）。

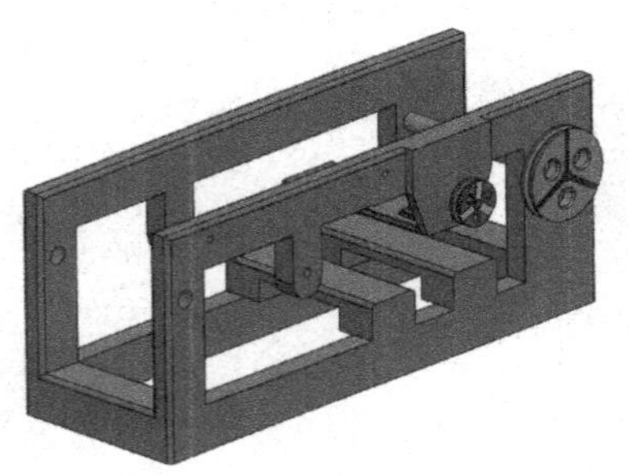

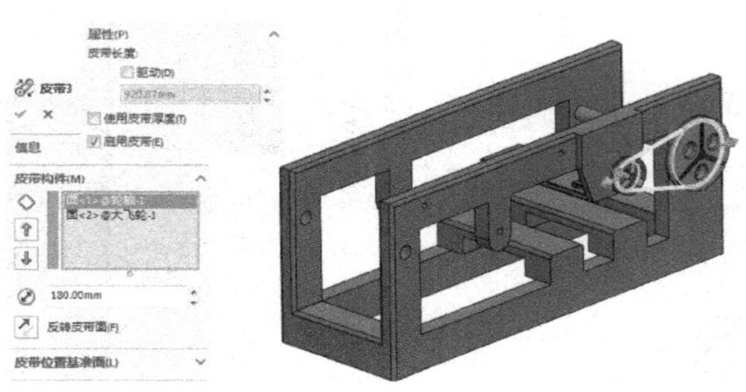

图 5-35 添加皮带/链特征

STEP② 编辑皮带/链特征包含的实体特征，选择一面（或创建基准面）绘制带轮的横截面，然后使用扫描特征创建带轮实体，如图 5-36 所示。

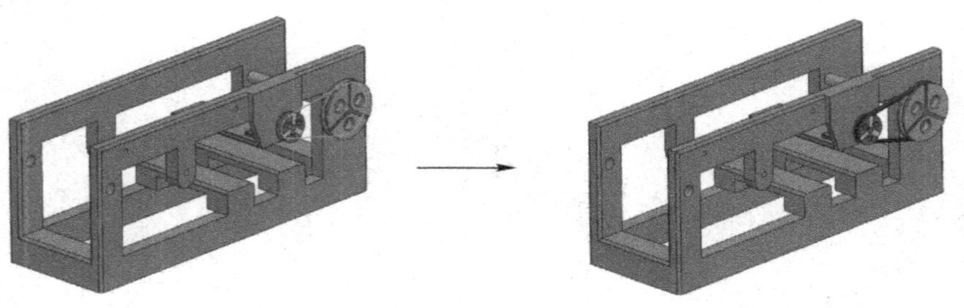

图 5-36 创建带轮实体

STEP③ 切换到“运动算例”操控面板，为一个带轮添加一旋转马达，即可完成带轮动画的创建，如图 5-37 所示。单击“播放”按钮，即可播放带轮动画。

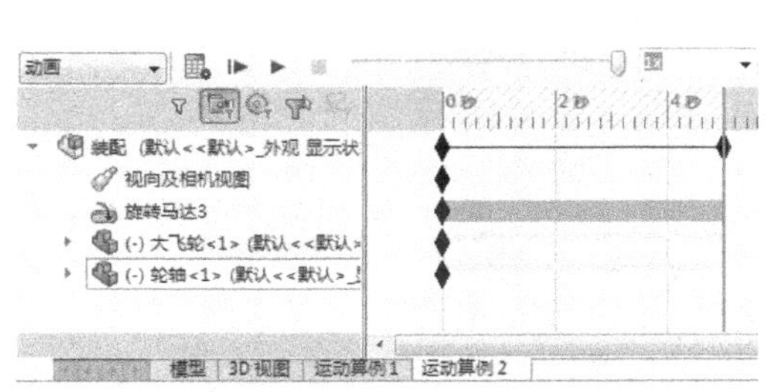

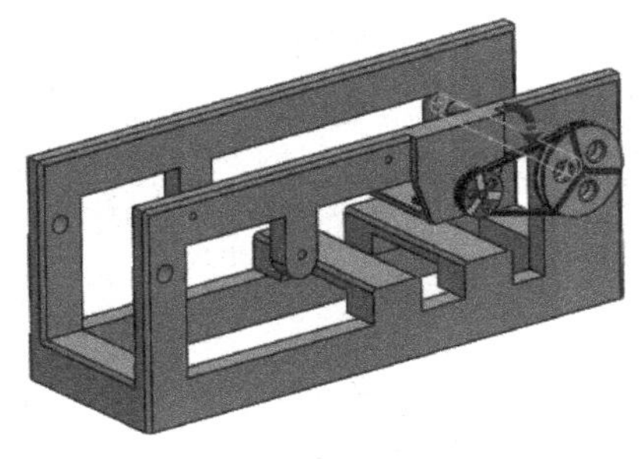

图 5-37　添加旋转马达创建带轮动画

5.4.5 拧螺钉动画

拧螺钉动画需要添加一“螺旋”配合，如图 5-38 左图所示，然后为旋转的部分添加旋转马达，即可实现拧螺钉动画，如图 5-38 右图所示。

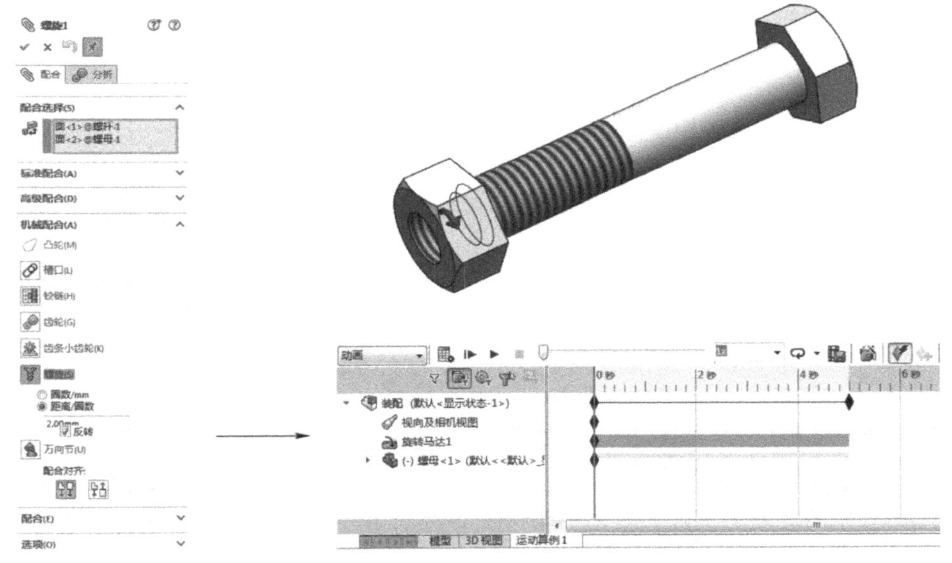

图 5-38　实现拧螺钉动画

“螺旋”配合中，“圈数/mm”表示移动 1mm 的距离需要旋转多少圈，“距离/圈数”表示旋转一圈，旋转的部分相对于另外一部分移动的距离。

5.4.6 参数关联动画

所谓“参数关联”，是在装配体中，参照已导入的零件直接创建新零件。由于新创建的零件，参照了其余零件的一些位置信息等，所以完成操作后，当被参照的零件位置发生变化时，所创建的零件也会发生相应的改变，从而生成动画。下面介绍一个操作。

STEP 1 如图 5-39 所示，首先创建装配体文件，然后导入本书提供的素材文件（相应的文件夹下），再定义所导入的两个素材文件的配合关系，除了一些“重合”“平行”配合外，应重点定义另一个顶点的“距离”配合，大小为 30mm。

STEP② 单击“装配体”工具栏中的“新零件”按钮，选择“台子”的侧面创建零件，如图 5-40 所示。直接进入此面的草绘模式，按图 5-41 所示绘制草图，并添加必要的约束，然后退出草绘模式。

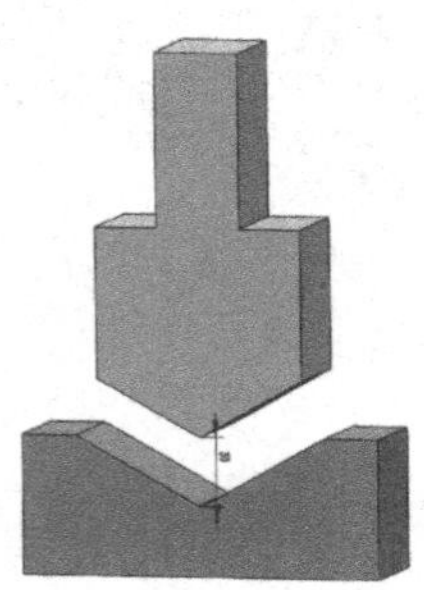

图 5-39 导入素材文件并定义配合

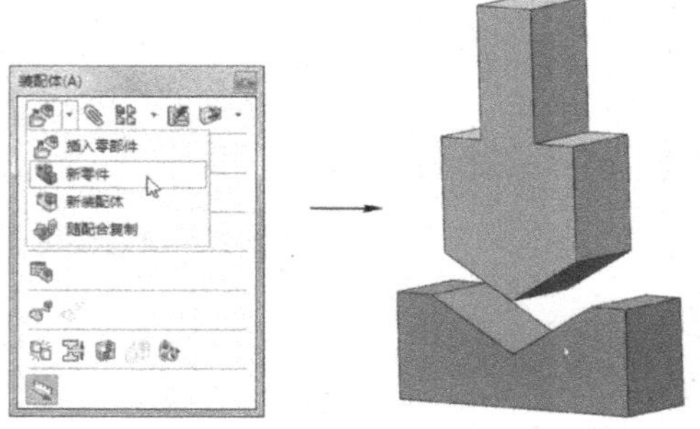

图 5-40 创建新文件并选择面

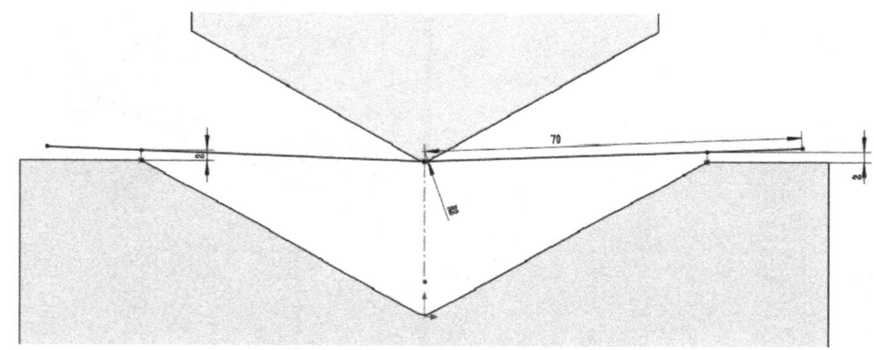

图 5-41 绘制草图

STEP③ 使用步骤 2 绘制的草图，创建一厚度为 2mm 的拉伸实体（宽度与“台子”相同），如图 5-42 所示。然后进入运动算例环境，将当前帧置于“4s”处，设置步骤 1 中的“距离”配合为 2mm，完成动画的创建。单击“播放”按钮即可查看动画效果，如图 5-43 所示。

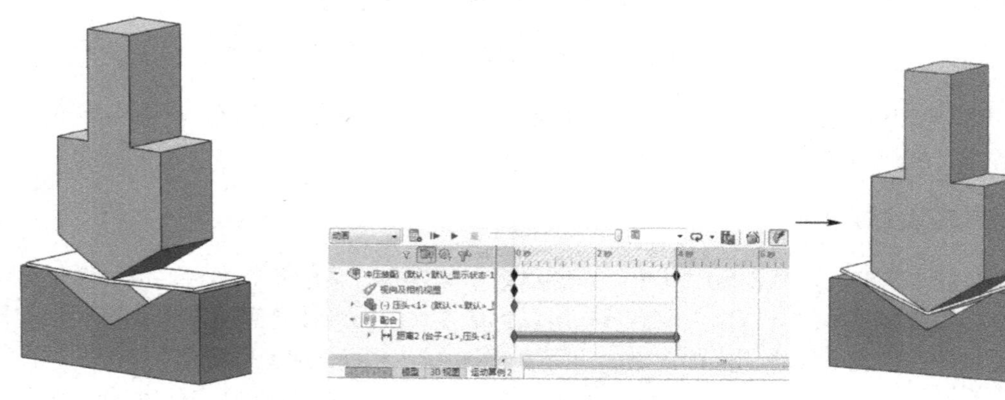

图 5-42 创建拉伸实体

图 5-43 创建动画

5.4.7 方程式动画

可以使用方程式将装配体中不同零件上的参数连接起来，以模拟更多的动画效果。操作如下。

STEP① 首先打开本书提供的素材文件，右击要设置方程式的模型的“注解”项，选择“显示特征尺寸”菜单项，显示出要设置方程式的尺寸，如图 5-44 所示。

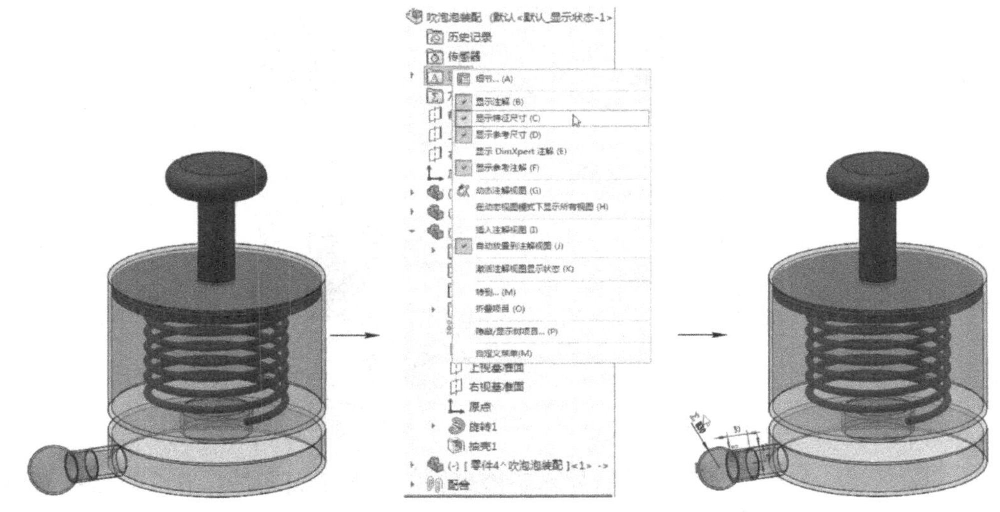

图 5-44 显示特征尺寸

STEP② 选择“工具”>“方程式”菜单命令，打开“方程式******”对话框，将光标置于“方程式・零部件”栏，然后单击“*R*30”尺寸，设置其数值为“= 20 + "D1@距离 1" * 2”，即重新生成动画，播放动画可见到需要的效果，如图 5-45 所示。

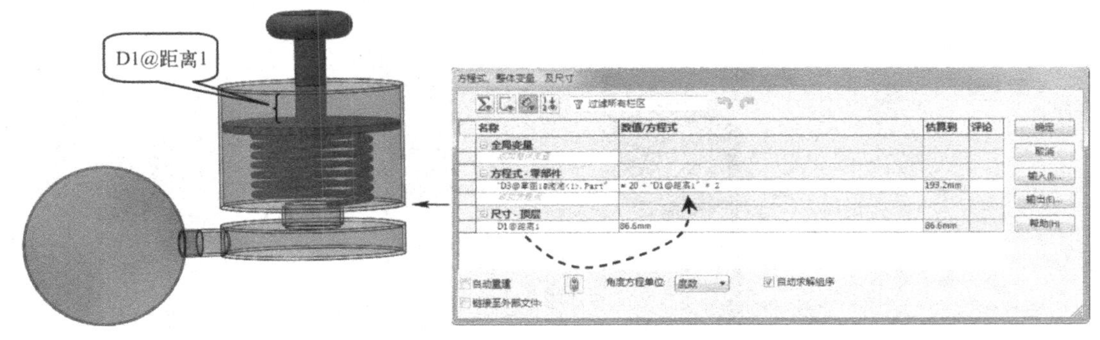

图 5-45 添加方程式

实例精讲——滑轮吊物动画模拟

本实例将讲解使用 SolidWorks 设计滑轮吊物动画的操作。就是通过拉滑轮一端的绳子，令另外一端的重物升起，这里有一些技巧需要读者掌握。

【制作分析】

本实例的操作重点在于添加了两个“齿条小齿轮配合”配合，然后添加了一个装配环境下的拉伸切除操作，如图5-46所示，下面介绍相关操作。

图5-46 滑轮吊物动画操作

【制作步骤】

STEP① 新建“装配”文件，然后导入本书提供的多个素材文件，并进行基本的装配，效果如图5-46左图所示。

STEP② 添加轮子和长线间的两个“齿条小齿轮配合”配合，如图5-47所示，设置每个转数的大小都为“30mm”，只是方向相反。

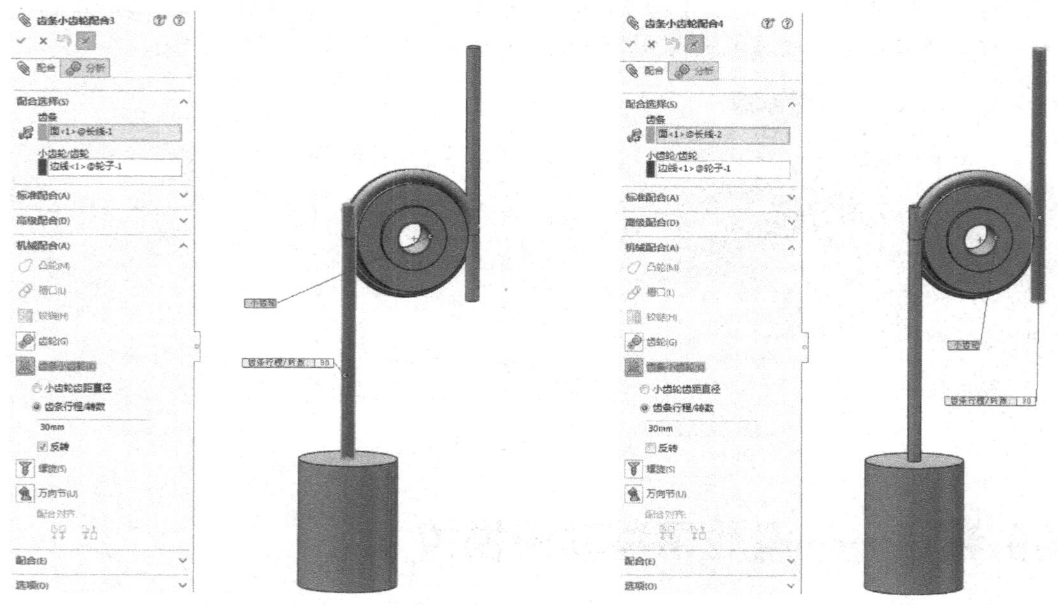

图5-47 添加两个“齿条小齿轮配合”配合

STEP③ 在装配环境下，捕捉绳子的下端面，执行“完全贯穿”的“拉伸切除”命令，如图 5-48 所示（设置只对长线对象执行“拉伸切除”命令）。

STEP④ 切换到“运动算例”操控面板，将当前帧置于“4s”位置处，然后直接拖动右侧的长线，如图 5-49 所示，即可生成动画。单击“播放”按钮可看到动画效果。

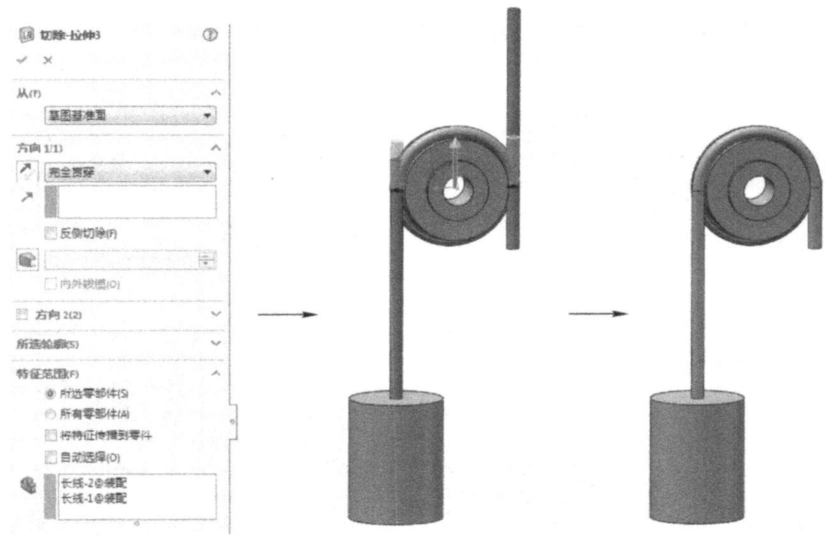

图 5-48　创建拉伸切除特征

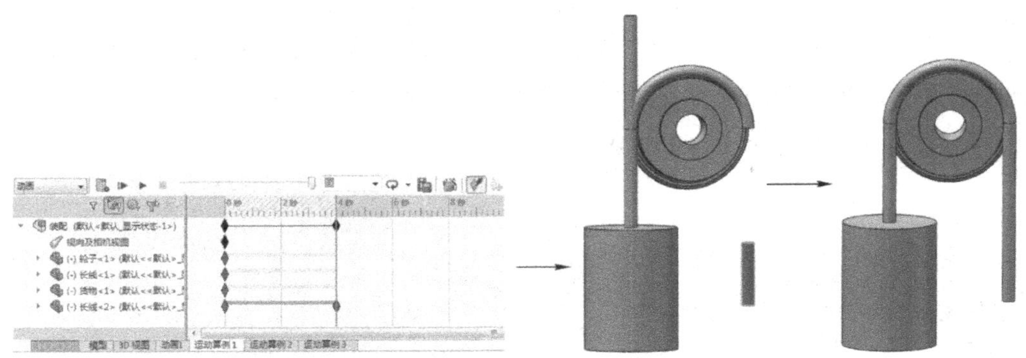

图 5-49　创建动画

实例精讲——仿真弹簧动画模拟

本实例将讲解使用 SolidWorks 设计仿真弹簧动画的操作，主要目的是实现弹簧被压缩的效果。

【制作分析】

本实例操作过程中主要用到“参数关联”和“扫描”命令，这是读者需要注意的，下面介绍相关操作。

【制作步骤】

STEP① 新建“装配”文件，然后导入本书提供的素材文件“挡板.SLDPRT”（两次），并进行装配，效果如图5-50所示。

STEP② 在装配环境下，直接单击“装配”工具栏中的“新零件”按钮，创建与两个挡板关联的草图，再使用“扫描”命令，创建出弹簧零件，如图5-51所示（弹簧截面的直径为7mm）。

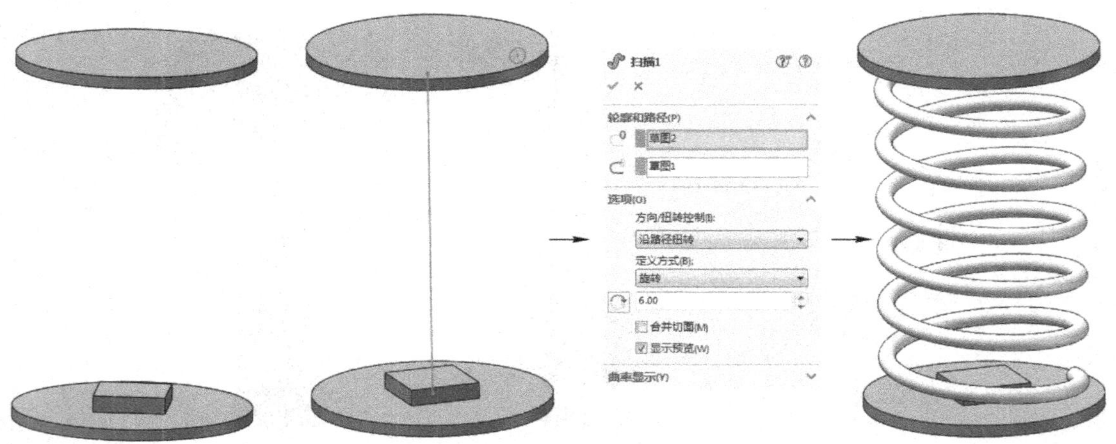

图5-50 导入素材文件

图5-51 创建弹簧零件

STEP③ 添加两个挡板间的“距离”配合，所添加的距离为“150mm”，如图5-52所示。

STEP④ 切换到“运动算例”操控面板，将当前帧移动到“5s”处，编辑上面添加的“距离”配合，大小设置为“80mm”，系统将生成动画，完成操作，如图5-53所示。然后单击“播放”按钮，即可见到弹簧压缩的动画效果。

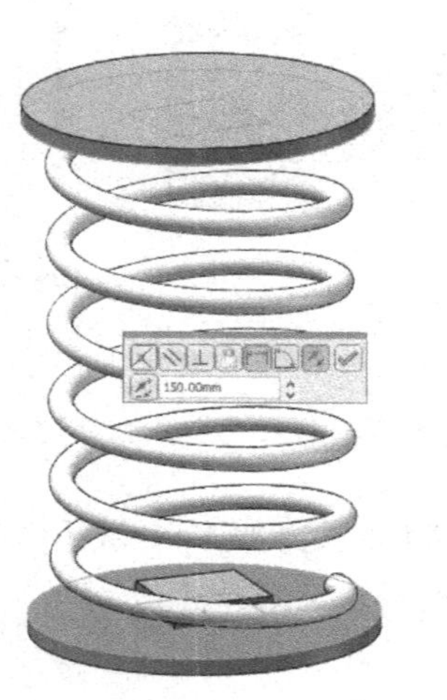

图5-52 定义挡板间的距离

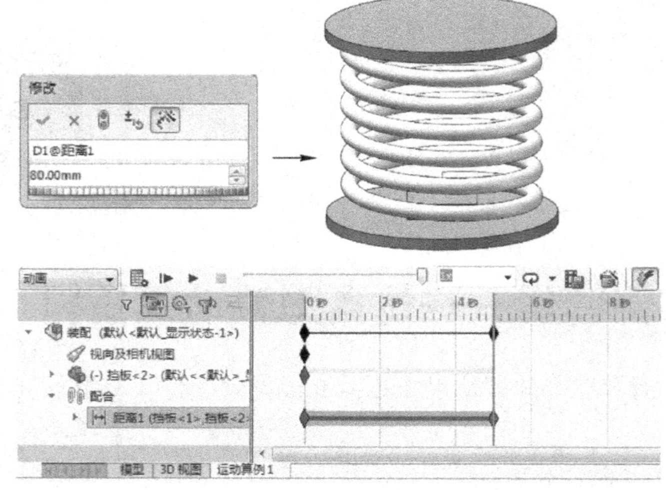

图5-53 通过修改“距离”配合生成动画

5.5 本章小结

本章主要讲述了在 SolidWorks 中创建动画的相关知识，包括使用动画向导、手动创建动画和复杂动画的创建，其中通过动画向导创建动画较为简单，也较为常用，可首先重点掌握，其余内容，在需要时进行了解即可（或可根据兴趣对相关内容进行学习）。

5.6 思考与练习

一、填空题

（1）右击 SolidWorks 操作界面顶部空白区域，在弹出的快捷菜单中选择__________菜单项，然后在底部标签栏中单击__________标签可调出“运动算例”操作面板。

（2）要使用“Motion 分析”动画类型，需要在顶部选项下拉列表中选择“插件”项，并在打开的对话框中，启用__________插件。

（3）进行了装配并创建了__________的装配文件，可以使用动画向导创建爆炸动画。

（4）“马达”可令被驱动的对象，在配合允许的范围内，做__________或__________运动。

（5）所谓__________，即是在装配体中，参照已导入的零件直接创建新零件。

二、问答题

（1）设计树上部的“过滤器”按钮有何作用？请举例说明。

（2）什么是旋转零件动画？试简述其定义。

（3）如需要改变动画第一帧的视图方向，需如何操作？

（4）如何令对象颜色的更改被记录为动画？试简述其操作。

三、操作题

（1）本操作题使用与前面实例相同的素材，如图 5-54 所示，打开本书提供的素材文件“自定心卡盘.SLDASM”，然后尝试创建“三抓卡盘”旋转的动画操作。

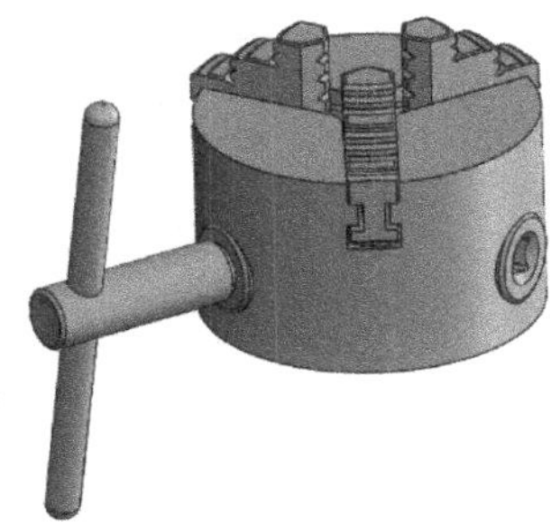

图 5-54 “自定心卡盘”素材文件

> **提示：**此操作题，可主要用到“齿条小齿轮配合”配合（旋转某部分后，相关部分直线运动，需要添加多个），和“齿轮配合”配合（啮合，同样需添加多个），然后添加一个旋转“马达”即可实现需要的动画效果。

（2）新建装配体文件，如图 5-55 所示，使用本章所学的知识实现“手风琴”动画效果。

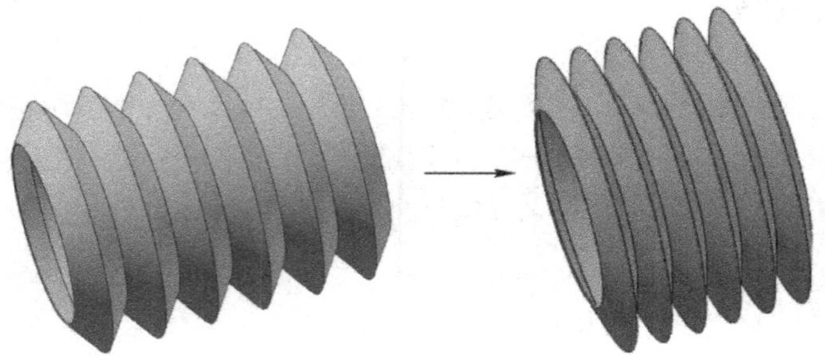

图 5-55 “手风琴”动画效果

提示：使用“参数关联”命令即可，与弹簧动画的创建类似。

第 6 章　动力学及运动模拟分析

本章要点

- 基本运动和 Motion
- 动力学对象
- 运动模拟分析

学习目标

第 5 章讲述了运动算例中的动画功能，本章将讲述运动算例中基本运动和 Motion 的作用及使用方法。基本运动和 Motion 比动画功能更强，除了马达还提供了一些新的动画对象，如弹簧、引力等，其考虑的因素也要多一些，并且可对动画进行分析（第 5 章讲述的所有动画功能，本章仍然适用）。

6.1　基本运动和 Motion

第 5 章讲述的动画功能是运动算例的一个基础功能模块，它主要是用于实现动画的，即为了动画而创建动画，不考虑模型本身可能具有的任何物理因素（如模型间不可穿越，模型的质量等都不会被考虑），这一点与 3ds max 等动画软件是相通的。

此外，运动算例还提供了其余两种功能模块，即基本运动和 Motion，这两个模块都考虑了对象本身应该具有的一些物理因素，更加贴近实际，如图 6-1 所示。

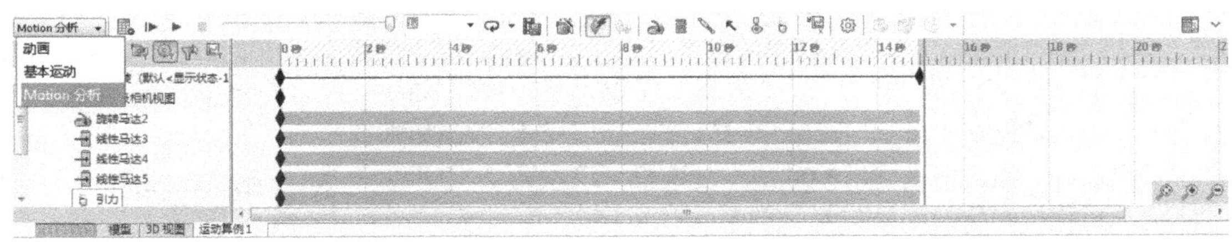

图 6-1　在“运动算例”操控面板中启用基本运动和 Motion

其中基本运动功能模块，除“马达”外，还提供了“弹簧”“接触”和“引力”三种动力学对象，计算时会考虑产品质量。但是基本运动模块不会全盘考虑现实中存在的各个物理量，也不会产生分析结果，所以也可以理解为是在动画的基础上，添加了一些物理因素，但不是完全模拟物理环境。

Motion 可以理解为对运动物理环境的完全模拟，除了基本运动模块中增加的三个动力学对象，还增加了“阻尼”和“力”两个动力学对象，并且能够以图解的方式查看运动分析结果，以及进行运动过程中的有限元分析等，可用于查看各元件运动过程中的受力状况等（关于有限元分析，详见第 10 章的讲述），考虑物体惯性等因素，将物理因素设置得越全面，考虑得越周到，就越容易实现需要的动画效果。

基本运动模块运算时比 Motion 要快，但是何时使用基本运动模块不好把握，容易出现错误，所以在模型不是很复杂时，推荐使用 Motion 进行模拟（本章也将主要以 Motion 为动画模拟环境）。

此外，本书提过，“Motion 分析”是以插件的形式出现的，使用时需启用“SolidWorks Motion”插件。

6.2 动力学对象

本节介绍在基本运动模块或 Motion 中会用到的一些动力学对象，讲述在动画过程中，它们的主要作用和使用方法。具体如下。

6.2.1 接触

当需要避免两个或多个零部件间互相穿越时，可以为其添加“接触”模拟元素。添加“接触”元素后，零件运行过程中如产生碰撞，将带动被碰撞的物体一起运动，如图 6-2 所示。

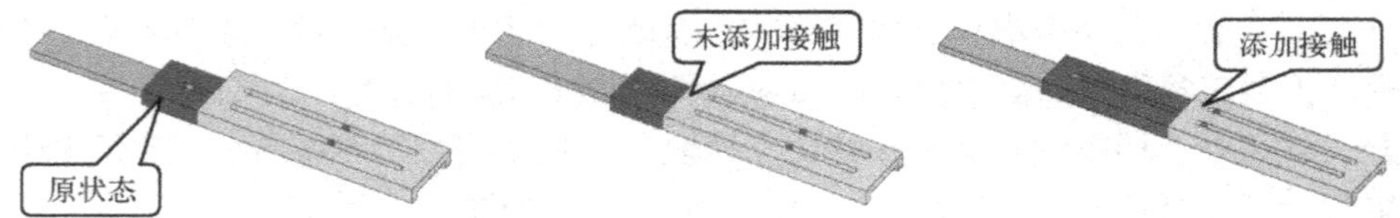

图 6-2 添加零部件“接触”模拟元素的效果

在“基本运动”算例类型中，“接触”模拟元素，可设置的元素非常少，如图 6-3 所示。在操作时只需选择要设置互相接触的零部件即可（如选中“使用接触组”复选框，可在两个组间添加接触，此时相同组间的接触被忽略）。

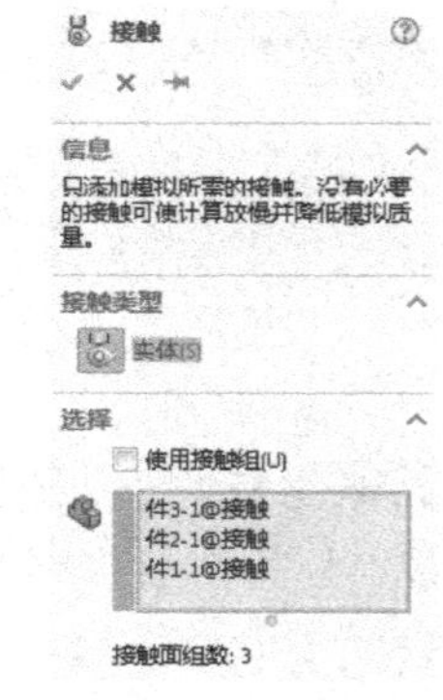

图 6-3 基本运动算例类型中的“接触”属性管理器

在 Motion 中，“接触”属性管理器可设置更多参数，如图 6-4 所示。具体介绍如下：

- **“曲线”**按钮：单击此按钮后，可以设置两条曲线或零件边线间具有接触特点。
- **“材料”**卷展栏：可以选择零部件表面的材料特点，进而通过材料特点自动设置零件表面的摩擦因数。如需要自定义摩擦因数，需要取消选中“材料”复选框。

➢ **“弹性属性”**卷展栏：可以定义零件受到冲击的弹性系数等参数。

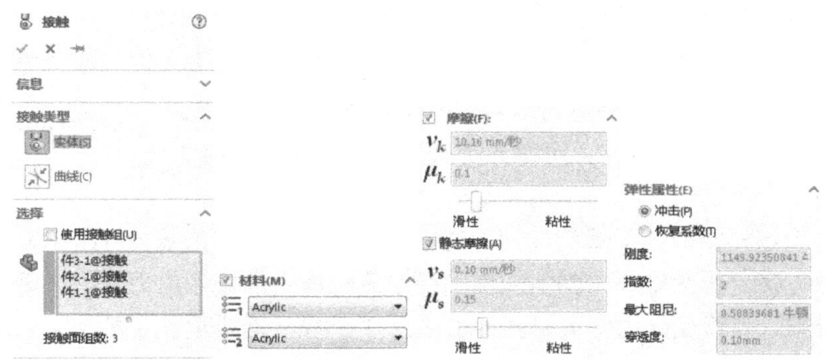

图 6-4 “Motion 分析”算例类型中的“接触”属性管理器

为避免不必要的运算时间，添加接触的零部件应尽量少，如必须添加接触，则应尽量使用接触组定义零件间的接触关系。

6.2.2 引力

单击操控面板工具栏中的“引力”按钮，使用当前坐标系的某个轴线为引力方向，或选择某个参考面定义引力的方向，输入引力值，可以为当前装配体添加“引力”模拟元素，如图 6-5 所示。

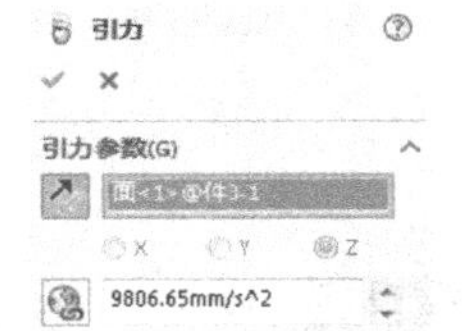

图 9-5 “引力”属性管理器

在定义引力时有以下两项需要注意：一是一个装配体中只能定义一个引力；二是“马达”的运动优先于引力的作用（“马达”代表一个无穷大小的作用力，所以在使用“马达”仿真时，即使零件碰到了“接触”的物品，仍然会保持其原有运动）。

6.2.3 弹簧

单击操控面板工具栏中的“弹簧”按钮，打开“弹簧”属性管理器，选择弹簧的作用位置，并设置弹簧参数，可以在作用位置间模拟弹簧，如图 6-6 所示。

图 6-6 “弹簧”属性管理器和弹簧的显示效果

系统默认添加的弹簧为“线性弹簧”，也可在“弹簧”属性管理器中单击“扭转弹簧”按钮以添加扭转弹簧。添加扭转弹簧时，只需选择被扭转零部件（活动零部件）的一个面或边线，以确定扭转方向，并设置弹簧参数即可，图 6-7 所示为扭转弹簧实物图。

图 6-7　扭转弹簧

在添加“弹簧”模拟元素时，可以对弹簧常数等很多参数进行设置，解释如下：

- **弹簧力表达式指数**：弹簧的伸缩力通常呈线性变化，即指数为 1，也有呈高阶变化的非线性弹簧。指数越高，弹簧长度的微小变化产生的反作用力越大、越迅速。
- **弹簧常数**：弹簧受外力变形时，每增加或减少 1cm 而需要施加的负荷。此值越大，表示弹簧强度越强。
- **自由长度**：弹簧不受外力时的长度。
- **随模型更改而更新**：选中此单选按钮后，如弹簧端点处的模型进行了更新，此数值将自动进行相应调整，否则在模型更新后此值保持不变。
- **阻尼**：此卷展栏用于设置弹簧的阻尼。阻尼是阻碍弹簧来回振动的力，在实际应用时，由于弹簧的作用力通常比此力大得多，所以很多情况可以不考虑弹簧阻尼。
- **显示**：此卷展栏用于设置“弹簧”模拟元素的预览形态，没有实际意义，通常不必设置。
- **承载面**：此卷展栏主要用于方便在 Simulation 进行有限元分析（在动画仿真时，可不设置此值），在进行 Simulation 分析时，载荷将分布于通过此卷展栏选择的承载面上。

6.2.4 阻尼

单击操控面板工具栏中的“阻尼”按钮，打开“阻尼”属性管理器，如图 6-8 所示。选择阻尼的作用位置，并设置阻尼参数，可以在作用位置间添加阻尼。

常见的阻尼有下面实例将要讲述的自动闭门器，还有起合页作用的阻尼铰链，如图 6-9 所示，其大多为液压阻尼（也有机械式阻尼铰链，通常是通过弹簧来控制门的开关的）。

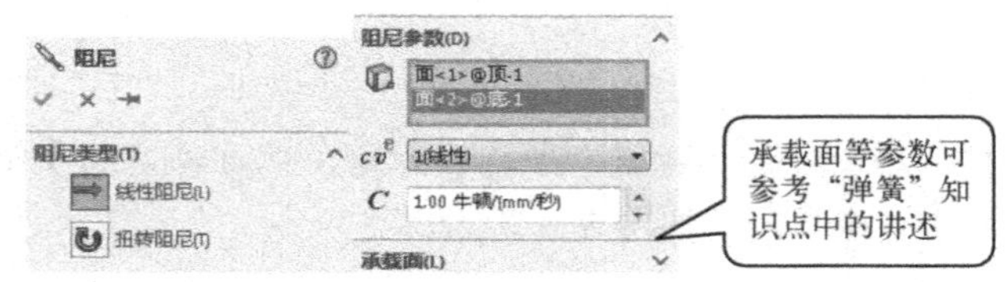

图 6-8　“阻尼”属性管理器

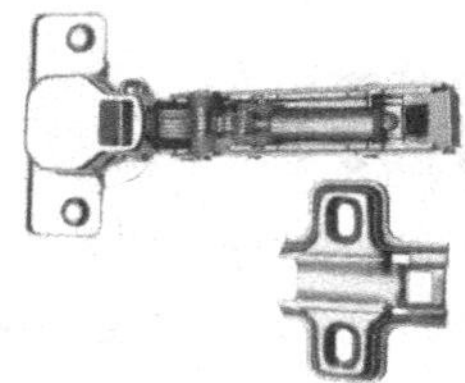

图 6-9　阻尼铰链

需要注意的是阻尼不是阻力，也不是由阻力引起的。虽然很多时候可以通过阻尼原理来迟滞零件的运行速度，但是它与阻力是两个概念。从定义上来说，阻尼是指振动系统，由外界作用或系统自有原因引起的振幅逐渐下降的特性。根据阻尼方程式 $F = cv^e$，阻尼力的大小与速度相关，速度越快阻尼力越大，c 为阻尼常数与材料相关。在仿真时，用户根据需要对这两个参数的值进行设置即可。

6.2.5 力

单击操控面板工具栏中的“力”按钮，打开“力”属性管理器，如图 6-10 所示。选择力在零件上的作用面、线或点，再设置力的大小，即可为零件设置一个作用力。

在“力”属性管理器中单击“力矩”按钮，可以为某零件添加力矩（力矩多适用于旋转运动，而力则多适用于直线运动）。此外，在“方向”卷展栏中单击“作用力与反作用力”按钮，可以在两个零件间添加力与反作用力，如可模拟两个小球碰撞后受到的两个反力，如图 6-11 所示，生成动画后，小球将向相反方向运动。

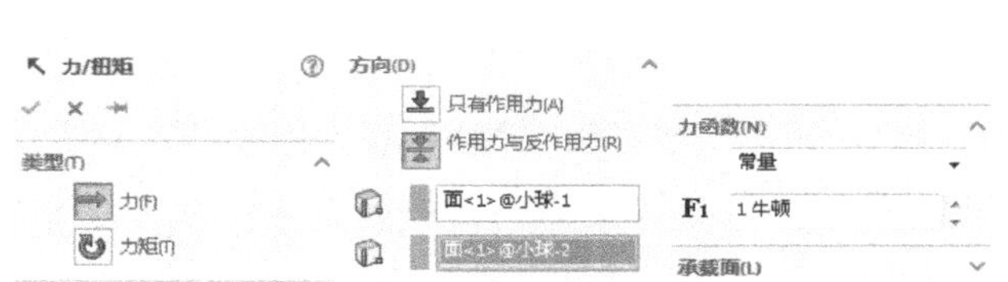

图 6-10 “力”属性管理器

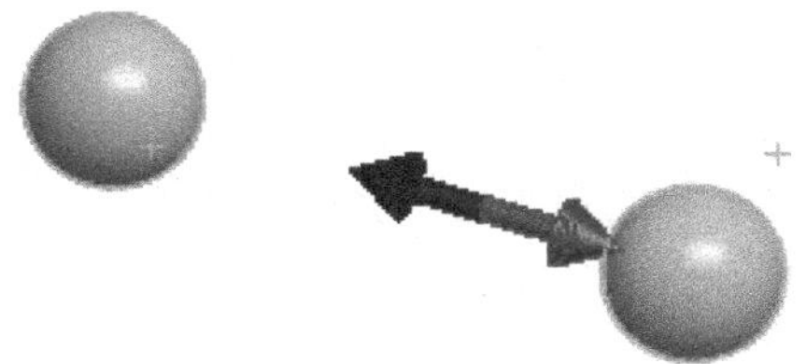

图 6-11 反作用力效果

实例精讲——挖土机挖土动画模拟

虽然第 5 章中的实例，实现了挖土机的动画模拟，但是没有实现挖去物体的目的，本实例为挖土机设置挖取并运载的标的物，并模拟挖土操作。

【制作分析】

本实例的关键点是为模型添加了“重力”和“接触”两个动力学对象，以实现需要的动画效果，再在 Motion 模式下实现相关功能。具体操作如下。

【制作步骤】

STEP 1 打开在第 5 章中添加完马达，实现了挖土机运动的模型文件，为其导入“地面”文件（并添加必要的“配合”），以及模拟被挖取物的零件文件；然后将当前“算例类型”设置为“Motion 分析”，如图 6-12 所示。

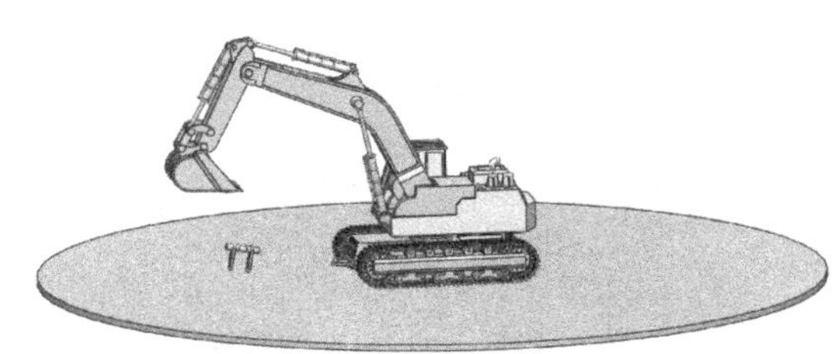

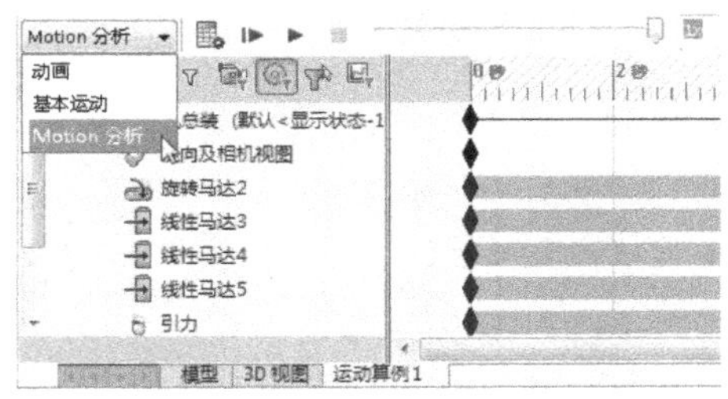

图 6-12 添加了其余对象效果（左图）和切换算例类型操作界面（右图）

STEP② 单击操控面板工具栏中的“引力”按钮，选择挖土机壳体的台体为引力方向的参考面，并通过单击“反向”按钮设置正确的引力方向，如图 6-13 所示，为操作对象添加引力模拟元素。

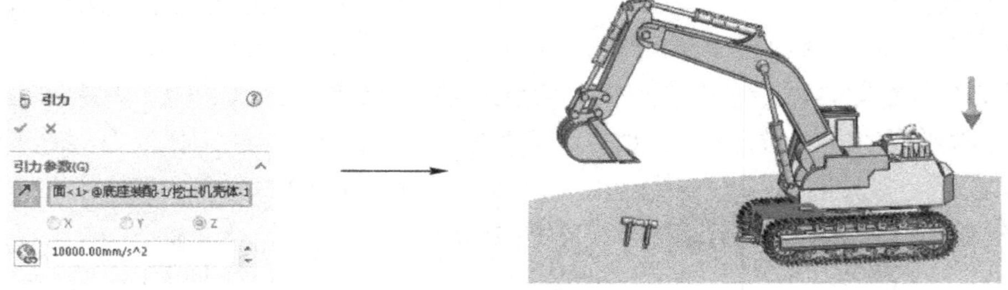

图 6-13 添加引力模拟元素

STEP③ 单击操控面板工具栏中的“接触”按钮，打开“接触”属性管理器，然后选中模拟地和地面上的一个小部件（此部件用于被挖土机挖取），为模拟地和小部件添加接触关系，如图 6-14 所示。

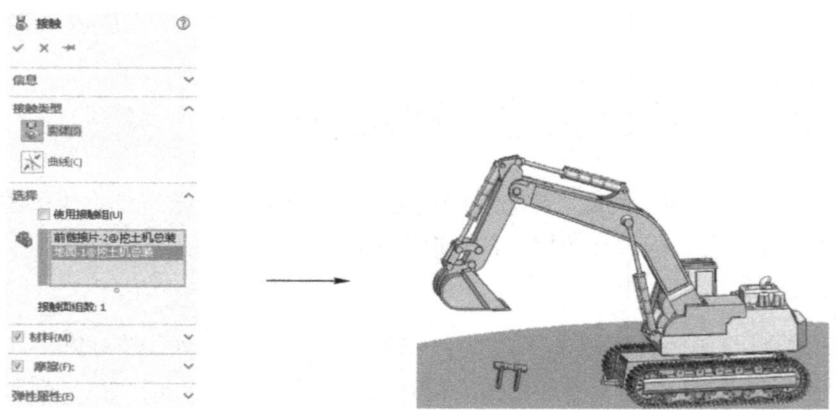

图 6-14 设置被挖掘件与模拟地间的“接触”模拟元素

STEP④ 同步骤 3 中的操作，单击“接触”按钮，设置地面上的小部件和挖斗间的接触关系，如图 6-15 所示，完成整个动画模型的设置操作。单击“计算”按钮，再单击“播放”按钮即可观看动画效果。

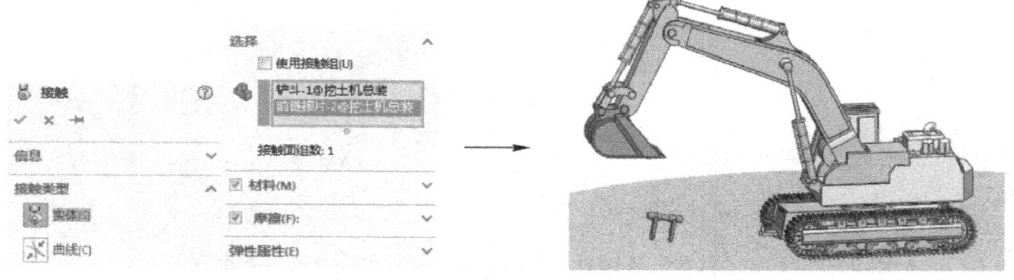

图 6-15 设置被挖掘件与挖斗间的“接触”模拟元素

实例精讲——自动闭门器动画模拟

闭门器是可以使门自动关闭，但是又不会造成门猛烈撞击门框的装置，如图 6-16 所示，它的工作过程主要是通过弹簧和液压节流原理实现的。

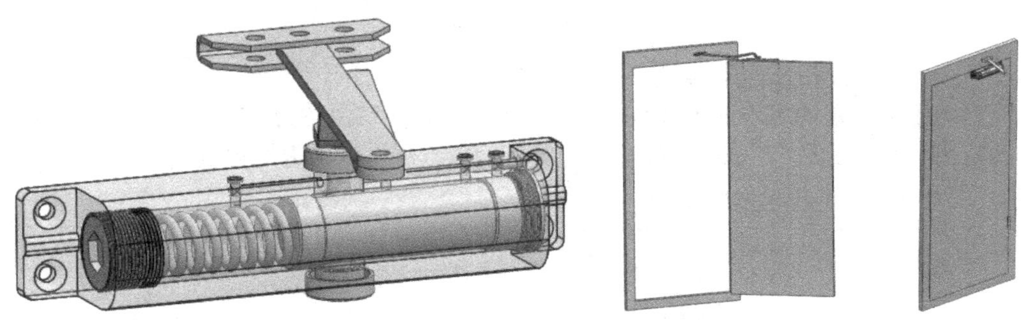

图 6-16 闭门器透视图和闭门器在开门和关门时的状态

本实例将讲解，使用 SolidWorks 的 Motion 运动仿真功能准确模拟闭门器在开门和关门过程中的受力状况，并分析其开关门时各阶段的速度特点。在进行模拟的过程中，应注意学习“弹簧”“阻尼”和“力”模拟元素的使用。

【制作分析】

本实例所模拟的闭门器工作过程，主要是添加三个模拟元素，如图 6-17 所示，顺序添加适当大小的力、弹簧和阻尼即可。在完成动画的仿真操作后将进行适当的结果分析。

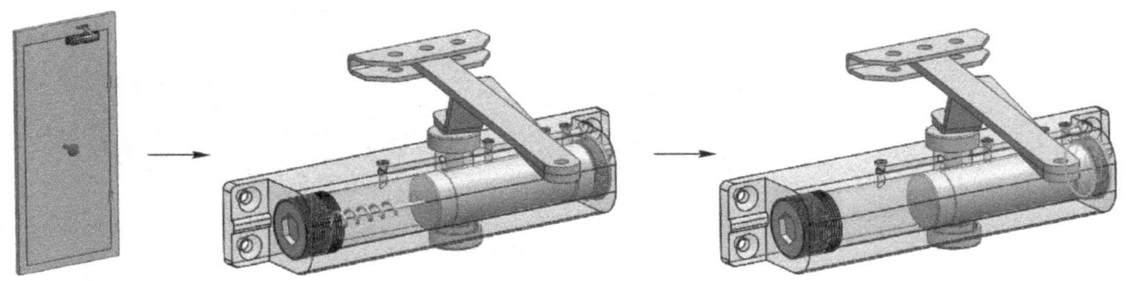

图 6-17 本实例制作闭门器动画的基本操作流程

【制作步骤】

STEP ① 打开本书提供的素材文件“自动闭门器.SLDASM”，打开“运动算例”操作面板，并选用“Motion 分析”算例类型。

STEP ② 单击操控面板工具栏中的“力”按钮↖，打开“力”属性管理器，选择门的后面为力的作用面，并将力调整为正确的方向，设置力的大小为 10N，其他选项保持系统默认，添加推门的作用力，如图 6-18 所示。

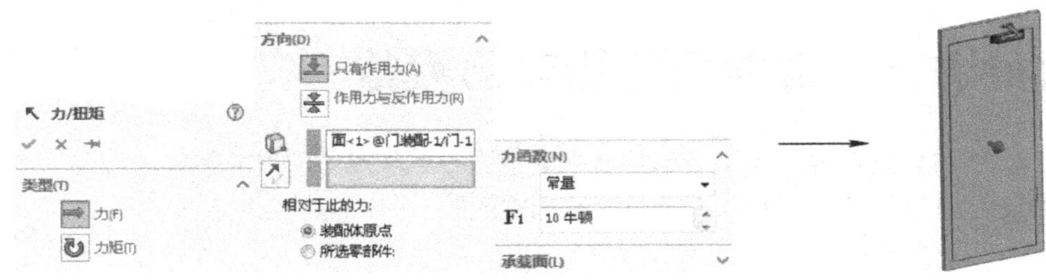

图 6-18 添加力

STEP③ 单击操控面板工具栏中的“弹簧”按钮，打开“弹簧”属性管理器，选择活塞和阀门力量调节盖的对应面为弹簧的作用位置，设置弹簧常数为“0.5 牛顿/mm”，弹簧“自由长度”为“100mm”，其他选项保持系统默认设置，单击“确定”按钮，添加一线性弹簧，如图 6-19 所示。

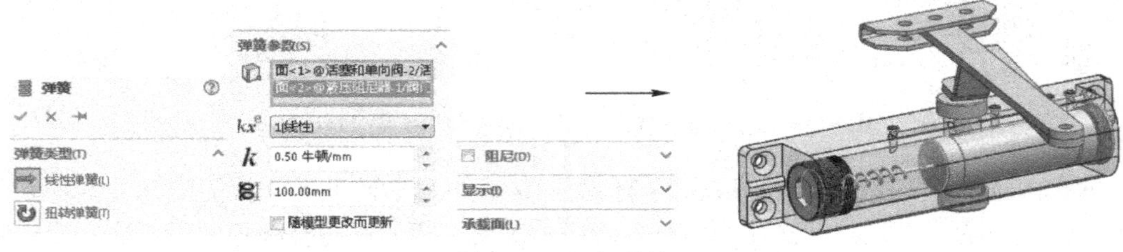

图 6-19 添加弹簧

STEP④ 单击操控面板工具栏中的“阻尼”按钮，打开“阻尼”属性管理器，选择活塞另外一个面和其对应的端盖面，作为阻尼的两个端点，设置“阻尼力表达式指数”为“2”，“阻尼常数”为“0.15 牛顿/[mm/秒]”，添加阻尼模拟液压油的缓冲力，如图 6-20 所示。

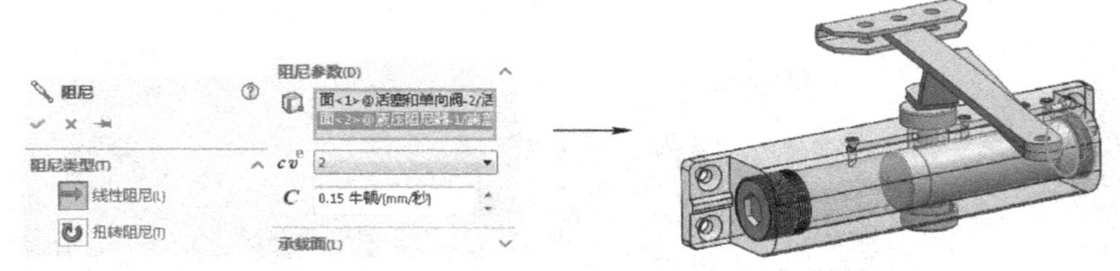

图 6-20 添加阻尼

STEP⑤ 在操控面板键码区中，拖动顶部键码到“15s”的位置，将整个动画的时间延长到 15s，再在“力”模拟元素对应的键码区“3s”处右击，在弹出的快捷菜单中选择“关闭”菜单选项，将推门力的作用时间限制为 3s，如图 6-21 所示。

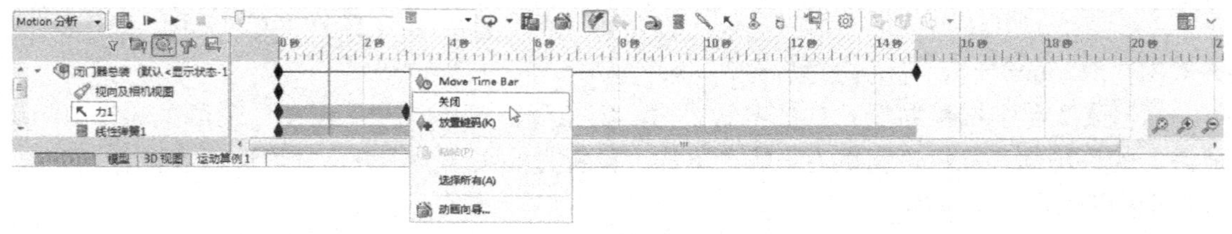

图 6-21 键码区调整

STEP 6 完成上述操作后，单击“计算”按钮，完成仿真计算后，再单击“播放”按钮，即可以观看开门和关门的仿真动画过程了。

STEP 7 单击操控面板工具栏中的“结果和图解”按钮，打开“结果”属性管理器，在其下拉列表中依次选择“位移/速度/加速度”>“线性速度”>“幅值”选项，并选择门的左上角点为检测点生成图解，可以发现关门的速度较为平缓，如图 6-22 所示。

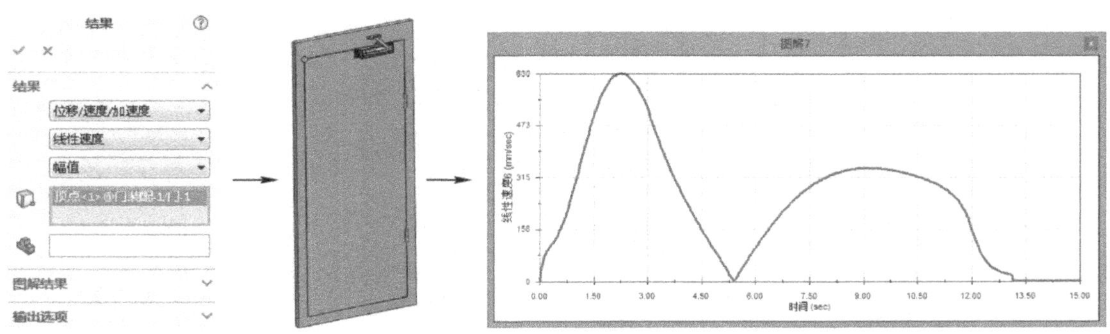

图 6-22 图解门的线性速度操作及图解结果

STEP 8 将“阻尼”压缩，并单击“计算”按钮对算例重新进行计算，然后执行与步骤 7 相同的操作，生成一新的速度图解图，如图 6-23 所示。从此图可以发现，在没有油压缓冲的作用下，关门时门一直在加速，直至碰到门框时才会瞬间停止。

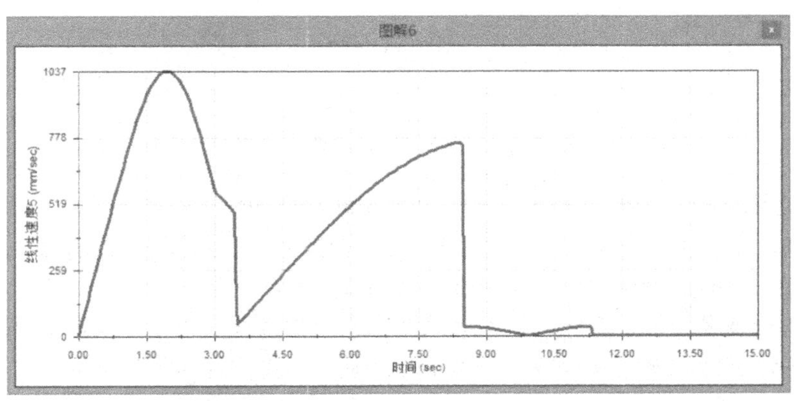

图 6-23 无阻尼时门的速度曲线

提示

关于结果和图解等模拟分析的内容，详见 6.3 节的讲述。

6.3 运动模拟分析

操作时有时并不是仅仅为了实现某些动画效果，而是对当前的机械结构等进行模拟和分析，以获得必要的分析数据，验证合理性等。本节讲述运动模拟分析的相关内容。

6.3.1 设置运动算例属性

单击操控面板工具栏中的“属性”按钮，打开“运动算例”属性对话框，如图 6-24 所示。在此对话框中可以对运动算例的帧频和算例的准确度等属性进行设置，以确保可以使用最少的时间计算出需要的仿真动画。下面逐项解释此对话框中各参数的含义。

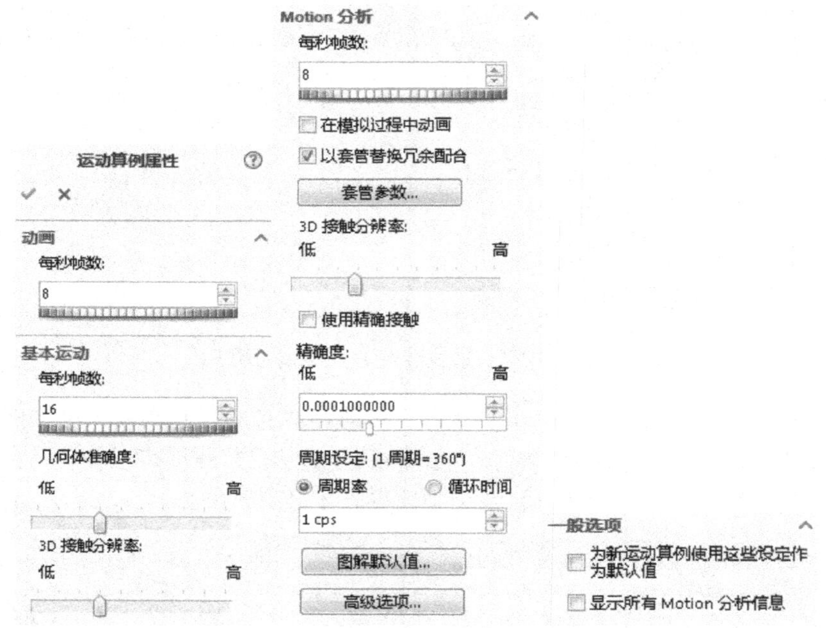

图 6-24 “运动算例”属性对话框

- **每秒帧数**：在“动画”“基本运动”和“Motion 分析”算例类型中都可以对此参数进行设置，用于确定所生成动画的帧频。此值越高，生成的动画越清晰，当然计算的时间也较长，但是此值大小不会影响动画的播放速度。
- **几何体准确度**：用于确定“基本运动”算例中实体网格的精度。精度越高，用于计算的网格将越接近于实际几何体，模拟更准确，但需要更多的计算时间。
- **3D 接触分辨率**：设置实体被划分为网格后，在模拟过程中所允许的贯通量。此值越大，实体表面网格被划分得越细致，模拟时可以产生更平滑的运动，模拟更逼真，当然计算也更费时。
- **在模拟过程中动画**：选中此复选框后将在计算模拟动画的过程中显示动画，否则在计算过程中不显示动画，减少计算时间。
- **以套管替换冗余配合**：对于冗余的配合，将使用“套管”参数（相当于在配合处添加了一个很大的结合力和阻尼）来替换这些配合，以保证模拟更逼真。
- **精确度**：用于设置模拟的数量等级，此数值越小，计算精度就越高，计算也越费时。
- **周期设定**：用于自定义马达或力配置文件中的循环角度。循环角度可以定义马达在某点处的旋转速度（如“周期/秒”，即 CPS）。
- **图解默认值**：设置所生成图解的默认显示效果，如图 6-25 所示。

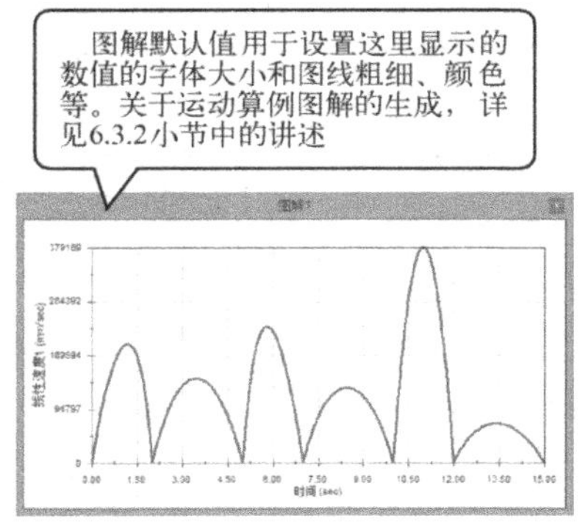

图 6-25　运动算例的图解效果

➢ **高级选项**：用于设置求解器的类型，有 GSTIFF、WSTIFF 和 SI2 GSTIFF 三种积分器可以使用。其中 GSTIFF 积分器最常使用，速度较快，但是计算精度比 WSTIFF 和 SI2 GSTIFF 差一些（此选项中的其他值请参考其他专业书籍）。

➢ **为新运动算例使用这些设定作为默认值**：选中此复选框后，会将此次设置的运动算例值作为每个新运动算例的默认值。

➢ **显示所有 Motion 分析信息**：选中该复选框后，在运动算例的计算过程中将显示算例的详细计算内容和反馈信息。

6.3.2 结果和图解

单击操控面板工具栏中的"结果和图解"按钮，打开"结果"属性管理器，选择需要分析的类别，如位移、力、能量和动量等，然后根据需要选择模型、模型面、点或之间的配合，单击"确定"按钮，可以表格或曲线等形式显示分析数据，如图 6-26 所示。

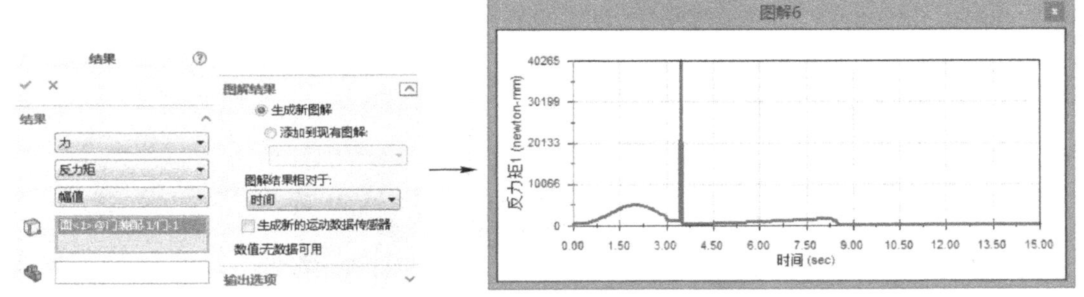

图 6-26　结果和图解操作和效果

在"结果"属性管理器的"图解结果"卷展栏中可以设置生成新图解，也可以将分析结果附加到其他图解表格中，此时原图解表格将进行复合显示。

6.3.3 基于事件的运动视图

在第 5 章挖土机动画中，通过设置马达的"线段"数据点控制了马达在某时间段上的运行距离。在 Motion 分析动画算例中，系统提供了一种功能更加强大，也更加直观和易操作的制作方式，那就是基于事件的运动视图，如图 6-27 所示。

任务		触发器			操作					时间	
名称	说明	触发器	条件	时间/延缓	特征	操作	数值	持续时间	轮廓	开始	结束
任务6		时间		0s	线性马达7	更改	-38.5m	1s		0s	1s
任务7		任务6	任务结	<无>	线性马达9	更改	-12mm	0.5s		1s	1.5s
任务8		任务7	任务结	<无>	重合40	打开				1.5s	1.5s
任务14		任务8	任务结	<无>	重合44	关闭				1.5s	1.5s
任务9		任务8	任务结	<无>	线性马达7	更改	38.5m	1s		1.5s	2.5s
任务17		任务9	任务结	<无>	线性马达8	更改	-130m	1s		2.5s	3.5s
任务18		任务17	任务结	<无>	线性马达9	更改	12mm	0.5s		3.5s	4s
任务19		任务17	任务结	<无>	(2)	关闭				3.5s	3.5s

图 6-27　基于事件的运动视图效果

单击操控面板工具栏中的“时间线视图”按钮，可打开基于触发器的任务管理器，如图 6-27 所示。通过此管理器可以设置单个马达的启用时间（需要提前将马达设置为“伺服马达”），也可设置任务执行的顺序，以及每个任务的执行时间，在某个任务中开启或关闭特定的配合等，从而令动画的生成更加方便。

6.3.4 动画的有限元分析

在启用了“SolidWorks Simulation”插件后，单击操控面板工具栏中的“模拟设置”按钮，打开“Simulation 设置”对话框。在此对话框中选择要进行有限元分析的零件，并设置要进行有限元分析的时间长度，单击“确定”按钮，然后单击工具栏中的“计算模拟结果”按钮，可以对此时间段内所选零部件进行有限元分析，如图 6-28 左图所示。

分析完毕，系统默认将使用不同颜色（颜色图表）显示零部件的受力状况。单击“应力图解”按钮可以选择要显示的图解信息，如“应力图解”“变形图解”和“安全系数图解”等，如图 6-28 右面两个图所示。

图 6-28　动画的有限元分析效果

总之，要对动画进行有限元分析，只需顺序单击这三个按钮即可。

提示

需要注意的是，有限元分析较为烦琐，需要耗费大量的计算机资源，所以在进行 Motion 中的有限元分析时，应尽量选择较小的需要进行分析的时间段进行计算。

实例精讲——汽车刮水器动画模拟

刮水器是为了防止车前玻璃上的雨水及其他污物影响视线而设计的一种简单的清理工具。刮水器通常采用小型电动机驱动，电动机外通常连接蜗轮/蜗杆机构（用于减速增扭，实际上多与电动机作为一体，注意其输出仍然为轴向旋转），然后通过其输出轴带动连杆机构，通过连杆机构把连续的旋转运动改变为左右摆动的运动。

本实例主要目的在于分析使用此连杆机构的刮水器，能够跨越多大的擦拭面积。

【制作分析】

本实例的操作非常简单，添加马达后，对仿真效果进行计算，然后通过设置生成结果图解即可，如图6-29所示。

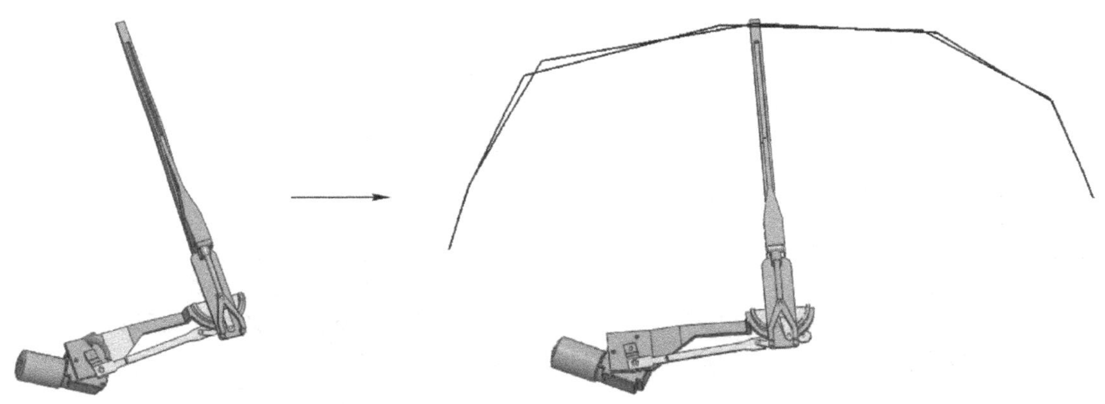

图6-29 制作汽车刮水器动画的基本操作流程

【制作步骤】

STEP 1 打开本书提供的素材文件“刮水器.SLDASM”，单击底部的“运动算例1”标签打开运动算例操作面板，并在“算例类型”下拉列表中选择“Motion 分析”算例类型。

STEP 2 单击操控面板工具栏中的“马达”按钮，选择电动机输出轴作为马达位置，选择“电动机”为马达“要相对移动的零部件”，如图6-30所示，添加一旋转马达。

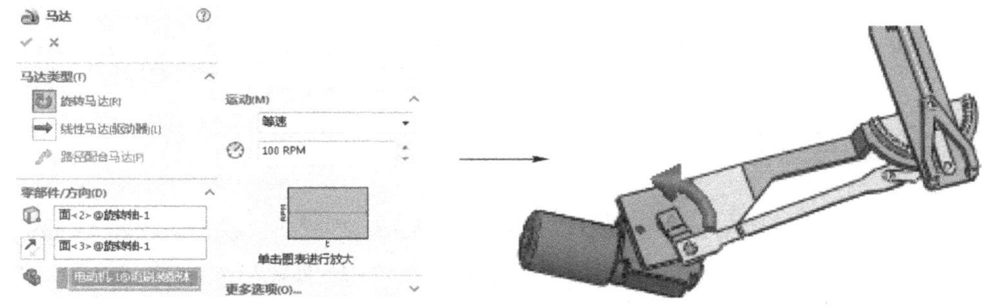

图6-30 添加旋转马达操作

STEP③ 单击操控面板工具栏中的“计算”按钮，计算在马达的驱动下，刮水器的运行动画。计算完成后，可单击“播放”按钮观看刮水器的摆动效果，但是只通过目视无法判断刮水器的擦拭范围，所以需要进行下面的操作。

STEP④ 单击操控面板工具栏中的“结果和图解”按钮，打开“结果”属性管理器，如图 6-31 左图所示，在其下拉列表中依次选择“位移/速度/加速度”>“跟踪路径”选项，再选择刮水器顶部的一个端点，单击“确定”按钮，即可以曲线的形式显示出刮水器的摆动路径，如图 6-31 右图所示。

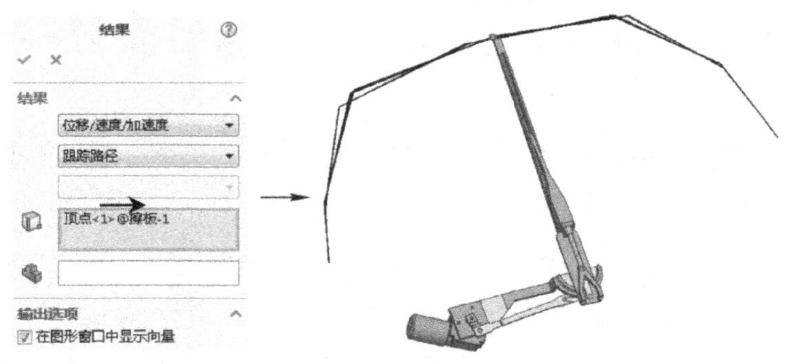

图 6-31 添加结果和图解操作及图解效果

提示

添加的结果和图解默认位于运动算例设计树的“结果”分类文件夹中，如图 6-32 所示。右击生成的图解，选择“隐藏图解”菜单命令可将图解隐藏，反之可重新显示图解。此外，为了分析的需要，可在一个运动算例中添加多个图解。

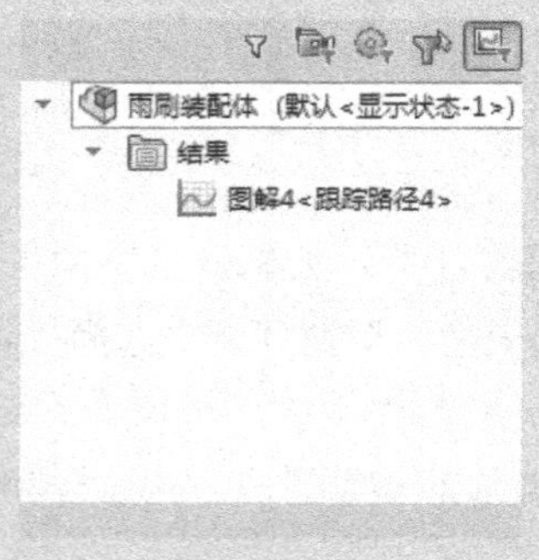

图 6-32 图解在运动算例设计树中的位置

6.4 本章小结

本章主要讲述了 SolidWorks 运动算例中的另外两个动画模块：基本运动和 Motion，这两个模块增加了更多的动力学对象，可对动画进行逼真模拟，特别是 Motion 模块中的分析功能，更是本章的重点内容，需要广大读者学习掌握。

6.5 思考与练习

一、填空题

（1）当需要避免两个或多个零部件间互相穿越时，可以为其添加__________模拟元素。

（2）“运动算例”属性对话框中的“精确度”值用于设置模拟的数量等级，此数值越________，计算精度就越高，计算也越费时。

（3）单击操控面板工具栏中的__________按钮，可以对模型在运动过程中的位移、力、能量或动量等进行图解分析。

（4）单击操控面板工具栏中的___________按钮，可打开基于触发器的任务管理器，通过此管理器可以令动画的生成和设置更加方便。

（5）在启用了___________插件后，单击操控面板工具栏中的“模拟设置”按钮，可以设置进行动画有限元分析的时间长度。

（6）“阻尼”不是“阻力”，也不是由阻力引起的，从定义上来说，阻尼是指__________，由外界作用或系统自有原因引起的_____________的特性。

（7）弹簧的伸缩力通常呈线性变化，即指数为_____，也有呈高阶变化的非线性弹簧。指数越高，弹簧长度的微小变化产生的反作用力越大、越______。

（8）在“力”属性管理器中单击“力矩”按钮，可以为某零件添加力矩，力矩多用于模拟_________，而力则多用于模拟___________。

二、问答题

（1）简单叙述“马达”模拟元素中“线段”参数的设置方法和其意义。

（2）一个装配体中可以有几个“引力”模拟元素，应如何添加“引力”？

（3）简单叙述基于事件的运动视图的特点及其基本功能。

（4）结果和图解是对动画仿真的量化工具，应如何得到需要的图解结果？

（5）在“弹簧”属性管理器中，选中“随模型更改而更新”选项有何作用？

三、操作题

（1）使用本章提供的素材文件，试创建如图 6-33 所示的槽轮动画。

（2）使用本章提供的素材文件，试创建如图 6-34 所示的万向轴动画，并图解其中星形轮轴孔的受力状况。

（3）使用本章提供的素材文件，试创建如图 6-35 所示的飞机引擎动画（不要使用马达，而通过力和阻尼实现）。

图 6-33　槽轮模型

图 6-34　万向轴模型

图 6-35　引擎模型

第7章 Electrical 电气设计

本章要点

- Electrical 简介
- 绘制 2D 电气原理图
- 绘制 Electrical 3D 布线图
- Electrical 模块还有哪些功能？

学习目标

SolidWorks Electrical 是用于电气设计的重要工具，用其可以轻松完成各种电路图样的绘制，并可以根据 2D 图样提供的参数，轻松完成 3D 电气模型的生成和布线操作。

本章将首先认识 Electrical 的基本操作界面，Electrical 可以设计的电气图样类型，然后重点介绍 Electrical 2D 电气图样的绘制，进行 Electrical 3D 布线的操作，最后简要介绍一下 Electrical 的其他功能。

7.1 Electrical 简介

SolidWorks Electrical 是达索公司开发的、SolidWorks 系列软件下的、用于电气设计的软件包，它包括 SolidWorks Electrical Schematic 和 SolidWorks Electrical 3D 两个部分。

SolidWorks Electrical Schematic 二维设计的主要特点在于，系统提前将很多电气符号做了参数化包装（包括电线），这样在绘制 2D 图样时，直接进行调用即可。而且 Electrical 参数化包装的零件，即有二维属性，也包含三维数据，这样在进行三维建模时，也会节省不少时间。下面首先来认识一下 Electrical。

7.1.1 Electrical 和 SolidWorks 的关系

Electrical 中的 SolidWorks Electrical Schematic，是一个单独的软件包，有独立的设计环境和设计界面（图 7-1），主要用于电气二维设计，如设计电气原理图、生成电气报表等。SolidWorks Electrical 3D 部分，在 SolidWorks 中以插件形式存在（图 7-2），可进行电气三维模型的绘制，且 SolidWorks Electrical 3D 可调用 SolidWorks Electrical Schematic 中的布线数据，然后进行自动布线。

SolidWorks Electrical Schematic 主操作界面中，选项卡工具栏中提供了图样操作的各种工具，当前图样不同，工具也不相同；左侧可停靠面板包含电气图树、设备管理树等，底部为当前所选图样的预览图；图样绘制区用于绘制电气图；右侧可停靠面板，通常包含资源管理工具、符号面板等（可以在顶部“浏览”选项卡中，自定义可停靠面板中的可用面板）；状态栏中的按钮用于设置操作区中栅格线的显示等（与 AutoCad 基本相同）；快捷工具栏中的按钮同其他常用软件类似，此处不再赘述。

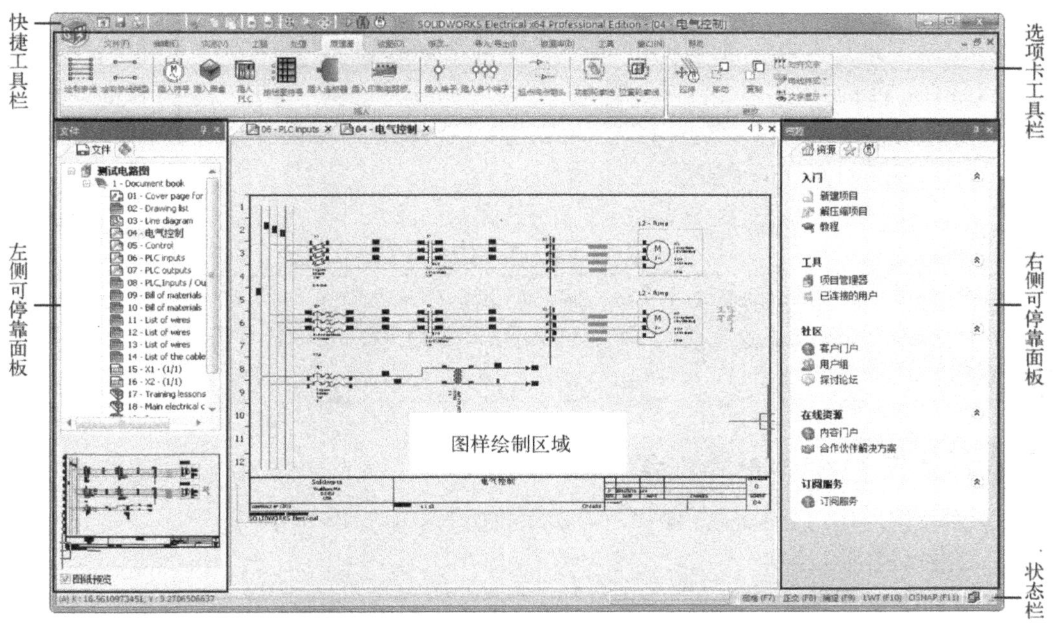

图 7-1　SolidWorks Electrical Schematic 的主操作界面

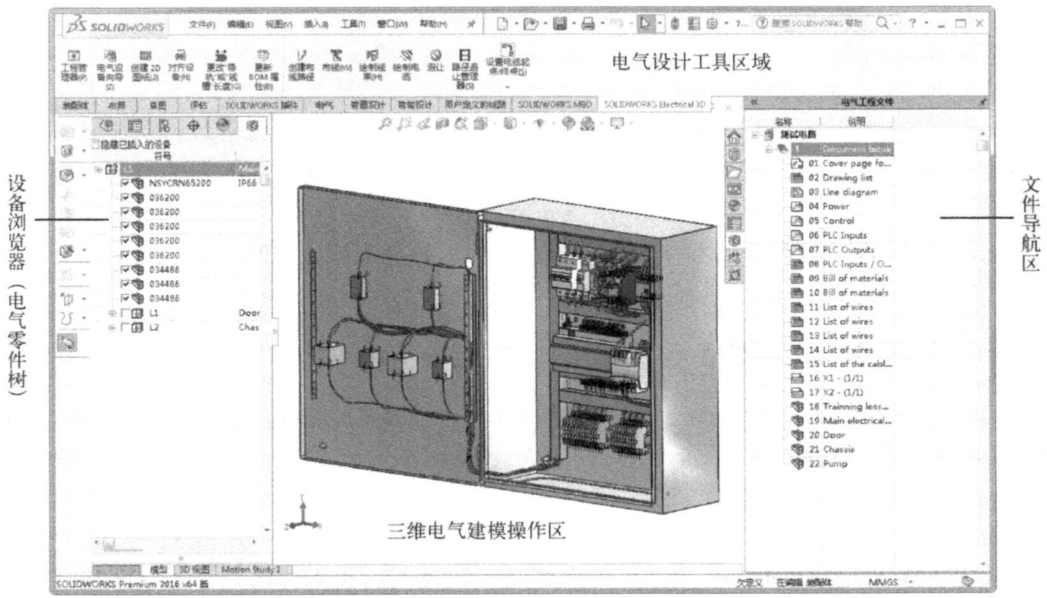

图 7-2　SolidWorks Electrical 3D 的主操作界面

SolidWorks Electrical 3D 主操作界面，在打开 SolidWorks Electrical 插件，并导入了 Electrical 模型后如图 7-2 所示。主要由 4 部分组成，其中三维电气建模操作区和电气设计

工具区域较易理解，不多讲述；左侧电气零件树，用于显示当前电气设计图样中用到的电气元件，并显示在操作区中插入的零件；右侧文件导航区显示当前电气工程的所有文件。

Electrical 三维操作中的布线部分，需要用到 Solidworks Routing 插件（管道、管筒和电力线路设计插件，需提前开启此插件），所以在学习 Electrical 之前，应首先掌握 Routing 插件的使用，理解其基本设计原理，这样可以方便在操作 Electrical 三维模型时，理解 Electrical 自动布线的生成，以及对布线的调整等。

2014 版之前，Electrical 是独立于 SolidWorks 的单独软件（单独的安装包），在 2014 版（含）以后，Electrical 被集成到了 SolidWorks 安装包内，在安装时通过勾选，可以进行选择性的安装。

7.1.2 能使用 Electrical 做什么

如前面叙述，使用 Electrical 操作，最基本的功能主要有如下两个：

1. 二维电气图样绘制

Electrical 具有最基本的二维电气图样绘制功能，此外 Electrical 对电气图样，还做了一些模块化的安排。例如，有专门的设计电气图册首页的“封面”页面（这个思路，类似 PPT 幻灯片，提前安排了占位符，向内填写即可，非常方便），各个图样都内置了图框，还可非常方便地建各类表格，如物料清单、电线/电缆清单等，以及其他一些图样类型，根据需要选用这些图样绘制后，可直接打印输出电气图册。

2. 三维电气布线图绘制

三维电气布线图，除了更加直观、易于理解，还可以在三维布线后，自动计算出需要使用的电线长度，然后在二维电气图样的相应表格中给出相关数据（利于制作预算和相关零件的采购等）。

Electrical 二维电气图中的零件与三维图样中的零件是互相关联的，在二维图样中做了相应的调整，三维图样可跟随发生变化，可以减少设计人员的劳动。

7.1.3 工程管理器和新建工程

本节介绍初次接触 Electrical 要进行的基本操作。完成 SolidWorks 2016 的安装、并选择安装 Electrical 后，选择“开始”>“所有程序”>“SolidWorks 2016”>“SolidWorks Electrical”菜单命令，可以启动 Electrical，如图 7-3 所示。

Electrical 启动后，将自动打开“工程管理器”窗口，如图 7-3 所示。这里说明一下，Electrical 使用“工程”来管理电气项目，如一个抽水站的电气项目，可以使用一个“抽水站”工程项目来管理有关这个抽水站的所有电气图样。

“工程管理器”窗口是用来管理电气工程项目的管理器，初次打开 Electrical 后，首先需要创建一个电气“工程”，才能开启电气设计。

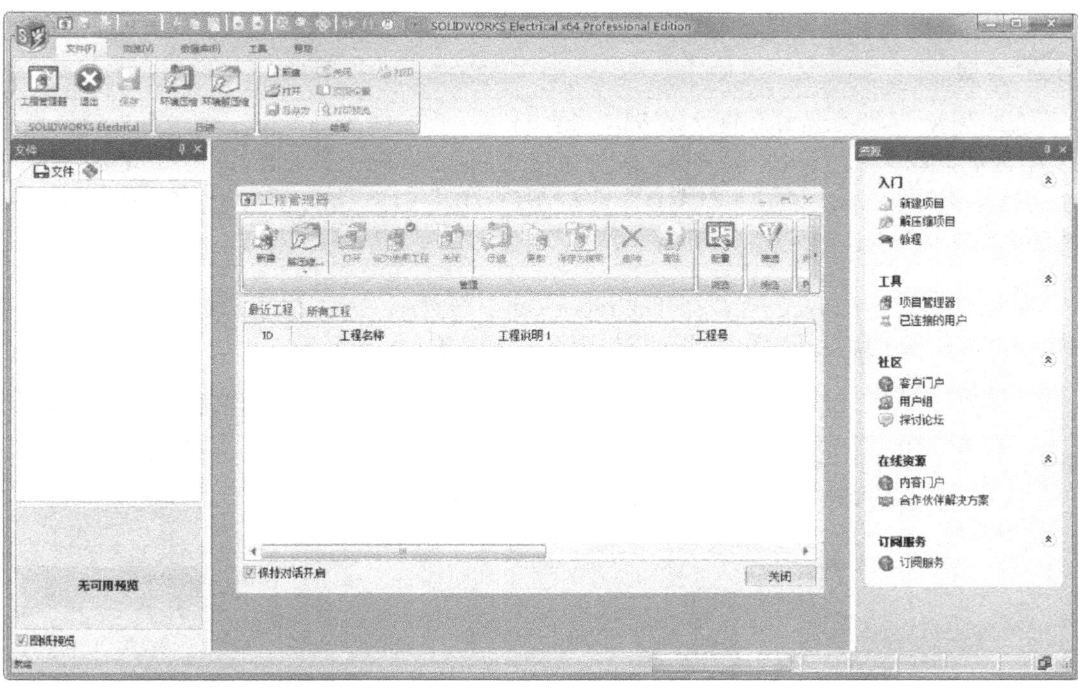

图 7-3　SolidWorks Electrical 第一次启动后的操作界面

如图 7-3 所示，单击“新建”按钮，打开“新建工程”对话框，如图 7-4 所示，选择“GB_Chinese”工程模版（简体中文模版），并在“名称”文本框中输入工程名称，然后连续单击两次“确定”按钮，即可创建一个空白工程。

图 7-4　新建工程

提示

Electrical 工程数据自动保存在 SQL 数据库中（在安装 SolidWorks 时，会自动安装相应的 SQL 数据库），其大多数并非以文件的形式存在。不过用户在操作时，无需理会 SQL 方面的操作，Electrical 会按照程序的设置自动存取相关数据。至于如何复制和转移 Electrical 图样等，下面将有详细讲述。

图 7-5 左图所示为新创建并打开的 Electrical 工程文件，在 Electrical 软件界面左侧可停靠面板中，可发现工程自动添加的四个空白图样，如图 7-5 右图所示。

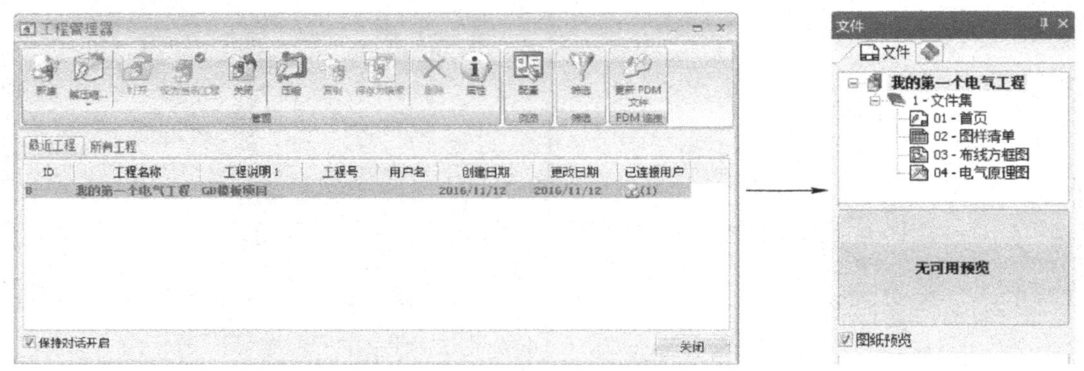

图 7-5　创建 Electrical 工程并打开的效果

如图 7-5 左图所示，工程管理器（可单击 Electrical 程序主界面的“文件”选项卡工具栏中的“工程管理器”按钮打开“工程管理器”窗口）顶部的一排按钮用于对本机的电气工程项目进行管理。按钮功能解释如下。

- **“新建”**按钮：用户创建新的工程。
- **“解压缩”**按钮：（读者可先查看下面“压缩”按钮的作用），该按钮用于解压缩经过压缩打包的 Electrical 工程文件，即将工程（可以是别的计算机或本机压缩的工程文件）恢复到当前操作环境中。
- **“打开”**按钮：打开工程资源管理器中选定的工程。
- **“关闭”**按钮：关闭工程资源管理器中所选的工程。
- **“压缩”**按钮：将选定工程及本机 SQL 库中（并包含当前工程的相关文件）调用的相关数据，一起压缩为.tewzip（如 我的第一个电气工程.proj.tewzip）工程文件，压缩之前应关闭当前要压缩输出的工程（相当于常见的“保存”按钮）。
- **“复制”**按钮：复制当前所选工程为一个新的工程。
- **“另存为模板”**按钮：可以将选择的工程保存为模板（即在新建工程时，如图 7-4 左图所示的下拉列表中选择的模板），模板中包含当前工程的设置和所有已经绘制的图样（被保存为模板的工程，应处于关闭状态）。
- **“删除”**按钮：自数据库中删除所选工程（无法恢复，删除工程应谨慎操作，或者在删除之前，先进行压缩处理）。
- **“属性”**按钮：查看和设置所选工程的属性。

➢ **“配置”**按钮：用于配置工程管理器中显示的列。
➢ **“筛选器”**按钮：激活筛选器以帮助查找工程。

此处按钮的功能，与 Electrical 程序主界面的“文件”选项卡工具栏中的相关按钮的功能基本相同。只是“文件”选项卡中的按钮，多了打印的相关功能，对于“文件”选项卡，后面将不再介绍。

7.1.4 Electrical 的图样类型

Electrical 工程中可以创建多种类型的图样。由于 Electrical 的模块化的设置，所以每种图样都有其固定的用途，介绍如下。

1．首页（封面）

首页也称为封面，即图样的页面，在创建工程时会自动添加（通常无需单独创建，当然也可以右击文件集选择“新建”>“封面”菜单命令，创建封面）。封面中的内容也是自动生成的，如想更改封面中的标题，需要右击工程，在快捷菜单中选择“工程属性”，然后更改工程名称，才能进行更改。图 7-6 所示为 Electrical 自动创建的封面效果图。

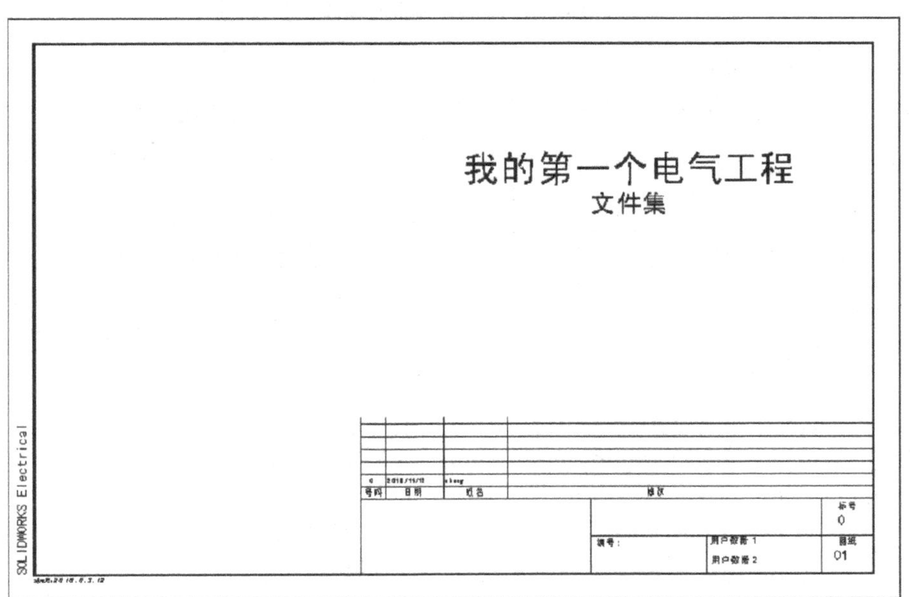

图 7-6　Electrical 自动创建封面图样效果

一个工程中可包含很多文件集。文件集可用于分类保存同一个电气工程中的不同部分，文件集默认关联一个位置（如可分别关联主电气室和泵室）和功能。此文件集下的所有项目（图样和设备）都会自动默认关联此位置和功能。

2．图样清单

图样清单（图 7-7）用于列表显示当前文件集下的所有图样（实际上是“报表图样”的一种），通常也是由系统自动生成。如创建了新的文件集，或添加了新的图样，可右击文件集，在快捷菜单中选择“在此绘制报表”>“图样清单”菜单命令，创建或更新图样清单。

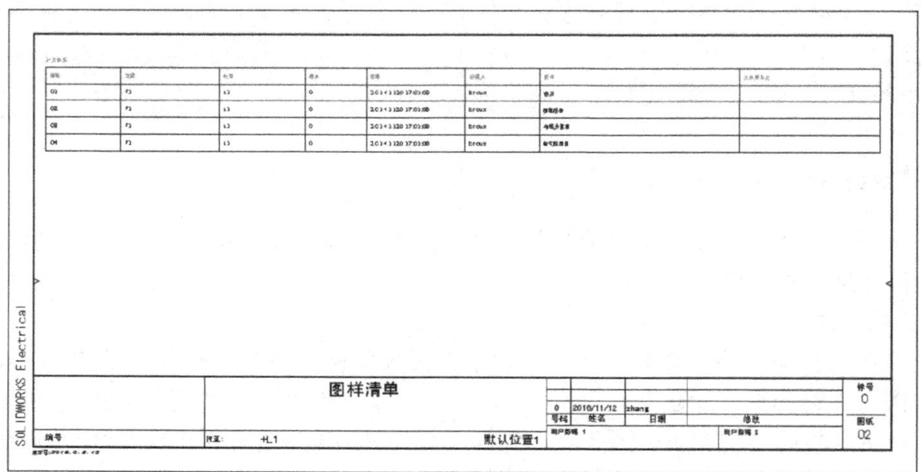

图 7-7 Electrical 自动创建图样清单图样效果

3．布线方框图（设备连接图）

布线方框图又名拓扑图（图 7-8），用于显示电气线路的大致结构和基本运行原理。布线方框图只是一个大致的结构，方框图中包含电气图中用到的主要零部件，然后用线（电缆）来连接各个零部件，本章 7.4.2 节有关于布线方框图的讲解。

布线方框图的创建较为简单，通常插入符号，然后使用电缆连接即可（学会了电气原理图的绘制后，很容易掌握，所以本章不对其进行详细讲述）

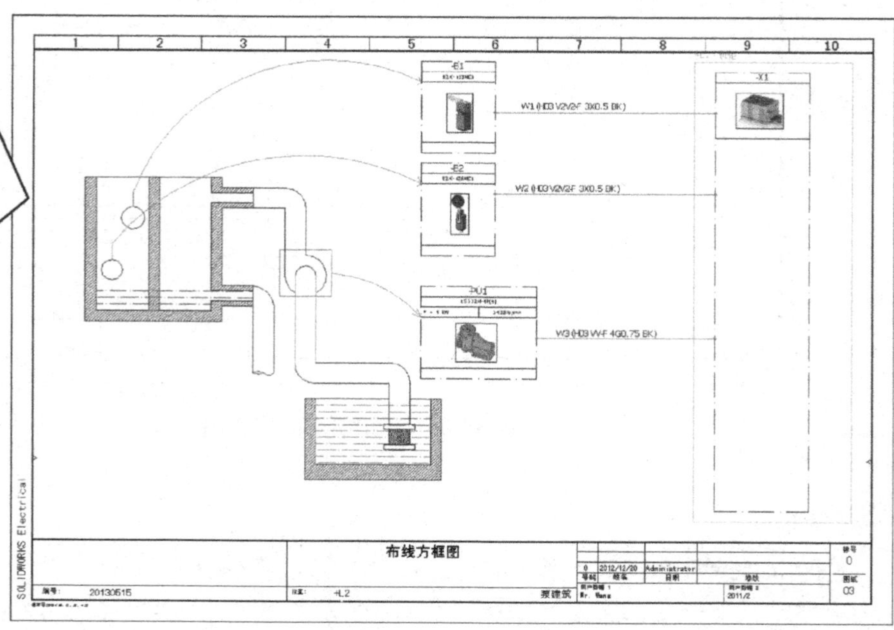

图 7-8 Electrical 创建的布线方框图图样效果

4. 电气原理图

电气原理图是常见的电气图样类型（图 7-9），在 SolidWorks 中绘制电气原理图的主要特点是各种二维电气件都提前模块化封装了，操作时直接调用即可（本章 7.2 节将详细讲述 Electrical 中电气原理图的绘制）。此外模块化封装的电气件（包括导线）都具有属性，所以可以进行更多的设置，以及进行交互操作等。

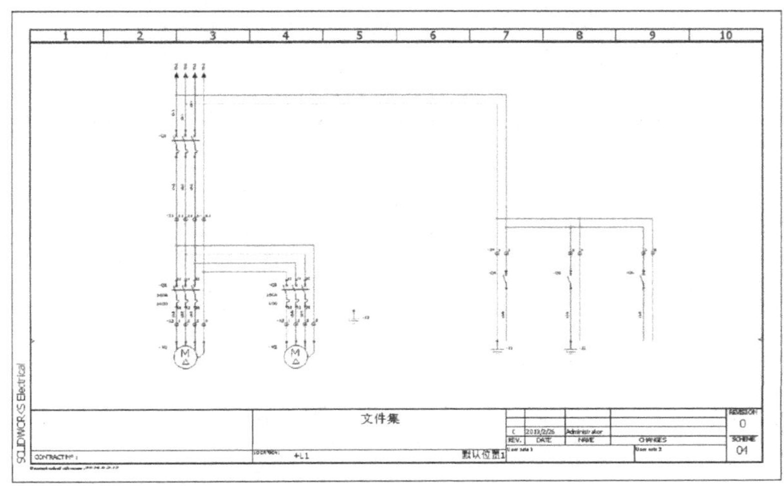

图 7-9 Electrical 创建的电气原理图效果

5. 混合图

混合图是可以在其上创建布线方框图和原理图的特殊图样（图 7-10），此模式下，“布线方框图”和“原理图”选项卡均可使用，但是两种类型的元素不可以互相连接。

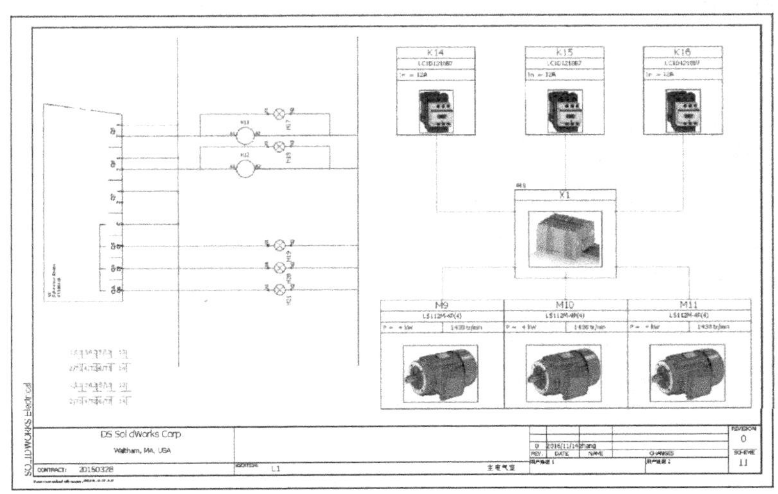

图 7-10 Electrical 创建的混合图样效果

6. 报表图样

报表图样是专门存放报表的图样，如图 7-11 所示。此类图样和数据由 Electrical 自动创建，其大多数数据在生成此类图样时，将根据工程数据库中存储的信息和参数等自动生成，所以不可以直接更改（可以适当添加内容）。本章 7.4.7 节将简述此类图样的生成。

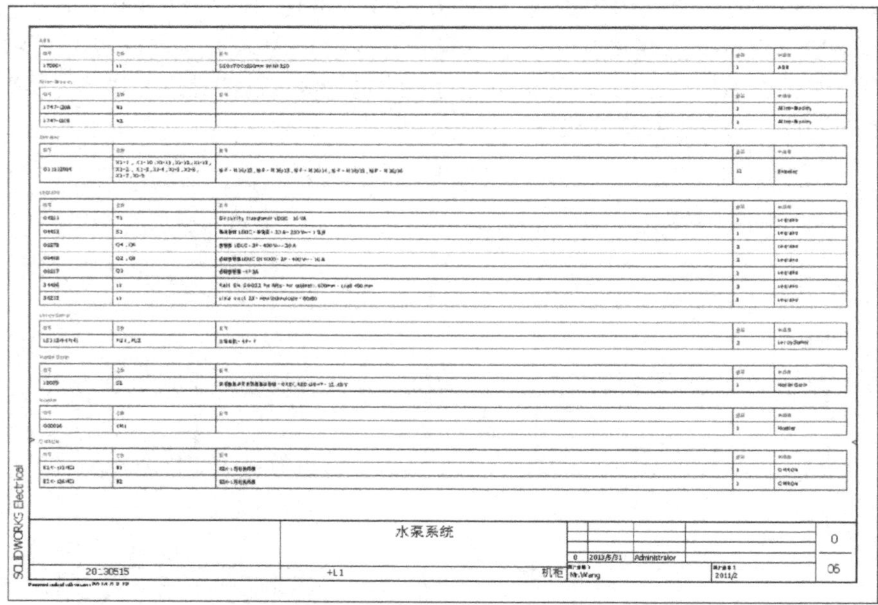

图 7-11 Electrical 创建的报表图样效果

7. 2D 机柜布局

2D 机柜布局顾名思义，就是用二维的形式展示机柜中零件布局的图样，如图 7-12 所示。在“2D 机柜布局”设计模式下，将显示“2D 机柜布局”选项卡，然后可插入机柜、导轨和线槽等配件，从而绘制机柜图样（7.3.2 节将讲述此类图样的绘制）。

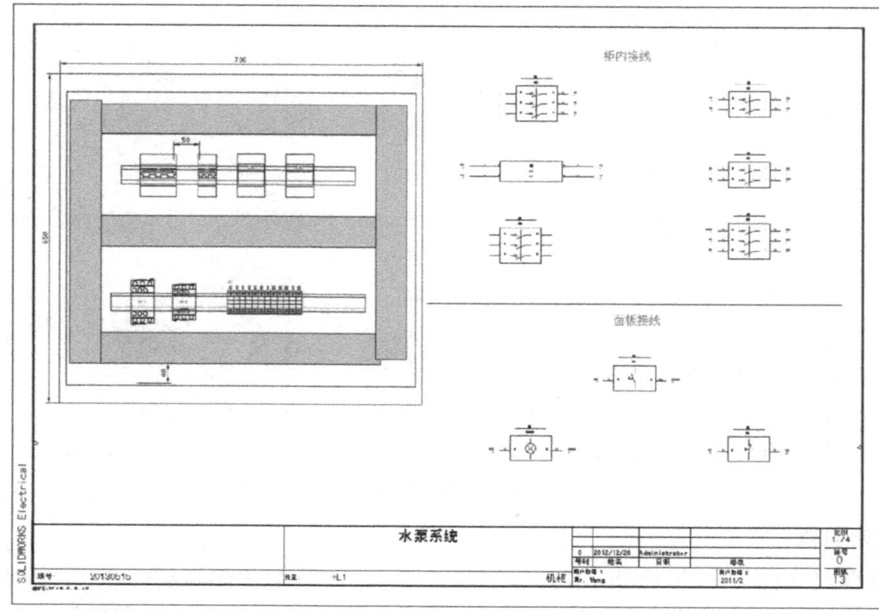

图 7-12 Electrical 创建的 2D 机柜布局图样效果

8. 端子排图样

端子排图样是专门用于显示端子排两侧电缆和电路连接情况的图样，如图 7-13 所示。端子排图样也是由 Electrical 根据工程数据库保存的数据和零件属性等自动生成的，所以不可以直接更改（但是在零件更新后，可重新生成）。7.4.5 节将讲述端子排图样的绘制。

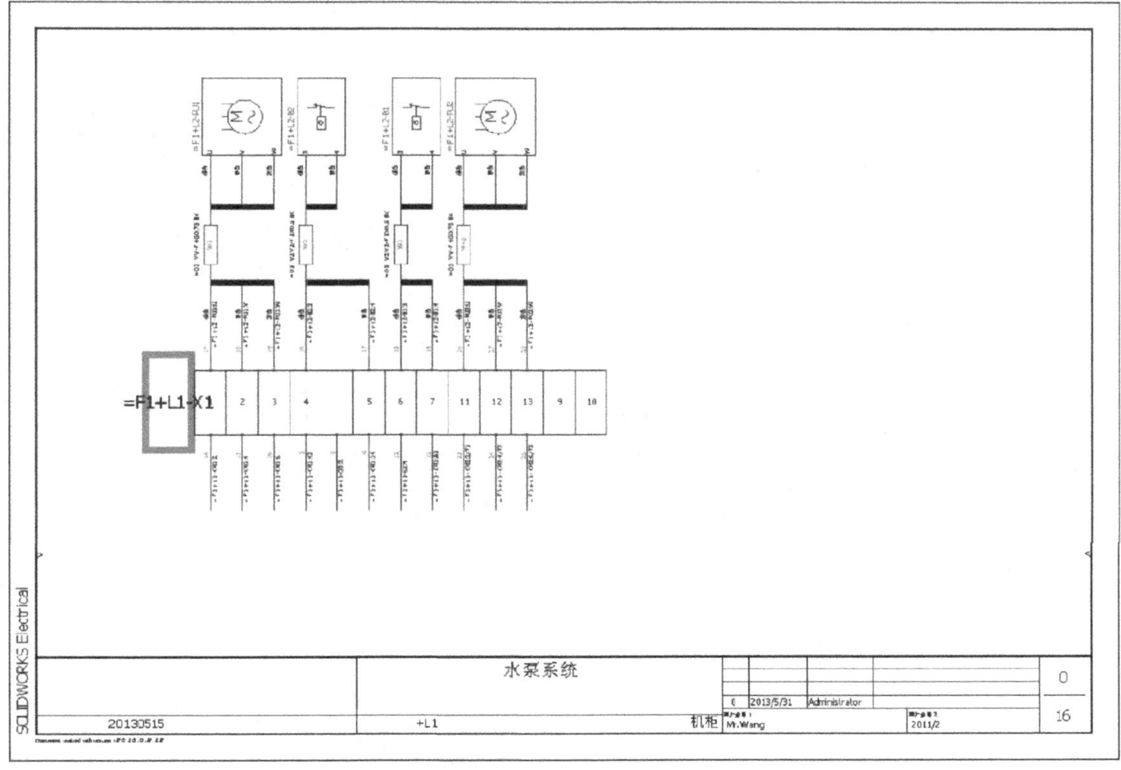

图 7-13 Electrical 创建的端子排图样效果

9. 2D 图样（SolidWorks）

2D 图样（SolidWorks）是指在 SolidWorks 中创建的图样。由于在 SolidWorks 中创建图样，在某种情况下也有其优势和便捷性，所以有时也可以在 SolidWorks 中直接创建电气柜等的工程图，并可在创建完成后，将所创建的工程图保存回 Electrical 中（图 7-14）。7.4.8 节将讲述 SolidWorks 中创建 Electrical 二维图样的操作。

10. 自动生成的 SolidWorks 文件

除了上面介绍的 9 种类型的文件外，在 Electrical 中还可以创建 SolidWorks 文件（在文件列表中，显示为 SolidWorks 文件，如图 7-15 左图所示，如果未在 SolidWorks 中添加相关实体，实际上是一个空的装配体文件），该文件可以在 SolidWorks 中添加，如图 7-15 右图所示。本章 7.3.3 节将讲述自动生成 SolidWorks 文件的相关操作。

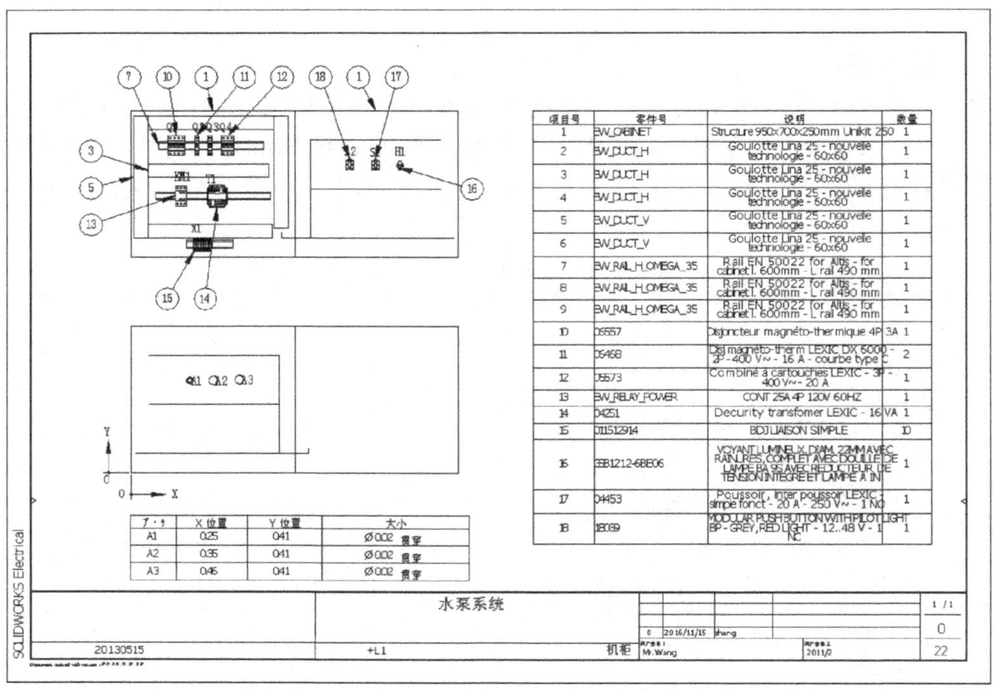

图 7-14 SolidWorks 创建的 2D 图样效果

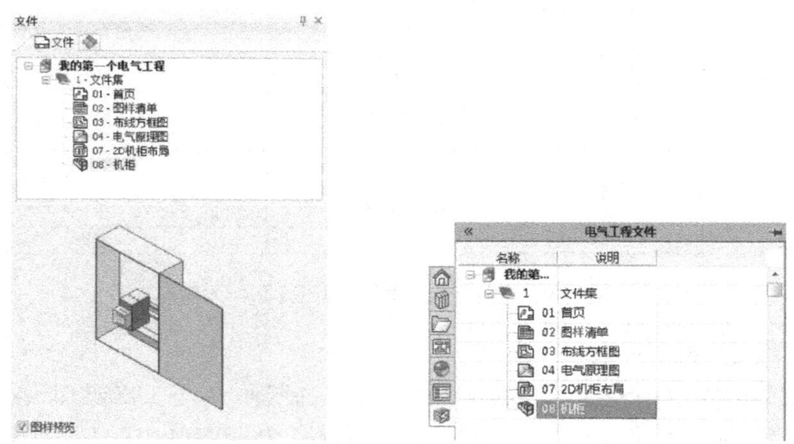

图 7-15 Electrical 和 SolidWorks 中的 SolidWorks 文件效果

7.2 绘制 2D 电气原理图

本节介绍在 Electrical 中绘制 2D 电气原理图的操作。创建新的工程时，系统会自动创建一个空白的 2D 电气原理图（图 7-5 右图），如需添加新的 2D 电气原理图，可右击左侧可停靠面板“工程项目”中的“文件集”图标，选择“新建”>“原理图”菜单命令来进行创建。下面介绍在系统默认创建的“2D 电气原理图”中绘制电线的操作。

7.2.1 绘制电线

在绘制电气原理图时，通常先绘制电线。Electrical 中的电线有多线和单线类型，其中多线的绘制操作类似 AutoCAD 中多线的绘制，单线绘制类似 AutoCAD 中直线的绘制，多线的绘制操作如下。

STEP① （本操作接 7.1.3 节进行操作）在新创建了电气工程后，在左侧可停靠面板中双击系统默认添加的“电气原理图”，打开此空白图样。

STEP② 切换到“原理图”选项卡，单击“绘制多线”按钮，如图 7-16 顶图所示。保持左侧面板中的选项不变（表示绘制 5 条导线的多线），然后在绘图区域中单击，并在水平拖动后再次单击，然后在适当的位置右击结束多线的绘制，如图 7-16 下图所示。

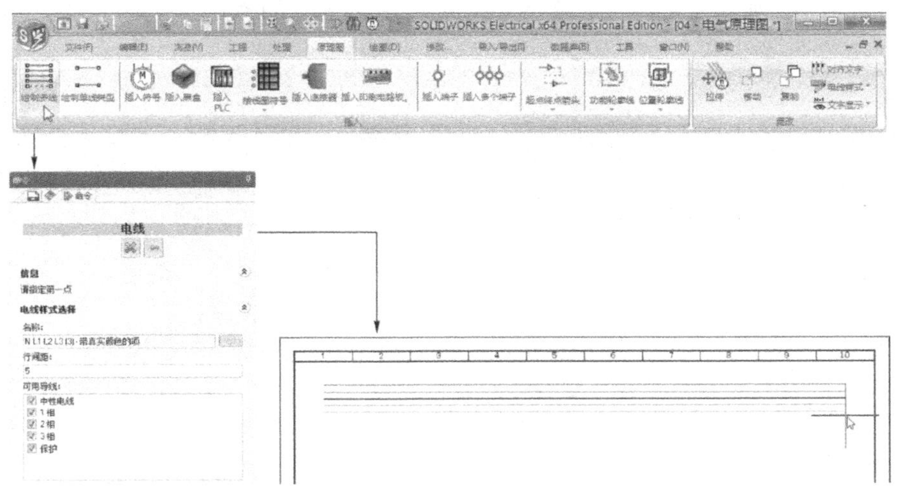

图 7-16　绘制多线

STEP③ 再次单击“绘制多线”按钮，并在左侧可停靠面板中取消选中“中性电线”和“保护”复选框，如图 7-17 左图所示。然后在如图 7-17 右上角视图所示的位置单击，向右下角拖动单击，然后向下拖动，再右击结束多线的绘制，如图 7-17 右图所示。

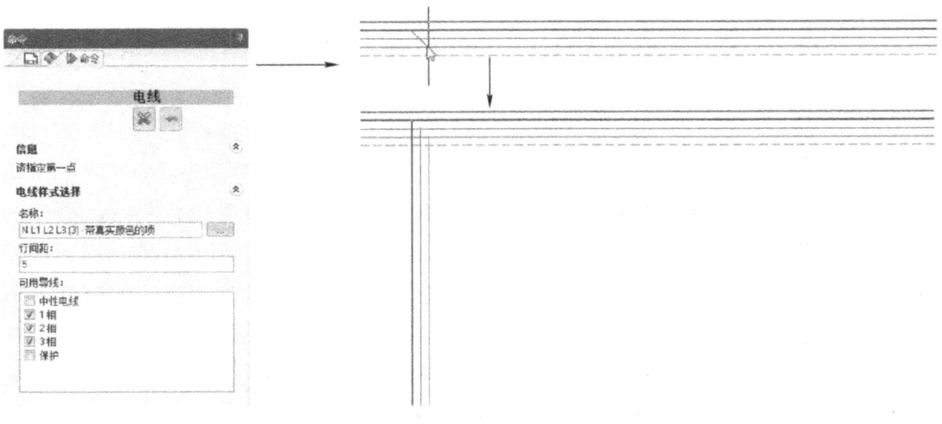

图 7-17　绘制多线中的三条导线

单线的绘制与多线类似，单击“原理图”选项卡中的“绘制单线类型”按钮，然后通过“单击>拖动>单击>右击”的方式，即可完成绘制。单线绘制时，通过左侧可停靠面板中的设置，同样可以一次绘制多条电线（并可设置线间距），读者不妨自行尝试一下。

7.2.2 插入电气符号

本节介绍电气符号的插入操作。Electrical 电气符号的特点是可以直接打断电线，插到需要单击位置处。相关操作如下。

STEP 1 接着 7.2.1 节进行操作。在绘制电线后，单击“原理图”选项卡中的“插入符号”按钮，在左侧可停靠面板中自动打开的“命令”选项卡中，单击“其他符号”按钮，打开“符号选择器”对话框，如图 7-18 所示。然后按照常见分类选择的方式，找到“三级热磁断路器”符号，并单击“选择”按钮（表示要使用此符号）。

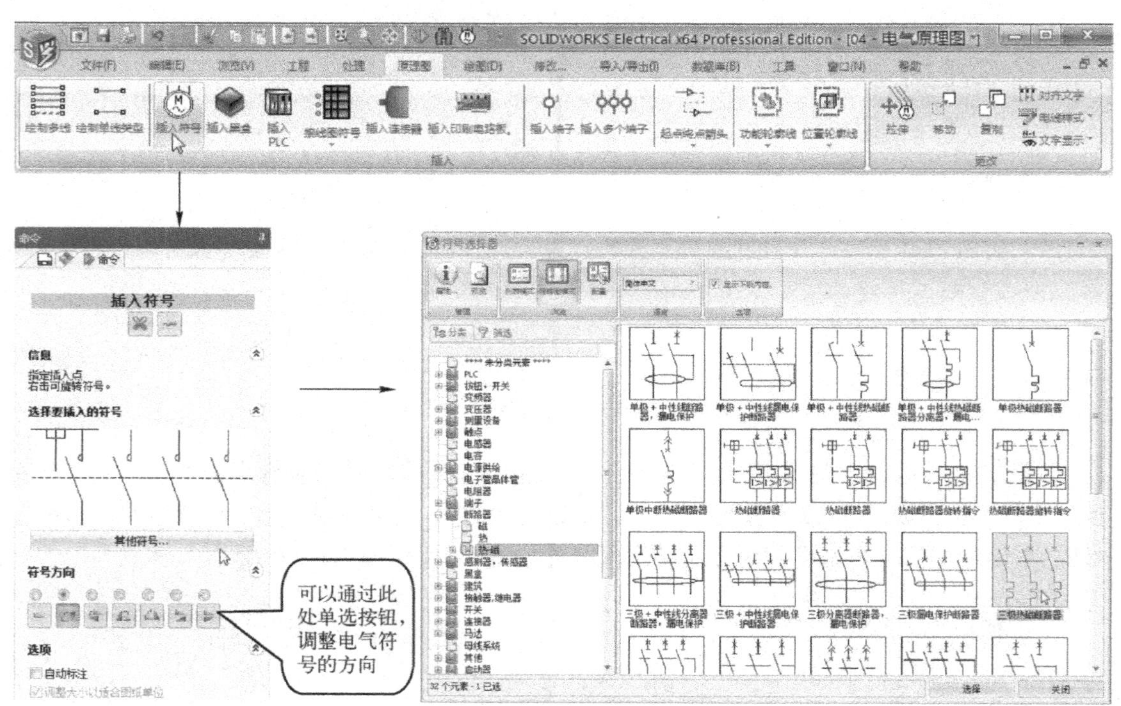

图 7-18 选择电气元件

STEP 2 鼠标移动到竖向的多线位置处并单击，系统弹出“符号属性”对话框，如图 7-19 所示。保持系统默认设置（在 7.2.4 节中，会讲到该对话框的一个用途；在 7.3.1 节中，会讲到其另外一个用途；而在此处，保持默认设置即可），单击“确定”按钮，即可插入选择的元件。如图 7-19 所示。

STEP 3 通过相同操作，单击“插入符号”按钮，单击“其他符号”按钮后，找到“三极电源触点”符号，并将其插入即可，如图 7-20 所示。

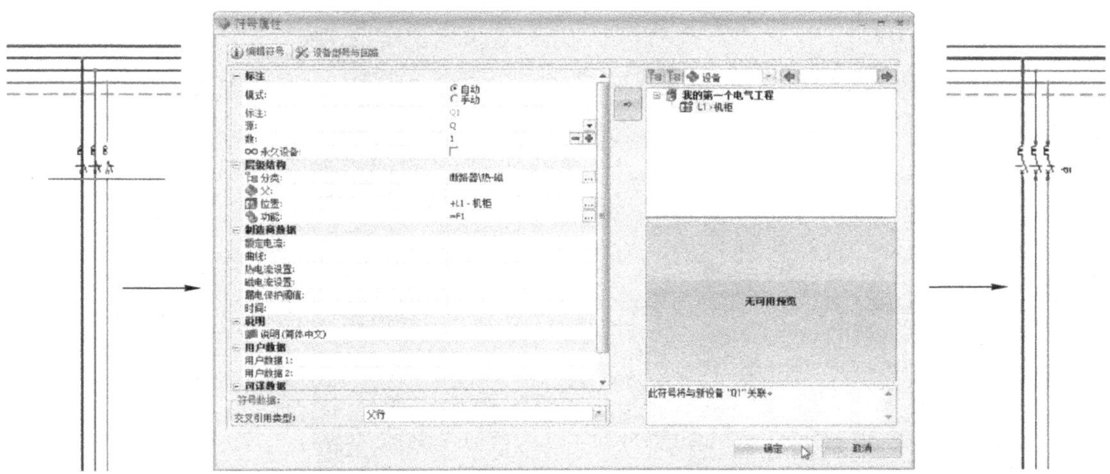

图 7-19　插入电气元件

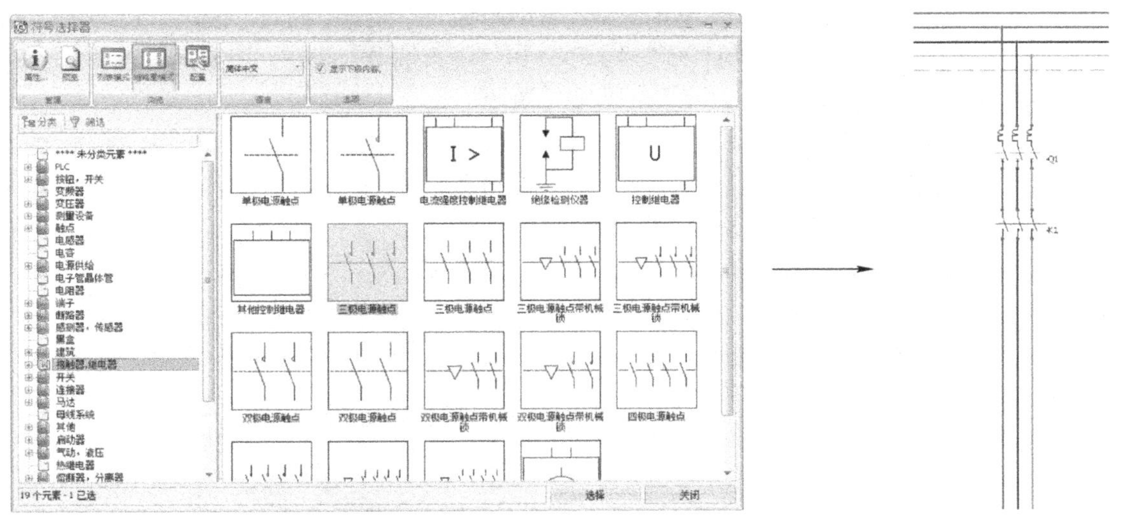

图 7-20　插入三极电源触点

上述符号插入操作，较易上手，但是较为麻烦，实际上系统提供了另外一种快速插入符号的方法。用户可在右侧可停靠面板中切换到“符号”选项卡，并在其分类中找到要插入的符号，然后将符号直接拖动到图样中的图线上即可，如图 7-21 所示。

通过右侧可停靠面板“符号”选项卡插入符号的优点，是省去了设置符号属性的步骤，而且可以根据符号名称快速找到要插入的元件，如图 7-22 所示，所以较为便捷；缺点是需要对电气符号等较为熟悉（用得较熟练时，可以使用该功能）。

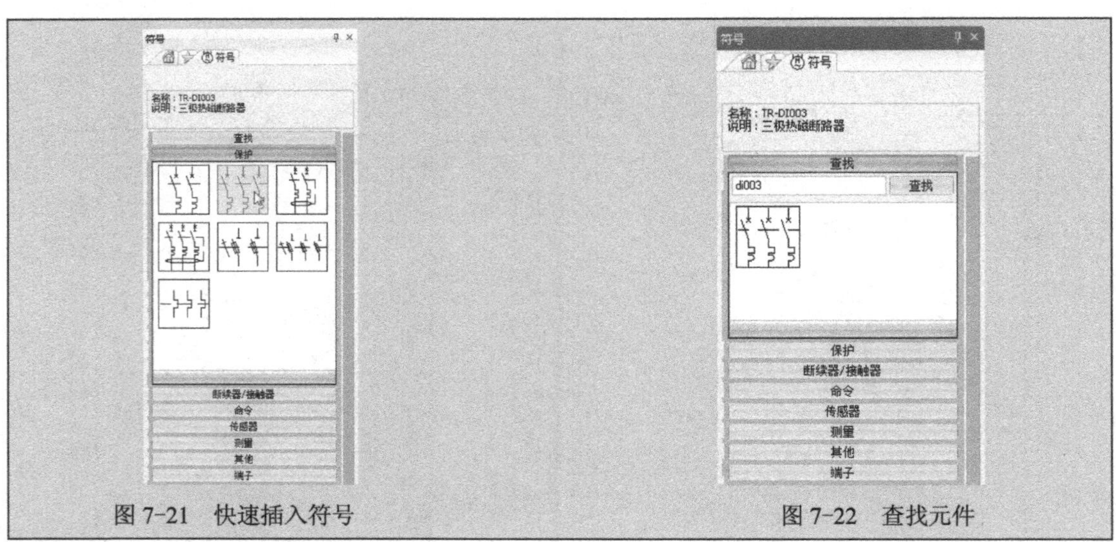

图 7-21 快速插入符号

图 7-22 查找元件

7.2.3 绘制端子排

端子排也是一种电气符号，只是由于其经常会用到，所以为了插入方便，在 Electrical 的新版本中，提供了单独的端子排插入符号。可使用“插入端子”按钮，一次插入一个端子，也可以使用“插入多个端子”按钮一次插入多个端子。

如图 7-23 所示，单击“插入多个端子”按钮，然后鼠标在多线两侧单击两点（绘制一条线），再在线的一侧单击确定端子的方向，然后在弹出的“端子符号属性”对话框中，单击“确定（所有端子）”按钮，即可完成端子的绘制。

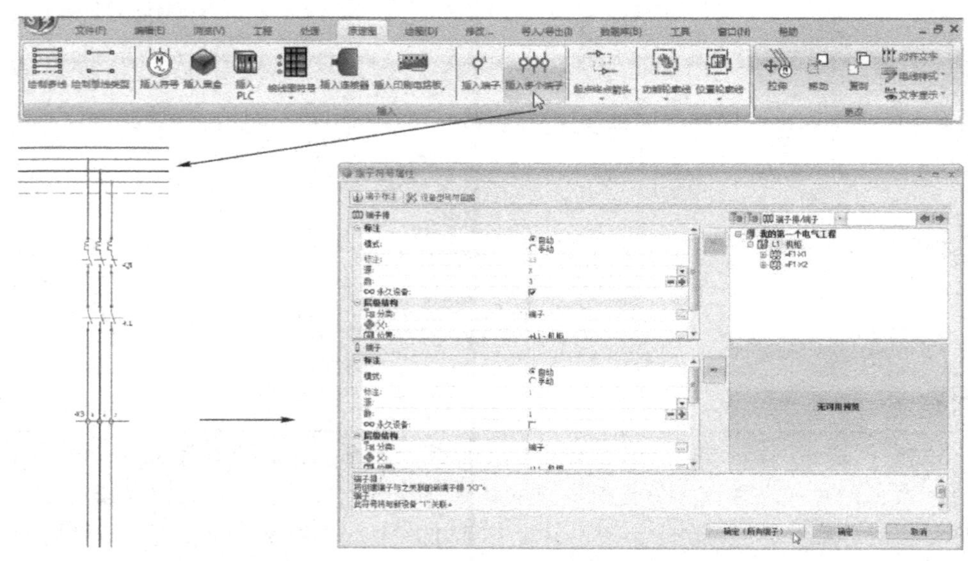

图 7-23 插入端子排

单个端子的绘制与此基本相同，此处不再赘述。不过需要注意的是，在绘制端子的过程中，可以在系统默认打开的左侧可停靠面板中单击“其他符号”按钮，在弹出的对话框中选择端子符号。

完成上述操作后，还需再次执行插入符号操作，插入“三相交流电动机”符号，如图 7-24 所示。这样就完成了该简单电气原理图中主电路部分的绘制（后面操作将介绍电气原理图中控制部分的绘制）。

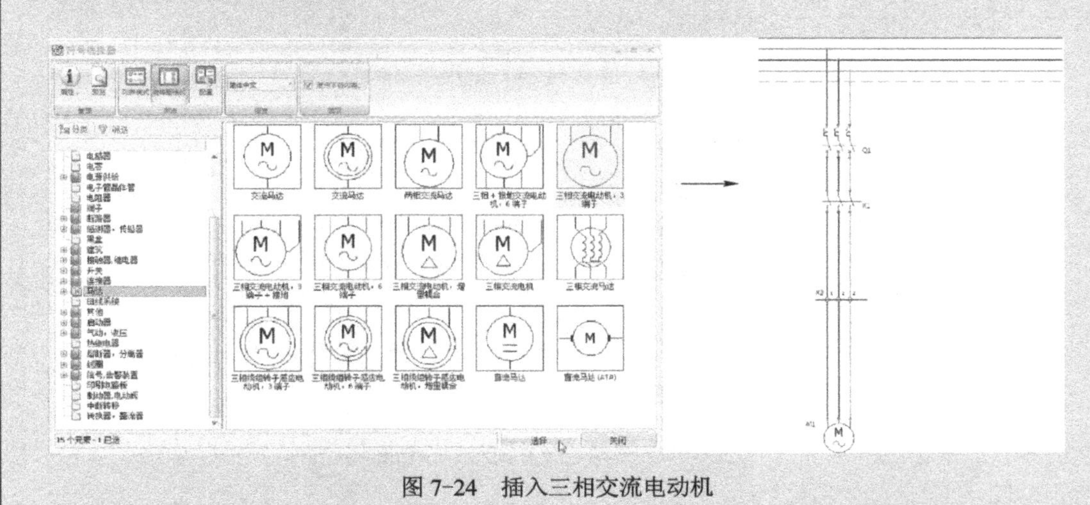

图 7-24 插入三相交流电动机

7.2.4 线圈和触点

实际的电气设备中线圈和触点属于同一个设备——继电器，在 7.2.2 节的步骤 3 中，为原理图添加了触点，下面执行添加线圈操作，并将添加的线圈和 7.2.2 节中添加的触点连起来（作为一个零部件）。相关操作如下。

STEP 1 接着 7.2.3 节进行操作。首先绘制一条只包括“中性电线”和“1 相”电线的多线（多线设置界面如图 7-25 所示，效果如图 7-27 所示），然后在多线上插入如图 7-26 所示的“双极热磁断路器”和“单相变压器”符号。效果如图 7-27 所示。

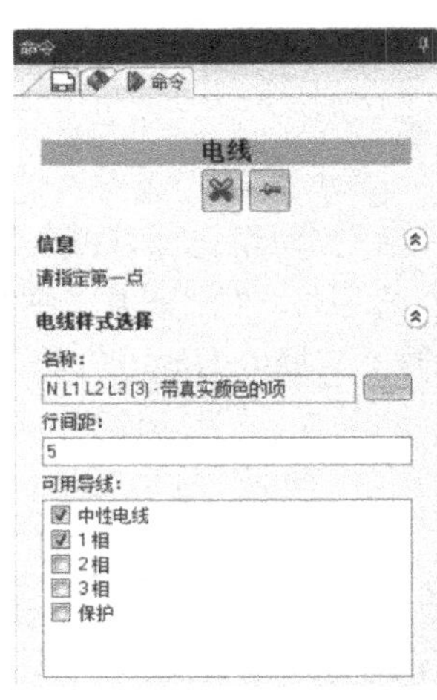

图 7-25 绘制多线的设置界面

本节步骤1和步骤2为控制电路的绘制，并不涉及线圈和触点，请继续看下面的操作

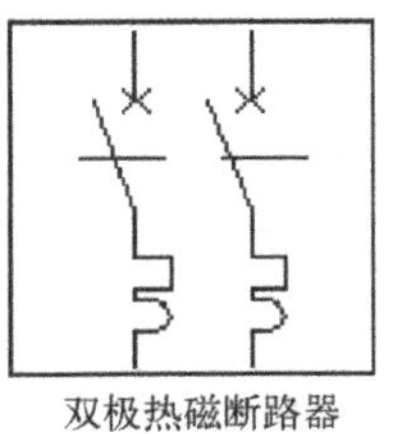

双极热磁断路器

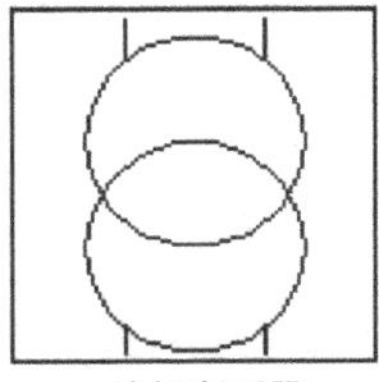

单相变压器

图 7-26 要插入的符号

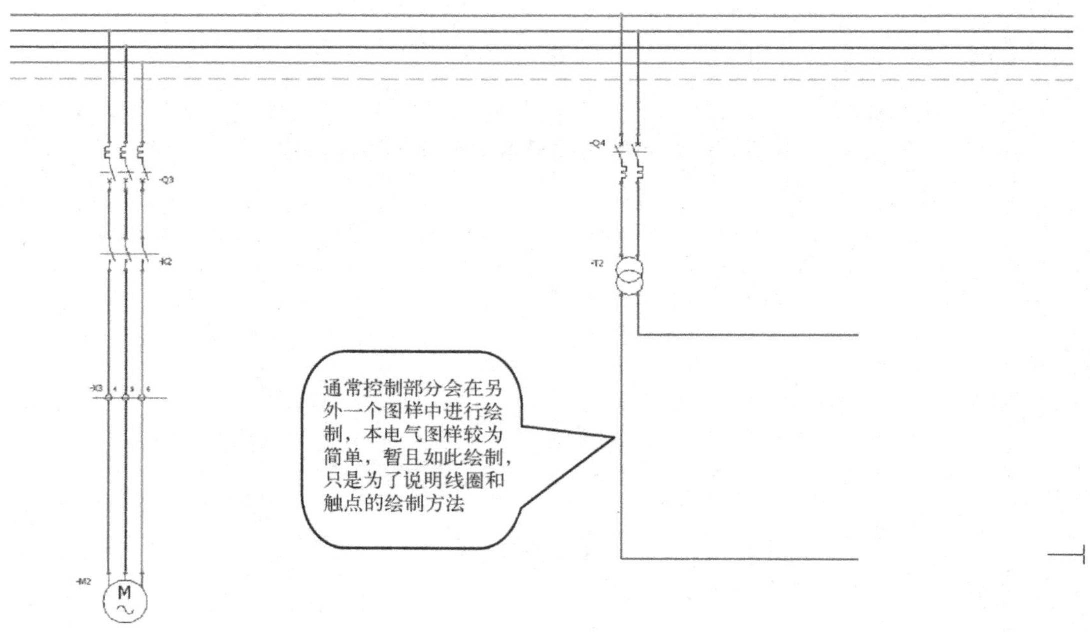

图 7-27 多线和符号插入后的效果

STEP 2 首先插入单线，然后通过相同操作，在绘制的单线中插入“常开按钮”和“指示器”电气符号，如图 7-28 所示。

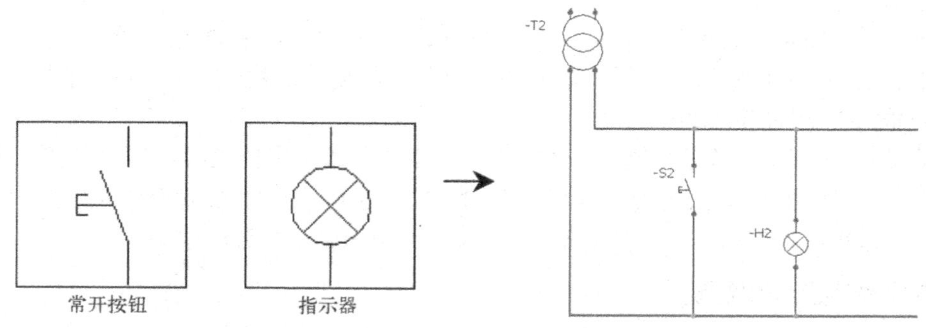

图 7-28 要插入的符号和符号插入效果

STEP 3 通过相同的插入符号操作，插入如图 7-29 左图所示的“瞬时继电器线圈”符号，插入位置如图 7-30 所示。需要注意的是，在插入的过程中，在“符号属性”对话框中（图 7-29 右图），需选中“F1-K1”设备（即前面 7.2.2 节，步骤 3 中插入的“三极电源触点”符号），最终效果如图 7-30 所示。

需要注意的是，在执行步骤 3 后，除了插入了线圈符号之外，在插入线圈的位置下方，会自动插入一个名称为 K1 的“交叉索引”的电气符号（实际上就是一个代表继电器的符号），还可以把该继电器中包含的其他触点等包含进来，下面步骤 4 将继续操作。

瞬时继电器线圈

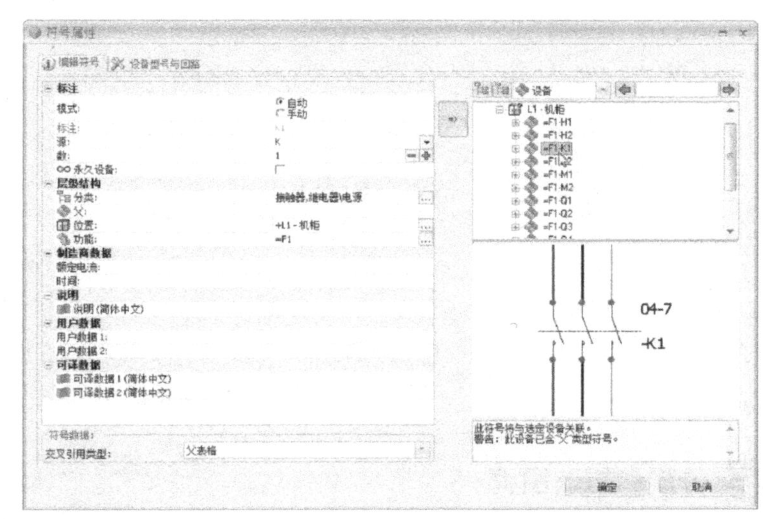

图 7-29　要插入的符号和“符号属性”对话框

STEP 4 通过相同的插入符号操作，再插入一个常开瞬时触点，并同样在其“符号属性”对话框中设置关联到“F1-K1”设备，最终效果如图 7-31 所示（注意此时在-K1 交叉索引电气符号中会多出一个触点项）。

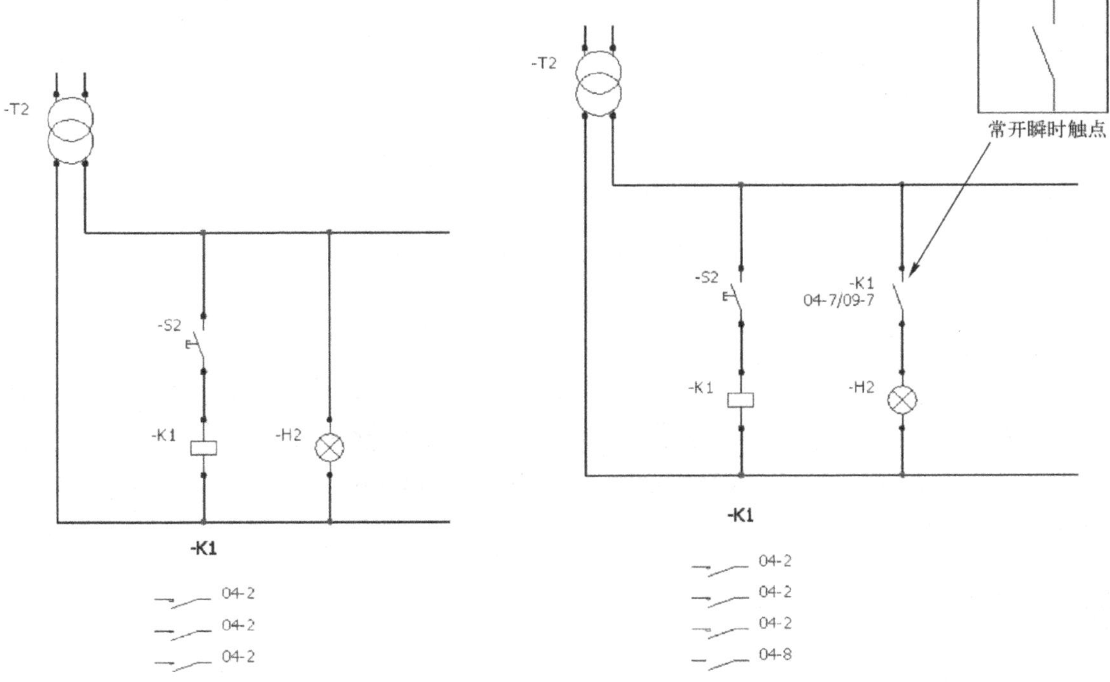

图 7-30　线圈插入线路效果

图 7-31　常开瞬时触点插入效果

> “交叉索引”电气符号实际上代表一个设备，此外通过该符号还可以快速跳转到所关联的触点符号位置处，如图 7-32 所示。右击后选择“转至”选项即可。

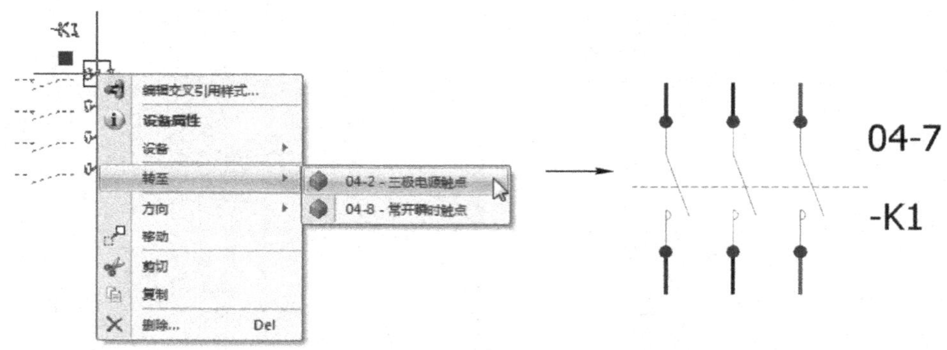

图 7-32 快速跳转到触点

7.2.5 替换和更改图框

右击左侧可停靠面板中的“电气原理图”，选择“属性”菜单命令，然后在打开的“图样”对话中，单击“图框”列表项右侧的“打开对话框”按钮，在打开的“图框选择器”对话框中，为当前图样重新选用图框。如图 7-33 所示。

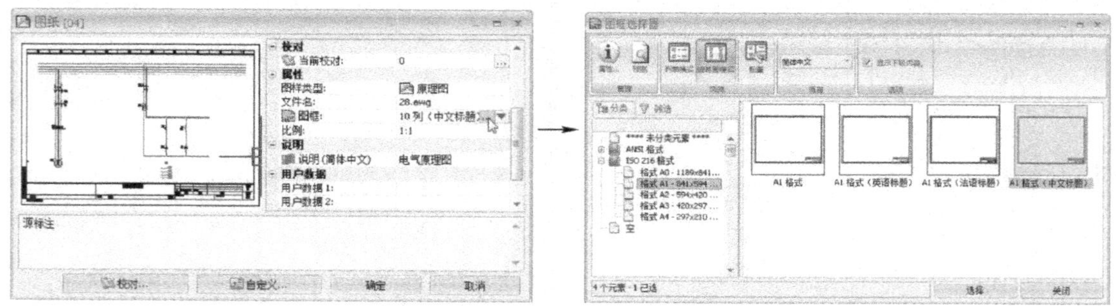

图 7-33 为图样选用图框

知识库

可单击“数据库”选项卡中的“图框管理器”按钮，打开“图框管理器”对话框，通过此对话框，对可用的图框进行管理，如删除、复制等，也可打开选择的图框，直接进行修改。另外，也可将在 AutoCAD 中编辑好的图框导入进来，作为可用的电气图样图框（都较为简单，此处不再赘述）。

7.2.6 打印和导入/导出 DWG

原理图的打印较为简单，完成原理图的绘制后，单击“文件”选项卡中的“打印”按钮，打开“打印设置”对话框。先在“名称”下拉列表中选择本机安装（或链接）的打印机，然后在“大小”下拉列表中选择与原理图图框相同大小的图样，选择“纸张方向”为“横向”，单击“确定”按钮，即可将图样打印出来。如图 7-34 所示。

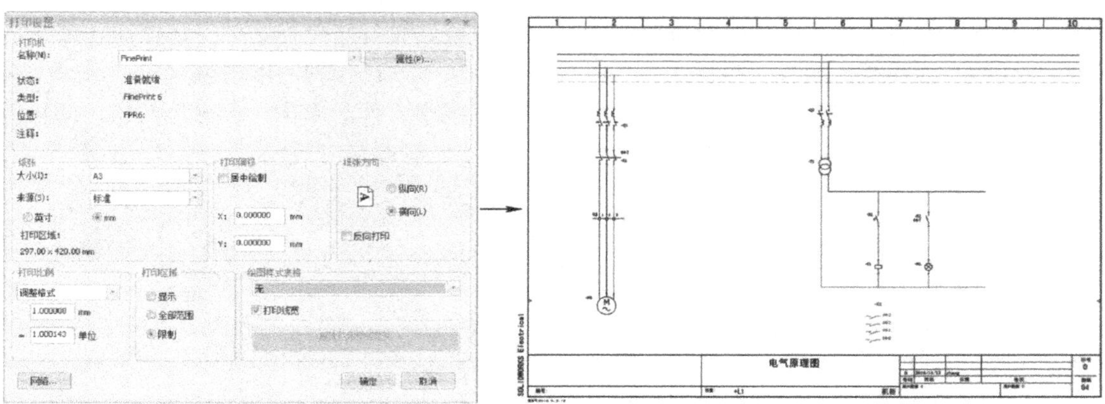

图 7-34　为图样选用图框

“打印设置”对话框中的其他选项，通常保持系统默认设置即可打印输出，下面解释几个主要选项。

- **“打印比例”**选项组：可通过选项组设置当前图样的打印比例（在“打印比例”下拉列表中可以选择多种打印比例），如保持系统默认，则将自动调整打印比例（以完整打印到当前图样上）。
- **“打印区域”**选项组：如选中“显示”单选按钮，将仅打印当前绘图区域中显示的图样图线；如选中“全部范围”单选按钮，将打印当前绘图区域绘制的所有图样图线（包含图框之外绘制的图线）；如选中“限制”单选按钮，将仅打印“图框”内的电气图线。
- **“绘图样式表格”**下拉列表：通过该下拉列表，可以选择打印输出要使用的图线样式（与 AutoCAD 中的打印样式表作用相同），如需要进行单色的黑白打印，选择“monochrome.tps”选项即可。

要将原理图导出为 DWG 或 PDF 格式，可在“导入/导出”选项卡中单击相关按钮，按向导操作即可，此外，还可以将电气图发布为 eDrawing 格式。

7.3　绘制 Electrical 3D 布线图

本节介绍绘制 Electrical 三维布线图的操作，这是本章的重点（因为 SolidWorks 主要还是进行三维图形的创建，当然也可以创建二维图样）。只是在创建三维电气图形之前，在 Electrical 二维界面中，还需要进行一些必要的操作，如设置设备型号和创建 2D 机柜布局图样等，然后才能进行三维电气模型的创建。相关操作如下。

7.3.1　设置设备型号

在创建三维电气线路模型之前，首先应为二维图样中（即 Electrical 中）添加的电气符号设置具体的设备型号（相当于为其设置属性），在其具体型号下，根据数据库中的索引，会有三维模型与之对应，然后就可以使用对应的三维模型创建三维电气线路了。

要设置电气设备型号，可任意双击一个电气设备。如单击如图 7-35 左上图所示的热磁断路器，系统将弹出“设备属性”对话框，切换到“设备型号与回路”选项卡，单击“搜索”按钮，打开“选择设备型号”对话框。单击“查找”按钮，在找到的可用型号中，选择一种设备型号，并单击“加”按钮，将其添加到下部列表中，然后单击“选择”按钮，即可为此设备设置型号，如图 7-35 所示。

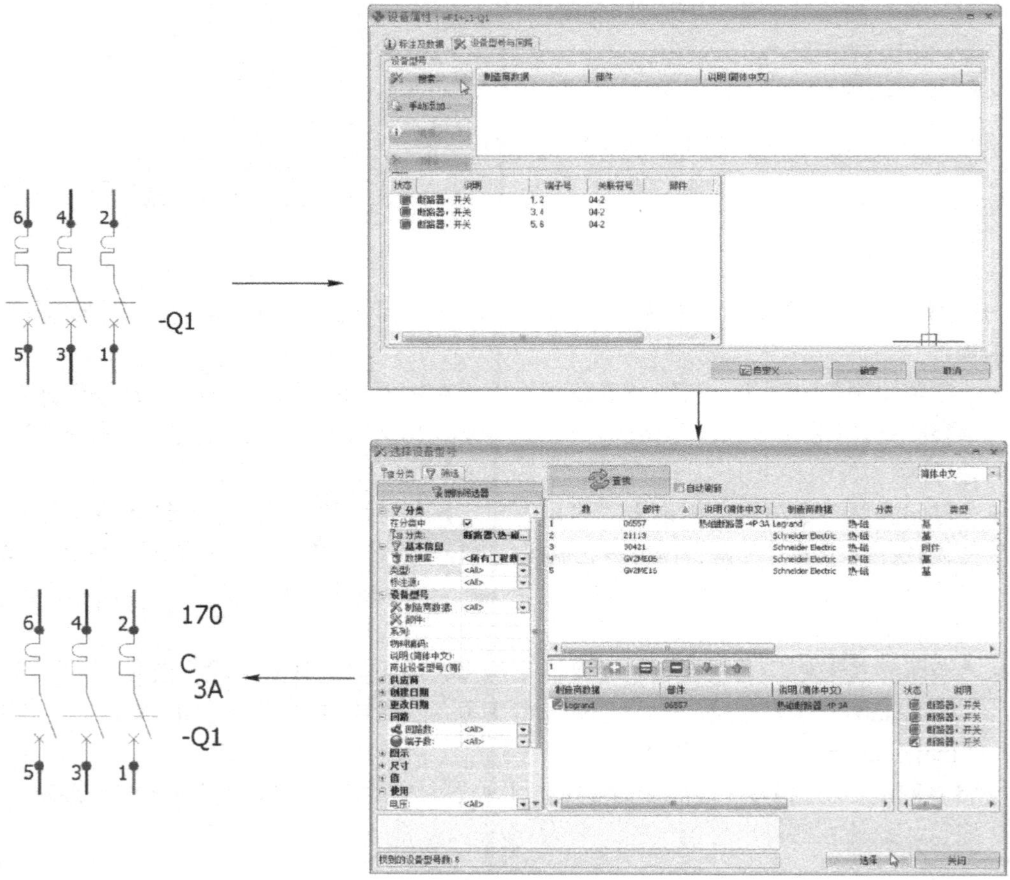

图 7-35 为电气元件设置型号

选用设备型号时，应注意所选设备型号的默认属性，如端子的个数等，应符合当前图样的设置需要。如果设备型号与当前要求不符，将会在图样中显示为红色。

在选择设备型号的过程中，在“选择设备型号”对话框中，通常左侧“筛选器”保持系统默认设置即可，如未找到可用的设备型号，可将“制造商数据”等设置为“ALL”，扩大搜索范围，然后再次查找。

由于系统默认提供的零件库数量有限，也许并不能完全满足设计需要，此时可在 SolidWorks 相关网站和论坛中，下载国产数据库零件包等（也可以自定义设备型号，由于篇幅限制不再介绍，有需要的读者，可关注本系列图书的后续版本）。

7.3.2 创建 2D 机柜布局图样

由于在三维电气模型中会包含机柜、导轨和线槽等零件，而在二维原理图中并不会添加此类零件，为了在三维电气模型设计过程中方便调用，在进行三维设计之前，还需要创建 2D 机柜布局图样，操作方法如下。

单击“处理”选项卡中的“2D 机柜布局”按钮，如图 7-36 所示，打开“创建 2D 机柜布局图样”对话框，选择机柜布局所关联到的位置（所谓关联到某个位置，即表示要创建此位置的 2D 机柜布局图样，关于什么是“位置”，见下面“提示”），单击“确定”按钮，即可创建一个空白的 2D 机柜布局图样。

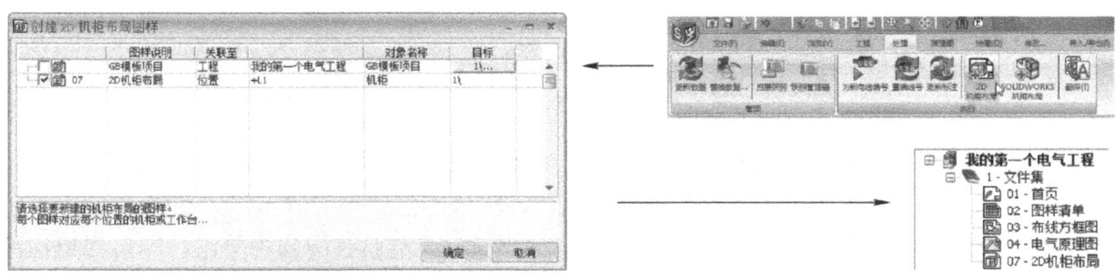

图 7-36　创建 2D 机柜布局图样

在 Electrical 中，什么是“位置”呢？实际上位置就是电气件物理上所处的位置，如端子排位于机柜中，那么就可以定义其“位置”是机柜，如电动机位于电机房中，那么就可以定义其“位置”为泵房。

如图 7-37 所示，在左侧可停靠面板中切换到“设备”选项卡，右击工程名称，在快捷菜单中选择“新建”>“位置”菜单命令，打开“位置”对话框，在“说明”文本框中填入所创建“位置”的名称；在“关联文件集”下拉列表中选择位置所属的文件集（如仅有一个文件集，那么保持系统默认设置即可），最后单击“确定”按钮，即可创建位置。图 7-38 所示为“设备”选项卡中显示的新创建的位置。

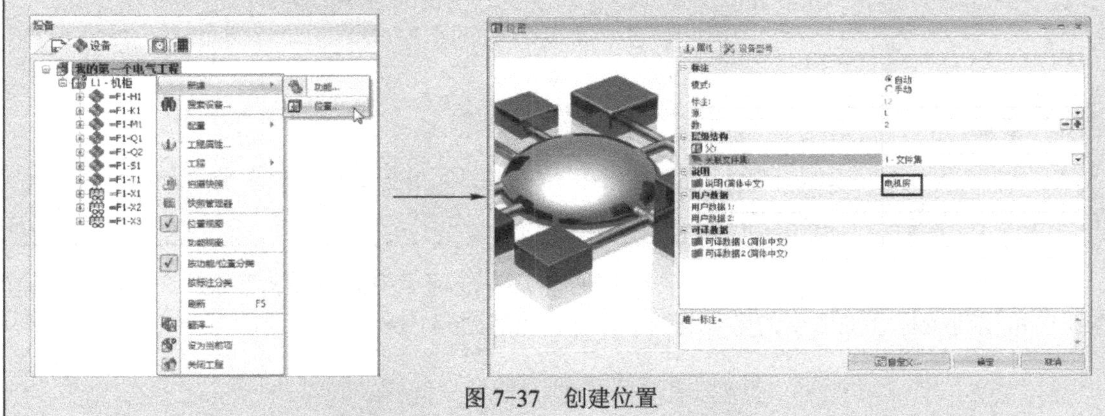

图 7-37　创建位置

创建位置后，如再次执行创建2D机柜布局图样操作，那么在“创建2D机柜布局图样”对话框中，即可见到刚才创建的位置，如图7-39所示。

图7-38 创建的位置　　图7-39 插入2D机柜布局图样时选择位置界面

创建了空白的2D机柜布局图样后，在文件树中双击打开图样，系统将自动切换到“机柜布局”选项卡，单击“添加机柜”按钮，打开“选择设备型号”对话框，如图7-40所示。通过查找和添加等操作（同7.3.1节设置设备型号类似），然后在图样中单击，即可将机柜添加到图样中，效果如图7-40右图所示。

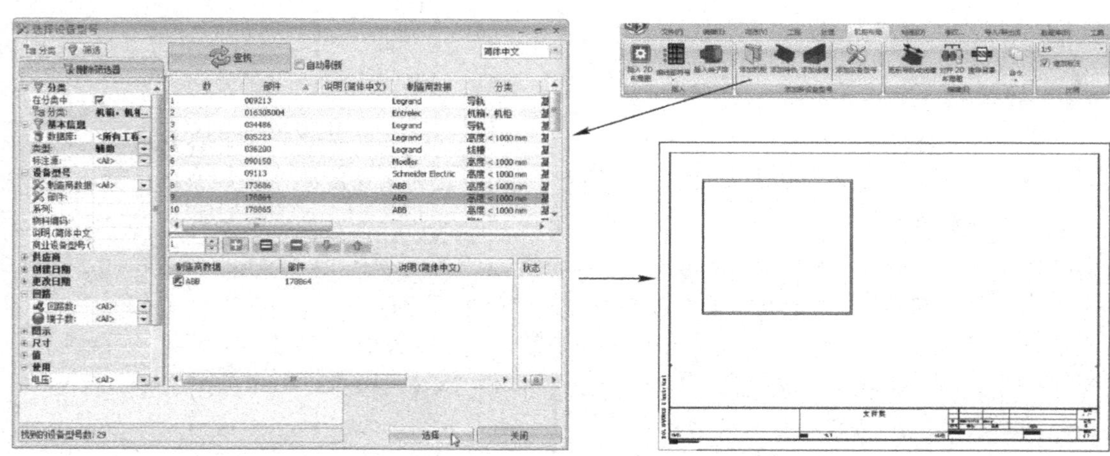

图7-40 为图样添加机柜

提示

如所添加的图样相对于图框过大或过小，可在“机柜布局”选项卡的“比例”栏的下拉列表中，选用正确的图样比例，进行调整。

与添加机柜的操作相同，通过单击“机柜布局”选项卡中的“添加导轨”和“添加线槽”按钮，可以为图样添加需要的多个导轨和线槽，如图7-41所示。

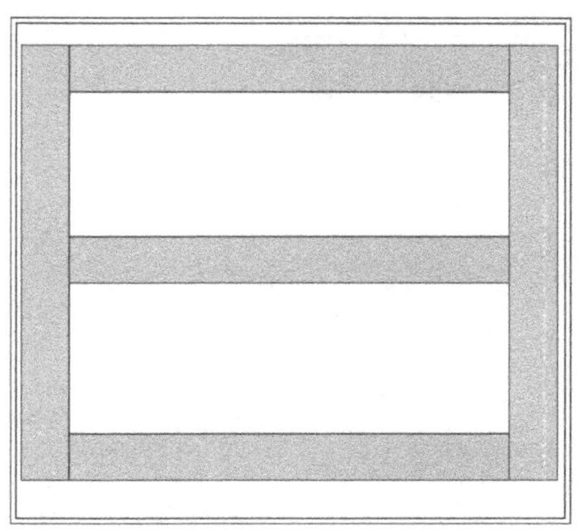

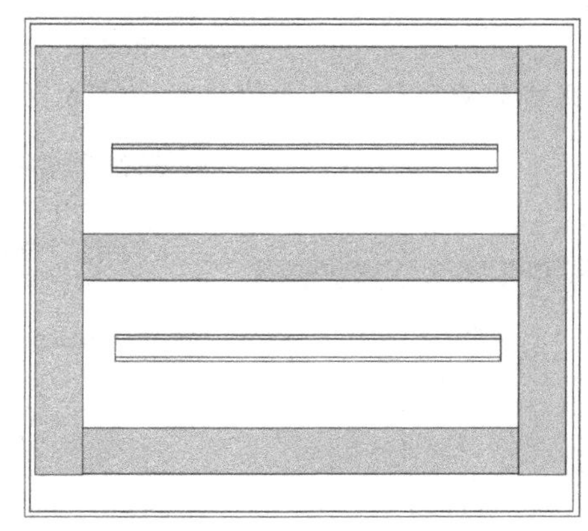

图 7-41　为图样添加线槽和导轨效果

如果添加的导轨和线槽大小和长度等不合适，可在“设备型号属性”对话框中（右击，在快捷菜单中选择“设备型号属性”菜单命令）的“尺寸”栏中，更改“宽、高、厚”和“长度”选项，完成更改后，需要右击图形在快捷菜单中选择“符号”>“更新”菜单命令进行更新。

完成上述操作后，可以在导轨上安放零件，安放零件的操作与添加机柜的操作基本相同。如图 7-42 左图所示，展开”机柜布局”选项卡（系统通常会自动切换到这个选项卡）中的相关零件，右击其下的轮廓图形，选择“插入”菜单命令，然后在导轨需要安放零件的位置处单击，即可将零件添加到图形中，如图 7-42 右图所示。

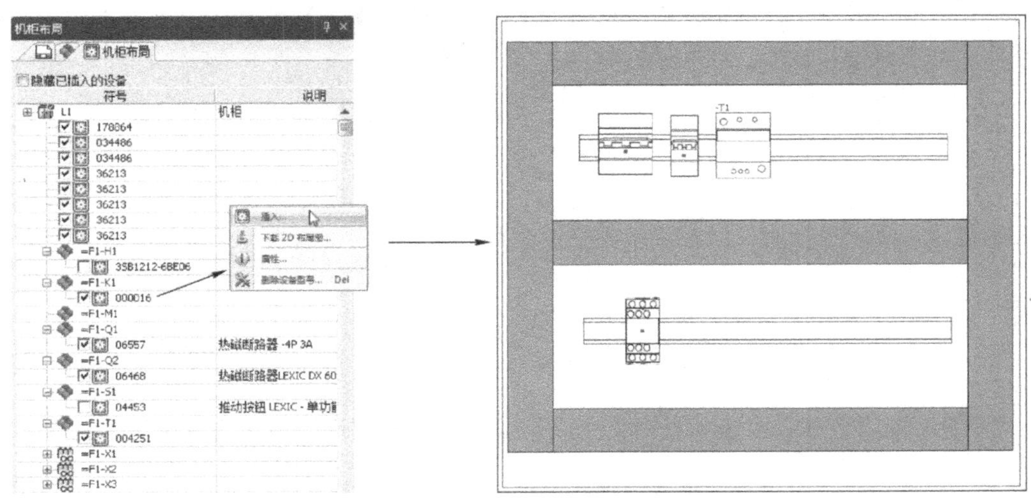

图 7-42　为图样插入零件

端子排的插入稍有不同（在插入端子排之前，可设置其余端子排与一个端子排关联），如图 7-43 所示，右击包含所有端子排轮廓图形的端子排，在快捷菜单中选择“插入端子排”菜单命令，然后在打开的“命令”面板中，设置端子排的间距，以及后续端子排的位置等，在导轨的某个位置单击，即可将端子排添加到图样上，如图 7-43 右图所示。

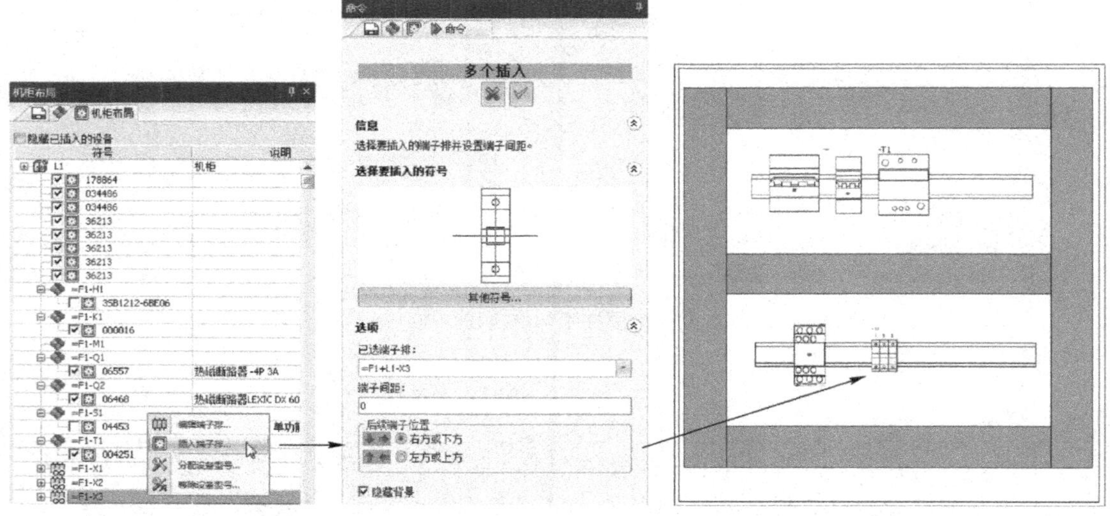

图 7-43 为图样插入端子排

通过上述操作，基本上就完成了 2D 机柜布局图样的创建，可以开始 3D 电气图样的设计了。不过对于未出现在机柜中的设备，Electrical 也做了考虑。

如处于机柜面板上的指示灯，可以单击“机柜布局”选项卡中的“接线图符号”按钮，在打开的“符号属性”对话框中，设置与此设备关联的设备，如图 7-44 所示，然后在图形中单击添加此接线图符号（表示在此位置包含此设备）。

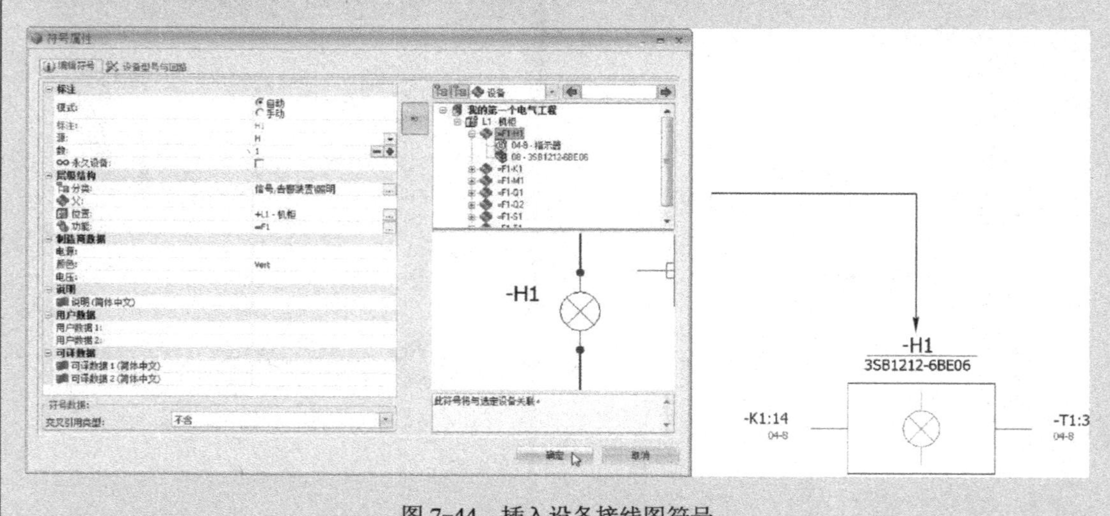

图 7-44 插入设备接线图符号

7.3.3 创建装配体文件

完成上述操作后，即可以在 Electrical 中创建空白的与某个位置相关的 3D 电气装配体文件了。如图 7-45 所示，在“处理”选项卡中，单击“SolidWorks 机柜布局”按钮，在打开的“创建装配体文件”对话框中，选择要创建机柜布局的位置，如“机柜”位置，单击“确定”按钮，即可创建此位置处的装配体文件，并显示在文件树列表中。

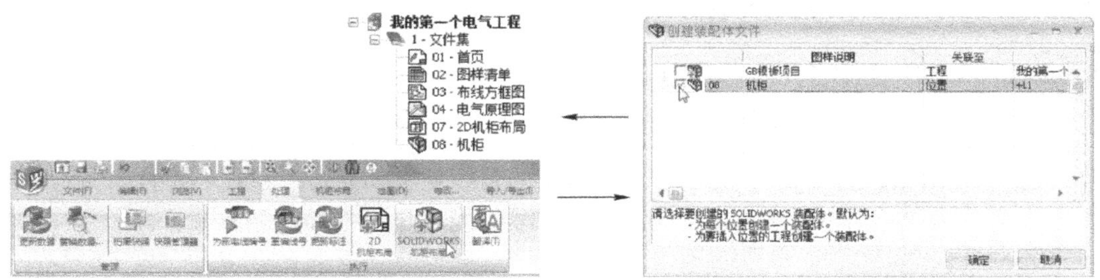

图 7-45 插入 3D 装配体文件

7.3.4 切换到 SolidWorks 操作界面

完成上述操作后，双击 7.3.3 节中创建的在左侧文件树中的“装配体”文件，即可自动打开 SolidWorks，并自动切换到电气设计界面，然后就可以进行三维电气元件的设计了，如图 7-46 所示（前提是在 SolidWorks 中，先启用了 Electrical 插件，如图 7-47 所示）。

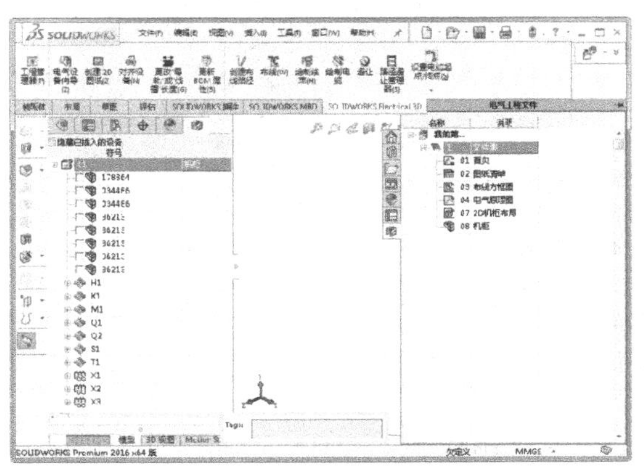

图 7-46 自 Electrical 切换到 SolidWorks 的操作界面

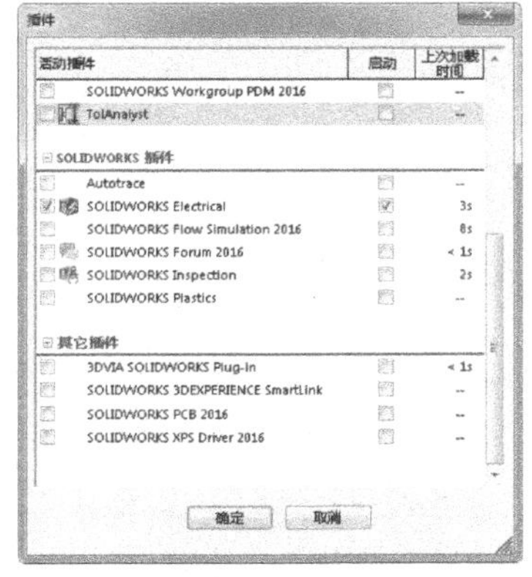

图 7-47 SolidWorks 启动 Electrical 插件

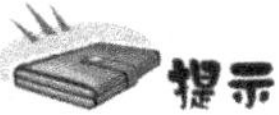

提示

启动 SolidWorks 程序，并启用 Electrical 插件后，无需打开 Electrical 也可以进行三维电气设计。此时可通过“工具” > “SolidWorks Electrical”菜单下的选项，打开“工程管理器”（同 Electrical），然后打开相关工程进行设计。例如，可在打开电气工程后，执行“工具” > “SolidWorks Electrical” > “处理” > “SolidWorks 机柜布局”菜单命令，创建 3D 电气装配体文件。

这里稍微介绍一下 SolidWorks 的 Electrical 电气设置界面，如图 7-46 所示，其中右侧可隐藏面板中显示的是关联的 Electrical 工程的“电气工程文件树”（与 Electrical 中的树项目一致，也可以双击进行预览）。左侧自动打开的“Electrical Manager”选项卡，显示了当前 Electrical 工程（本“位置”处）中的所有电气元件，以及与其关联的三维模型。

SolidWorks 的 Electrical 电气设置界面的顶部有 SolidWorks Electrical 3D 命令栏，基本上所有的 Electrical 3D 设计操作，通过该命令栏提供的功能都可以完成（如需要其他 Electrical 功能，可在“工具”>“SolidWorks Electrical”菜单下进行查找）。

7.3.5 插入 3D 模型文件

下面介绍插入 3D 零件的操作。如图 7-48 所示，进入 SolidWorks 操作界面后，在系统自动打开的“Electrical Manager”选项卡中，右击相关零件（如右击“机柜”零件），选择“插入机柜”菜单选项（如不清楚右击的为何种零件，则直接选择“插入”命令即可），再在操作区中单击即可。

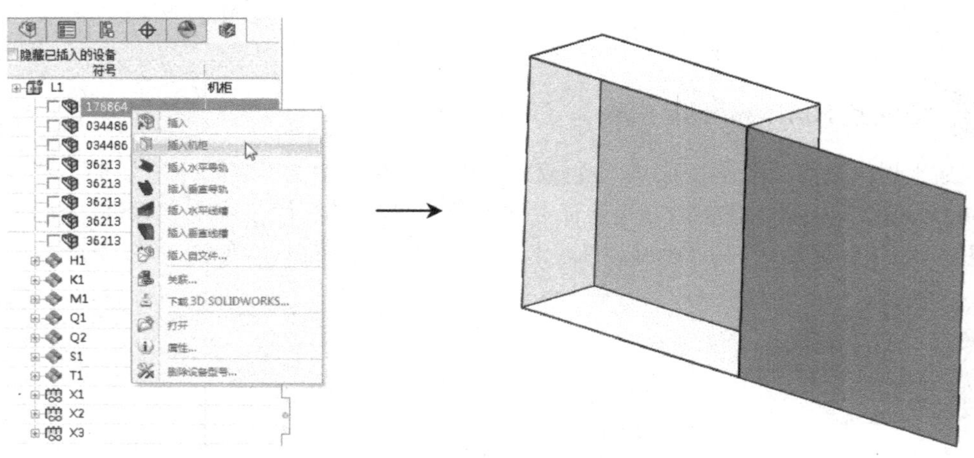

图 7-48　插入机柜

插入导轨和线槽的操作与插入机柜操作稍有不同。如图 7-49 所示，插入时首先会要求确认配合，完成后可在左侧的“属性”选项卡中设置导轨或线槽的长度。

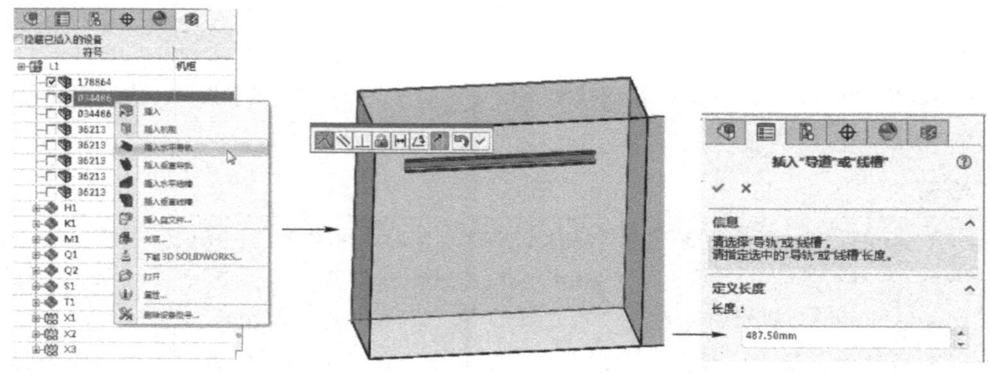

图 7-49　插入导轨

线槽导轨和其余电气元件插入后，可通过添加配合的方式，定义零件的位置，最终效果如图 7-50 所示。

需要说明的是插入端子排的操作稍有不同。如图 7-51 所示，要一次插入多个端子排，可选择所有要插入的端子排，然后右击选择“插入”菜单命令，按系统提示进行操作即可。

图 7-50 完成零件插入的机柜效果

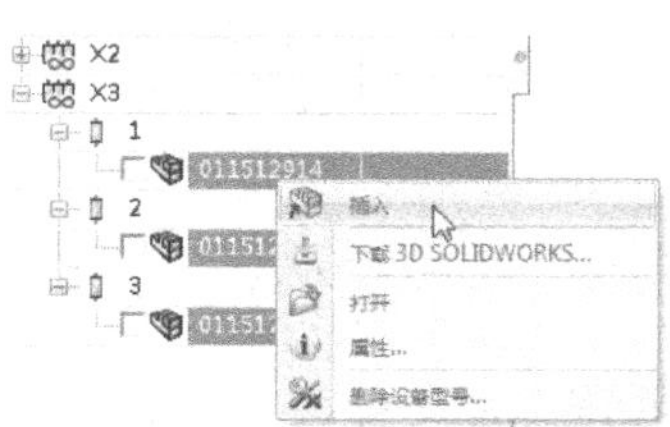

图 7-51 插入端子排

提示

如系统自动关联的三维模型无法满足当前设计要求，或者用户感觉所插入的三维模型不够美观，也可以插入自定义的三维模型（或从别的地方下载的电气模型）。

自外部插入零件操作并没有什么不同，与普通的装配模式一样，单击“装配体”选项卡中的“插入零部件”按钮，然后在打开的“属性”选型卡中，单击“浏览”按钮，找到三维电气文件，选择“插入”即可，如图 7-52 所示（只是要确保所插入的为带有电气特征的三维模型）。

在插入外部的电气三维模型后，可右击某个零件，然后选择“关联”菜单命令，如图 7-53 所示，再单击刚才插入的电气三维模型，令其关联到零件即可。

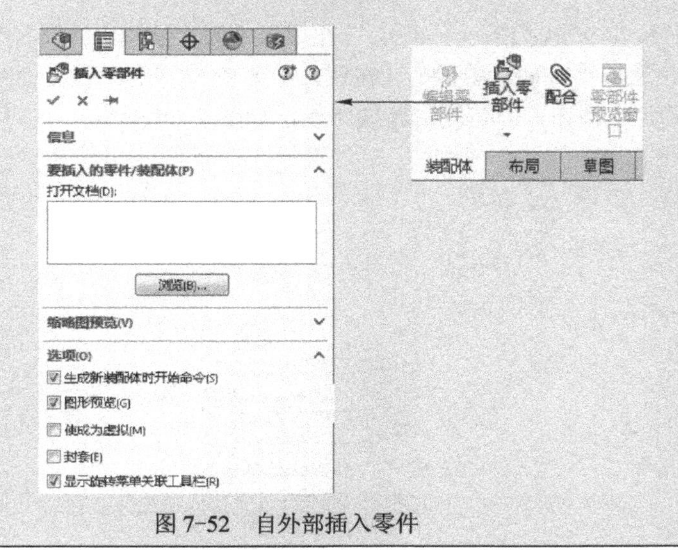

图 7-52 自外部插入零件

图 7-53 关联外部插入的零件

如图 7-54 所示，在插入按钮和指示灯类的包含智能特征的零件时，在将零件插入到特定位置处后，不要忘记再单击一次零件自动显示出来的“插入智能特征”按钮，这样可以在所在面板上自动打孔。图 7-55 所示为按钮和指示灯插入后的效果。

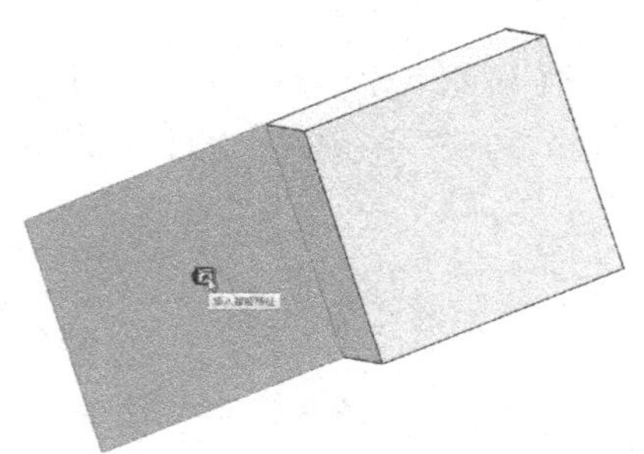

图 7-54 插入指示灯

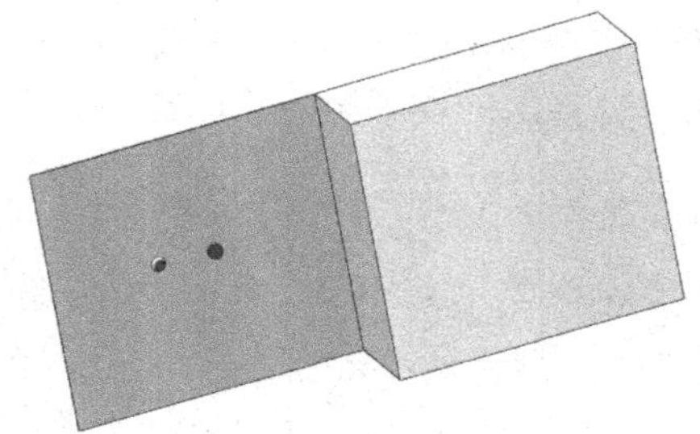

图 7-55 完成插入指示灯和按钮后的效果

7.3.6 绘制布线路径

为了生成正确的电线路径，对于线槽之外的零件，在零件到线槽之间必须绘制引导电线的布线路径（实际上就是一段三维草图图线）。

如果要求导线自右侧线槽开始，沿着机柜内面连到机柜面板的按钮和指示灯上，则可以首先创建一个基准面，如图 7-56 所示，然后沿着基准面绘制 3D 草图图线，如图 7-57 所示。

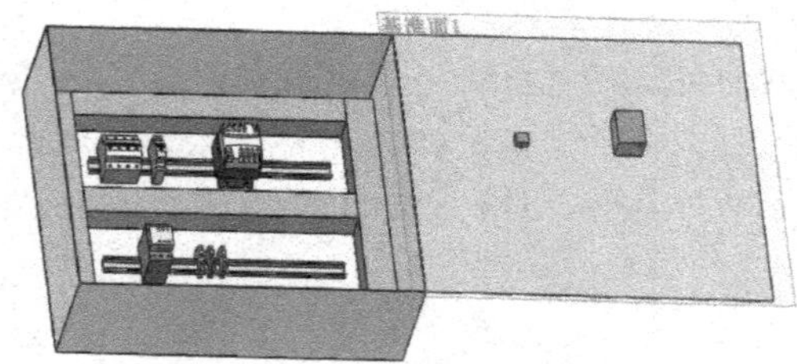

图 7-56 创建基准面效果

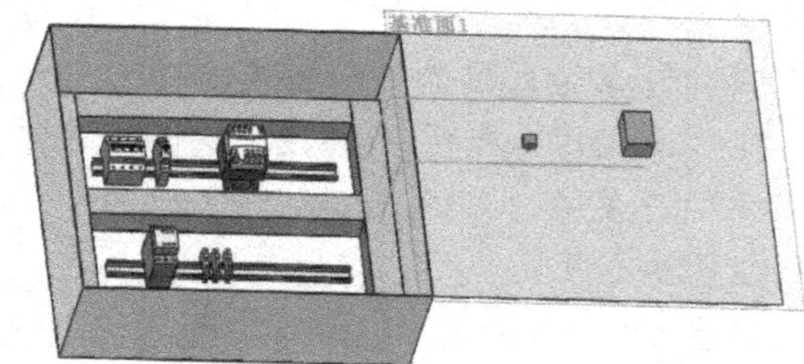

图 7-57 创建 3D 草图图线效果

完成 3D 图线的创建后，单击“SolidWorks Electrical 3D”选项卡中的“创建布线路径”按钮，在打开的“属性”管理器中，选择“转换草图”单选按钮，如图 7-58 所示，然后选择上面绘制的 3D 草图图线，单击“确定”按钮，即可创建布线路径，如图 7-59 所示。

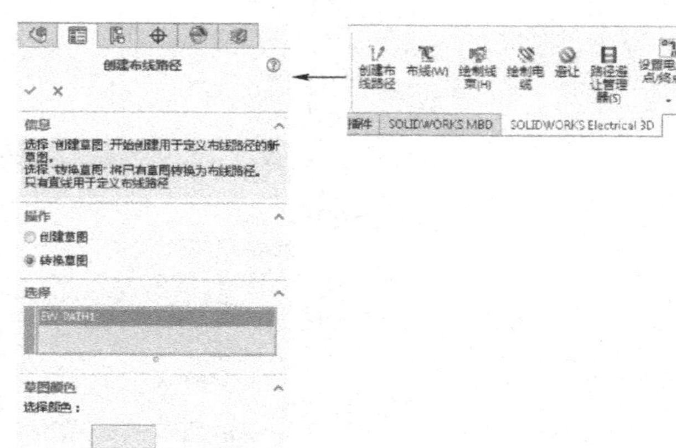

图 7-58 创建布线路径

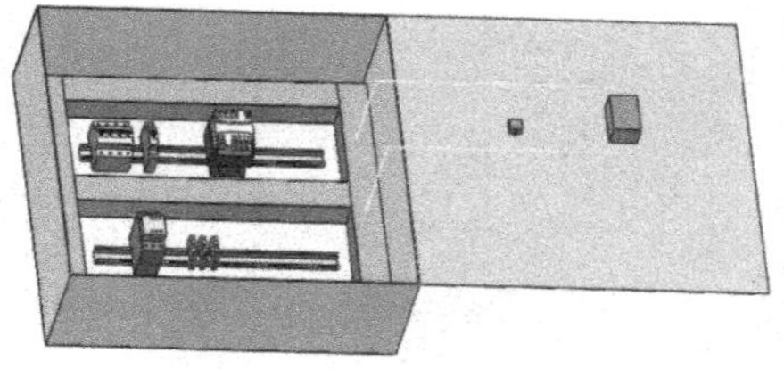

图 7-59 创建布线路径效果

提示

实际上，不设置布线路径也可以生成线路，只是此时所生成的线路比较杂乱。不过，线路基本上都通过线槽。为什么布线会自动通过线槽呢？这主要是因为线槽内默认附带的中心线，被系统自动设置为布线路径的缘故。

7.3.7 自动布线

完成了上述操作后，就可以执行自动布线操作了。但前提是所添加的三维电气模型，在 Electrical 中有对应的二维符号，并且用其绘制了电气原理图。因为在自动布线时，系统需要调用这些数据。

如图 7-60 所示，单击“SolidWorks Electrical 3D”选项卡中的“布线”按钮，在打开的“布线电线”属性管理器中，选中“SolidWorks Route”单选按钮，并按照图 7-60 左图所示设置布线参数，单击“确定”按钮，即可自动进行布线，并生成布线实体线路，如图 7-60 右图所示。

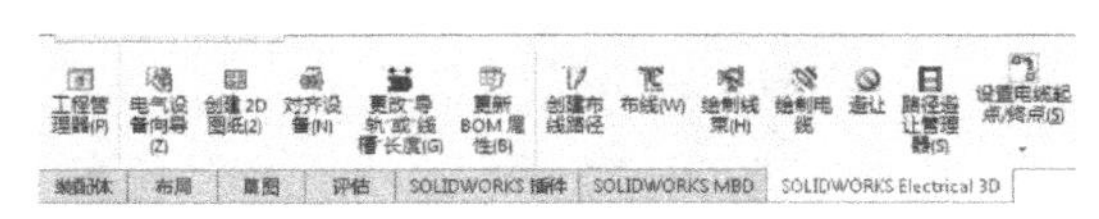

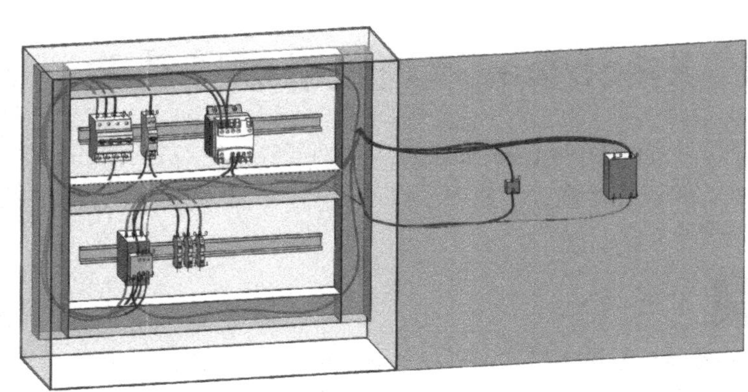

图 7-60 自动布线操作和效果

“布线电线”属性管理器中，如选中“3D 草图线路”单选按钮进行布线，将只生成 3D 草图线路，而不生成线路实体。此外，“要布线的设备”卷展栏中，如选中“已选设备”单选按钮，并选择某个设备，将仅生成该设备的布线路径。

“布线参数”卷展栏中的数值较为重要，也较难理解和掌握，下面做一下重点说明。

- **“两个布线路径间的距离”**文本框：该文本框的值用于设置两个布线路径间的距离。当两个布线路径（就是 7.3.6 节中创建的布线路径）间的距离大于该值时，则系统认定其为两个路径，如小于该值，则认定其为一个路径。

➢ **“连接点与第一个布线路径距离”** 文本框：该文本框的值用于设置连接点与布线路径间的距离。如小于该值，那么就从连接点开始到布线路径进行布线，如大于该值，那么就不从该布线路径生成布线。
➢ **“线路中电缆/电线间距”** 文本框：用于设置电缆或电线间的间距值（在可能的情况下，应与该值接近）。

7.3.8 对布线路径进行调整

系统自动生成的布线路径往往是不够完美的，如图 7-61 左图所示（会有重叠现象）。如需调整，可首先启用 Routing 插件，然后右击要更改的电线，选择“编辑线路”菜单命令，同操作 Routing 管道一样，对电线进行调整即可，如图 7-61 右图所示。

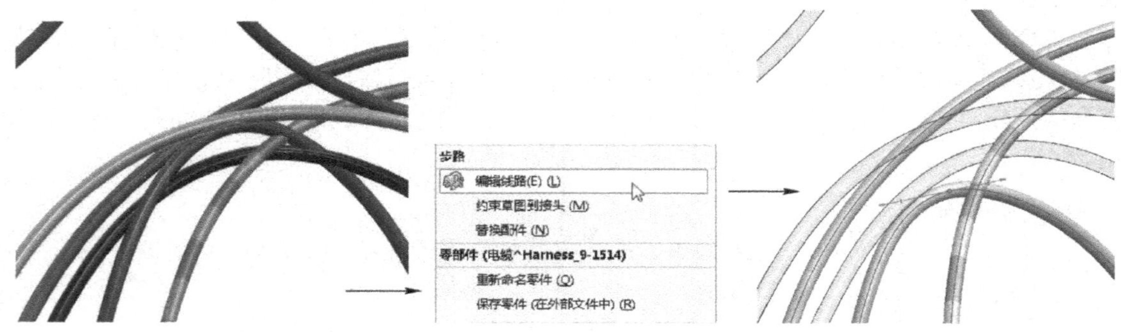

图 7-61 编辑线路操作

7.4 Electrical 模块还有哪些功能

除了上面介绍的 Electrical 的几大功能外，使用 Electrical 还会接触到其他一些比较重要的功能，如管理电缆、创建端子排图样等，由于篇幅限制，下面对这些功能仅做集中的简单介绍。

7.4.1 翻译

在获得一份英文格式（或其他语言格式）的 Electrical 图样后，解压缩到用户的计算机，如需将其快速翻译为简体中文，可执行如下操作。

如图 7-62 所示，右击左侧“文件”选项卡中的工程名称，选择“配置”>“工程”菜单命令，打开“工程配置”对话框，然后设置“基础语言”为“简体中文”即可（第二、第三语言为空）。

提示

实际上，右击选择“翻译”菜单选项，打开“工程翻译”对话框，并不能对工程执行翻译操作，打开“工程翻译”对话框的主要作用是设置什么样的英文翻译为什么样的中文词汇（如找不到对应的中文词汇，则该项将留空）。

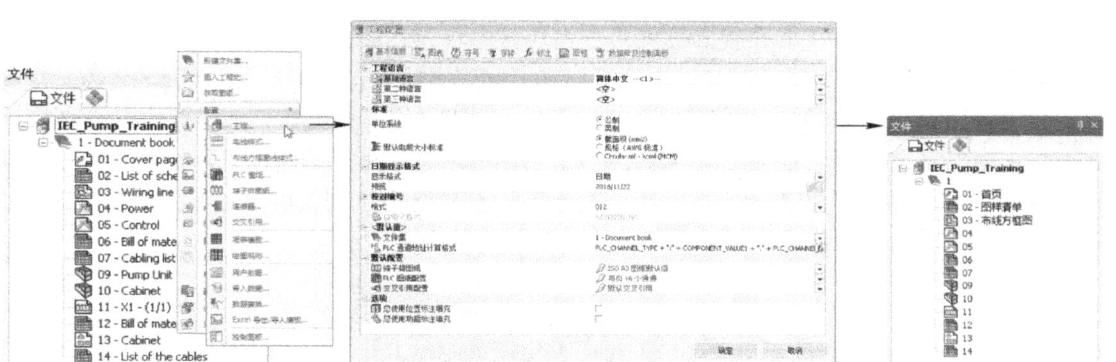

图 7-62　图样的翻译操作和效果

7.4.2 管理电缆

在布线方框图中是使用电缆来连接电气元件的。实际上可以像为零件符号设置设备型号一样，为每根电缆都设置具体的电缆型号（设置电缆型号实际上还有很多作用，如可用于生成端子排图样等，否则生成的图样不完整，后面会有讲述）。

在设置电缆前，首先需要添加可以使用的电缆，如图 7-63 所示。单击“工程”选项卡中的“电缆”按钮，打开“电缆管理器”对话框，然后单击“新电缆”按钮，打开“选择电缆型号”对话框，选择一种电缆型号，并添加到下面列表中，单击“选择”按钮，即可添加可用的电缆（通常一段电路，就需要使用一种电缆，所以这里可以一次添加多个电缆，当然也可以在设置电缆时再添加）。

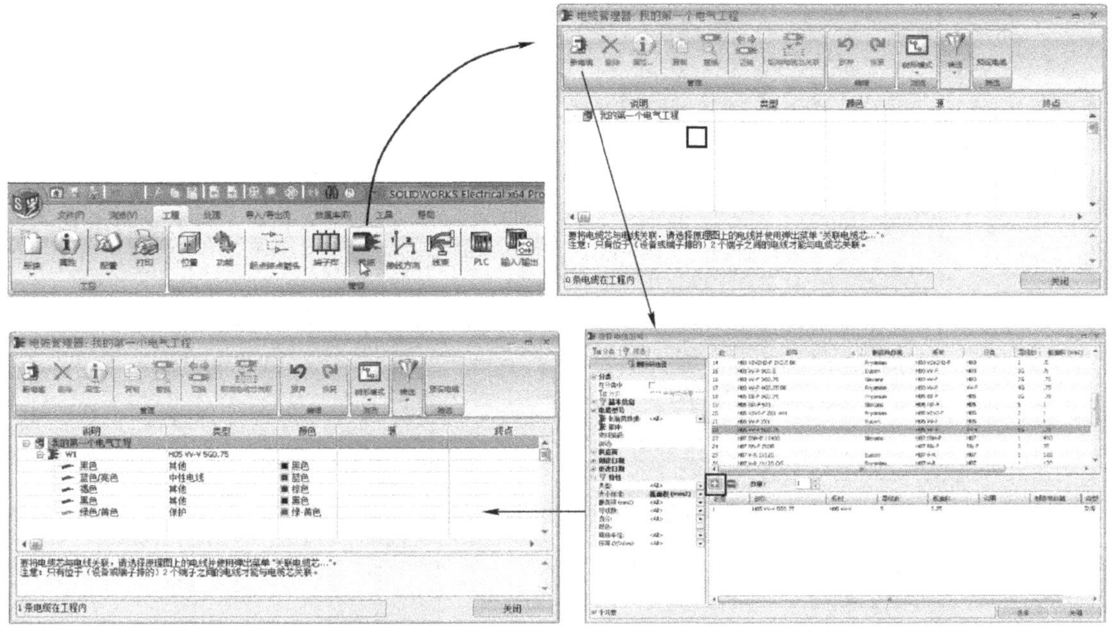

图 7-63　新建电缆

添加了可用电缆后，在布线方框图中双击连接电气元件的电缆，打开“详细布线”对话框，如图 7-64 所示（此时，可以发现系统自动添加了电线，但是未添加电缆）。要为此段线路设置电缆，可单击“预设电缆芯”按钮，打开“预设电缆和电缆芯”对话框，然后选中上面添加的电缆（选中相应复选框），如图 7-65 右图所示，单击“确定”按钮，回到“详细布线”对话框，如图 7-65 左图所示。将左侧电气零件的端点（ 列表位置）拖动到电缆对应的端点处，即可完成电缆的设置（完成后，电线将被电缆取代）。

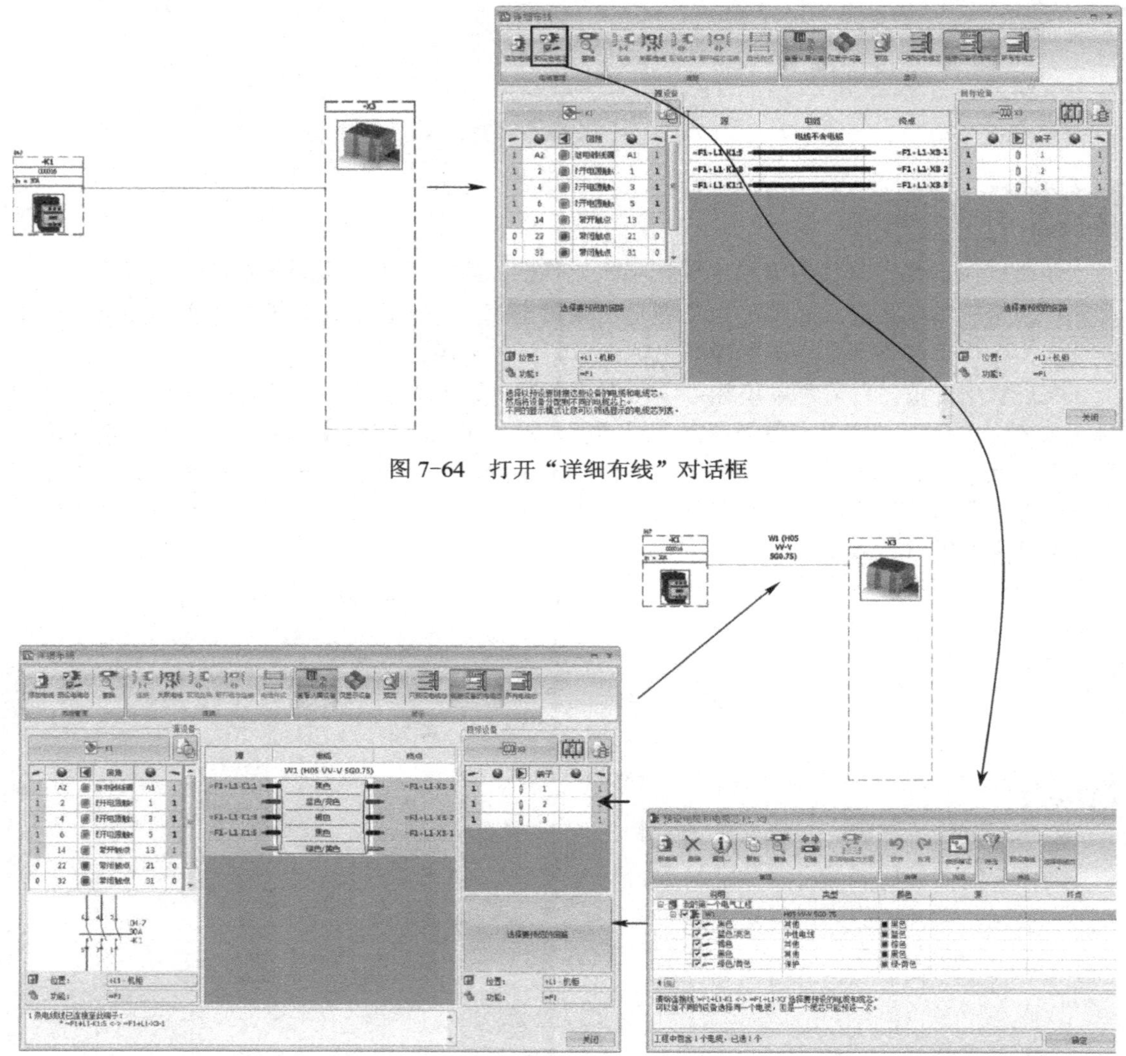

图 7-64 打开“详细布线”对话框

图 7-65 选用电缆并设置

7.4.3 电线编号

使用 Electrical 提供的功能，可以自动为电线编号。单击“处理”选项卡中的“为新电线编号”按钮，打开一个确认对话框，如图 7-66 左图所示。单击“是”按钮，即可为电线编号，如图 7-66 右图所示。

若要删除已添加的编号，可单击“处理”选项卡中的“重新编号”按钮，打开“电线重新编号”对话框，选中“删除编号”单选按钮，如图 7-67 所示，然后单击“确定”按钮，即可删除编号。

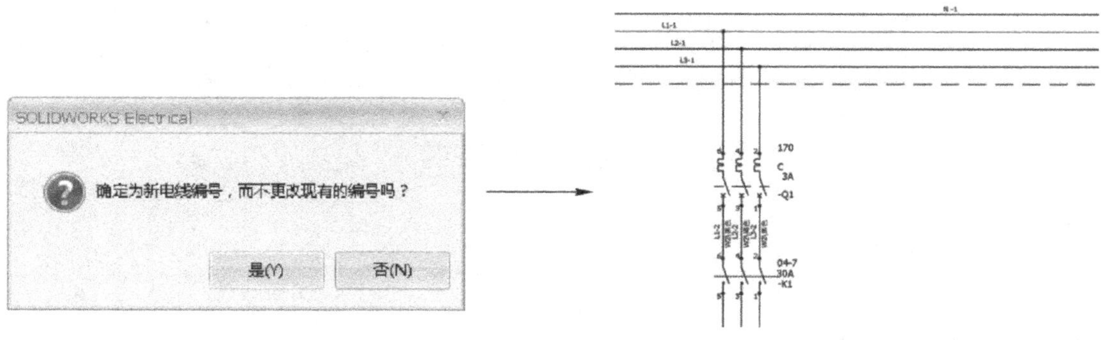

图 7-66　为电线编号

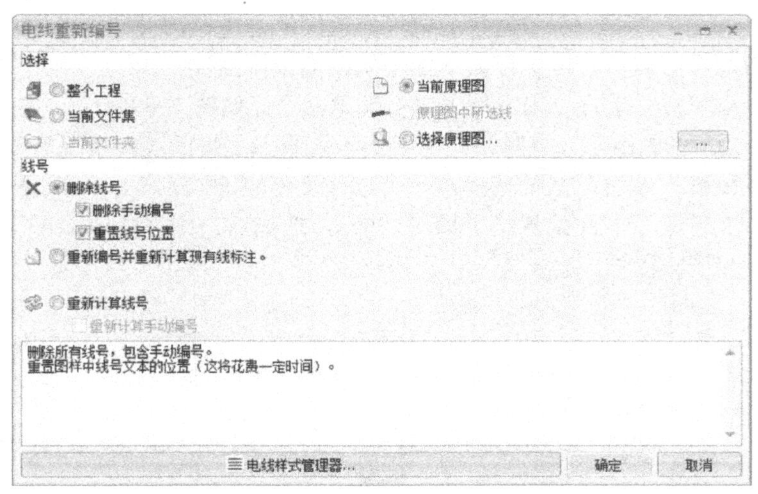

图 7-67　删除电线编号

7.4.4 图样跳转

如果两幅图样中的电线存在连接（是同一条电线），那么可以单击“原理图”选项卡中的“起点终点箭头”按钮，打开“起点-终点管理器”对话框，如图 7-68 所示。单击“插入单个”（或“插入多个”）按钮，再分别单击要连接的两个图样的电线（如是插入多个操作即多线连接，则需要在每个图样中单击首尾的线），即可在图样电线间建立连接。

右击插入的连接箭头，选择“转至”>“***”菜单选项，可实现图样之间的跳转。

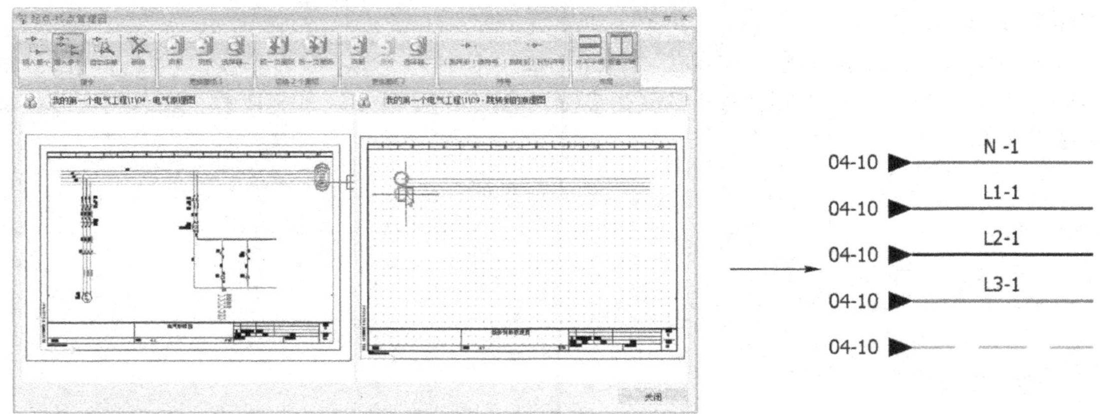

图 7-68 设置图样跳转

7.4.5 创建端子排图样

创建端子排图样之前，应首先创建布线方框图"，这里设定所创建的布线方框图为如图 7-69 所示的方框图（参照 7.2 节创建的电气原理图的主电路部分绘制），并为每段电缆都设置了对应的电缆型号。然后，可执行如下操作创建端子排图样。

右击右侧的端子排，选择"编辑端子排"菜单命令，如图 7-69 所示。打开"端子排编辑器"对话框，如图 7-70 所示（该对话框主要用于查看端子排的连接情况），保持系统默认设置，单击"生成图样"按钮，系统会弹出一个选择文件集的对话框（即选择所生成的端子排图样，会位于该文件集下，此处省略了该对话框），选择后，即可生成端子排图样。图 7-71 所示为打开后的端子排图样。

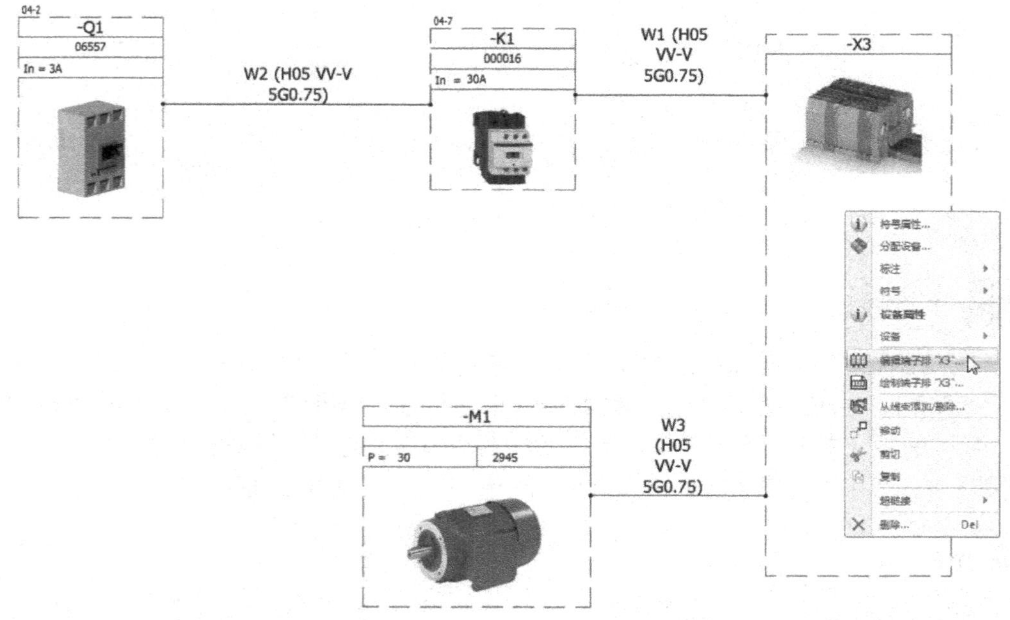

图 7-69 编辑端子排

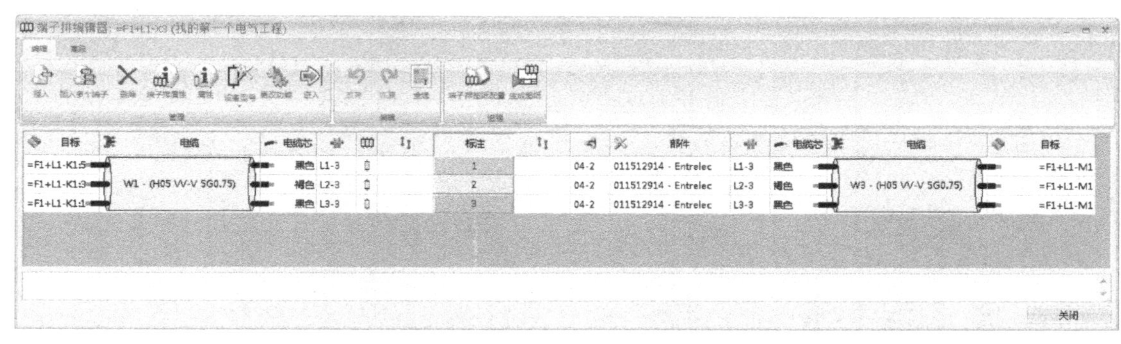

图 7-70 “端子排编辑器”对话框

观察端子排图样会发现，所生成的端子排图样，说明了端子排两侧所连接元件情况，包括电缆型号，所以如果未设置电缆，该侧即不会显示所连接的电气元件。

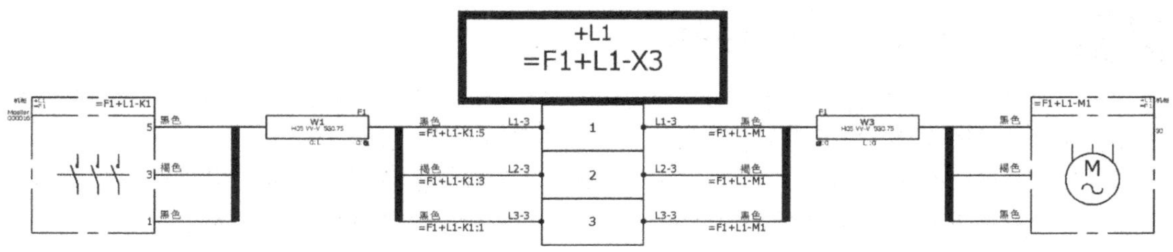

图 7-71 生成的端子排图样效果

7.4.6 创建报表图样

报表图样的生成较为简单，在完成电气原理图的设计后，单击“工程”选项卡中的“报表”菜单命令，打开“报表管理器”对话框，如图 7-72 左图所示，单击“生成图样”按钮，打开“报表图样目标”对话框，如图 7-72 右图所示，然后选择要生成报表图样的项（选中相应对话框），单击“确定”按钮即可生成报表图样。

报表图样在文件树中的效果如图 7-73 左图所示，生成的报表图样打开后的效果如图 7-73 右图所示。

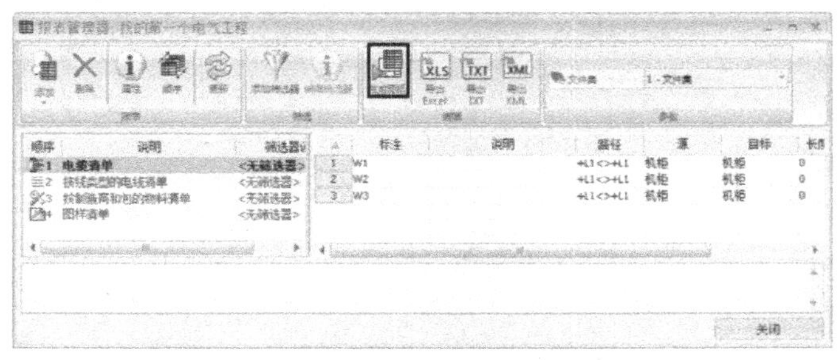
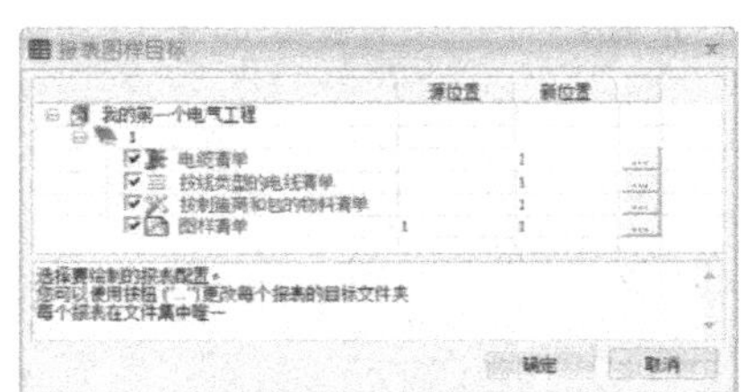

图 7-72 创建报表图样

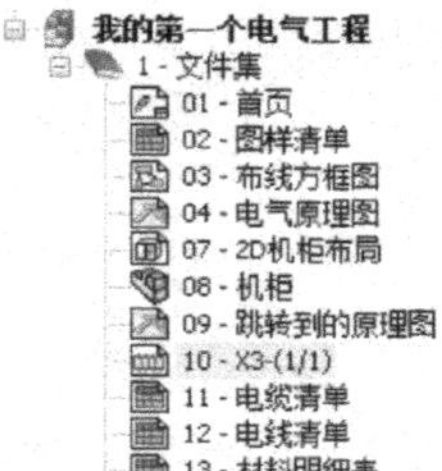

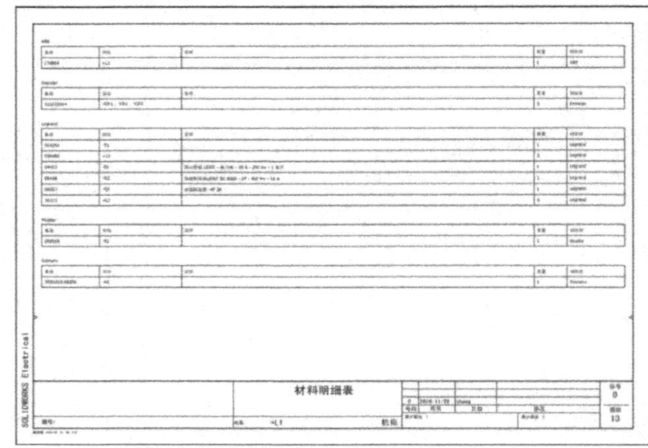

图 7-73 生成的报表图样效果

7.4.7 创建 2D 图样（SolidWorks）

本节介绍在 SolidWorks 中创建电气图样，并将其导入到 Electrical 中的操作。如图 7-74 左图所示，在创建图样之前，首先将系统生成的电线实体隐藏。

单击“SolidWorks Electrical 3D”选项卡中的“创建 2D 图样”按钮，系统会默认创建一个图样，并在右侧打开“视图调色板”，如图 7-74 中图所示（根据需要设置图样大小，并删除标题栏，因为 Electrical 会自动添加标题栏）；再根据需要拖动“视图调色板”中的视图到图样中，然后根据需要创建“零件明细表”“孔表”，系统会自动标注零件序号等（这三个功能较为常用），完成图样的创建，如图 7-74 右图所示。

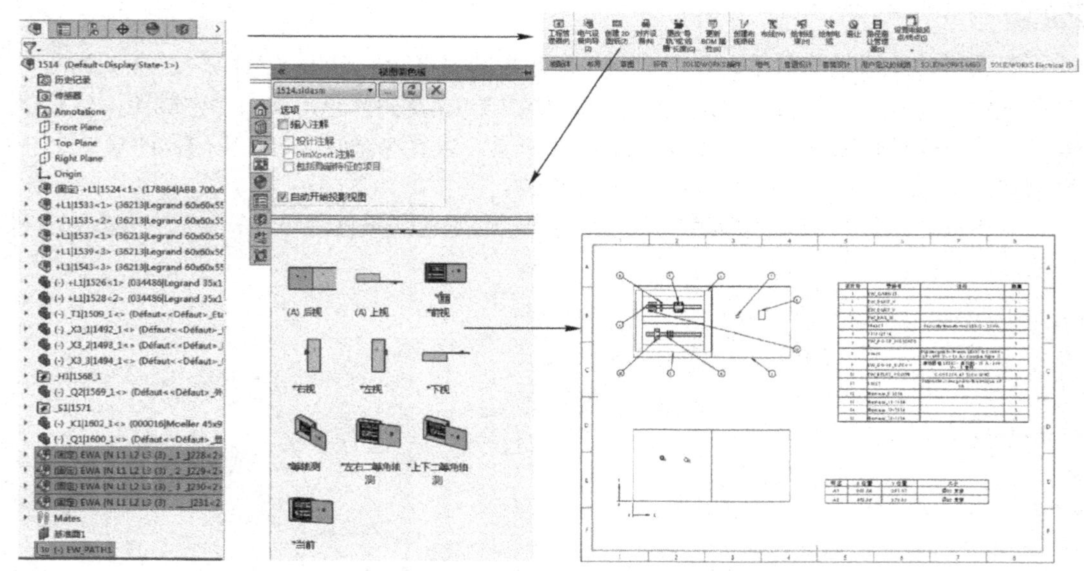

图 7-74 SolidWorks 中创建 2D 图样操作和效果

完成图样创建后，选择“工具”>“SolidWorks Electrical”>“创建工程图样”菜单命令，即可将所绘制的图样导入到 Electrical 中，如图 7-75 所示。

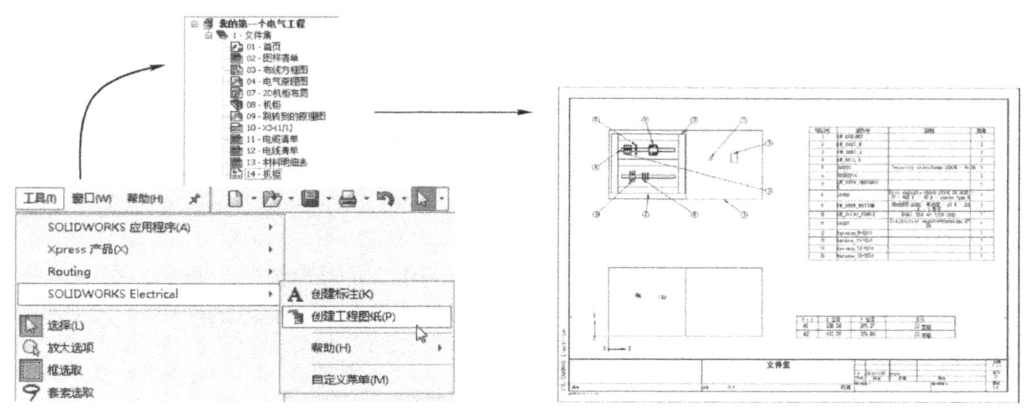

图 7-75　将二维图样传送到 Electrical 的操作和效果

提示

由 SolidWorks 导入的工程图，往往会存在图样大小不合适的状况，此时多为比例设置的问题。可右击导入的图样，选择“属性”命令，然后在“图样属性”对话框中，为图样设置正确的比例即可。

实例精讲——创建家用配电箱布局接线图

本实例将使用本书提供的素材文件，来完成如图 7-76 所示的家用配电箱三维电路图的绘制，以练习本章所学到的知识。

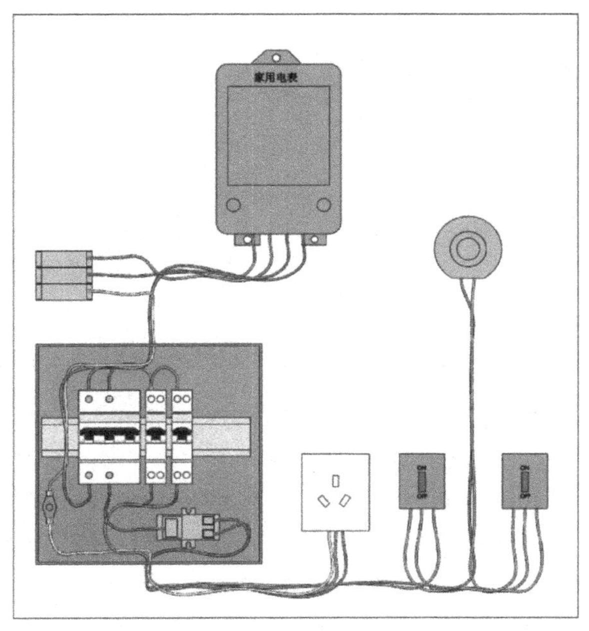

图 7-76　本实例要绘制的家用配电箱三维电路图效果

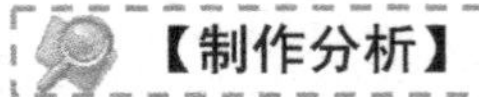

本实例主要练习三维布线能力，所以所有原理图提前已经绘制好，操作的关键是三维零件的导入、设置关联、布线参数的设置和布线的生成及调整等（读者也可以反向操作，看能否根据三维图绘制出正确的电气原理图）。

【制作步骤】

STEP① 在 Electrical 中，单击“文件”选项卡中的“工程管理器”按钮，打开“工程管理器”对话框，然后单击“解压缩”按钮（选择文件），解压缩本书提供的素材文件“家用电路.proj.tew”，如图 7-77 左图所示。打开解压缩的文件，如图 7-77 右图所示。

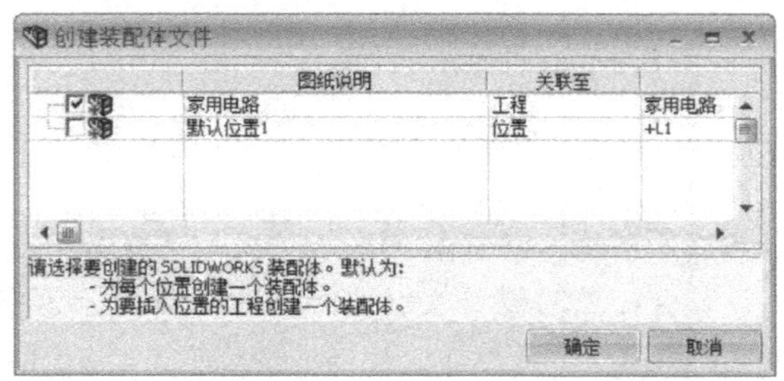

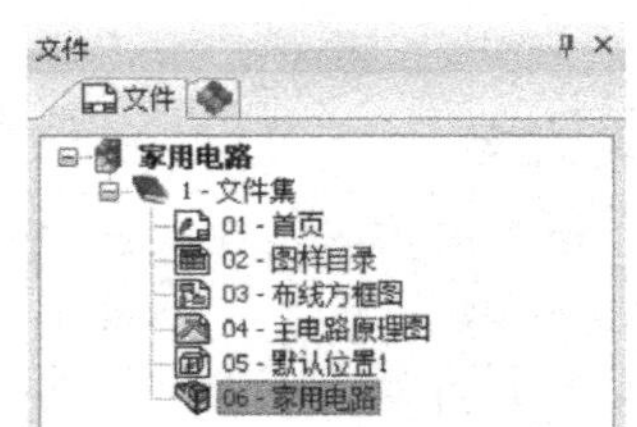

图 7-77 “工程管理器”对话框和打开文件后的“文件”选项卡

STEP② 默认解压缩的“家用电路.proj.tew”已经绘制了布线方框图、电路原理图和 2D 机柜布局图样，但是未包含三维装配体文件。单击“处理”选项卡中的“SOLIDWORKS 机柜布局”按钮，打开“创建装配体文件”对话框，如图 7-78 左图所示。选中“家用电路”复选框，单击“确定”按钮，创建装配体文件，如图 7-78 右图所示。

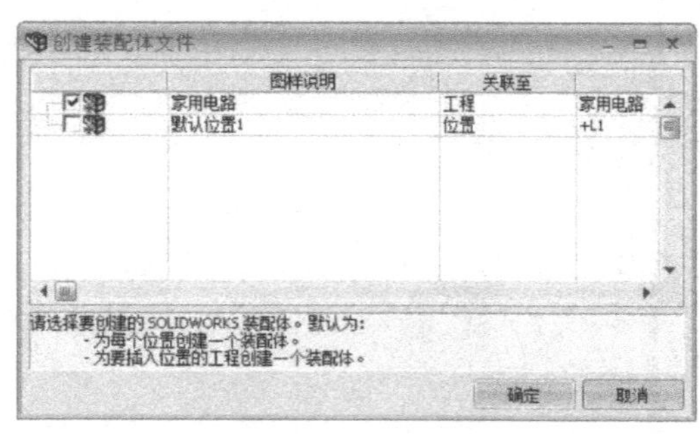

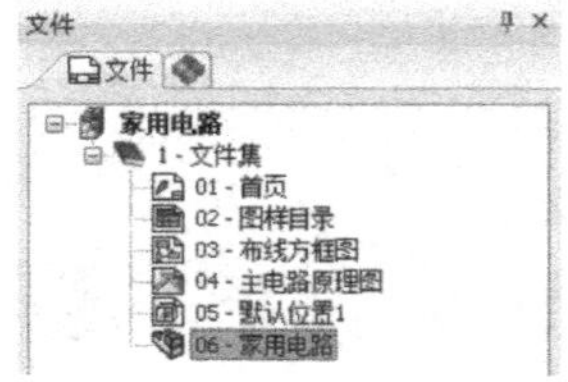

图 7-78 “创建装配体文件”对话框和在“文件”选项卡中创建的装配体文件

STEP③ 双击创建的“家用电器”装配体文件，打开 SolidWorks 三维操作界面（应提前打开“Electrical”插件）。首先单击“装配体”选项卡中的“插入零部件”按钮，自外部导入本书提供的素材文件“墙.SLDPRT”（图 7-79），作为所有电气件的附着物。

STEP④ 通过与步骤 3 相同的操作，导入“J252010.SLDPRT”文件，并将其装配到合适的位置，如图 7-80 所示。右击 Electrical Manager 树中的“J252010”（配电箱）项，选择“关联”菜单命令，再选择插入的文件，在其之间创建关联。

图 7-79　自外部导入的“墙”文件效果

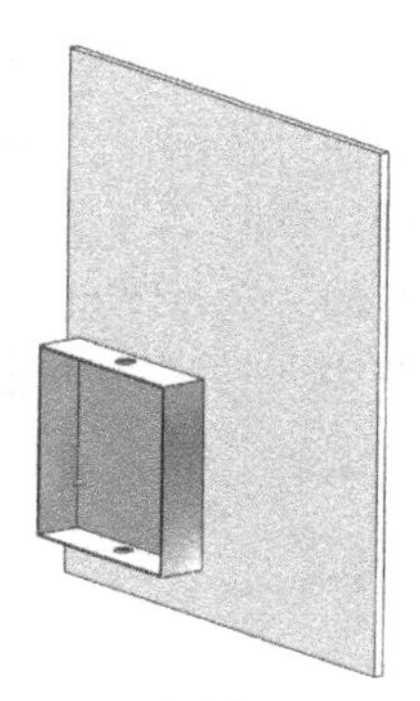

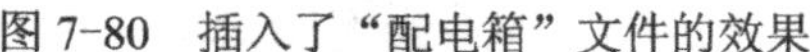

图 7-80　插入了“配电箱”文件的效果

STEP 5 右击 Electrical Manager 树中“009213”项，选择“插入导轨”菜单选项，在配电箱中插入水平导轨，如图 7-81 所示。

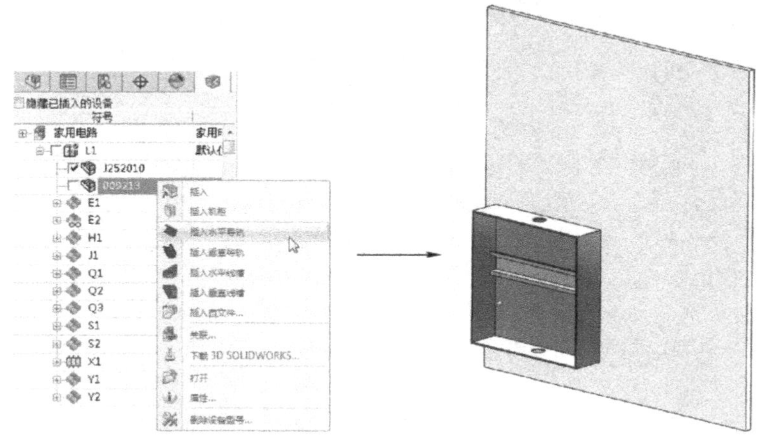

图 7-81　插入水平导轨操作和效果

STEP 6 通过相同操作，插入配电箱中的所有电气元件，如图 7-82 左图所示，以及配电箱之外的所有电气元件，并定义它们的位置，如图 7-82 右图所示。

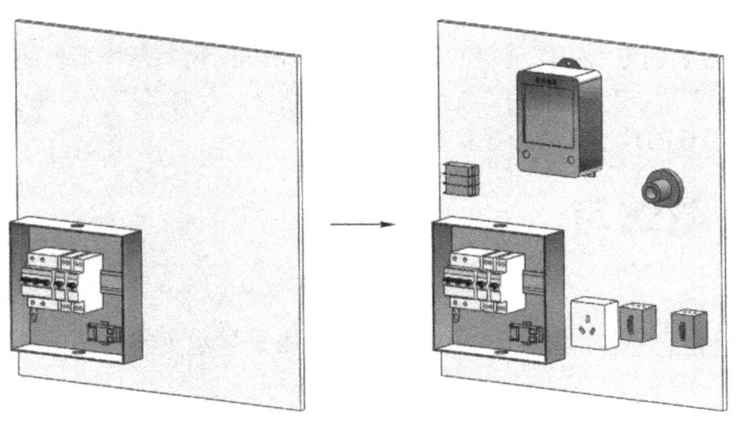

图 7-82　家用配电箱箱内和箱外的元件效果

STEP⑦ 绘制3D草绘图线，如图7-83所示。单击“SolidWorks Electrical 3D”选项卡中的“创建布线路径”按钮，选择绘制的3D图线作为布路路径（由于家用配电箱较为简单，一般不会使用线槽，所以为了令布线规整，应绘制较详细的布线路径）。

STEP⑧ 单击“SolidWorks Electrical 3D”选项卡中的“布线”按钮，在打开的“布线电线”属性管理器中，按照图7-84所示设置布线参数，单击“确定”按钮，进行自动布线，效果如图7-76所示。

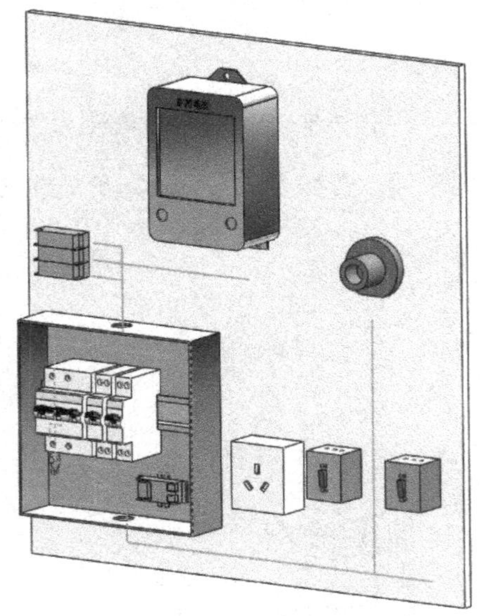

图7-83 需要绘制的“布线路径”

图7-84 设置布线参数

7.5 本章小结

本章主要讲述了使用Electrical创建电气图样的操作，包括电气原理图的绘制，以及通过电气原理图、机柜布局图样等，进一步绘制3D电气模型并进行自动布线的操作方法。此外，还讲述了在SolidWorks中创建图样，并与Electrical进行交互等内容。

Electrical是重要的电气图样绘制工具，使用Electrical，电气图样不再是单调的二维图线。用SolidWorks创建三维电气模型并与二维原理图相结合，令电气图样绘制起来简单、形象、易懂，所以相关专业的技术人员应尽量掌握。

7.6 思考与练习

一、填空题

（1）____________________又名拓扑图，用于显示电气线路的大致结构和基本运行原理。

（2）____________是可以在其上创建布线方框图和原理图的特殊图样。

（3）＿＿＿＿＿＿＿＿＿＿是专门用于显示端子排两侧电缆和电路连接情况的图样。

（4）由于在三维电气模型中，会包含机柜、导轨和线槽等零件，而在二维原理图中并不会添加此类零件，为了在三维电气模型设计过程中方便调用，在进行三维设计之前，还需要创建＿＿＿＿＿＿＿图样。

（5）为了生成正确的电线路径，对于线槽之外的零件，在零件到线槽之间，必须绘制引导电线的＿＿＿＿＿＿＿＿（实际上就是一段＿＿＿＿＿＿＿＿）。

（6）系统自动生成的布线路径往往是不够完美的，会有重叠现象。如需调整，可首先启用＿＿＿＿＿插件进行调整。

二、问答题

（1）简述一下 Electrical 中文件是如何存储的，如需要将用户计算机存储的 Electrical 图样共享给其他用户，应如何操作？

（2）如何管理和更改图框？简述操作。

（3）简述线圈和触点的创建及关联方法。

（4）为什么要设置设备型号？应如何设置设备型号？

（5）如何在不打开 Electrical 的前提下，在 SolidWorks 中打开电气工程，并进行三维电气模型的绘制（前提是已经绘制好了 Electrical 电气原理图）？

（6）简述图样的翻译操作方法。

三、操作题

解压缩本书提供的素材文件“泵系统.proj.tew”，然后根据原理图，创建布线方框图以及三维布线图样，如图 7-85 所示。

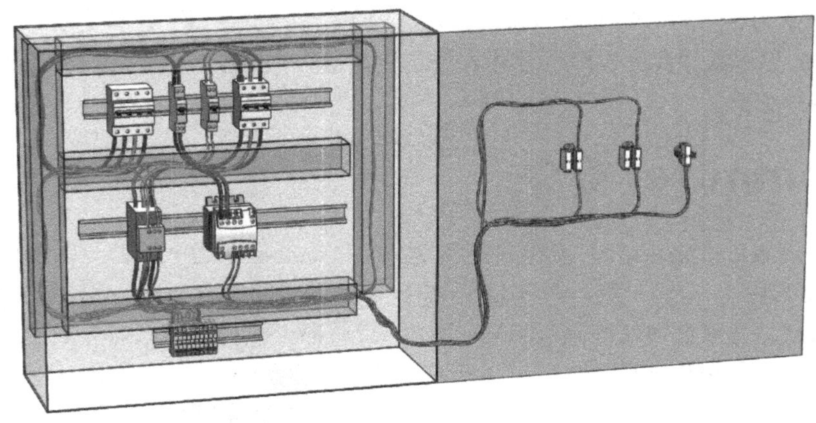

图 7-85　要创建的三维布线图样

第8章 SolidWorks Composer 交互展示

本章要点

- Composer 简介
- 创建爆炸视图、零件序号和零件明细表
- 视图状态和 Digger
- 创建动画
- 更新文档
- 发布文档

学习目标

SolidWorks Composer 是 SolidWorks 的一个重要的软件包，与 Electrical 一样，它的大部分功能是独立于 SolidWorks 的；与 Electrical 不同的是，Composer 在 SolidWorks 主程序中不存在插件。Composer 可以导入 SolidWorks 文件进行操作，也可以导入其他三维格式，如 STEP 格式、ProE（现在的 Creo）的 prt 格式等，无法导入的也可转为中间格式导入（且导入后，Composer 就不再需要原始文件了）。

本章首先学习 SolidWorks Composer 简介，认识其工作界面，了解其主要作用；然后学习使用 Composer 制作爆炸视图、序号视图和详细视图等；最后学习使用 Composer 创建动画和发布文档的操作方法。

8.1 Composer 简介

除了 SolidWorks Composer，实际上还有 3DVIA Composer 这个软件。需要说明的是这两个软件其功能实际上基本一致，只不过分属于两个不同的软件系统（分属 SolidWorks 和 CATIA，它们都是达索公司的产品）。这两个软件目前都无法直接导入对方的文件，但是可以使用 Composer 文件（即.smg 文件）来共享或打开并随意调整。

下面介绍什么是 SolidWorks Composer。简单来说可以这样理解，Composer 是 SolidWorks 平台下的 PowerPoint。PowerPoint 用于展示文档、展示创意等，而 Composer 使用图片和动画等，说清楚机械构造、机械运行原理，从而方便进行产品技术交流，当然 Composer 也是一种好用的展示创意和发明的强大工具。

需要说明的是，使用 Composer 创建图片和动画时，本机并不需要安装 SolidWorks，Composer 可以独立运行（不过 Composer 需要导入 SolidWorks 文档进行操作）。

8.1.1 Composer 的主要功能

Composer 虽然有比较多的选项卡，而且相对于 SolidWorks 来说，也有比较多的新的理念，但是概括起来，Composer 的主要功能就是创建图片和动画，可以将图片或动画导出，然后嵌入到其他软件中，具体如下。

1. 创建各种视图

Composer 中创建的视图，与 SolidWorks 的软件界面有些基本上相同，如爆炸图；但是 Composer 能够提供更多的道具，如可以在爆炸图中添加 BOM 表格，可以添加 Digger 进行详细说明等。

2. 创建各种演示动画

在 Composer 中可以方便制作各种动画，且某些理念和操作类似于 Flash 动画制作。如除了可以制作常用的爆炸（装配）动画、运动动画之外，还可以制作交互式的动画等（所谓交互式的动画，就是单击所设置的某个按钮后，可以执行某个动作，或者跳到某个位置进行播放等）。

也许很多人不太理解，既然 SolidWorks 本身可以进行渲染出图，也可以制作动画，为什么还要学习使用 Composer 呢？笔者觉得可以这样来处理这个问题。如果你确实没有太多时间学习 Composer，而且对 SolidWorks 也已经操作很熟练了，那么在没有太高要求的情况下，也可以暂时不用学习 Composer。不过需要说清楚的是，比起 SolidWorks 本身做渲染或制作动画来说，使用 Composer 确实有不少的好处。如在 Composer 导入模型后，模型的很多参数就被扔掉了，软件运行会比较迅速，这样制作渲染和动画都会比较便捷；此外，Composer 提供了很多用于为模型添加说明的工具，如常用的标签，能够进行详细、放大说明的 Digger，动态尺寸的显示，渐入渐出效果等，都能令制作的图片或动画更加吸引客户。

提示

> 这里说明一下，Composer 制作动画的理念与 SolidWorks 的运动算例动画，有相当大的不同。如在 Composer 导入模型后，在 SolidWorks 软件中为装配体添加的配合等，在 Composer 中将不会有任何作用（在 Composer 创建动画时，会使用虚拟角色等进行重新设置）；而且在 Composer 中，也不会有配合这个概念。

3. 导出和交互

Composer 的另外一个特点是可以方便地将视图或动画导出，并可将导出的视图或动画方便地嵌入其他常用文档中，如 PDF 文档、PowerPoint 文档、Word 文档、HTML 等，且导出的文档可在一定程度上保持其三维特质，这样可大大方便文档的接收者了解模型结构，参透设计者的设计意图等。

8.1.2 Composer 的工作界面

如图 8-1 所示，Composer 的工作界面主要由如下 8 部分组成（工作间窗格默认不显示，不过经常会用到），下面解释一下这 8 部分的主要作用。

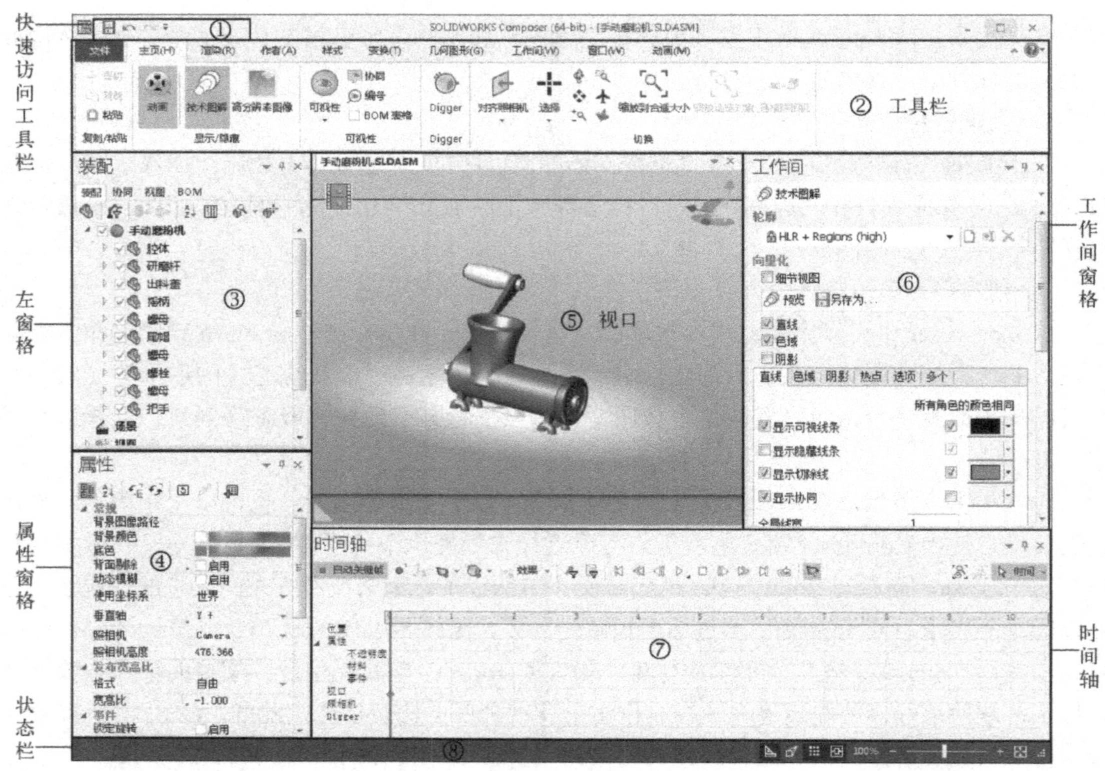

图 8-1 Composer 的工作界面

1．快速访问工具栏

同 SolidWorks 主程序一样，快速访问工具栏提供一些最基本的常用操作。Composer 主界面中此工具栏只有 3 个命令，分别为“保存”“撤销”和“重做”，在右侧的下拉列表中可以选择执行更多命令，也可以将其他命令加到快速访问工具栏中（此处不做详细叙述）。

2．工具栏

工具栏提供了软件操作的大部分命令，共有 10 个标签（视图模式下为 9 个，没有“动画”标签），每个标签都归类了一部分操作，由于此部分内容与 SolidWorks 主程序有很大不同，下面重点介绍一下。

（1）**“文件”**选项卡　该选项卡实际上为一个下拉操作界面。单击后，可在下拉操作界面中选择相应的命令，如“打开”“保存”“另存”“打印”“发布”文档等（主要提供文件管理的一些命令）。

（2）**“主页”**选项卡　该选项卡集合着最常用的一些操作命令，如图 8-2 所示。其中“复制/粘贴”栏中是“剪切”“复制”和“粘贴”命令；“显示/隐藏”用于显示或隐藏这三个功能区；“可视性”栏中 “可见性”按钮用于设置所选对象的可见性，“协同”按钮用于设置协同项目可见或不可见（关于“协同”，见下面“左窗格”的讲述），“编号”按钮用于显示或隐藏编号，“BOM 表格”复选框用于显示或隐藏 BOM 表格；“Digger”按钮用于添加 Digger（什么是 Digger，后面会有讲述，这里可以理解为放大镜）；“切换”栏用于对照相机进行操作，可以添加并操作照相机。

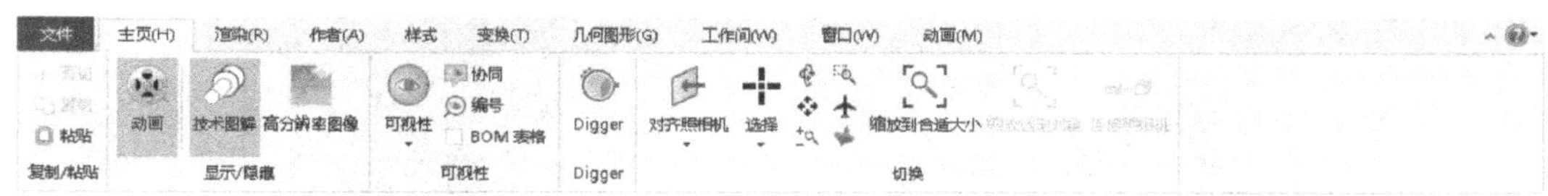

图 8-2 “主页”选项卡

同 SolidWorks 一样，在 Composer 的“主页”选项卡中也可以添加照相机，且可以设置照相机随角色（在 Composer 中将模型称为角色）移动。至于如何切换到照相机视图，初次接触的用户可能不太好找，它需要在选择“视口”后，在左下角的属性窗格中进行设置，设置其中的“照相机”选项就可以了。

（3）**“渲染”**选项卡　该选项卡用于设置对模型的渲染，如图 8-3 所示。如可设置显示模式、景深、照明、显示或隐藏地面和阴影，或者按需要设置显示质量等。图 8-4、图 8-5 和图 8-6 所示是不同显示样式下模型的显示效果。

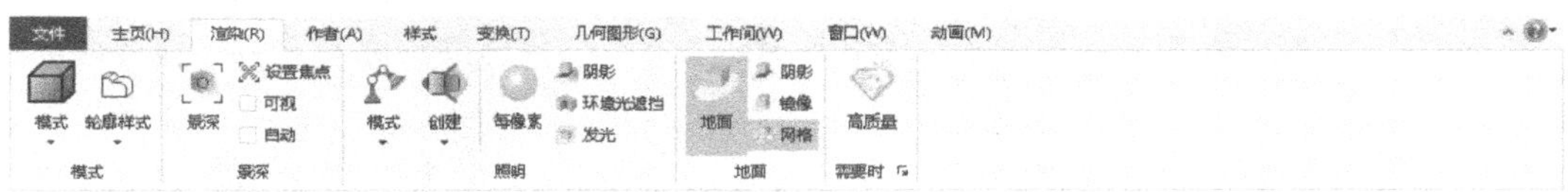

图 8-3 “渲染”选项卡

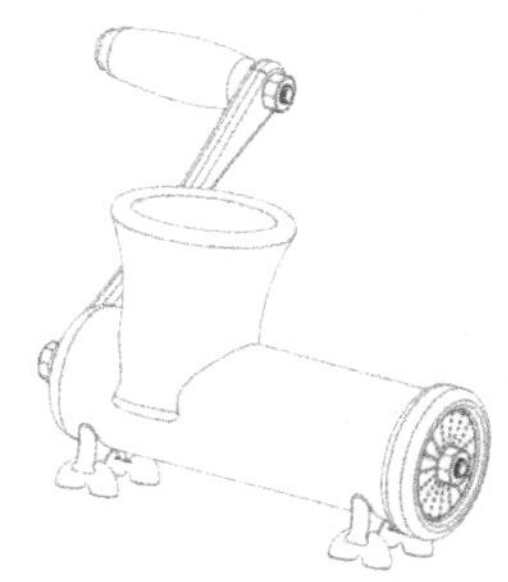

图 8-4 “轮廓渲染”显示样式

图 8-5 “平滑渲染”显示样式

图 8-6 带“阴影”显示样式

（4）**“作者”**选项卡　该选项卡中提供的工具主要用于为视图添加用于标注的各种“协同”，如图 8-7 所示。如“标签”“编号”“路径”“长度”“直径”等，也可以添加图片或创建网格，以及创建剖切面对模型进行剖切等。图 8-8 所示是添加了标签的视口样式，图 8-9 所示是模型剖切显示样式。

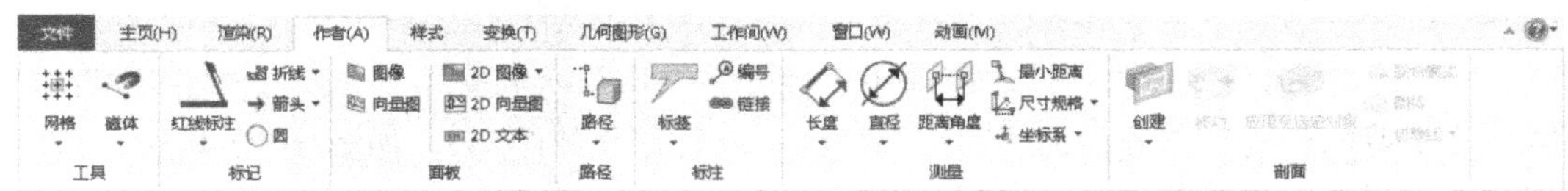

图 8-7 “作者”选项卡

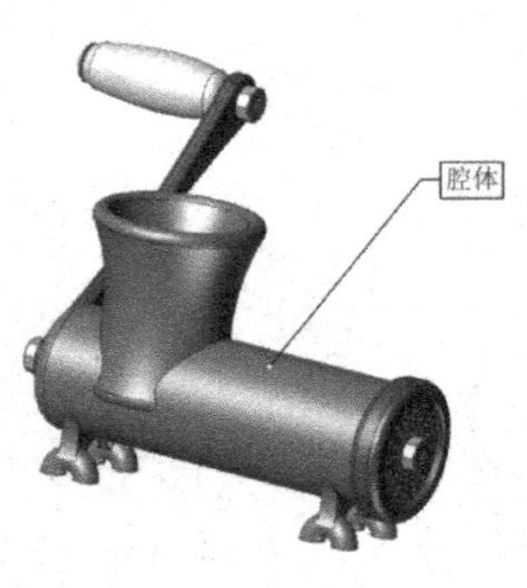

图 8-8 “标签”显示样式

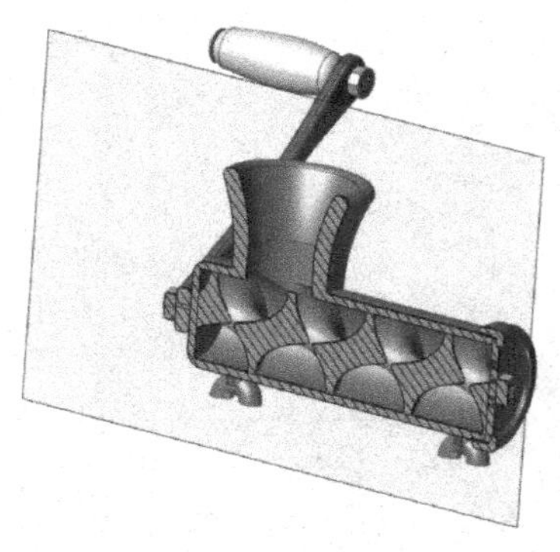

图 8-9 “剖切面”显示样式

（5）**“样式”**选项卡　同 Office 系列软件中的“样式”一样，该选项卡同样用于创建和管理样式，并可将创建的样式应用到当前选定的角色（前面解释过 Composer 中所谓的角色，相当于 SolidWorks 中的某个模型实体，此称谓将不再重复解释）上，如图 8-10 所示。

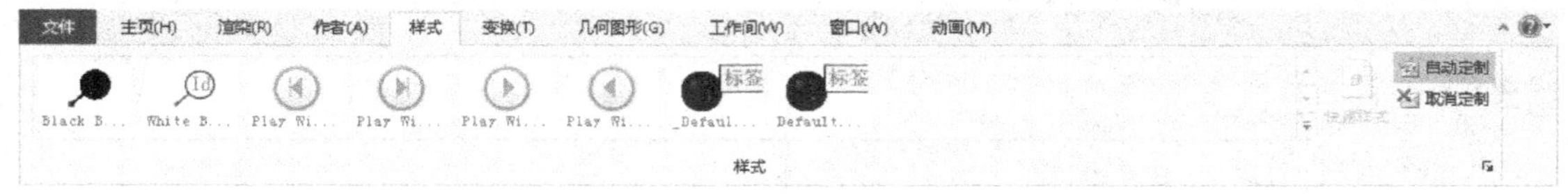

图 8-10 “样式”选项卡

（6）**“变换”**选项卡　“变换”选项卡提供了操作角色的相关按钮，如对齐、拖动、平移和旋转等，如图 8-11 所示。

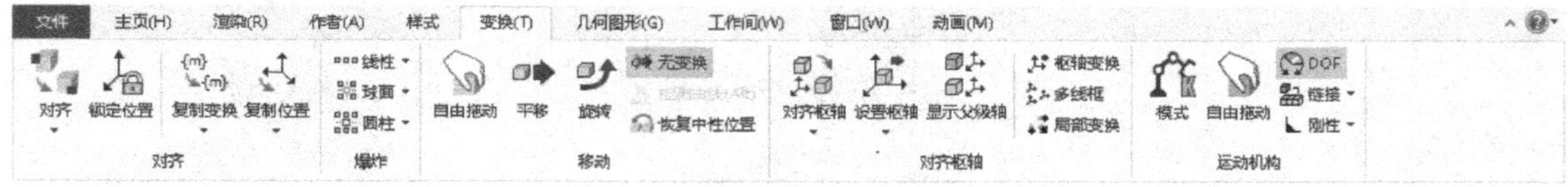

图 8-11 “变换”选项卡

这里对两个不容易理解的栏目略作解释，其中“对齐枢轴”栏中的按钮，用于设置选中角色后，角色上所显示的坐标系（该坐标系这里被称为枢轴）的方向；“运动机构”栏中的按钮，用于设置角色的链接父子关系，显示或隐藏自由度等，目的是创建类似于 SolidWorks 运动算例的考虑到零件间约束的动画。

（7）“几何图形”选项卡　该选项卡用于创建和操作几何图形（什么是几何图形呢？可以理解为除了协同外的当前视口中的三维模型都可以称作几何图形），如图 8-12 所示。可以直接创建正方形、圆柱等几何体，可以将两个角色合并为一个角色，也可以进行复制和替换，或者使用外部重新建模后的模型对当前的模型进行更新（更新后，为模型设置的动画以及添加的协同等依然可以正常使用）。

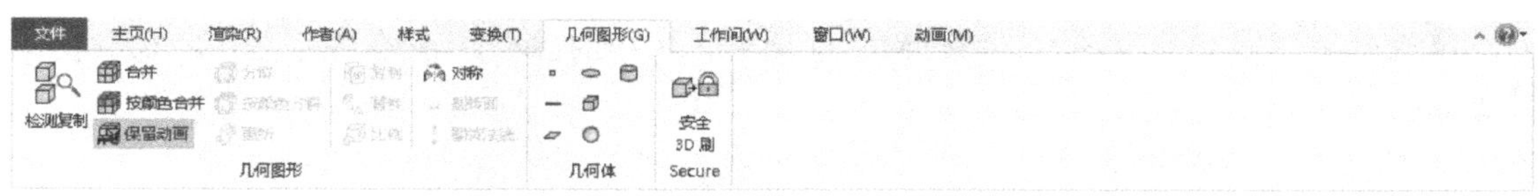

图 8-12 “几何图形”选项卡

（8）**“工作间”**选项卡　如图 8-13 所示，该选项卡用于在工作间窗格中打开各种工作间，从而执行不同的操作。其中“开始”栏，单击相关按钮，可在右侧工作间窗格中打开模型；“属性”栏用于在工作间窗格中为模型设置各种属性；“发布”栏用于在工作间窗格中发布各种文件；“几何图形”栏，用于在工作间窗格中对几何体进行简化或检查等。

图 8-13 “工作间”选项卡

（9）**“窗口”**选项卡　如图 8-14 所示，该选项卡在很多应用软件中都较为常见，用于设置当前操作界面中显示的窗口，也可以设置视口的排列方式或设置布局等。

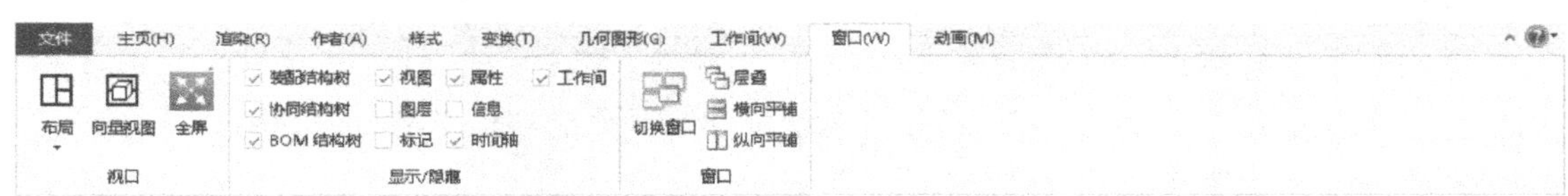

图 8-14 “窗口”选项卡

（10）“动画”选项卡　该选项卡集合着创建动画的一些工具，如图 8-15 所示。其中“场景”栏用于为动画设置场景；“路径”栏中的按钮可用于为照相机设置运动路径（“从角色复制”按钮，可以用于从某个具有运动效果的角色，复制运动效果到另外一个角色）；“清除”栏中的按钮用于清除模型中的某些关键帧；“播放”和“其他”栏较简单，此处不再赘述。

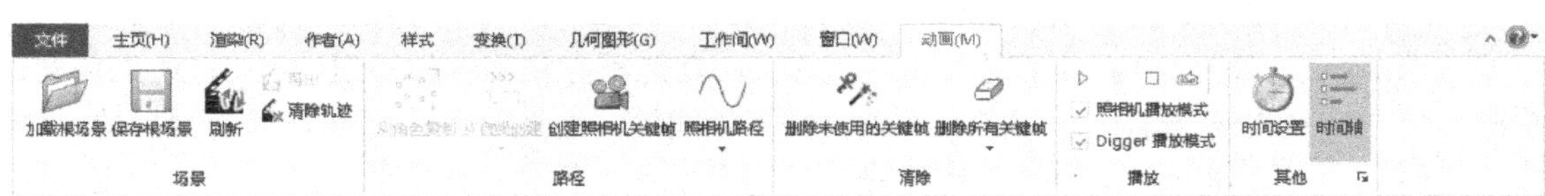

图 8-15 “动画”选项卡

3．左窗格

左窗格功能区默认包括 4 个选项卡，如图 8-16 所示。其中，“装配”选项卡与 SolidWorks 左侧控制区中的 FeatureManager 设计树有相同之处，用于控制装配体相关模型的显示，并可操纵场景、视图、选择集和热点等；“协同”选项卡，用于设置所添加的各种协同（如“标注”“测量”等）的隐藏和显示；“视图”选项卡，用于对视图进行操作，如创建视图、创建照相机视图，切换视图等；“BOM”选项卡，用于对 BOM 表格进行操作，如导出、显示或隐藏等。

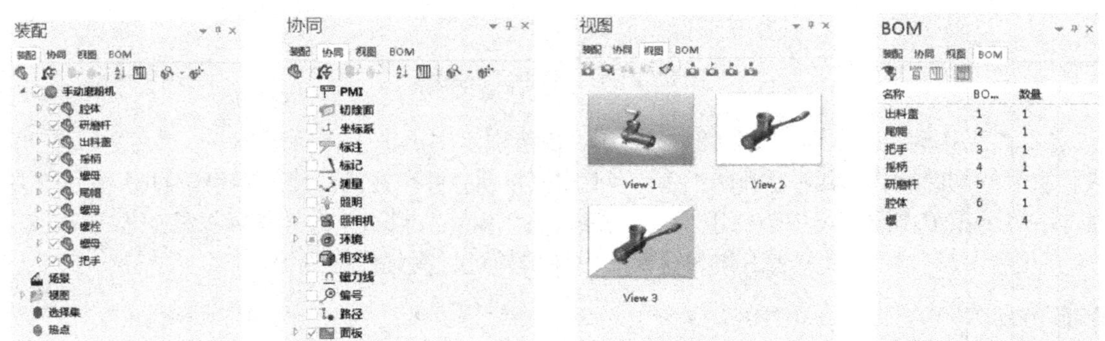

图 8-16　左窗格中的四个选项卡

4．属性窗格

属性窗格用于设置所选对象（如角色、视口等）的属性，所选对象不同，可设置属性也不同。

> 在属性窗格的顶部有两个按键，一个是“设置中性属性”，另一个是“恢复中性属性”。什么是中性属性呢？可以将中性属性理解为对象的默认属性，是模型某一时刻状态的记录。可以将任意时刻的状态设置为中性属性，并可在任意时刻恢复模型的中性属性（该功能在制作动画时较为好用）。

5．视口

同 SolidWorks 一样，视口是对模型进行操作的区域，在此区域中可以对模型进行拖动、旋转、赋予颜色等各种操作，并可将操作设置为动画（通过窗口右上角的切换按钮，可将当前的操作状态切换为视图或动画，在 8.1.4 节中还会进行相关介绍）。

6．工作间窗格

工作间窗格是用于提供模型某一方面功能的操作区域。工作间平时并不显示，只在要执行某个功能时被临时调出，且不同工作间所提供的功能不尽相同。如常用的有 BOM 工作间、视图工作间、技术图解工作间、高分辨率图像工作间等，这几个工作间都是用于输出的；样式工作间、纹理工作间、图像库工作间等，是用于设置角色显示样式的（通过工具栏工作间中的不同按钮，可以切换不同工作间）。

7．时间轴

时间轴用于制作动画。如果读者用过 Flash 或 SolidWorks 的运动算例，对此时间轴肯定不会陌生。该时间轴与上述软件中的时间轴本质是一样的，不过功能有些不同，或者说有独到之处，后面小节将进行逐步介绍。

8．状态栏

状态栏左侧显示对当前操作的提示性文字，右侧的滑块用于调整视口显示区域的大小（单击最右侧的按钮，可重置纸张空间以适合视口），中间的四个按钮，较为重要，且不易理解，详细介绍如下。

➢ **“设计模式”**按钮：用于切换“设计模式”（选中）和“演示模式”（取消选中）。该按钮选中和取消选中，表面看没有太多变化，但是，当为动画添加了交互式事件时（类似于 PPT 中的“跳转”按钮，如图 8-17 所示），在演示模式下，可以在当前视口中测试单击该按钮后的动画操作。

➢ **“照相机透视模式”**按钮：用于切换正交模式和照相机透视模式。在正交模式下，模型的各部分大小相同，而在透视模式下，模型远的部分将看起来小一些，而模型靠近屏幕的部分将看起来大一些，如图 8-18 所示。

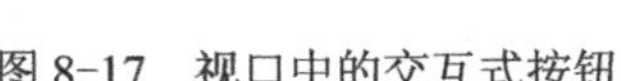

图 8-17　视口中的交互式按钮

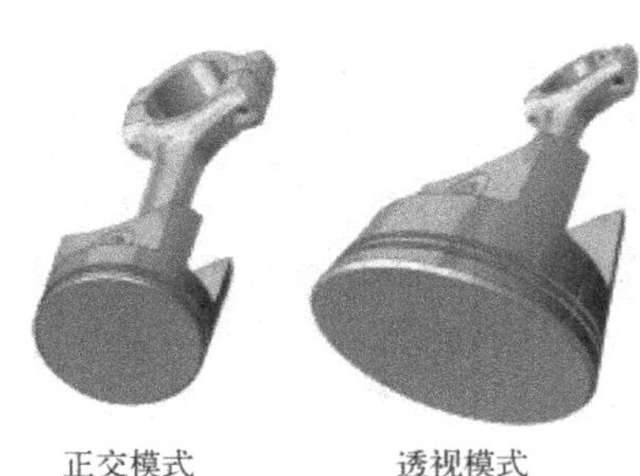

图 8-18　透视模式和正交模式的不同

➢ **“网格模式”**按钮：在网格模式下（选中该按钮），在视口中操作角色时，角色将自动与网格对齐，且无论网格显示与否。

➢ **“显示/隐藏纸张”**按钮：设置在视口中是否显示纸张边界（纸张空间）。当选中该按钮时，显示纸张边界，如图 8-19 左图所示，取消选中，不显示纸张边界，如图 8-19 右图所示。

图 8-19　“显示/隐藏纸张”按钮选中（左）和取消选中（右）视口效果

8.1.3 Composer 的基本操作

本小节介绍 Composer 的基本操作，包括打开 SolidWorks 模型文件、保存为 Composer 文件操作，选择角色操作，隐藏文件的操作。相关操作如下。

1. 打开和保存

在 Composer 中选择“文件”>“打开”菜单命令，然后选择 SolidWorks 装配体文件（.sldasm），即可导入 SolidWorks 模型文件。

选择“文件”>“保存”菜单命令，可在 SolidWorks 装配体文件默认目录下保存 Composer 文件（.smg）。

扩展名为.smg 的 Composer 文件，无需 SolidWorks 模型文件支持，可单独打开和操作。Composer 可在 SolidWorks 文件更新后，使用更新过的文件，对 Composer 文件中的相关角色进行自动更新。

2. 鼠标操作方法

与 SolidWorks 中的操作基本相同，可通过单击选择一个角色，也可以一次框选多个角色，滚动鼠标将缩放当前视图，双击一个角色将在当前窗口中全比例显示该角色，按住鼠标滚轮可拖动平移视图，按住右键拖动旋转视图。

通过“主页”工具栏中“切换”栏中的按钮（图 8-2），还可以进行更多的选择操作，如根据颜色选择、在球面内选择，以及进行“漫游”“惯性”模式的缩放等。

如果要调整所选对象的相对位置，需要使用顶部“变换”选项卡中的按钮进行调整（图 8-11），如使用平移、自由拖动、旋转等工具来操作选择的角色。这些工具的使用在后续小节中还会进行详细介绍，此处不再赘述。

3. 显示和隐藏

窗口中的所有实体角色等，可以通过“装配”选项卡进行显示和隐藏，如图 8-20 所示。而协同角色可以通过“协同”选项卡中的选项进行显示和隐藏。右击某个角色，可弹出右键快捷工具栏，通过此工具栏中“可视性”下拉菜单，可以进行更多的显示/隐藏角色操作，如图 8-21 所示。

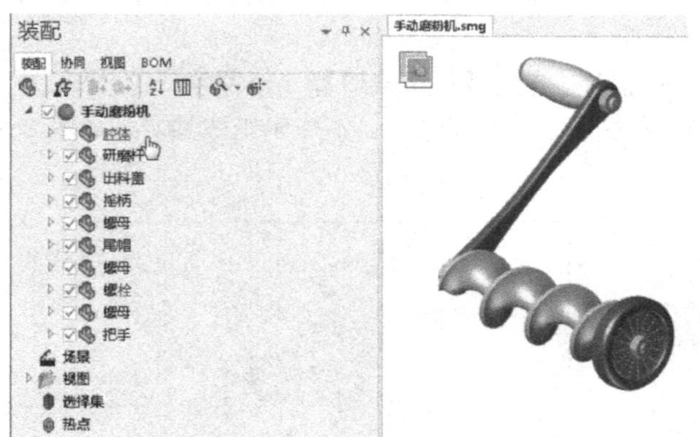

图 8-20 通过“装配”选项卡隐藏角色　　图 8-21 通过右键快捷工具栏显示/隐藏角色

8.1.4 Composer 的视图模式和动画模式

通过上面小节的学习可以知道在 Composer 中有两种模式，视图模式和动画模式（可单击窗口右上角的切换按钮进行切换），下面介绍一下这两种视图模式。

可以这样理解，视图模式是制作视图的操作界面。在此模式下，时间轴不可用，不过可以使用其余工具，对视口中的角色进行调整。例如，调整角色的位置、状态，并通过添加各种协同等，制作出一个静态的可以表现模型构造组成的图像。

同理动画模式可以理解为制作动画的操作窗口。在此窗口下，可以通过设置“时间轴”上不同时间点处角色的位置和状态等，来通过动画的形式表达模型的构造或机械的运行原理等。

提示

从根本上讲，Composer 就是制作图像和动画的，并通过这两种表现形式来表达机械的构造和运行原理等相关理念，在实际工作中，按需要选用不同的状态即可。

8.1.5 设置视图环境

读者在首次使用 Composer 时，由于对很多工具不了解，可能觉得有些杂乱，急切想将模型的底图设置为白色并去掉底纹，令操作界面更加简洁。

实际上操作非常简单。顶部切换到“渲染”工具栏，然后单击“地面”按钮，可取消显示“地面”和“网格”，如图 8-22 所示；单击窗口空白处，并在左侧窗口“属性”栏中，设置“底色”为白色即可，如图 8-23 所示。

图 8-22 “地面”和“阴影”及取消

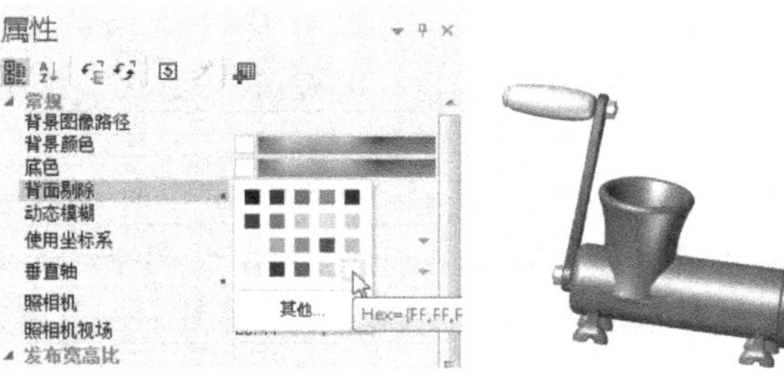

图 8-23 设置白色底色和效果

8.2 创建爆炸视图、零件序号和零件明细表

Composer 中的爆炸视图和折线并不是很好用（不如 SolidWorks 中方便），不过爆炸视图的创建，有利于理解“中性属性”的意义，读者不妨操作一下；零件序号、BOM 表格和磁力线是 Composer 中的新功能，也比较好用，可重点学习掌握。

8.2.1 创建爆炸视图

下面介绍一下在 Composer 中创建爆炸视图的相关操作，具体如下。

STEP 1 打开本书提供的素材文件“烧烤炉.smg”，框选所有角色，然后切换到“变换”选项卡，单击“爆炸”栏中的“线性”按钮，向上拖动绘图区坐标轴向上的箭头，可对装配模型执行初步爆炸操作，然后单独选择某几个角色，执行线性爆炸操作，对爆炸进行微调，如图 8-24 所示。

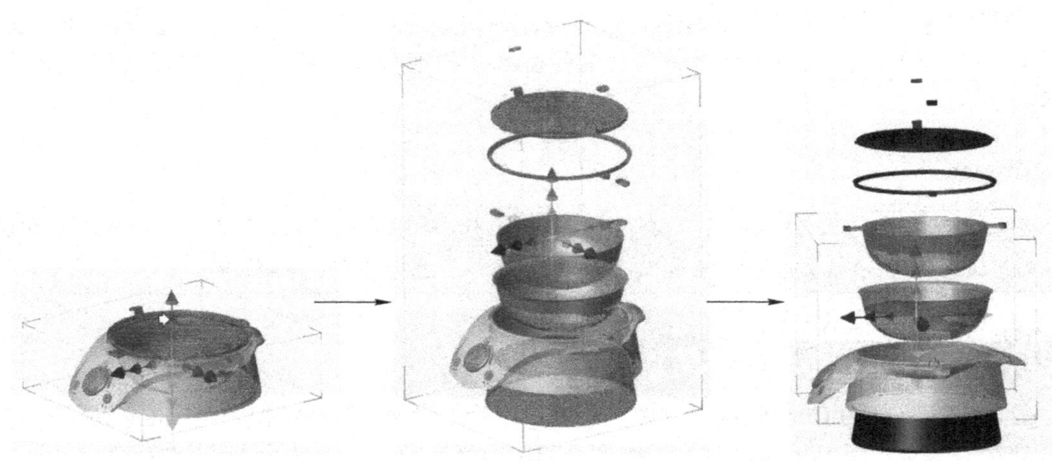

图 8-24 线性爆炸

知识库

共有三种爆炸模式，其中“线性”分解模式是沿某个轴向创建分解视图；“球面”分解模式是指围绕某点创建分解视图，“圆柱”分解模式是指围绕某个轴，以轴向发散方式创建圆柱分解视图。

此外，每种模式下，还都包含一种“零件线性”模式，此种模式只在动画模式下起作用，可用于创建每次只移动一个零件的分解动画（爆炸视图动画）。读者可以自行尝试一下，与使用“线性”分解模式创建的爆炸动画是不同的。

STEP 2 单击“变换”选项卡中的“平移”按钮，然后选择个别角色，再通过拖动其轴向箭头位置的方式，调整个别角色的位置完成操作，如图 8-25 所示（特别是烧烤炉的两个提手位置的护套，应调整为与其母模型对齐，再水平方向移动）。

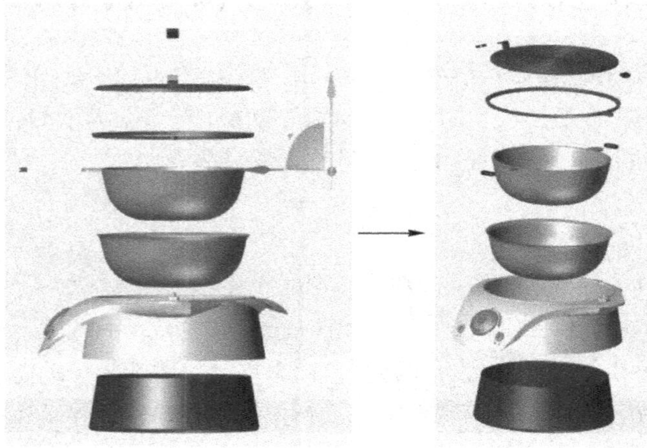

图 8-25 爆炸视图微调和爆炸视图最终效果

8.2.2 创建爆炸直线草图（折线）

在 Composer 中可通过“作者”选项卡“路径”栏目“路径”系列下拉按钮，来创建类似 SolidWorks 的爆炸直线草图，如图 8-26 所示。只是在 Composer 中创建爆炸路径的基本操作有所不同（之所以采取此种方式，主要是为了创建动画的方便）。下面介绍一下操作。

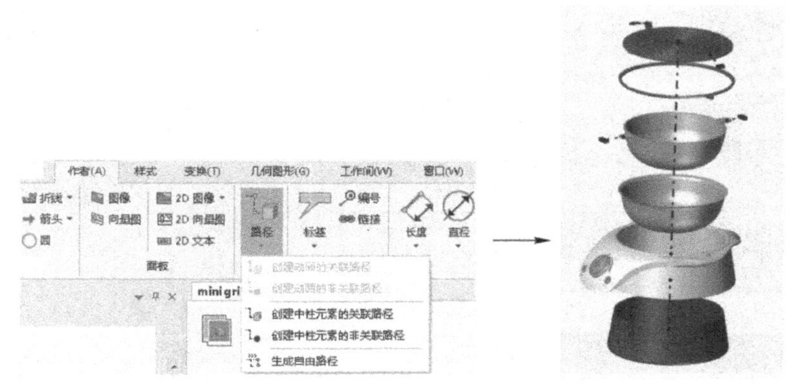

图 8-26 创建爆炸视图路径

STEP① 继续 8.2.1 节中的操作。在“烧烤炉.smg”爆炸视图的基础上，为其添加关联路径，如图 8-27 所示。先选择“烧烤炉”顶部的烧烤盘角色，然后选择“作者”选项卡“路径”栏目“路径”下拉列表中的“创建中性元素的关联路径”命令，创建烧烤盘到其原始位置的路径。

STEP② 通过与步骤 1 相同的操作，选择烧烤炉的底座角色创建路径，如图 8-27 中图所示。再通过相同操作，选择烧烤炉四个提手护套，执行“创建中性元素的关联路径”命令，创建其关联路径，如图 8-27 右图所示（此时会发现，所创建的路径为护套到其原始位置的路径，这并不正确。此时可选择路径整体拖动，但是无法调整路径两个端点的位置，下面步骤讲述调整操作）。

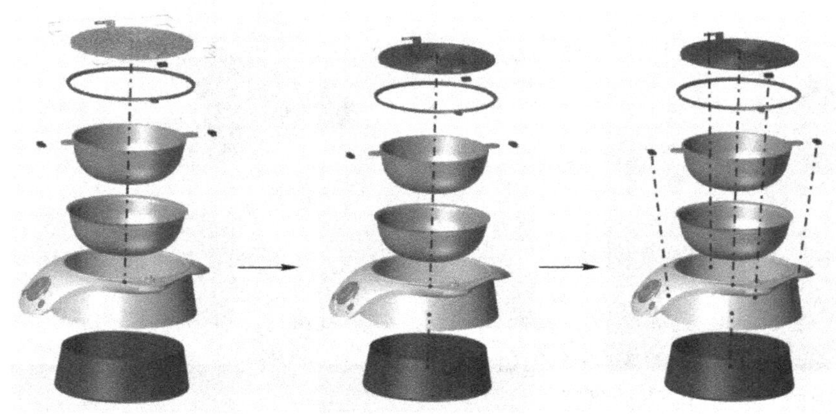

图 8-27 创建中性元素的关联路径

STEP 3 选择步骤 2 创建的 4 个提手护套的装配路径，然后选择“作者”选项卡“路径”栏目“路径”下拉列表中的“生成自由路径”命令，即可将关联（或非关联）路径转换为自由路径（图 8-28）。此时即可通过不同的方位，如图 8-29 所示，调整路径端点的位置，达到最终创建装配体正确爆炸视图的目的。最终效果如图 8-26 右图所示。

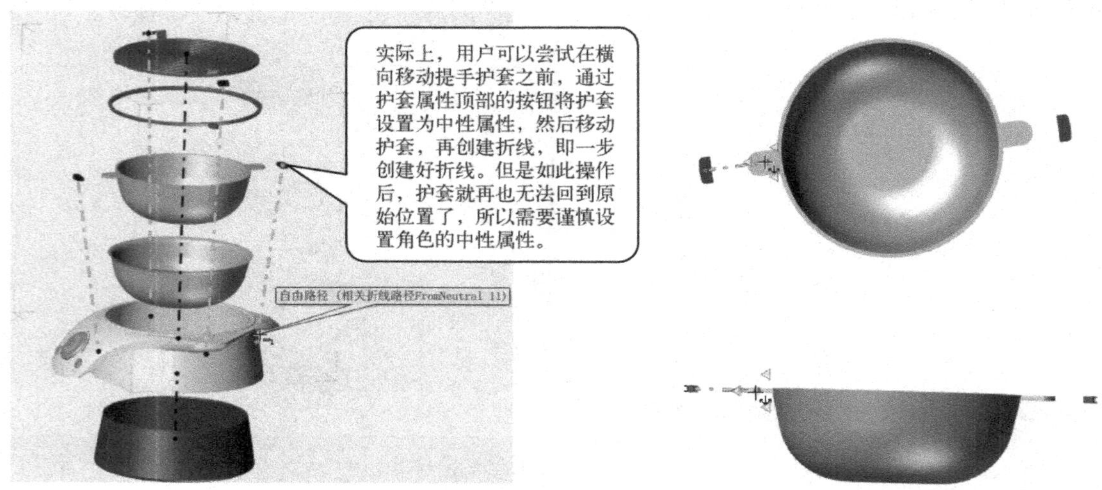

图 8-28 将关联路径转换为自由路径　　图 8-29 调整路径端点

“作者”选项卡“路径”栏目“路径”下拉列表中，5 个创建路径命令的不同作用解释如下（图 8-26 左图）。

- **创建动画的关联路径**：只在动画模式中有用，用于创建所选角色的动画运动路径，如图 8-30 所示（此时，在动画演示的过程中，动画路径会跟随角色延伸）。
- **创建动画的非关联路径**：只在动画模式中有用，用于创建所选角色动画运动的非关联路径，如图 8-31 所示（所谓非关联，即在演示动画时，路径不跟随角色的运动而实时更新，是一个静态的路径。图 8-30 和图 8-31 所示都是 360° 的旋转，可见到在角色运动的过程中，路径是不同的）。

图 8-30 动画的关联路径

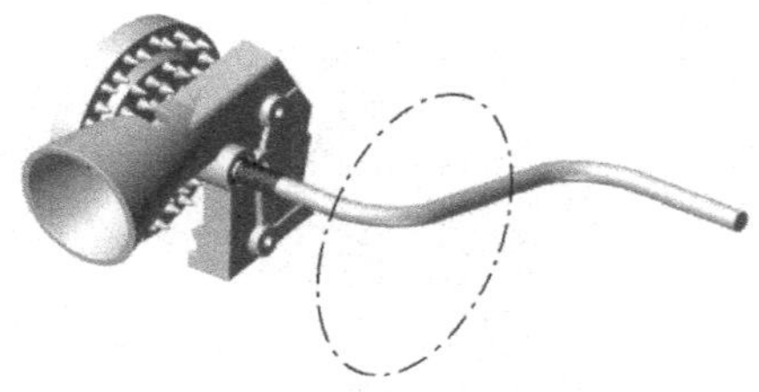

图 8-31 动画的非关联路径

- **创建中性元素的关联路径**：如前面操作步骤，此命令（用于视图模式）用于创建所选角色到其原始位置的关联路径（此处所谓的关联是指在调整角色位置后，关联路径会跟随角色位置的移动而调整）。
- **创建中性元素的非关联路径**：此命令（用于视图模式）用于创建所选角色到其原始位置的非关联路径（所谓视图模式下的非关联路径，即此路径不会跟随角色的移动自动调整）。

➢ **生成自由路径**：在选择“中性元素的关联路径”或“中性元素的非关联路径”后，执行该命令，会将关联路径转换为自由路径（自由路径是可以随意调整路径端点的线段，可根据需要自由调整其大小和位置）。

8.2.3 创建零件明细表（BOM 表格）

BOM 是英文物料清单的缩写，在 Composer 中使用 BOM 表格功能可以创建零件明细表、材料明细表等（各类表格），下面介绍一个简单的使用 BOM 表格功能创建零件明细表的操作。

STEP① 首先通过打开操作，导入本书提供的素材文件“滑板车.SLDASM”，并在导入后，按照与 8.1.5 节中相同的操作，设置视口区底色为白色，并取消地面和网格的显示，效果如图 8-32 所示。

STEP② 单击“工作间”工具栏中的“BOM”按钮，打开 BOM 工作间窗格，如图 8-33 左图所示。在“父级级别”下拉列表中选择“级别 1”（指从最底层级别的上一个级别，生成 BOM ID，最底层的级别为 0，如特征处在第 0 级，零件处在第 1 级），然后单击“生成 BOM ID”按钮，再单击“应用对象”按钮，如图 8-33 右图所示，即可生成 BOM 表格，效果如图 8-34 所示。

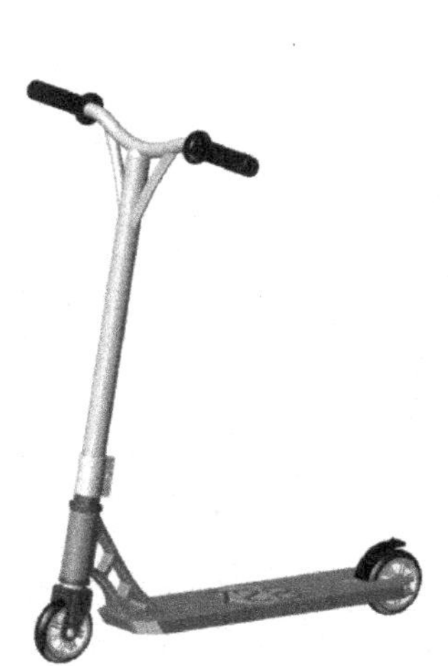

图 8-32 打开的“滑板车”

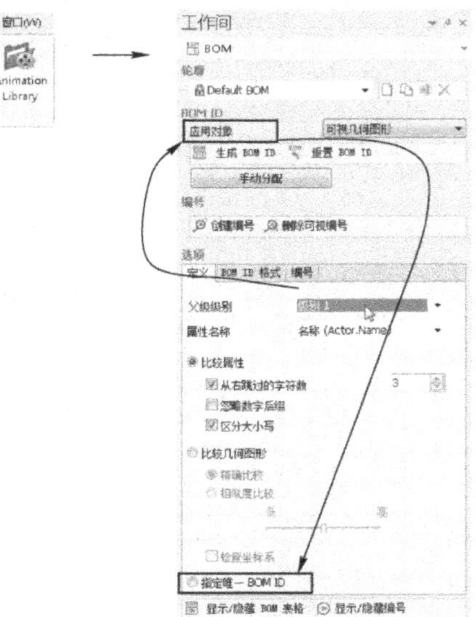

图 8-33 创建 BOM 表格

STEP③ 刚创建的表格多数文字小，而且不能移动，当零件较多时，表格还会自动换行，多数需要进行调整。此时，先选中表格，再在左侧属性管理器中（见图 8-35）的“大小”文本框中输入表格文字的大小（如 18），然后在“位置”下拉列表中，选择“自由”选项，设置表格的浮动状态为自由浮动，如图 8-35 所示。再通过拖动表格的四个角调整表格的大小，拖动表格边框等调整表格位置，完成 BOM 表格的创建，效果如图 8-36 所示。

描述	BOM ID	数量
100	1	2
deep groove ball bearings gb	2	4
一体锻造式车头管	3	1
下束螺钉	4	3
八角螺帽	5	1
前	6	4
前轮特殊螺	7	3
后轮特殊螺栓	8	1

描述	BOM ID	数量
商标标志	9	1
封口片-	10	1
尼除连接片螺母	11	2
把手	12	3
握套	13	2
泥除	14	3
泥除连接片螺栓	15	2
碗 组06	16	1

描述	BOM ID	数量
碗组	17	3
衬套	18	2
车架板	19	1
转轴	20	1
锁扣	21	1

图 8-34 BOM 表格效果

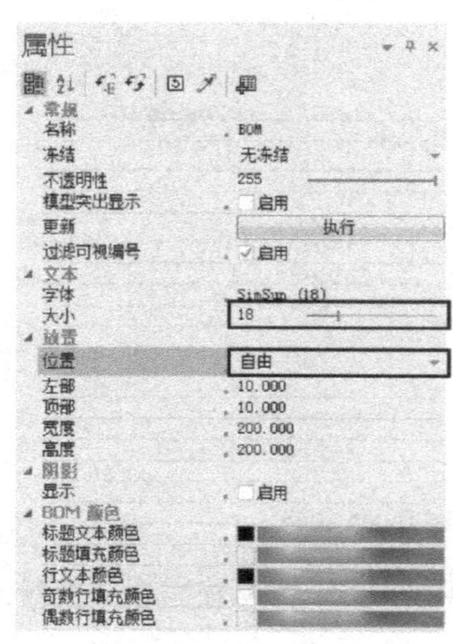

描述	BOM ID	数量
100	1	2
deep groove ball bearings gb	2	4
一体锻造式车头管	3	1
下束螺钉	4	3
八角螺帽	5	1
前	6	4
前轮特殊螺	7	3
后轮特殊螺栓	8	1
商标标志	9	1
封口片-	10	1
尼除连接片螺母	11	2
把手	12	3
握套	13	2
泥除	14	3
泥除连接片螺栓	15	2
碗 组06	16	1
碗组	17	3
衬套	18	2
车架板	19	1
转轴	20	1
锁扣	21	1

图 8-35 BOM 表调整

图 8-36 BOM 表调整后的效果

通过上述操作后读者会发现，所生成的表格中各列表项很可能并不符合要求，如图 8-36 中所示的“描述项”，有的少文字，有的名称不正确，应如何调整呢？实际上，这里的“描述”项是与零件名称相关联的，所以只需要更改 Composer 中左窗格中“装配”选项卡中的零件名

称即可。如图 8-37 所示，右击要更改名称的角色，在快捷菜单中选择“重命名角色”选项，然后更改为正确的名称即可。

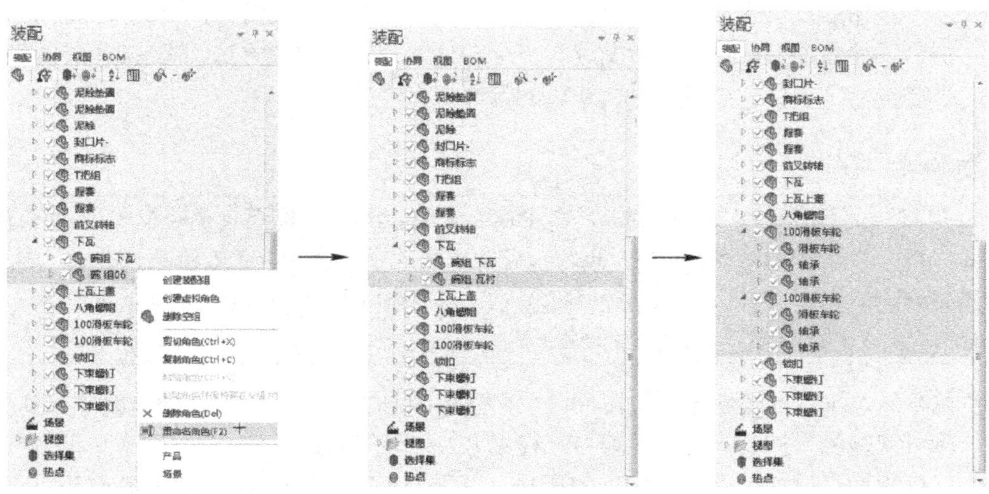

图 8-37　更改角色名称

调整角色名称完成后，在 BOM 工作间窗格中，单击“重置 BOM ID”按钮，清除当前的 BOM 表格，然后取消选中“从右跳过的字符数”复选框，再选中“忽略数字后缀”复选框，最后单击“重置 BOM ID”按钮，并显示出来即可，如图 8-38 所示。最终 BOM 表效果如图 8-39 所示。

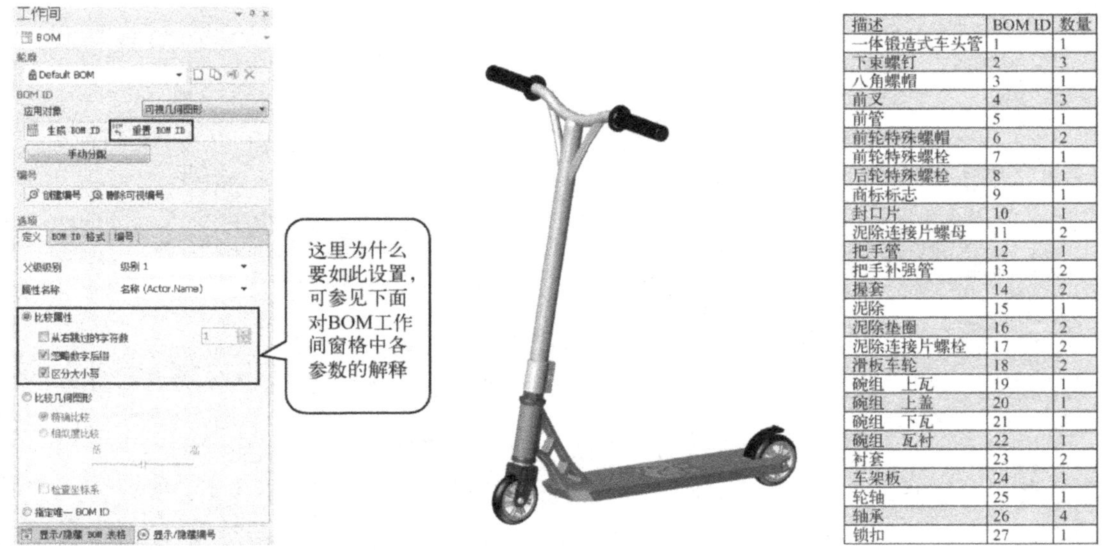

描述	BOM ID	数量
一体锻造式车头管	1	1
下束螺钉	2	3
八角螺帽	3	1
前叉	4	3
前管	5	1
前轮特殊螺帽	6	2
前轮特殊螺栓	7	1
后轮特殊螺栓	8	1
商标标志	9	1
封口片	10	1
泥除连接片螺母	11	2
把手管	12	1
把手补强管	13	2
握套	14	2
泥除	15	1
泥除垫圈	16	2
泥除连接片螺栓	17	2
滑板车轮	18	2
碗组　上瓦	19	1
碗组　上盖	20	1
碗组　下瓦	21	1
碗组　瓦衬	22	1
衬套	23	2
车架板	24	1
轮轴	25	1
轴承	26	4
锁扣	27	1

图 8-38　重新生成 BOM 表　　　　图 8-39　最终 BOM 表效果

BOM 工作间窗格中各选项的作用介绍如下：

➢ **轮廓**：用于创建 BOM 工作间窗格的配置文件，或重命名和删除配置文件。创建配置文件后，可在轮廓下拉列表中直接进行选择使用并可以更改配置。

➢ **BOM ID**：所谓 BOM ID 就是角色的标号。“应用对象”下拉列表，用于设置生成 BOM ID 角色对象的范围（如当前“可见几何图形”，当前选定的角色等）；单击“生成 BOM ID”按钮后，可生成 BOM ID；单击“重置 BOM ID”按钮后，可删除 BOM ID；单击“手动分配”按钮，然后先选择一个零件编号（其创建方法，见 8.2.4 节的讲述），再选择一个角色，可以设置此角色的编号。

在通过上述操作创建 BOM 表后，在左侧左窗格“BOM”选项卡中会发现列出了 BOM 表格中的每一项，如图 8-40 所示。此时，通过取消选中某个 BOM 表格角色前的复选框可以令其隐藏。此外，单击“配置列”按钮，可以在打开的“配置列”对话框中增加（或删除）BOM 表中列的个数，如图 8-41 所示。

➢ **编号**：单击“创建编号”按钮，可根据创建的 BOM ID 号，自动创建编号；单击“删除可视编号”按钮，可删除编号（详见 8.2.4 节的讲述）。

➢ **父级级别**：设置生成 BOM ID 的级别。对于导入的带特征的 SolidWorks 模型，其中 0 级别为最底层的特征（如圆角特征等，对于导入的其他格式的角色，也可能没有特征级别。创建 BOM 表格前，用户可以展开左侧角色树，查看最底层的角色），1 级别为零件，2 级别为子装配体（如果子装配体下还有装配体，级别会顺延），3 级别为总装配体。

图 8-40 左窗格中“BOM”选项卡中的 BOM 列表

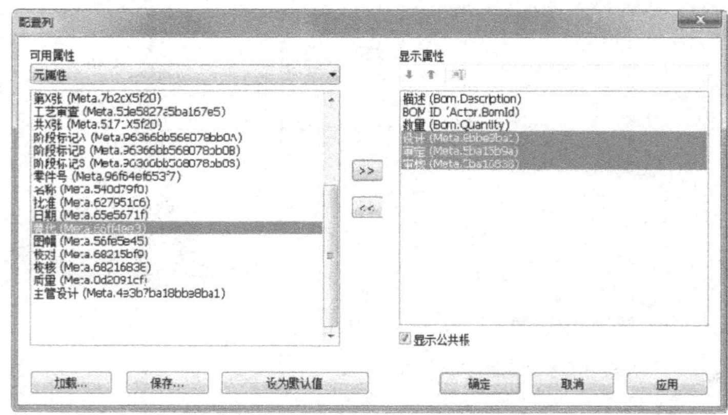

图 8-41 “配置列”对话框

- **属性**：“属性”项用于设置系统要按照模型的哪个特征项，来统计模型中哪几个零件为同一个零件。例如，可设置按照“质量”项来进行统计，这样只要两个零件的质量是一样的，那么在 BOM 表中，它们将被归为一种零件（表右面的“数量”项会标注两个或多个）。
- **比较属性**：“从右跳过的字符数”选项，设置在比较属性值时自右侧忽略的指定字符数。例如，两个角色的名称分别为“轴承 a”和“轴承 b”，右侧忽略 1 个字符，那么“轴承 a”和“轴承 b”就归为零件“轴承”，数量为 2；“忽略数字后缀”选项自动将角色的数字后缀忽略后归类零件；“区分大小写”选项，设置去除后缀后是否要区分剩下文字的大小写（系统默认会保留一个字符不被忽略）。
- **比较几何图形**：选中该复选框后，可设置按照模型的几何形状对角色进行比较，然后进行归类，可进行精确比较或设置一定的相似度，或选择检查点坐标。
- **指定唯一 BOM**：为每个零件指定唯一的 BOM ID。
- **BOM ID 格式**：如图 8-42 所示，切换到“BOM ID”选项卡，可对 BOM ID 的格式进行设置，如可设置前缀和后缀（如将后缀设置为“号”，那么 BOM ID 标号就会变成 1 号、2 号……），在“数据类型”下拉列表中可选择使用字母编号。
- **编号**：如图 8-43 所示，切换到“编号”选项卡，可对编号的数量和标注位置等进行设置。其中“创建”选项组中的三个单选按钮，用于设置编号的数量，其不同效果如图 8-44 所示；“附加点”选项组的两个单选按钮，用于设置编号附加点的位置，其不同之处如图 8-45 所示（编号的创建，见 8.2.4 节的讲述）。

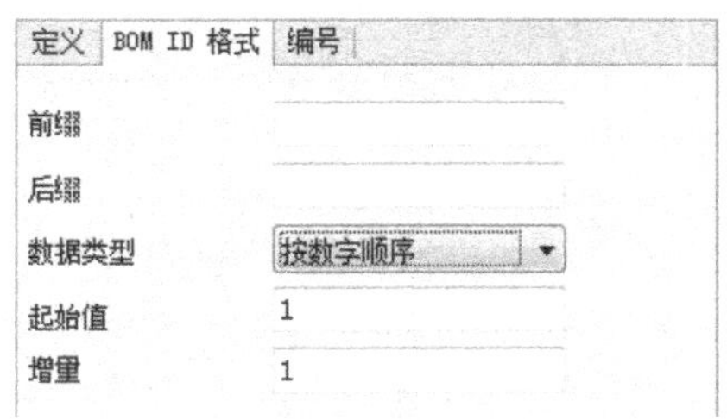

图 8-42 “BOM ID 格式”选项卡

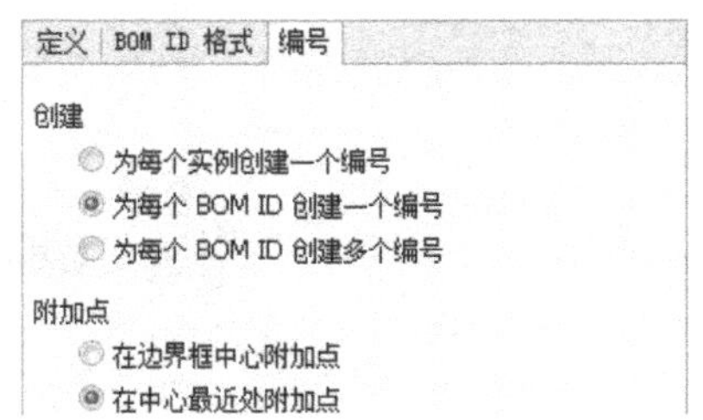

图 8-43 “编号”选项卡

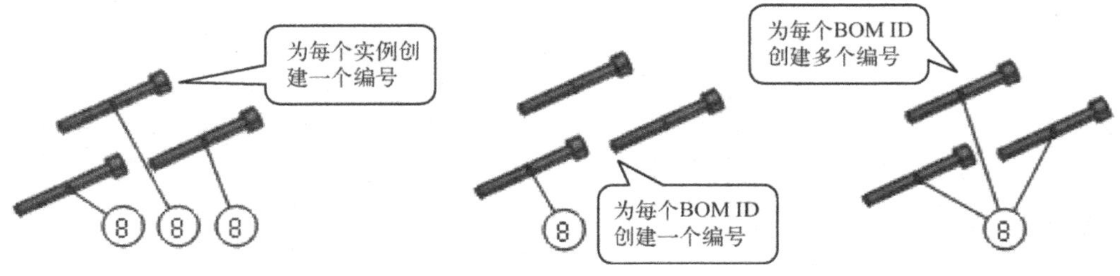

图 8-44 根据 BOM ID 创建编号的不同方式

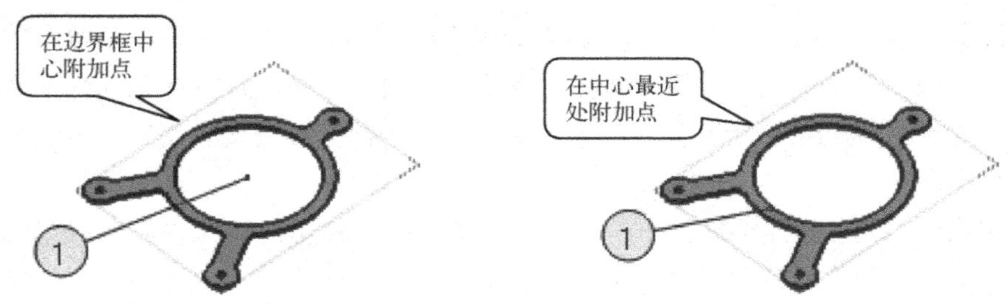

图 8-45 “编号”的不同位置效果

8.2.4 给零件（角色）添加序号（BOM）

完成 BOM 表格的创建后，在 BOM ID“应用对象”下拉列表中，选择“选定对象”选项，然后在视口中选择所有角色，单击“创建编号”按钮，即可根据所创建的 BOM ID，为零件添加编号，如图 8-46 所示。

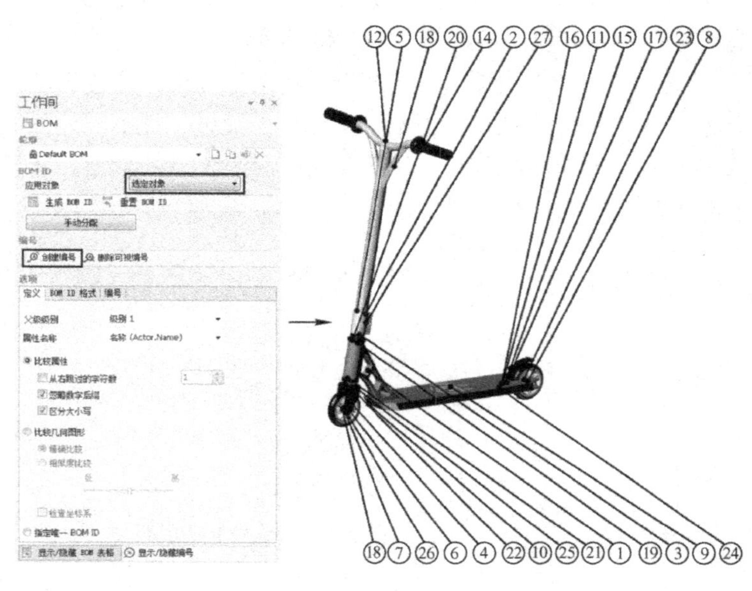

描述	BOM ID	数量
一体锻造式车头管	1	1
下束螺钉	2	3
八角螺帽	3	1
前叉	4	3
前管	5	1
前轮特殊螺帽	6	2
前轮特殊螺栓	7	1
后轮特殊螺栓	8	1
商标标志	9	1
封口片	10	1
泥除连接片螺母	11	2
把手管	12	1
把手补强管	13	2
握套	14	2
泥除	15	1
泥除垫圈	16	2
泥除连接片螺栓	17	2
滑板车轮	18	2
碗组　上瓦	19	1
碗组　上盖	20	1
碗组　下瓦	21	1
碗组　瓦衬	22	1
衬套	23	2
车架板	24	1
轮轴	25	1
轴承	26	4
锁扣	27	1

图 8-46 给零部件添加序号

所有编号都与 BOM 表中的 BOM ID 一一对应。此外，关于 BOM 编号在 BOM ID 工作间窗格的调整方法，可查看 8.2.3 节的讲解。

8.2.5 对齐零件（角色）序号（磁力线）

如果创建的零件序号没有自动对齐，或移动了零件编号后编号无法对齐，此时可使用磁力线工具来帮助对齐。如图 8-47 所示，零件编号比较混乱，单击“作者”工具栏“工具”>“磁体”>“创建磁力线”按钮，然后两次单击，横向创建一条磁力线。完后后移动磁力线，即可将零件序号磁吸到磁力线上，然后拖动磁力线到底部，再通过拖动的方式，调整序号的位置即可（放置序号线出现叠压时）。

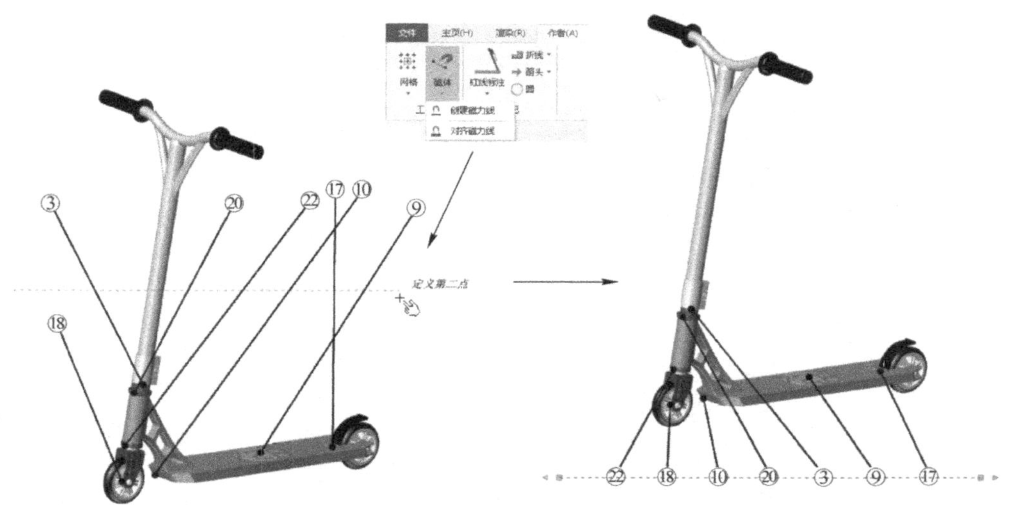

图 8-47　对齐零部件编号

需要注意的是，磁力线只能磁吸那些“自动对齐”属性为“自由 2D”或“自由 3D”的零件序号（即非自由角色无法磁吸）；此外，零件被移动后，即可获得自由属性（且自由属性角色位置的更改不能撤销）。

“磁体”下的“对齐磁力线”按钮用于将所选磁力线对齐几何边线或坐标系轴。

8.3　视图状态和 Digger

Composer 中的视图是个很好用的工具，可以记录模型属性和方位等；而 Digger 是 Composer 中的一类特殊视图，类似放大镜，可以放大显示模型的某个部分，达到具体说明的目的。本节介绍这两种重要工具的使用。

8.3.1　创建视图和照相机视图

在 Composer 中完成模型导入后，在左窗格中切换到“视图”选项卡，如图 8-48 左图所示，单击“创建视图”按钮，即可创建一个视图（通常在导入模型后，首先创建一个模型和属性处于默认状态的视图）。

视图中记录着模型角色的方位和每个角色的属性值（如角色颜色、显示/隐藏状态，视口的背景颜色、照明模式等），如选择视口后，在左侧属性窗格的“底色”项中设置窗口底色为白色，然后再次单击“创建视图”按钮可记录此时的视口状态，如图 8-49 所示。

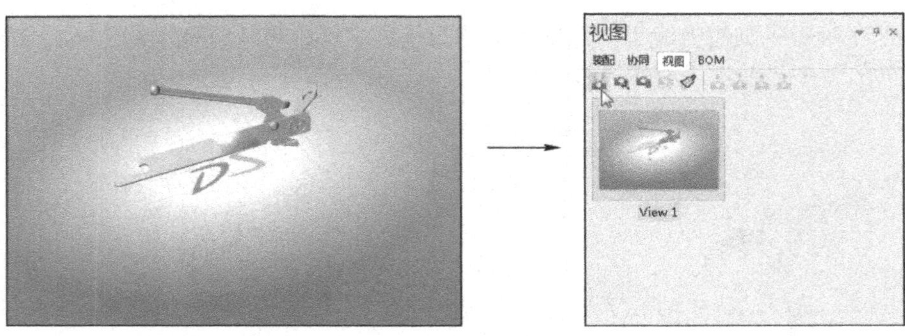

图 8-48 创建默认视图

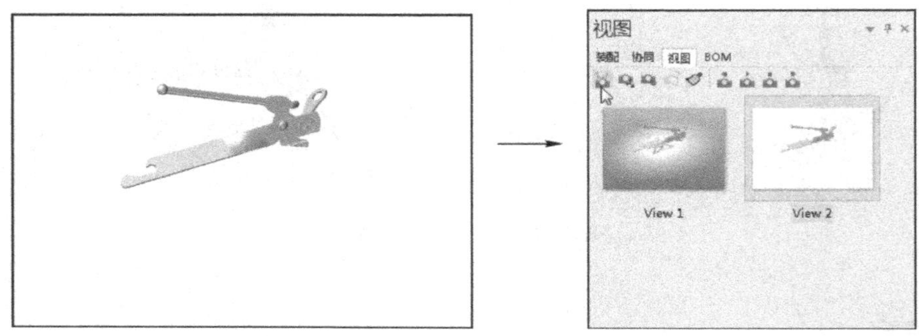

图 8-49 创建新视图

完成视图的创建后，调整视图方位或移动角色位置等之后，双击某个视图（或将某个视图拖动到右侧视口中），即可将模型恢复到此视图记录的角色方位和属性值状态处。

调整视图方位后，单击“创建照相机视图”按钮，如图 8-50 所示，可以创建照相机视图。照相机视图中只记录了模型角色的方位信息，不记录模型的属性信息（其操作方式与普通视图相同）。

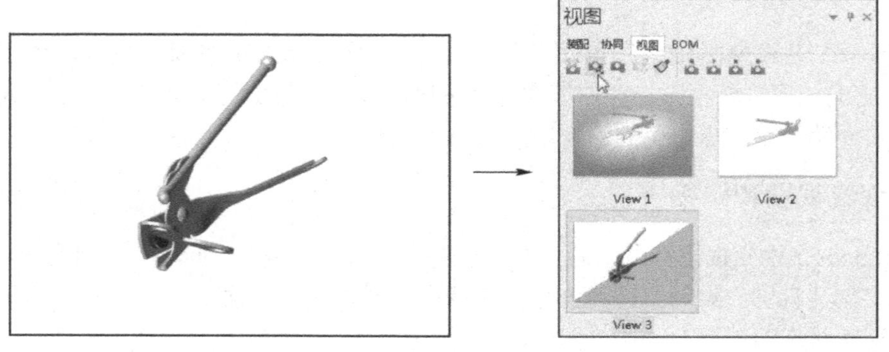

图 8-50 创建照相机视图

8.3.2 更新视图

在左窗格的“视图”选项卡中选择某个创建的视图，在右侧视口中调整视图（如调整角色位置、方位等），然后在“视图”选项卡中单击“更新视图”按钮（此处的该按钮），可使当前的视图状态更新为所选择的视图。

如果选择某个创建的视图后，在右侧视口中选择某个角色，并更改此角色的属性，如设置此角色的颜色等，然后单击“视图”选项卡中的“用选定角色更新视图”按钮（此处的该按钮），可单独更新此视图中该角色的属性值（其余角色的属性值即使做了更新，也不会更新到此视图中）。

在模型更新（关于模型更新操作，详见 8.5 节的讲述）或删除了某个角色后，视图的缩略图不会跟随发生变化，可单击“重新绘制所有视图”按钮，对所有视图（包括照相机视图）的缩略图进行更新。

8.3.3 使用视图创建爆炸动画

导入一个装配模型后，先进行初步调整（设置合适的方位和背景），再单击“创建视图”按钮，创建一个视图，然后调整角色位置（可通过平移操作爆炸角色位置），完成调整后，再次单击“创建视图”按钮（这样就创建了两个视图）。完成上述操作后，单击在左窗格的“视图”选项卡中的“播放视图”按钮，即可观看爆炸动画。如图 8-51 所示。

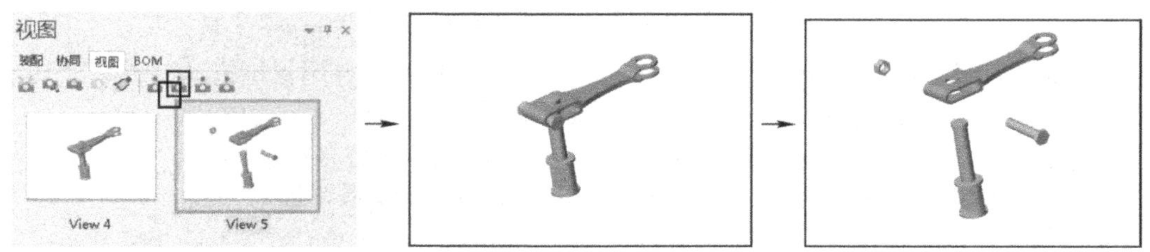

图 8-51　创建爆炸动画

提示

可以创建更多的视图，从而可以令爆炸动画更加细致，令观看者可以知道更多的机械结构。

在“视图”选项卡中，共有 4 个视图播放的操作按钮，各个按钮的作用如下：

- **“转至上一个视图”**按钮：单击后将自当前视图切换到上一个视图，并播放切换视图的动画。
- **“播放视图”**按钮：单击后将逐个切换所有视图，并播放切换视图的动画（播放完成后，返回开始的视图）。
- **“停止视图”**按钮：停止视图的播放。
- **“转至下一个视图”**按钮：单击后将自当前视图切换到下一个视图，并播放切换视图的动画。显示下一个视图（系统默认按〈Space〉键显示下一个视图）。

8.3.4 创建和使用 Digger 视图

Digger 视图多用来放大显示模型细节，类似于一个放大镜，如图 8-52 所示。Digger 视图的创建非常简单，下面简单介绍一下第一次使用 Digger 的操作步骤。

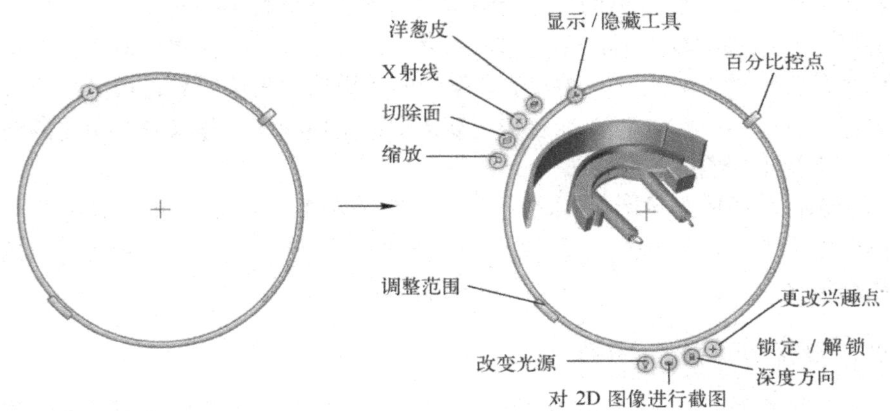

图 8-52 Digger 视口和其操作按钮

STEP① 导入模型文件后，单击 Composer 软件顶部“主页”选项卡的“Digger”按钮，然后在视口空白区域中单击，放置 Digger 视口。

STEP② 单击 Digger 视口的“显示/隐藏工具”按钮，显示 Digger 工具。

STEP③ 单击 Digger 视口右下角的“更改兴趣点”按钮，并用鼠标拖动到模型上某个需要放大显示或透视的位置（此时，在 Digger 视口显示相关角色）。

STEP④ 通过单击 Digger 视口左上角的四个按钮，选择需要使用的 Digger 视图（其意义，在下面统一解释，也可默认使用“洋葱皮”），然后拖动百分比控点调整比例。

STEP⑤ 完成上述操作后，单击 Digger 视口右下角的“对 2D 图像进行截图”按钮，将 Digger 状态保存为 Digger 视图样式，完成 Digger 视图的创建。图 8-53 所示为 Digger“洋葱皮”和 Digger 放大视图效果。

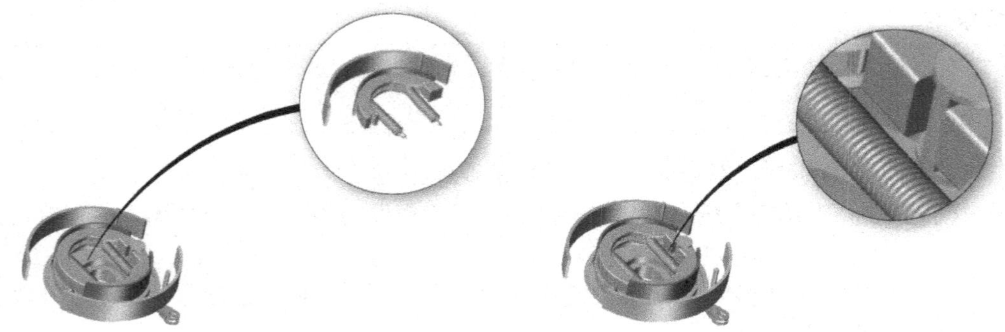

图 8-53 Digger“洋葱皮”（左）和 Digger 放大视图（右）

Digger 视口周边工具的作用介绍如下。

- **“显示/隐藏工具”**按钮：显示或隐藏 Digger 视口周围的工具按钮。
- **“更改兴趣点”**按钮：单击该按钮后，并用鼠标拖动到感兴趣的角色位置处，可以创建或更改 Digger 兴趣点。
- **“百分比控点”**按钮：拖动该按钮可以调整 Digger 内容的“洋葱皮”“X 射线”的“剥

皮”深度或“切除面”的切除位置，或缩放的比例。

➢ **“洋葱皮”**按钮：设置使用“洋葱皮”（就是像剥洋葱一样，一层层剥开模型），显示模型内部结构（通过拖动“百分比控点”按钮可以调整“洋葱皮”的深度），如图 8-53 左图所示。

➢ **“X 射线”**按钮：设置像 X 射线一样来透视模型结构，如图 8-54 左图所示。

➢ **“切除面”**按钮：设置通过使用切除面来透视模型结构，如图 8-54 右图所示。默认的切除面为与屏幕平行的面，可首先旋转模型到需要的位置，创建合适的切除面，再单击 Digger 视口右下角的“锁定/解锁深度方向”按钮，锁定剖切面方向，然后旋转模型到需要的位置，即可调整切除面的方向。

➢ **“缩放”**按钮：通过创建放大视图来显示模型细节，如图 8-53 右图所示。

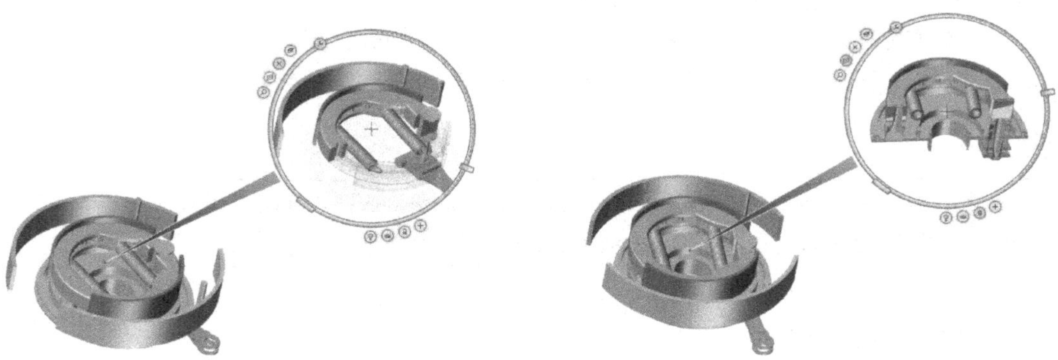

图 8-54 “X 射线”视图（左）和“切除面”视图（右）

➢ **“调整范围”**按钮：拖动该按钮，可以调整 Digger 视口的大小。

➢ **“改变光源”**按钮：按住该按钮后，拖动到 Digger 视口范围内，可以为模型添加额外光源如图 8-55 所示。按住该按钮后，拖动到 Digger 视口范围外松开鼠标，可以去掉添加的额外光源。

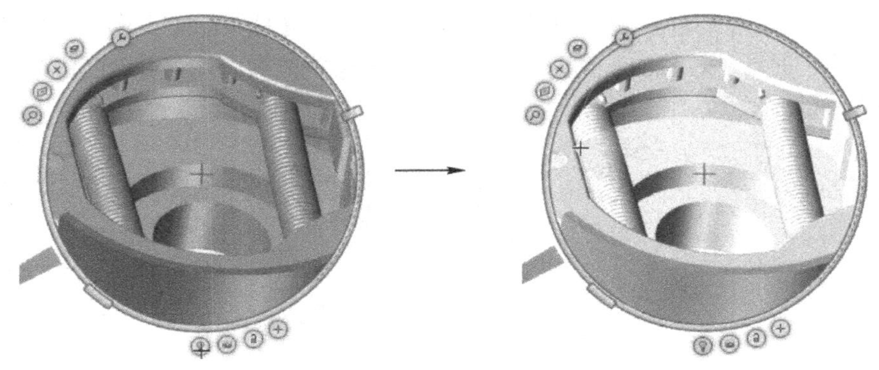

图 8-55 为 Digger 视口添加光源

➢ **“对 2D 图像进行截图”**按钮：单击该按钮后，可以将调整好的 Digger 视图样式截取为图像，如图 8-56 所示。

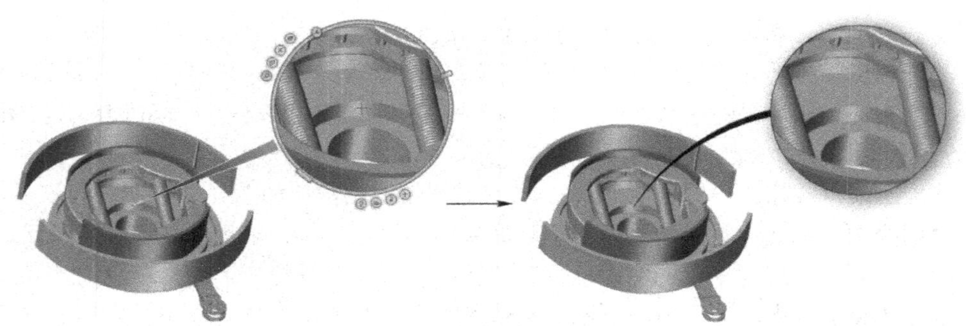

图 8-56 自 Digger 视口生成 Digger 图像

➢ **“锁定/解锁深度方向”**按钮：在“洋葱皮”“X 射线”和“切除面”模式下，可以锁定深度或切除面的方向，这样在旋转模型时，“洋葱皮”和“X 射线”剖切到的模型不会发生变化，切除面的方向也不会跟随改变。

提示

选择创建的 Digger 图像，按〈Delete〉键，可以删除创建的 Digger 视图。再次单击“主页”选项卡中的 Digger 按钮，可以关闭 Digger 操作视口。

8.4 创建动画

创建动画是 Composer 的主要功能，同 Flash 等软件一样，Composer 同样使用关键帧等设计理念，可以设置每个关键帧的角色状态，然后计算机会计算出两个关键帧之间帧的角色状态，从而创建动画。本节介绍使用 Composer 创建动画的相关操作。

8.4.1 认识“时间轴”面板

单击 Composer 操作界面左上角的“切换到动画模式”按钮，可以激活“时间轴”面板，如图 8-57 所示。通过“时间轴”面板，配合视口中对角色的操作，即可以创建各种动画，如爆炸、装配动画，标签动画等。

图 8-57 “时间轴”面板

下面先来认识一下“时间轴”面板的基本结构，以及各个按钮的作用（学习过程中，读者也可以先跳过该节，自 8.4.2 节开始学习，遇到问题时，再回过头来学习本节，这样可以学习得快一些）。

"时间轴"面板顶部有一排按钮，用于设置关键帧和播放动画等，具体如下。

➢ **"自动关键帧"**按钮：单击该按钮，将开启"自动关键帧"模式，此时在更改了任何角色的属性（位置、颜色等）后，将自动创建关键帧。

➢ **"设置关键帧"**按钮：在面板下部所选帧的位置处，为选定角色添加一个关键帧（注意必须是选定的角色，如未选择角色，则添加当前视口的关键帧，视口关键帧可记录视口的背景色等）。如在左侧属性窗格中选择了某个角色（或视口）的属性，该"设置关键帧"按钮，将自动切换为属性"设置关键帧"按钮，此时单击该按钮，将仅添加记录该角色此项属性的关键帧。

提示

动画不记录对角色可视性所做的更改，要隐藏某个角色，可选择该角色，然后在左侧属性窗格中设置其透明度为 0 即可。

➢ **"设置位置关键帧"**按钮：首先选择某个角色，再通过平移等操作移动其位置，然后单击该按钮，可记录该角色的位置关键帧（注意，此处的位置是模型之间的相对位置，针对屏幕的整体移动以及放大和缩小，不会记入该关键帧）。

➢ **"设置照相机关键帧"**按钮 设置照相机关键帧：首先移动当前关键帧到某个时间位置处，再调整视口中角色的方位（缩放或旋转等），然后单击该按钮，即可记录照相机关键帧。

提示

照相机关键帧记录当前照相机视口在当前时间点下角色的位置、方向和缩放比例信息。通过"主页"选项卡"连接照相机"下拉列表中的选项，可以为当前方案添加多个照相机。如何切换照相机视口呢？可以在左侧视口的属性窗格的"照相机"下拉列表中进行切换，如图 8-58 所示。

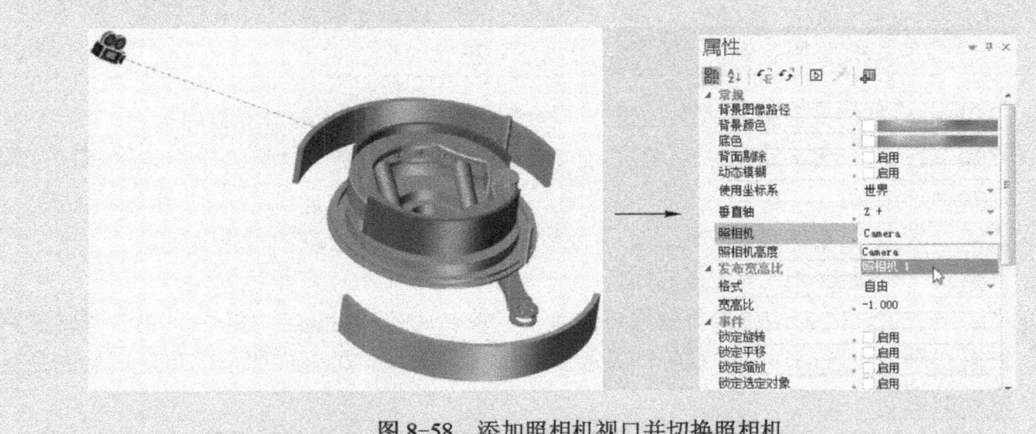

图 8-58　添加照相机视口并切换照相机

➢ **"照相机自动关键帧模式"**按钮 照相机自动关键帧模式：选中该按钮后（在选中"自动关键帧"按钮后该按钮可用），当更改视口内角色的方位时（如进行旋转、缩放或整体平移等操作时），将在当前关键帧位置自动创建照相机关键帧。

➢ **“设置 Digger 关键帧”**按钮 设置 Digger 关键帧：在某个帧位置，单击 Digger 按钮加入 Digger，然后调整 Digger 为一种状态，如图 8-59 左图所示，再单击该按钮，添加一个 Digger 关键帧；然后选择当前帧后的某个帧，再次调整 Digger（如调整切除面位置，如图 8-59 右图所示），并再次单击该按钮，再添加一个 Digger 关键帧；然后演示制作的动画，可以发现切除面在两个 Digger 关键帧间发生过渡性的变化（即 Digger 动画）。

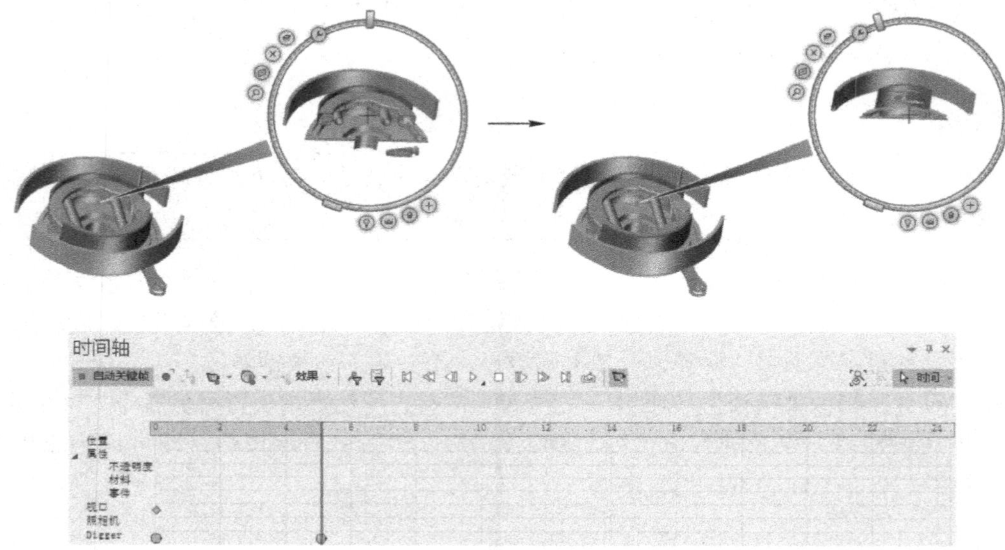

图 8-59　设置 Digger 关键帧的动画演示效果

使用 Digger 关键帧的关键是，不要将 Digger 创建为 2D 截图模式，而是在 Digger 视口操作界面下直接进行操作。例如，调整放大比例、调整 Digger 视口的大小、调整“洋葱皮”深度和切除面位置或调整兴趣点位置等，都能得到不错的动画效果。

➢ **“Digger 自动关键帧模式”**按钮 Digger 自动关键帧模式：选中该按钮后（在选中“自动关键帧”按钮后该按钮可用），在更改 Digger 属性时，将在所选关键帧位置自动创建 Digger 关键帧。

➢ **“淡入/淡出”**效果按钮：为选定角色设置渐进出现或消失的关键帧。

➢ **“热点”**效果按钮：令选择的角色闪一下（以突出显示选定角色）。

➢ **“恢复关键帧的初始属性”**效果按钮：在当前时间位置处创建关键帧，这些关键帧将恢复动画中设置的所有关键帧的初始值（通过此操作，可有效撤销对角色属性和角色位置的更改）。

➢ **“仅显示选定角色的关键帧”**按钮：单击选中该按钮，然后选择某个角色，将仅显示选定角色的关键帧。

➢ **“仅显示选定属性的关键帧”**按钮：单击选中该按钮，然后在左侧属性窗格中选择某个属性，将仅显示选定属性的关键帧。

➢ 系列播放按钮 ：与大多数播放软件相同，唯一不同的是可以进行倒放，读者不妨自行尝试。

➢ **“照相机播放模式”**按钮：单击选中该按钮后，在播放动画时，将考虑照相机关键帧中保存的模型方位等信息（可实现整体转向等效果），取消该按钮的选中后，将使用固定视口显示动画。

“时间轴”面板顶部最右侧有几个按钮为“时间轴”操作按钮，用于设置时间轴的比例和选择关键帧等，具体如下。

➢ **“缩放到合适大小”**按钮：自动调整时间轴的显示比例（放大或缩小动画区域），以显示出所有关键帧，如图 8-60 所示。

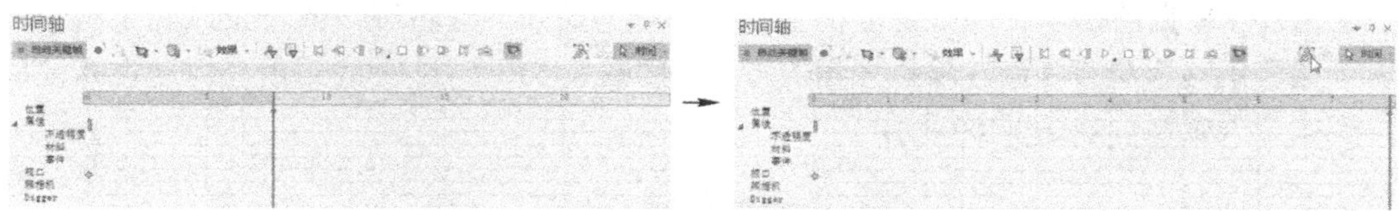

图 8-60　缩放动画区域

➢ **“缩放选定对象”**按钮：缩放选定区域到时间轴上，并全部显示出来，如图 8-61 所示（该按钮多用于放大选定区域）。

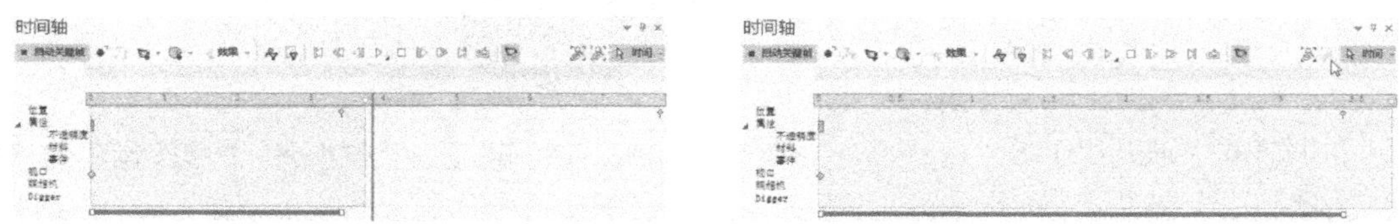

图 8-61　令选定区域最大化显示

➢ **“选择”**时间按钮 时间：启用关键帧选择模式，这样便可以通过在时间轴中拖动来选择关键帧。

➢ **“平移（鼠标中键）”**时间按钮 平移（鼠标中键）：启用时间轴平移模式，这样便可以通过在时间轴中拖动来显示时间轴的其余部分，如不可见部分（也可在另一种模式下按下鼠标中键，来平移时间轴）。

➢ **“缩放（鼠标滚轮）”**时间按钮 缩放（鼠标滑轮）：选中该按钮后，可按住鼠标左键上下移动来缩放时间轴（也可在另一种模式下滚动鼠标滚轮来缩放时间轴）。

“时间轴”面板左侧为关键帧列表项，当该项右侧出现关键帧时，表示在此关键帧位置处，由于该项的变化（如位置变化）而记录了关键帧。

提示

> 如何更改关键帧位置处的角色瞬时状态呢？常用的方法是将当前帧设置为关键帧，然后对模型进行调整，但这种方法在 Composer 中无效。如需更改关键帧，需要将当前帧置于要更改的关键帧位置，然后更改角色，并再次插入关键帧。

8.4.2 创建爆炸动画

爆炸动画是展示零件结构最常用的手段，而使用 Composer 的动画功能可以很方便地制作此类动画。爆炸动画的关键是将零件正确地一一拆解，下面通过一个简单的实例来介绍使用 Composer 的动画功能创建爆炸动画的操作。

STEP① 打开本书提供的素材文件“透明胶带切割器.smg”。首先单击左上角的“切换到动画模式”按钮，将视口切换到动画空间模式，再单击“快退”按钮，将当前关键帧置于 0s 处，再选中“自动关键帧”按钮，如图 8-62 所示。为了更好地操作模型，可创建一张视图，当然也可以不创建。

STEP② 根据前面学到的知识取消地面和网格的显示，并将视口的背景设置为白色，再将模型调整到利于观察和创建爆炸视图的方位，如图 8-63 所示。此时系统会自动在 0 帧位置处生成相关关键帧，如图 8-64 所示。

图 8-62 调整时间轴

图 8-63 模型调整效果

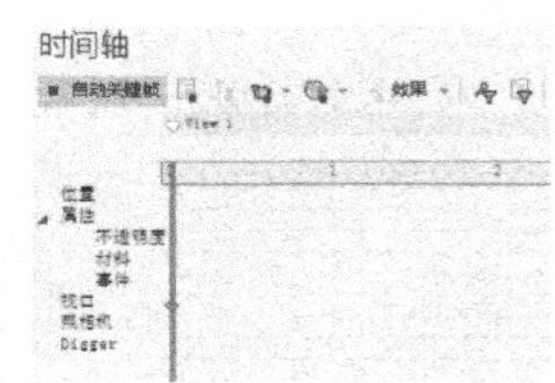

图 8-64 自动生成的关键帧

STEP③ 右击切割器外部壳，在弹出的快捷工具栏中，选择“反向选择”菜单命令，选择除了外部壳之外的所有实体，如图 8-65 所示。

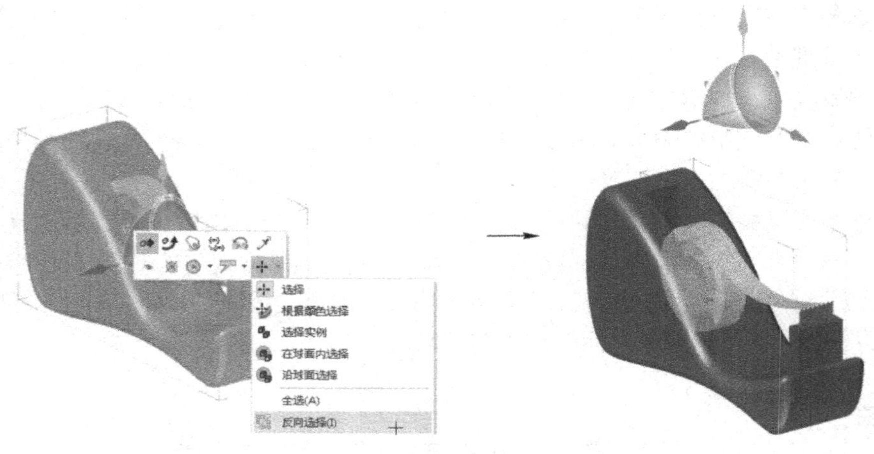

图 8-65 反向选择角色

STEP④ 首先将当前关键帧置于 1s 位置处，然后单击“变换”选项卡中的“平移”按钮，再拖动坐标系竖向轴向上移动选择的角色一定的距离（系统自动添加相关的关键帧），如图

8-66 所示。

STEP 5 将当前关键帧置于 2s 位置，然后同样执行平移操作，向左平移切割器的旋转轴一定的距离（系统自动添加关键帧），如图 8-67 所示。

STEP 6 再将当前关键帧置于 3s 位置处，然后也执行平移操作，向右平移胶带一定距离（系统自动添加关键帧），如图 8-68 所示，完成爆炸动画的创建。

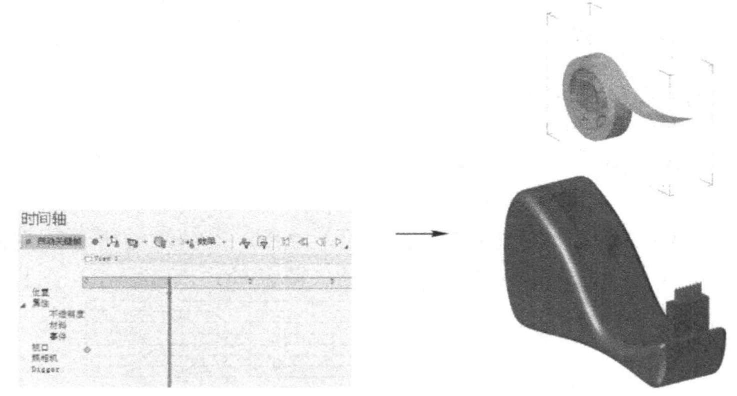

图 8-66　竖向移动角色并生成关键帧

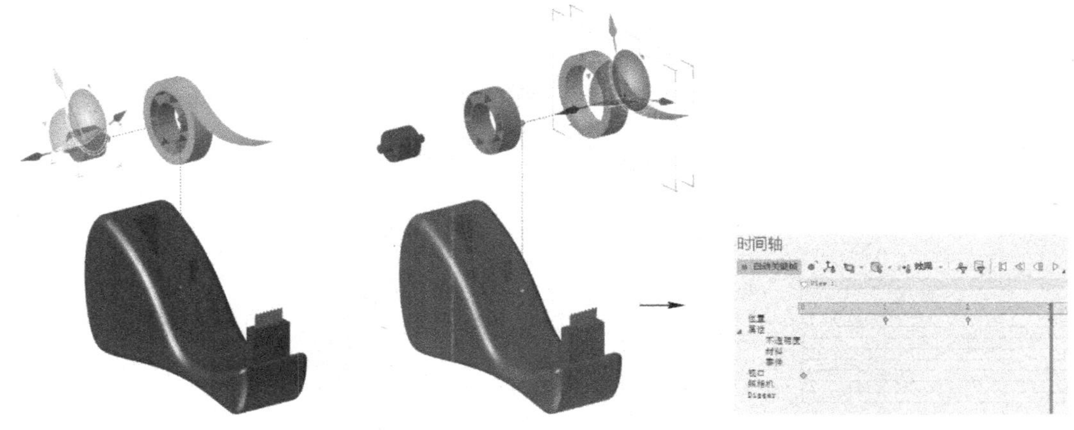

图 8-67　横向移动角色　　图 8-68　横向移动角色并产生关键帧

STEP 7 完成上述操作后，可单击“时间轴”工具栏的“播放”按钮▷，查看创建的爆炸动画。

提示

通过上述操作制作的动画，播放时有个缺陷：在切割器旋转轴左移的同时，胶带模型会同时向右移。为了解决此问题，可首先选择胶带模型，然后单击“仅显示选定角色的关键帧”按钮，如图 8-69 左图所示，然后按住〈Ctrl〉键，将此模型 1s 处的关键帧复制到 2s 处一个即可。

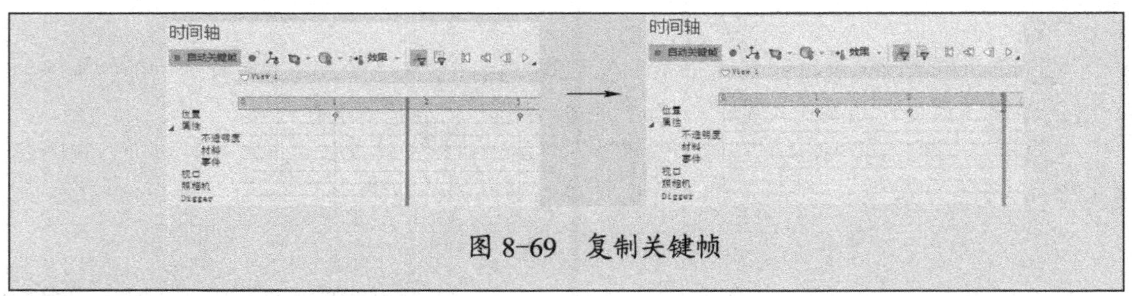

图 8-69 复制关键帧

8.4.3 创建装配动画（反转关键帧）

爆炸动画完成后，通常都需要创建装配动画。装配动画通常是爆炸动画的反操作，在 Composer 中可以通过反转关键帧的方式来实现。下面介绍相关操作。

STEP 1 接着 8.4.2 的实例进行操作。首先框选 8.4.2 中创建的所有关键帧，然后把鼠标置于顶部横杠处，按住〈Ctrl〉键的同时向右拖动（整体超出 3s 区域），这样复制一段动画，如图 8-70 所示。

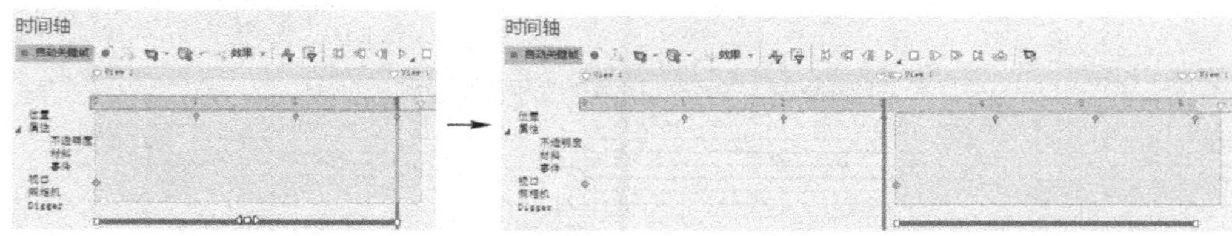

图 8-70 复制关键帧区域

STEP 2 右击复制的关键帧区域，选择“反转时间选择”菜单命令，反转复制的关键帧区域如图 8-71 所示。

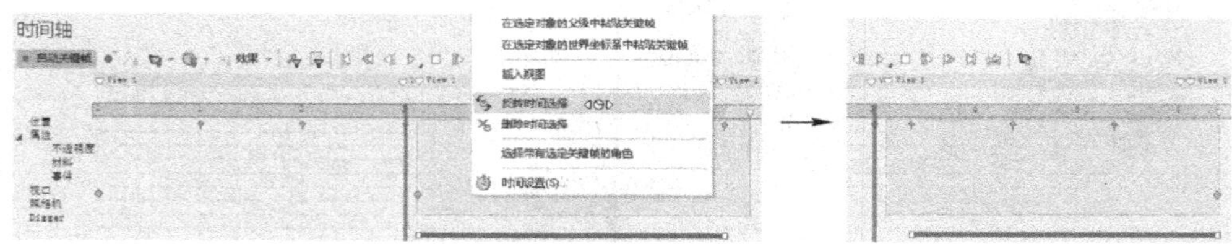

图 8-71 反转关键帧

STEP 3 鼠标单击顶部横杠，向左拖动，令所复制的关键帧区域的第一关键帧与原关键帧区域的 3s 处的关键帧重合，如图 8-72 所示（此处也可以保持一定距离，如留有一定距离，爆炸动画完成后，会有一段静态的展示时间）。

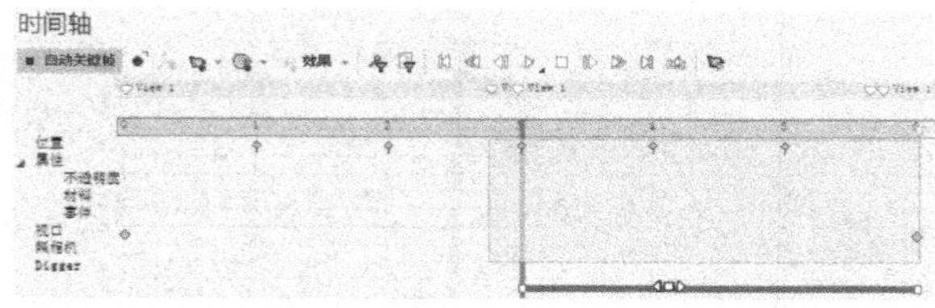

图 8-72 整体移动关键帧

STEP④ 完成上述操作后，单击“播放”按钮▷，查看装配动画，此时会发现在最后一秒位置，轴和胶带等没有归位，如图 8-73 所示。

STEP⑤ 最后一秒模型没有归位的原因是第一秒没有记录位置关键帧（所以复制时，也没有复制此关键帧）。此时可将当前帧位置置于 0s 位置，选择所有角色，单击“设置位置关键帧”按钮，为所有模型创建位置关键帧，再将此关键帧复制到最后一秒位置即可，如图 8-74 所示（再次播放可发现装配正常了）。

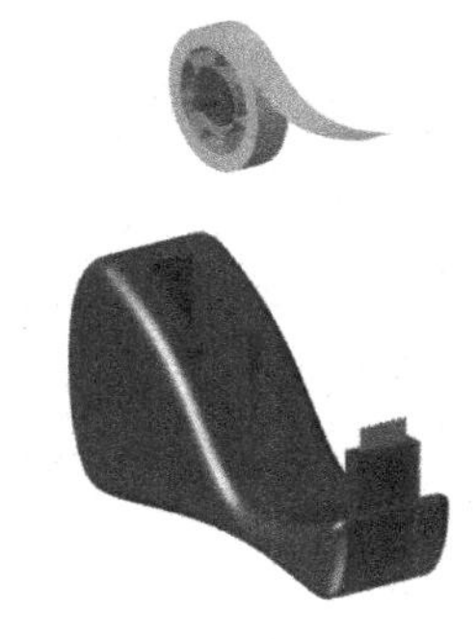
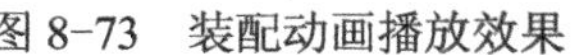

图 8-73 装配动画播放效果

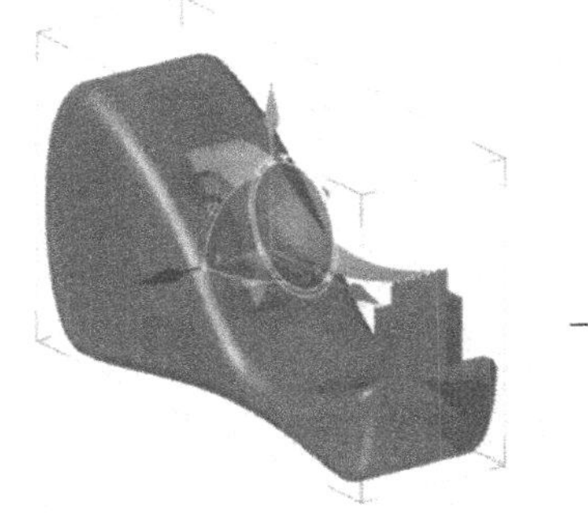
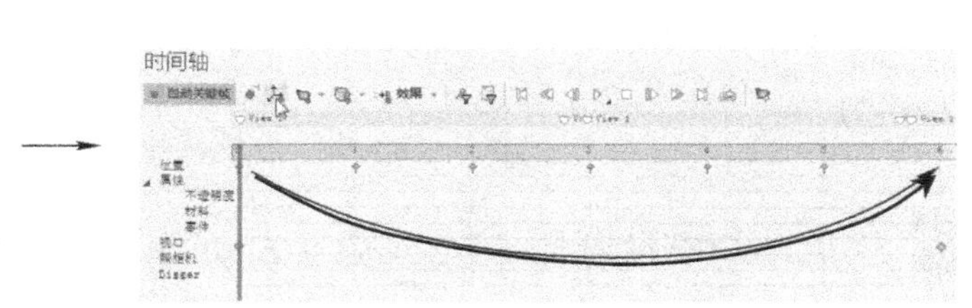

图 8-74 创建位置关键帧并复制

8.4.4 创建标签动画

标签动画的创建并没有太多技巧，如上面创建的透明胶带切割器动画，要想在爆炸时使用标签显示零件名称，则首先将关键帧置于此角色移动完成的位置，然后单击“作者”选项卡中的“标签”按钮，将其拖动到目标角色位置即可，如图 8-75 所示。

可以通过标签的左侧属性窗格，修改标签文字的大小和标签文字内容，如图 8-75 左图所示。需要注意的是，系统为动画模式下添加的标签，自动设置了渐入动画效果，所以在更改标签字符串文字时，需要更改两个关键帧位置的标签文字。

至于标签的退出，同样可使用复制关键帧方式（只复制标签的关键帧），并通过反转关键帧操作即可令标签消失（上述操作，应在自动关键帧模式下进行）。

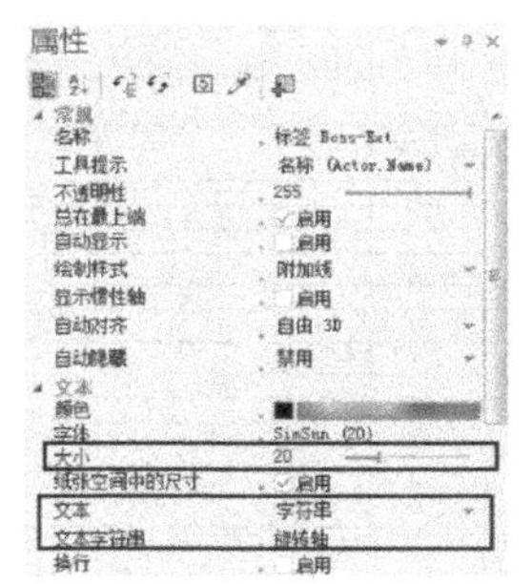

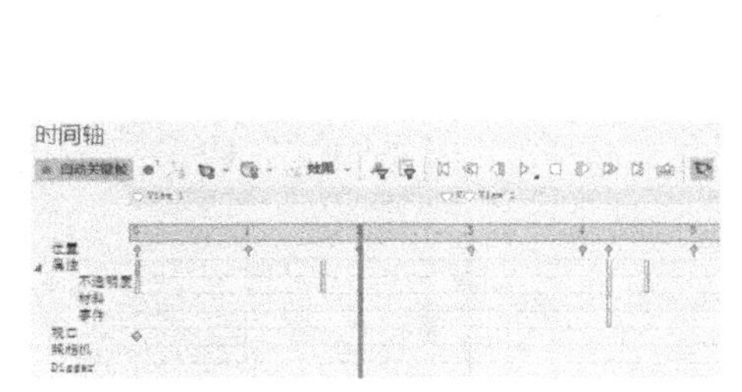

旋转轴

图 8-75 添加标签动画效果

8.4.5 导出动画视频

完成动画的创建后，可以选择“文件”>“另存为”>“AVI”菜单命令，或通过单击“视频”工作间（通过“工作间”标签栏调出）的“将视频另存为”菜单命令将动画视频导出（通过工作间导出视频，可以进行更多的设置），如图 8-76 左图所示。

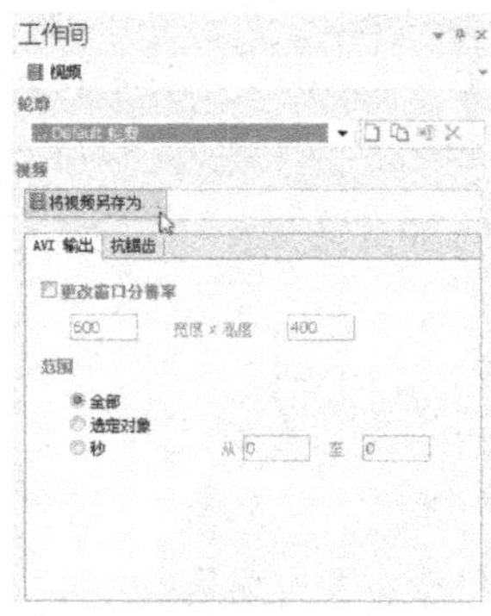

图 8-76 导出动画视频

8.4.6 使用动画事件制作 PPT（交互式动画）

可以通过为角色（如文本）添加动画事件，并配合动画标记的方式来制作交互式动画。下面介绍简单操作。

STEP 1 接着上面的实例进行操作。切换到“窗口”选项卡，选中“显示/隐藏”栏的“标记”复选框，此时在左窗格中多了一个“标记”选项卡，在此选项卡中，显示了系统自动添加的一些标记，如图 8-77 所示。先选择这些标记将其删除。

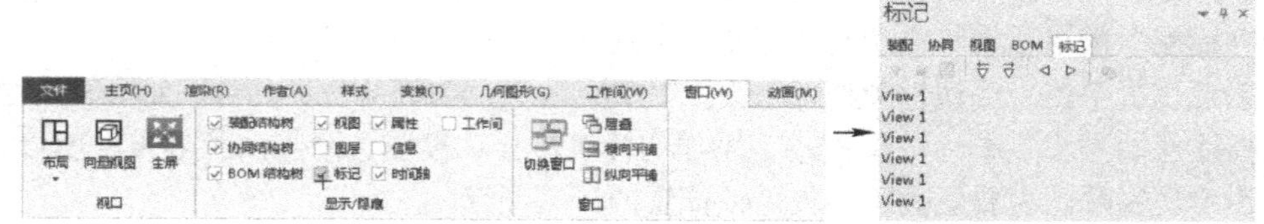

图 8-77 调出“标记”选项卡并删除默认添加的标记

STEP 2 在“时间轴”工具栏下的 0s 处灰色区域（注意是灰色区域，不是白色区域）单击，即可添加一个标记，修改标记的名称为“开始播放”，然后分别在 1s、2s、3s、4s、5s、6s 出添加标记，并分别命名为 01、02、03、04、05、06，如图 8-78 所示。

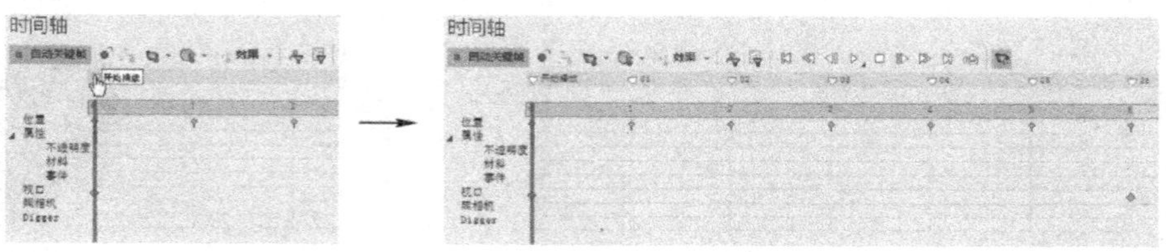

图 8-78 为动画添加标记

STEP 3 将当前帧置于 0s 位置，单击“作者”选项卡“2D 文本”按钮，在视口中单击，添加一个“2D 文本”，在左侧属性窗格中，修改所添加 2D 文本的字号为“20”号，文字内容为“开始播放”，并取消阴影的显示，如图 8-79 所示。

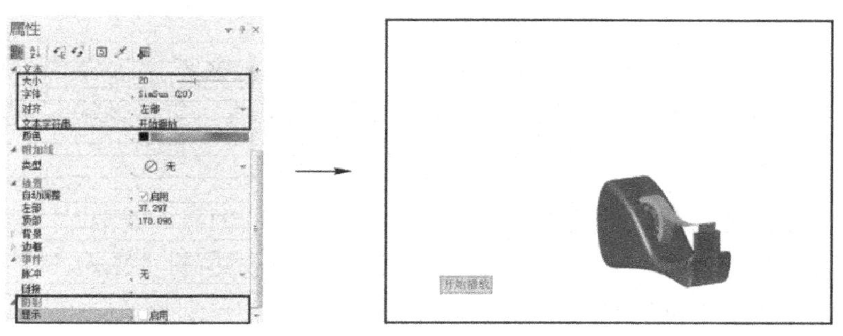

图 8-79 添加 2D 文本

STEP 4 继续在左侧属性窗格中，在事件的“脉冲”下拉列表中选择“400ms”，设置为每 400ms 的时间按钮闪烁一次；然后单击“链接”文本框右侧的打开对话框按钮，打开“选择链接”对话框，在“URL”下拉列表中选择“playmarkersequence://”项（表示跳转到标记），在右侧“标记”下拉列表中选择“开始播放”标记，如图 8-80 所示，完成设置。

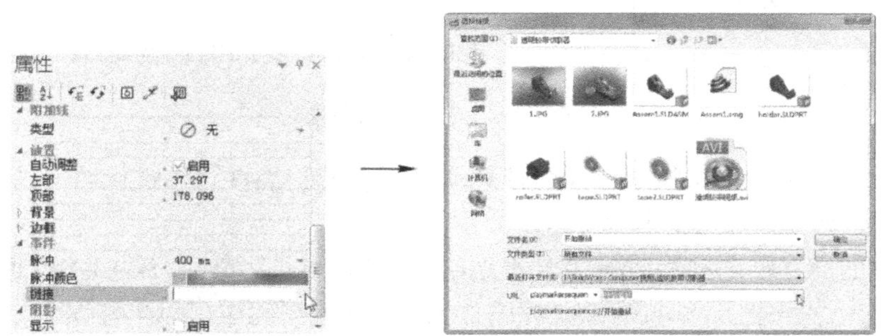

图 8-80 设置 2D 文本链接到标记

STEP 5 将当前帧置于 1s 位置处，选择上面操作添加的“2D 文本”，然后在左侧窗格中更改“文本字符串”为“下一步”，再同样单击“链接”文本框右侧的打开对话框按钮，打开“选择链接”对话框，同样选择“playmarkersequence://”项，并选择“01”标记，表示自“01”标记处开始播放，如图 8-81 所示。

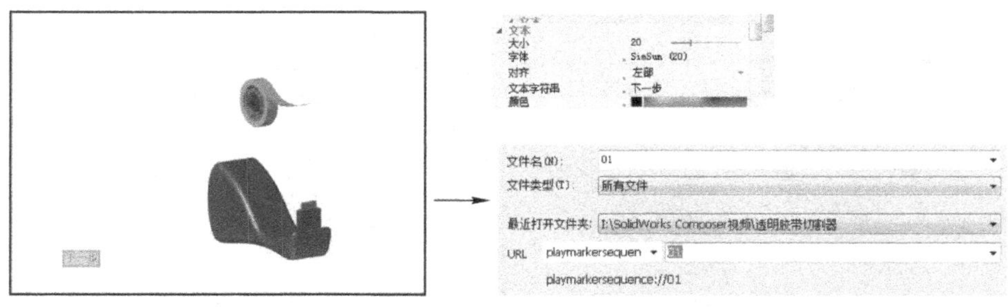

图 8-81 修改 2D 文本

STEP 6 通过相同操作设置动画视频中其他时间处的2D文本链接到对应标记处，并根据需要更改相关文本字符串。

提示

> 在“打开链接”对话框的“URL”下拉列表中，可以发现除了“playmarkersequence://”项，还可以选择“file”“http”等很多项，分别用于打开文件、打开链接或播放视频等。用户可根据需要调用对应文件，从而以多种手段进行演示。

STEP 7 完成上述操作后，基本上就完成了交互动画的创建。取消时间轴右下角“设计模式”按钮的选中状态（即切换到演示模式状态），再单击添加的“2D 文本”按钮，即可以交互播放动画了，如图8-82所示。

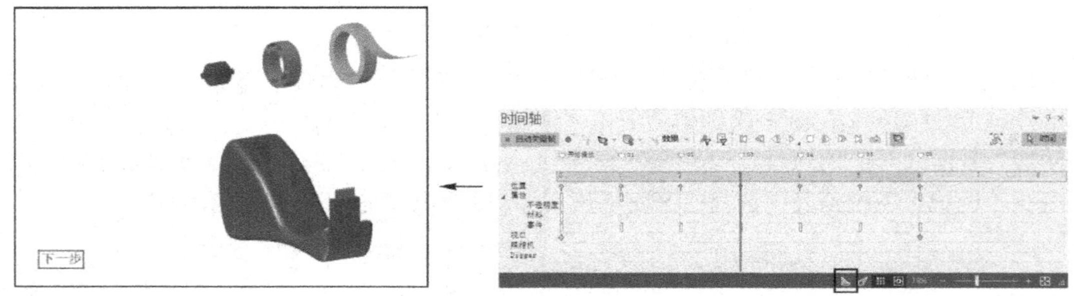

图 8-82　交互播放动画

演示模式状态下，单击按钮等可验证跳转到链接的正确性，不过此时无法选中按钮，所以演示完成后，应切换回设计模式状态。

保存创建的交互动画并将.smg文件发送给客户后，客户可使用“SOLIDWORKS Composer Player”程序（该程序位于SolidWorks程序目录下，该程序包也可以单独安装）进行查看，并进行交互播放。

如客户没有安装“SOLIDWORKS Composer Player”程序，也可以选择“文件”>“另存为”>“程序包”菜单命令，在打开的对话框中设置将文件打包为.exe文件，这样在任何计算机上都可以进行演示了。

在打包为.exe文件时，可以为文件添加播放密码，也可以为文件设置有效期，如图8-83所示。

图 8-83　为导出的.exe文件设置密码和播放期限

8.4.7 设置机构链接关系

在 Composer 中，可以设置子-父链接关系，子角色的位置跟随父角色的位置移动而整体移动，父角色的位置则会受子角色位置的移动而牵连移动，如图 8-84 所示。子-父链接关系，可以设置角色间类似约束的关系。

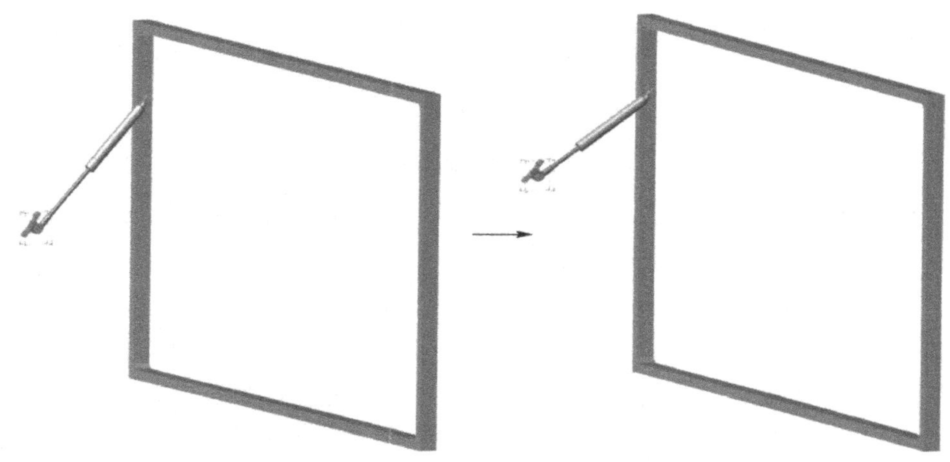

图 8-84　通过设置子-父链接关系令角色牵连移动

在 Composer 中子-父链接关系规定，一个子角色只能有一个父角色，同样一个父角色也应只有一个子角色（该规则可能有误，经验证一个父角色可以有多个子角色）。下面介绍要实现如图 8-84 所示效果，需要执行的操作。

STEP① 打开本书提供的素材文件“窗户装配体.smg”。首先选择“气缸”角色，然后单击“变换”选项卡“运动机构”栏中的“链接”>“链接选定对象到父级对象”按钮，单击“窗框”角色，创建气缸到窗框的子-父链接关系，如图 8-85 所示。

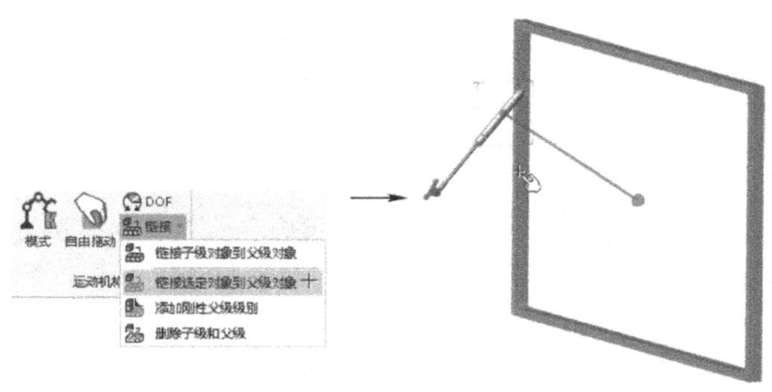

图 8-85　创建气缸到窗框的子-父链接关系

STEP② 通过相同操作，创建连杆到气缸的子-父链接关系，以及固定头到连杆的子-父链接关系，完成后的装配关系如图 8-86 所示。

STEP③ 选择“气缸”角色，在其左侧的“链接类型”下拉列表中选择“枢轴”链接关系，并在“链接轴（在父级中）”下拉列表中选择一个“枢轴”作为旋转方向，如图 8-87 所示。单击“变换”选项卡“DOF”按钮，可以观察到所设枢轴的旋转方向和旋转位置，观察此时的演示，可发现实际上默认的旋转位置并不符合要求，下面将对此进行调整。

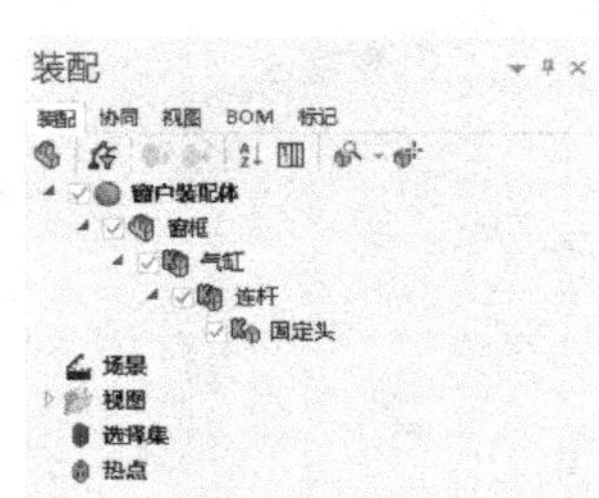

图 8-86 所有子-父链接关系

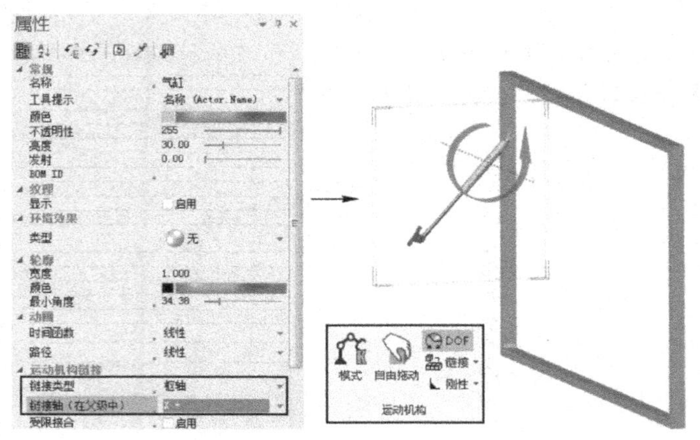

图 8-87 设置气缸运动机构链接类型

STEP 4 单击“变换”选项卡“对齐枢轴”栏中的“设置枢轴”>“在直线/轴上”按钮，然后捕捉父级角色边线（此处“窗框”角色中如图 8-88 所示的圆柱边线）单击，设置枢轴的位置（如旋转方向不正确，可重新在属性窗格的“链接轴（在父级中）”下拉列表中进行选择），正确的效果如图 8-88 右图所示。

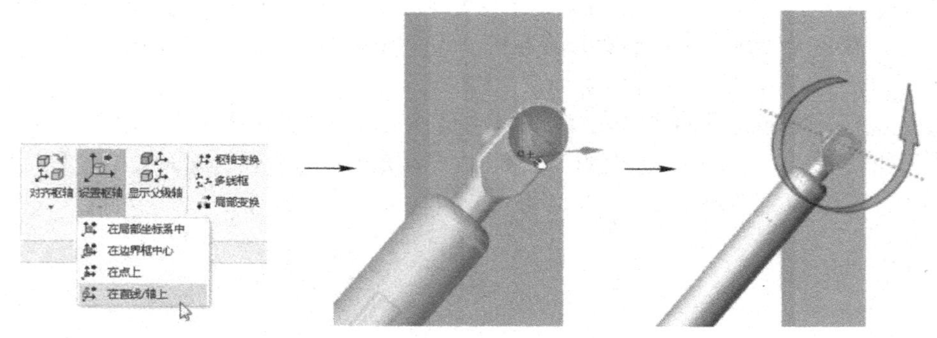

图 8-88 调整枢轴位置

STEP 5 通过相同操作，创建连杆到气缸的“线性”链接类型，固定头到连杆的“枢轴”链接类型，并需要数次调整枢轴的位置，最终效果如图 8-89 所示（窗框的链接类型为“刚性”，表示固定不动）。

STEP 6 通过上述操作，已经定义了角色间的子-父链接关系和运动机构链接关系，很多教程都介绍这样就可以了，但实际上往往不能正常链接，需要继续操作。先选择一个父角色，如气缸角色，然后单击“变换”选项卡“对齐枢轴”栏中的“对齐枢轴”>“对齐选定枢轴”按钮，如图 8-90 所示，再单击其子特征“连杆”角色，令父特征的枢轴与子特征的枢轴方向相同。

STEP 7 通过与步骤 6 相同的操作，令所有父特征的枢轴对齐子特征的枢轴（在实际操作时可根据不同情况，在使用链接关系调整模型，模型发生不按设置移动的情况时，即需要执行此操作）。

之所以要执行对齐枢轴的操作，是因为Composer规定了子-父关系链中的所有枢轴必须以相同的方向对齐，否则会出现不可控的错误。这点非常重要，如不对齐枢轴，很多链接在操作时都会出现错误。

STEP 8 测试所添加的链接。单击"变换"选项卡"运动机构"栏中的"模式"和"自由拖动"按钮，如图8-91所示，然后选择"固定头"拖动一下试试，再选择"连杆"拖动一下，看看有什么不同。

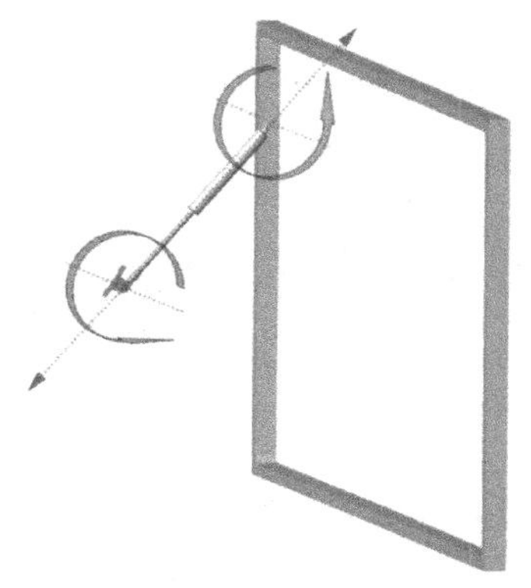

图8-89 设置所有链接类型效果

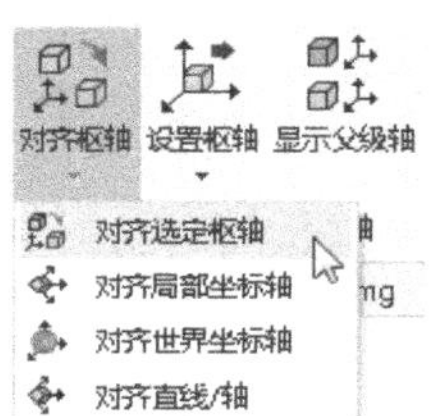

图8-90 对齐枢轴

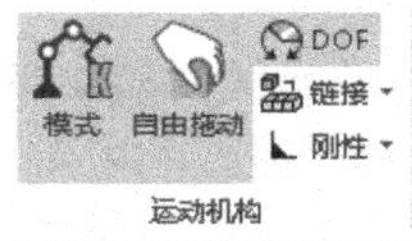

图8-91 交互式拖动模型

需要注意的是，通过添加父子间的链接关系，并不能模拟SolidWorks中的所有约束关系（如很多连杆结构，发动机的气缸运作等都不可以直接模拟，因为Composer不能回调的子-父关系，不能构成闭环），所以读者没有必要在这方面多费心思。

也可以这样理解，Composer归根到底是一个以帧频设置为基础的动画制作软件（而不是以模型间约束关系为基础），定义每一帧的模型状态，然后通过计算机自动补间的方式完成动画的创建。

下面解释一下"变换"选项卡中部分按钮的作用：

- **"模式"**按钮：选中该按钮时，表示启用交互式反转运动机构（IK）模式，此时所有变换都考虑运动机构链接。
- "DOF"按钮：也称"显示/隐藏自由度"按钮，选中该按钮，可以显示运动机构链接针对选定角色所允许的自由度（DOF）。当没有选择任何对象时，显示所有角色的自由度。
- **"链接"**系列按钮：用于设置子-父间的链接关系，较易理解，这里仅解释一下"添加刚性父级级别"按钮，该按钮用于设置向父级添加刚性父链接（当无法将父对象和子对象的坐标系对齐时，可添加刚性父链接）。

➢ “对齐枢轴”系列按钮：用于在两个角色间对齐枢轴的方向。
➢ “设置枢轴”系列按钮：用于设置角色枢轴的原点位置（通常也会顺带设置枢轴的方向）。

在实际创建动画的过程中，由于父-子链接关系不能满足所有要求，所以往往还会用到“变换”选项卡的“对齐”系列按钮。这些按钮可令两个角色，点对齐、点面对齐、面对齐等，在创建动画的过程中按需要选择使用即可。

8.4.8 其他相关操作

本节是本章的重中之重，主要介绍了 Composer 动画创建的相关内容，由于篇幅限制，下面对一些没提到（或未做重点介绍）的关键点略做说明。

1. 隐藏角色

Composer 中隐藏角色是通过在属性窗格中调整其透明度来实现的，而不是在左窗格“装配”选项卡中直接隐藏此角色（如在此处隐藏了角色，那么在整个动画过程中，该角色都不可见）。

2. 使用照相机关键帧控制视角

在制作动画的过程中如果需要改变观察方位，如原来是从前面观察的，现在需要变个方向从后方观察导入的模型，应使用照相机关键帧。即在制作动画的过程中，当需要调整方位时，添加多个照相机关键帧，一个照相机关键帧记录一个方位，多个照相机关键帧即可实现从一个视角变换到另外一个视角的效果。

3. 缩放关键帧

这里再强调一遍，缩放关键帧是鼠标置于帧频位置，然后滚动鼠标滚轮；而单击鼠标滚轮拖动是拖放关键帧。

4. 使用装配体选择模式简化动画

在左窗格的“装配”选项卡中选中“装配选择模式”按钮，然后设置仅选择装配体进行操作，可以通过拖动的方式将角色归类为几个装配体。这样只操作装配体，会大大提高动画制作的效率（此时，选择装配体中的任何一个角色，都将选择整个装配体）。

5. 旋转角色的技巧

旋转角色时按住〈Alt〉键，捕捉圆或圆柱体等，可以围绕捕捉到的对象旋转；此外 在旋转操作时，可通过左侧属性窗格设置旋转的具体角度值。

8.5 更新文档

模型在导入 Composer 后，在未进行改名的情况下，可使用 SolidWorks 更改模型的某个部分（如在某个零件上添加了几个孔）等，即在 Composer 中先选择要更新的角色，然后单击“几何图形”选项卡中的“更新”按钮（图 8-92），再选择 SolidWorks 做了更改的模型，然后按照提示对模型进行更新即可（模型更新后，原动画属性不变）。

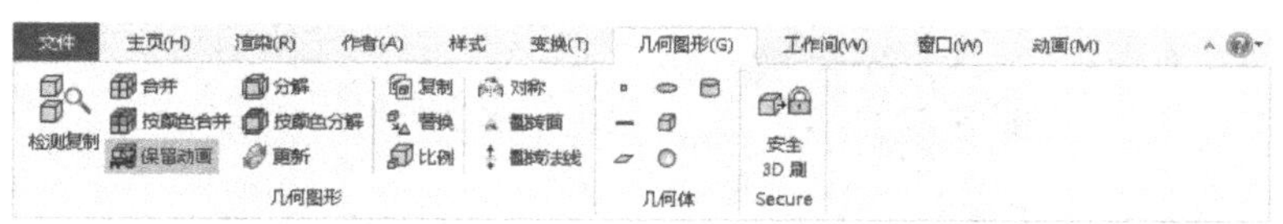

图 8-92　Composer 的“几何图形”选项卡

在“几何图形”选项卡中，“复制”按钮用于复制角色，“替换”按钮可使用模型中另一角色的几何图形替换选定角色的几何图形（角色替换后，只是实体替换了，原角色的动画属性不变）。

8.6　发布文档

本节介绍一下文档的发布。除了 8.4 节中介绍的将动画导出为视频外，还可以将 Composer 文档发布为多种格式。如图 8-93 所示，在 Composer 的“工作间”选项卡的“发布”栏中，提供了多种发布工具。单击某个工具后，右侧会打开对应的“工作间”窗格，然后通过相应设置，单击“另存为”按钮，即可进行发布。

需要说明的是其中视图和 BOM 功能，分别用于创建前面介绍的“视图”和“BOM 表格”，不能用于外部发布；“Animation library”用于将当前动画保存到“Animation library”动画库中。

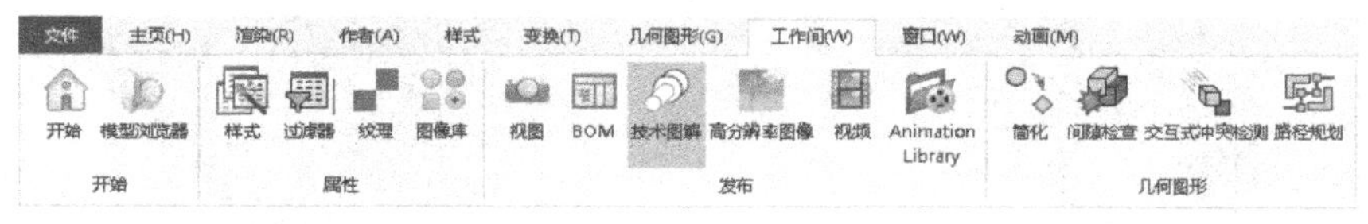

图 8-93　Composer 的“工作间”选项卡

“工作间”选项卡的“发布”栏中“技术图解”按钮，用于输出 SVG 格式的技术图解文档。该种格式的文档为二维格式，可以使用 IE 等浏览器打开，实际上就是一个平面的展示（输出之前，可通过右侧“工作间”窗格设置输出的项和要输出的质量等，如设置是否输出色域和阴影等）。

根据浏览器对 SVG 格式支持的不同，所打开的 SVG 格式可操作的项有所不同，通常模型不可缩放，〈Shift+鼠标任意键〉可移动所打开 SVG 文件中的图形。

“高分辨率图像”按钮用于输出高分辨率的图像；“视频”按钮用于输出视频。其余选项都较为简单，这里不再赘述。

选择“文件”>“发布”菜单中的选项，可将文档发布为 HTML 文件和 PDF 等格式。而在 PowerPoint 中，通过加载“Composer Player Activex”控件的方式，也可以将制作好的 SMG 文件嵌入进来，以便为客户进行多种方式的演示。

实例精讲——创建机械臂交互展示动画

本实例将创建机械臂交互展示动画，本动画创建完成后，将可以完全实现角色间的链接关系（相当于约束）。完成后的动画效果如图 8-94 所示。

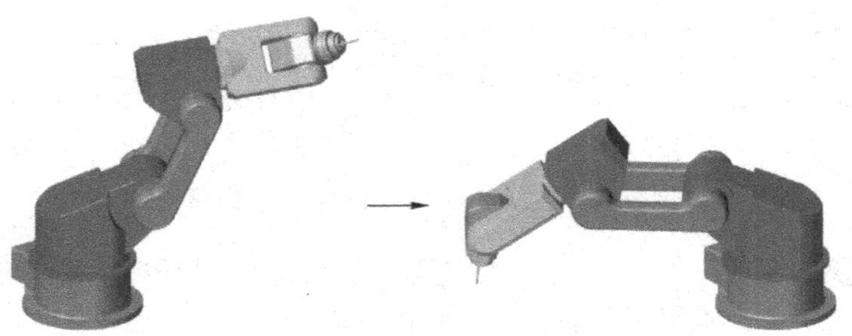

图 8-94 本实例要创建的机械臂交互展示动画

【制作分析】

该动画创建的关键是机构链接关系的添加、设置和调整，难点在于枢轴的设置和调整。此外通过本实例的练习，也可以学习一下模型对齐的技巧。

【制作步骤】

STEP① 打开本书提供的素材文件“机械臂.SMG”。先隐藏除焊接头和机械手腕之外的角色，如图 8-95 左图所示，并将焊接头拖动一段距离，然后单击“变换”选项卡中的“对齐”>“线对齐/轴对齐”按钮，将角色对齐，如图 8-95 右图所示。

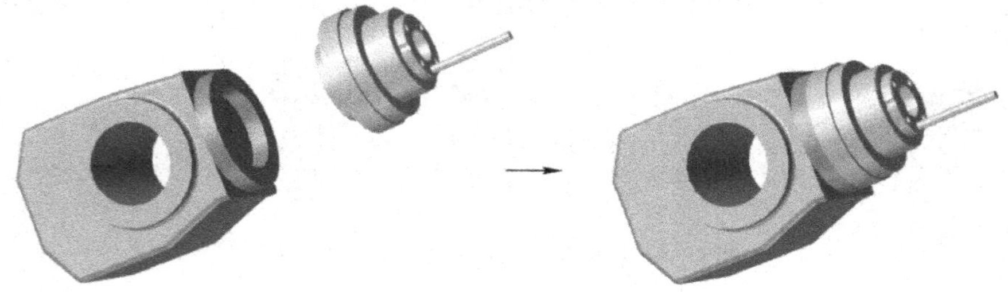

图 8-95 对齐角色

STEP② 通过单击“变换”选项卡“链接”按钮下的选项，设置机械臂各角色间的父子关系，如图 8-96 所示。完成后再将左机械臂单独拖放到右机械臂父对象之下，如图 8-97 所示，以保证左机械臂能够跟随右机械臂同步运动。

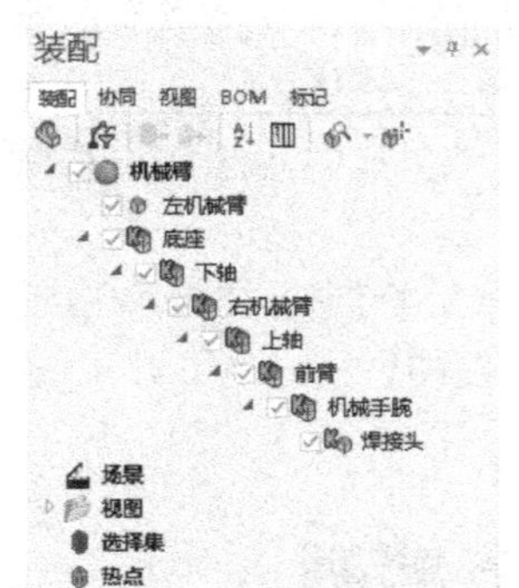

图 8-96 设置子-父链接关系

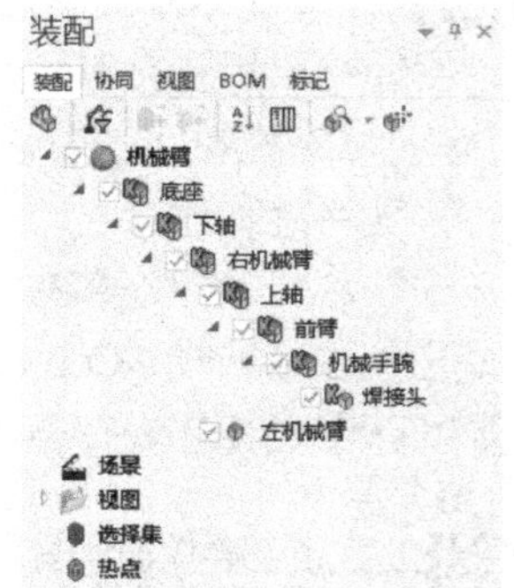

图 8-97 将相关模型置于父角色之下

STEP③ 设置底座的链接类型为“刚性”，其余子特征（除左机械臂外）的链接类型为“枢轴”，如图 8-98 所示，并根据需要设置各子特征枢轴的位置和枢轴的旋转方向（部分无法对齐的枢轴，需要调整父特征的枢轴方向）。

STEP 4 通过对齐枢轴操作，令父特征的枢轴方向分别与其子特征的枢轴方向一致（该过程根据实际情况可能需要调整多次）。

STEP 5 在交互式反转运动机构（IK）模式下（确保机械臂各个角色间链接关系正常起作用的状态下），调整机械臂各个角色的位置和旋转方向，创建机械臂的运动动画（创建时，可先调整父角色的位置，再调整子角色的位置），如图 8-99 所示。

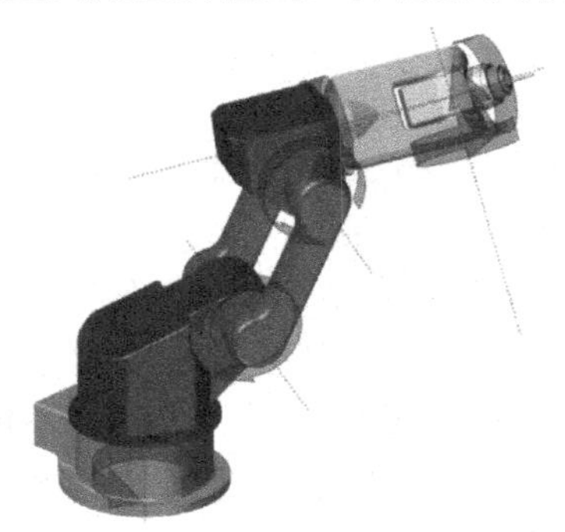

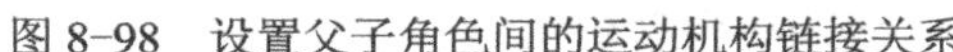

图 8-98 设置父子角色间的运动机构链接关系

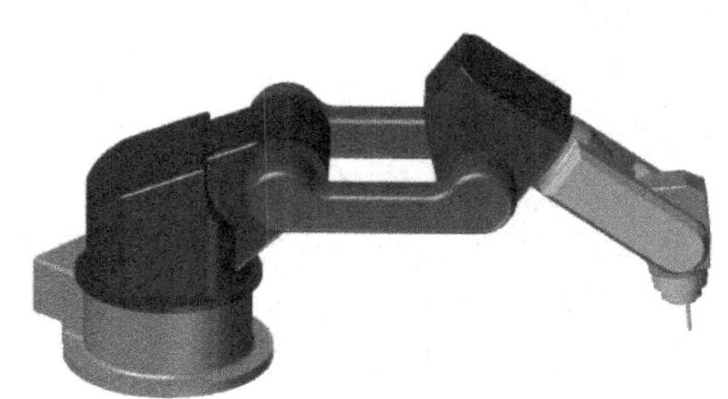

图 8-99 创建机械臂运动动画

8.7 本章小结

本章主要讲述了使用 SolidWorks Composer 进行交互展示创建模型的方法。其中主要包括 Composer 基本操作、Composer 主要功能的介绍，以及爆炸视图、零件明细表，视图和 Digger 视图的使用，动画的创建和文档发布等内容。

SolidWorks Composer 是对所设计产品进行展示的重要工具，其特点是更有利于展示三维模型，可方便客户更快了解所设计产品的功能和特点，并且 Composer 操作简便，所出的文档易于传播和集成，所以有能力的 SolidWorks 用户应当尽量掌握其用法。

8.8 思考与练习

一、填空题

（1）SolidWorks Composer 的主要功能，就是创建________和________。

（2）SolidWorks Composer 文件的默认扩展名是__________。

（3）在 SolidWorks Composer 中有两种模式，________模式和________模式（可单击操作窗口右上角的切换按钮进行切换）。

（4）BOM 是英文物料清单的缩写。在 Composer 中使用其______________功能可以创建零件明细表、材料明细表等（各类表格）。

（5）如果创建的零件序号没有自动对齐，或移动了零件编号后编号无法对齐，此时可使用______________工具来帮助对齐。

（6）SolidWorks Composer 中的______________是个很好用的工具，可以记录模型属性和方位等。

（7）__________是 SolidWorks Composer 中的一类特殊视图，类似放大镜，可以放大显示模型的某个部分，达到具体说明的目的。

（8）“________视图”中只记录了模型角色的方位信息，不记录模型的属性信息。

（9）在制作动画的过程中，如果需要改变观察方位，如原来是从前面观察的，现在需要变个方向从后方观察导入的模型，此时应使用__________关键帧。

（10）动画不记录对角色可视性所做的更改，要隐藏某个角色，可选择该角色，然后在左侧属性窗格中设置其_________为_____即可。

二、问答题

（1）使用 SolidWorks Composer 文件与 SolidWorks 原始文件是否有链接关系？在 SolidWorks 原始文件更改后，Composer 中的相应文件将如何发生变化？

（2）什么是角色的中性属性和中性位置？中性属性在重新设置后可否恢复？

（3）应如何创建 Digger 动画？试简述其操作。

（4）“时间轴”面板中的”动画标记”主要有何作用？应如何创建动画标记？请简单说明。

（5）什么是装配体选择模式？此模式主要特点是什么？如何切换到装配体选择模式？

（6）什么是照相机播放模式？应如何切换照相机？请简单说明。

三、操作题

打开本书提供的素材文件“夹子.SMG”，然后通过设置父子链接关系或直接旋转等方式，创建夹子开合的动画。如图 8-100 所示。

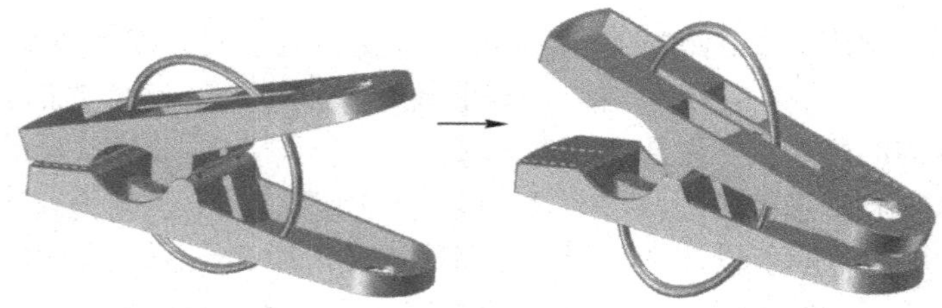

图 8-100 夹子动画效果

弹簧的变形，可通过设置弹簧属性中的横竖项比例等来完成。如图 8-101 所示。

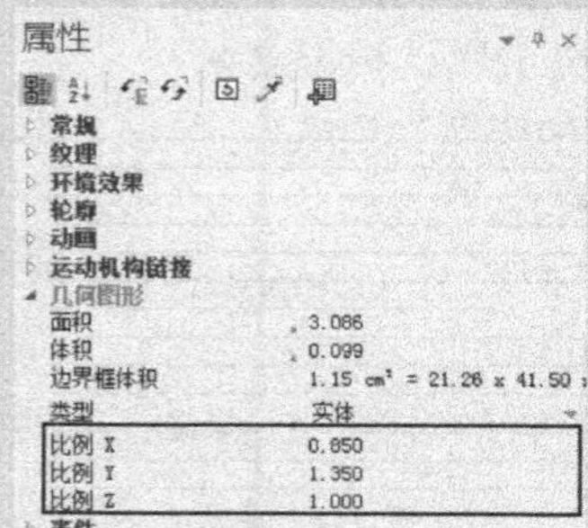

图 8-101 弹簧变形的设置方法

第 9 章　大型装配体

本章要点

- 大型装配体概述
- 外围软硬件提速
- SolidWorks 优化设计
- SolidWorks 软件设置提速
- 提速操作和提示工具的使用

学习目标

对于生产流水线、化工车间等大型机械装备，当使用 SolidWorks 进行设计和装配时，由于零件众多、结构复杂，操作时系统会变慢显得非常吃力。那么，在此种情况下，应如何进行操作以减轻系统负担、提高运行速度，进而确保可以流畅地进行设计呢？

本章针对大型装配体将讲述，进行优化设计以及系统优化，或使用相关工具以保障流畅设计的相关功能和技巧。

9.1　大型装配体概述

大型装配体的主要特点是，在操作时系统会变慢。但是只要在设计时（非分析时），系统出现反应迟钝或提示系统资源不足时，都可以使用本章提供的方法对计算机或设计流程等进行优化，以提高运行速度。总之，提高运行速度，以保证 SolidWorks 软件的正常、流畅运行，是本章要讲解的主要内容，也是本章讲解的最终目的。

在学习本章后面的具体优化措施之前，先了解一下都有哪些情形会显著降低系统的运行速度。

1．零件复杂，特征多，特征复杂

复杂的不规则零件，当所用特征太多时会耗用大量的系统资源。解决措施是，优化设计步骤，选用适当的特征，并压缩一些特征等，详见 9.3.1 节的讲述。

2．大量的约束配合关系

软件在计算添加的每个配合时都需要考虑多种情况，如是否完全配合，或有冗余配合，零件的几个自由度等，这样打开的装配体就会耗用很多资源。装配体中的配合和优化，可见 9.3.2 和 9.3.3 节中的讲述。

3．变数和错误

对于单个零件，当草图非完全约束，或装配体中非完全定义，或者有设计错误、约束错误等，都会增加软件的计算量，从而影响系统性能。错误和故障的排除，详见 9.3 节中其他小节的讲述。

4．显示的精细度

显示的细节越多（如切边显示），计算机的计算量必然越大，所以要使用怎样的显示精度，应综合考虑计算机的性能和所设计模型的规模等来具体进行调整（详见 9.4 节中的讲述）。

装配体中模型的四种状态是很重要的，每种状态都有适合它的设计场合。附加在这四种状态之上，实际上还有“封套”和“SpeedPak”状态，详见 9.4.2 节（讲解“封套”）和 9.5.4 节（讲解“SpeedPak”）中的讲述。

- **还原状态**：这是零部件的正常显示状态，此状态下，系统会将零部件的所有数据信息调入内存（此时，占用系统资源最多）。
- **隐藏状态**：此状态下，同样会将零部件的所有数据信息调入内存，而且同样会参与装配等计算，只是不显示（所以，与还原状态相比，此状态对系统性能基本没有什么优化）。
- **压缩状态**：此状态下，将不调入零部件的数据信息到内存，所以此状态下，占用系统资源最少；缺点是此状态下零部件不显示，而且在整体操作时也不会被考虑。对于零部件，被压缩的特征将不调入内存。所以，在一定情形下，此功能也可用于优化系统性能。
- **轻化状态**：零部件的数据信息部分调入内存，而且在整体操作时，会根据需要再次调入零部件的其他相关信息。此状态占用系统资源较少，且零部件处于显示状态，有利于系统调整或装配，是一种较好的节省系统资源的模式。

要想令软件在设计时无往不胜（胜任各种复杂模型的设计），提高计算机性能（包括令 Windows 系统运行流畅等），加强各种配置等是最直接的解决办法。所以，在 9.2 节，将首先介绍一下相关的操作方法。

9.2 外围软硬件提速

通过提高计算机配置增强计算机性能，可以保证在不采取其他措施的前提下，对较大的装配体保持流畅操作；而通过优化操作系统，进行合理的调整，可以优化计算机的资源配置，达到顺畅使用 SolidWorks 的目的。本节介绍相关操作。

9.2.1 硬件需求和提高

应该使用什么样的计算机硬件来进行 SolidWorks 模型设计呢？应如何选购、搭配、升级呢？主要考虑 CPU、内存、硬盘和显卡。具体如下。

1．CPU

CPU 运行越快越好，上不封顶。此外，对于相同的运行频率，如果通过单核可以达到此频率（如单核 4GHz 的 CPU），那么就不要选用多核（如双核 4GHz，每个核 2GHz）。这是因为 SolidWorks 的很多操作是在单一核心上完成的，如模型设计操作等（不过仿真和渲染等使用的是多核心）。

2．内存

内存同样是多多益善（建议至少 8GB 以上，标准配置 16GB 以上），内存频率也是越高越好。如果内存太小，需要设置大容量的虚拟内存（设置方法见 9.2.2 节），虚拟内存是在硬盘上划分的一块区域，读写速度太慢，会严重影响系统性能。

3．硬盘

建议选用读写速度较快的固态硬盘，容量不做要求，够用就好（通常在 500GB 以上）。如果考虑到经济因素，也可选用混合硬盘，或转速较高的机械硬盘（建议 10000 转/min 以上为好）。

4．显卡

显卡应选用 SolidWorks 测试认证过的显卡（在 SolidWorks 官网上有列表说明）。此外，显卡的显存要大（独立显存 1GB 以上），频率要高。

SolidWorks 官方推荐使用专业的图形显卡，不要选用性能较差的游戏显卡。游戏显卡，针对游戏进行的优化（如抗锯齿）在三维设计中并不需要。所以，在设计过程中读者会发现，专业的图形显卡运行速度高于游戏显卡。

9.2.2 设置虚拟内存

对于配置较差的计算机，内存较小时设计稍微复杂的模型，即会提示“内存耗尽”，此时可尝试增加系统的虚拟内存，以便临时提高内存，保证可以继续进行模型设计（当然根本的解决措施，还是应该尽量增加系统的物理内存）。

设置系统虚拟内存的操作（Windows 7 操作系统下）如下。

STEP① 右击桌面上的“计算机”图标，选择“属性”命令，打开“控制面板”系统对话框，单击“高级系统设置”链接，如图 9-1 所示，打开“系统属性”对话框。

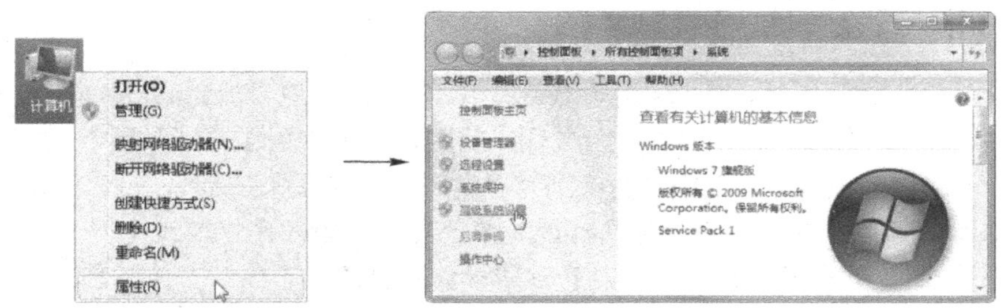

图 9-1 打开“系统属性”对话框

STEP② 在打开的“系统属性”对话框中，切换到“高级”选项卡，单击“设置”按钮，打开“性能选项”对话框，同样切换到“高级”选项卡，然后单击“更改”按钮，如图 9-2 所示，打开“虚拟内存”对话框。

STEP③ 在打开的“虚拟内存”对话框中，选中要设置虚拟内存的分区，选中“自定义大小”单选按钮，然后在“初始大小”文本框中设置虚拟内存的初始大小，在“最大值”文本框中设置虚拟内存的最大值，然后单击“设置”按钮，再单击“确定”按钮，即可完成虚拟内存的设置，如图 9-3 所示。

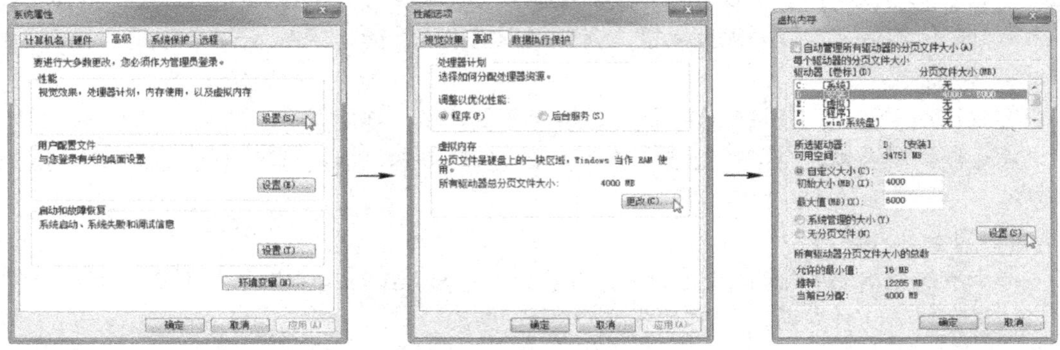

图 9-2 打开“虚拟内存”对话框　　图 9-3 设置虚拟内存

虚拟内存，通常为物理内存的整数倍，如物理内存为 16GB，则可将虚拟内存设置为 32GB、64GB 等。虚拟内存所在分区的剩余空间容量应该大于所设虚拟内存的最大值。而且，为了提高运行速度，可将虚拟内存设置到速度较快的固态硬盘上。

建议将虚拟内存的“初始大小”和“最大值”设置为相同，如设置为不同，当虚拟内存大小频繁突破最小值时，系统频繁调用未划定的硬盘区域，会造成较多的硬盘碎片，从而影响运行速度。

9.2.3 使用“最佳性能”

为了令系统显示绚丽，Windows 系统默认会开启很多“特效”，为了提高运行速度，可以将这些“特效”关闭。此时，可在图 9-2 右图所示的“性能选项”对话框中，切换到“视觉效果”选项卡，如图 9-4 所示，然后选中“调整为最佳性能”单选按钮，再单击“确定”按钮，即可关闭显示特效，提高计算机的运行速度。

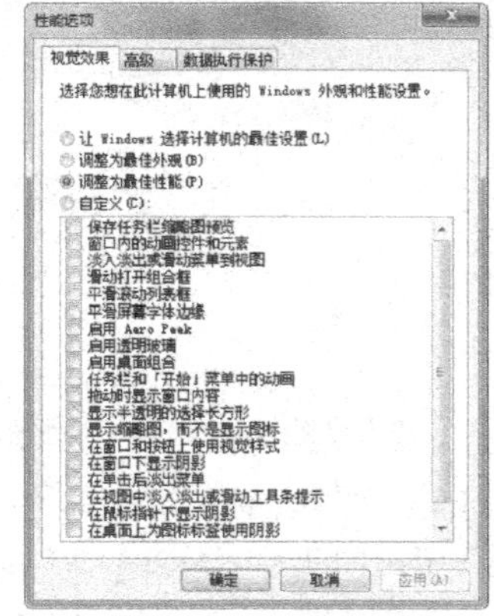

图 8-4 设置最佳性能

9.2.4 减少开机启动项

操作系统在运行一段时间后，如安装的应用软件较多，那么在开机时会自动运行很多程序，并长期驻留内存。这些程序会占用一部分系统资源，并降低开机速度。为了保障 SolidWorks 能够调用足够多的系统资源来操作大型装配体，可以设置开机时不运行此类程序。

可以选择“开始”>“所有程序”>“附件”>“命令提示符”菜单选项，打开“管理员：命令提示符”对话框，如图 9-5 左图所示，然后输入“msconfig”命令，并按〈Enter〉键，打开“系统配置”对话框，如图 9-5 右图所示。切换到“启动”选项卡，然后取消选中所有不需要启动程序前的复选框，再单击“确定”按钮即可。

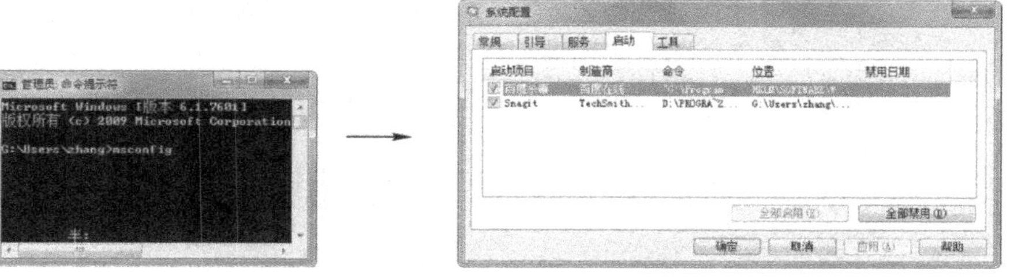

图 9-5 减少启动项

9.2.5 磁盘碎片整理

当计算机的磁盘碎片较多时，程序在读写磁盘时将耗费较多的时间。为了提高运行速度，应在适当的时候（如计算机空闲时间）对磁盘进行碎片整理操作。

可以选择“开始”>“所有程序”>“附件”>“系统工具”>“磁盘碎片整理程序”菜单选项，打开“磁盘碎片整理程序”对话框，如图 9-6 所示，然后选择要进行磁盘碎片整理的磁盘，再单击“磁盘碎片整理”按钮，对磁盘进行碎片整理操作（当磁盘文件较多时，此过程将耗费较多时间）。

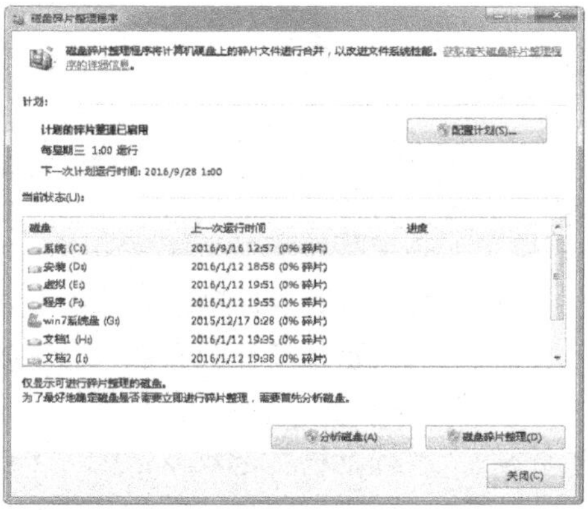

图 9-6 “磁盘碎片整理程序”对话框

9.2.6 不要同时运行其他程序

在使用 SolidWorks 时，应将其他无用的软件、程序，如音乐软件、聊天软件、视频通话软件等，统统关闭。而且，特别不要同时打开多个大型设计软件。如在打开 SolidWorks 的同时，打开了 CATIA，或高版本的 AutoCAD、3DMAX 等，而且当前使用的计算机配置并不太好，那么将很快发现系统吃不消。

9.2.7 使用 SolidWorks Rx 工具提速

可使用 SolidWorks Rx 工具，对当前的软硬件系统配置进行检测，并显示出不符合 SolidWorks 当前版本要求的项目。

可以选择“开始”>“所有程序”>“SolidWorks 2016”>“SolidWorks 工具”>“SolidWorks Rx 2016”菜单选项，打开“SolidWorks Rx”对话框，如图 9-7 所示。通过此对话框中的选项卡，可以诊断系统配置错误，进行系统维护和问题捕捉等操作。具体如下。

- “首页”选项卡：“首页”选项卡，没有特别的功能，实际上是其他选项卡的操作面板，此处不做过多介绍。

➢ **“诊断”**选项卡：此选项卡，可自动对当前系统的软硬件进行测试，找出不适合 SolidWorks 系统要求的选项，并以叉号标记出来，如图 9-7 所示。

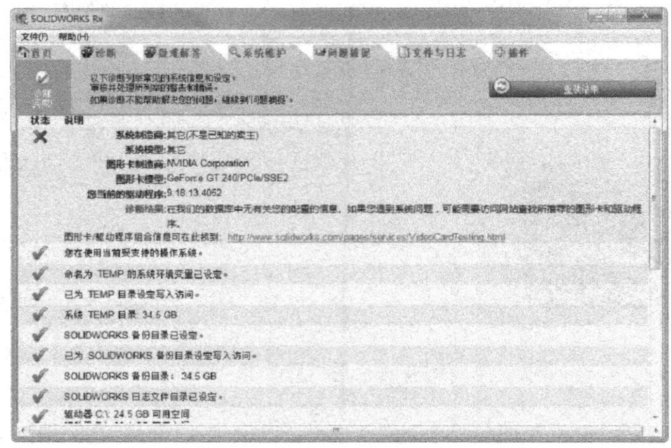

图 9-7 SolidWorks Rx“诊断”选项卡

提示

在选购 SolidWorks 设计用计算机时，用户可根据此选项卡中标记出的错误配置信息，对系统进行调整，更换硬件以及解决软件故障等。

➢ **“疑难解答”**选项卡：单击此选项卡中的链接，将在浏览器中打开 SolidWorks 的在线帮助。通过打开的界面，可以搜索 SolidWorks 提供的帮助，也可以提交在线求助，获得在线技术支持等。

➢ **“系统维护”**选项卡：如图 9-8 所示，在此选项卡中，单击“开始维护”按钮，可以对系统进行清理，删除一些临时文件等，令系统运行流畅。

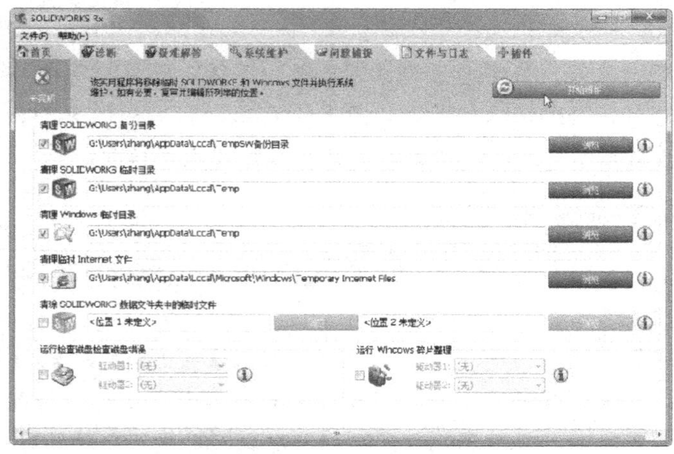

图 9-8 SolidWorks Rx“系统维护”选项卡

➢ **“问题捕捉”**选项卡：如图 9-9 所示，通过此选项卡，可以用录像的形式捕捉 SolidWorks

软件在操作过程中的错误等，并保存为压缩文件包（是一种日志的形式），然后可在“文件与日志”选项卡中播放问题录像。

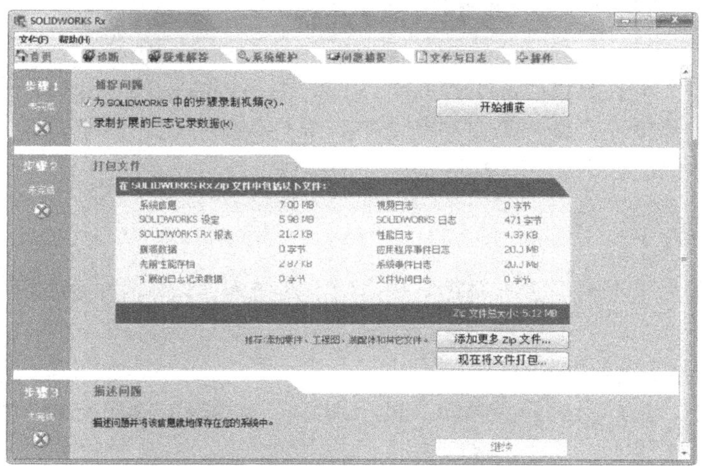

图 9-9　SolidWorks Rx“问题捕捉”选项卡

单击“开始捕获”按钮，然后按照向导提示进行操作（期间会打开 SolidWorks 程序，读者需要重复之前 SolidWorks 出现错误的操作），即可录制 SolidWorks 问题。

- “插件”选项卡：如图 9-10 所示，在此选项卡中，单击开始“基准测试”按钮，可以对 SolidWorks 所处的当前的计算机配置环境进行测试，并打出分值，可参照此分值配置要使用 SolidWorks 进行设计工作的计算机。

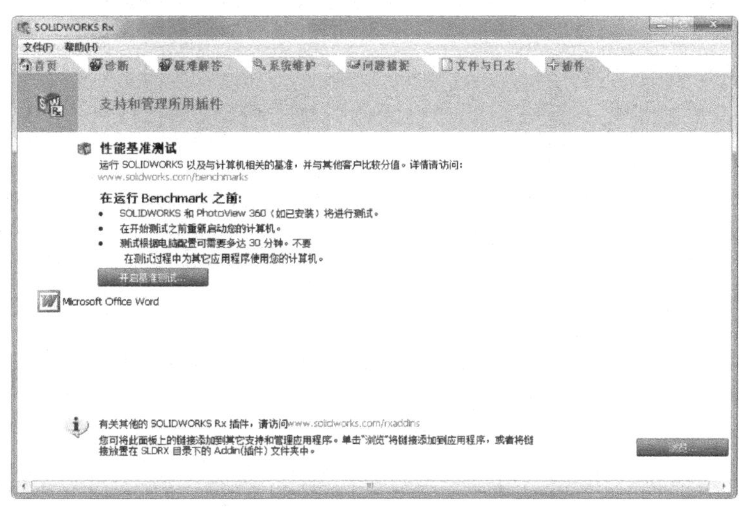

图 9-10　SolidWorks Rx“插件”选项卡

单击“浏览”按钮，可以将其他应用程序（.exe 文件）添加到当前面板中，然后单击添加进来的图标，可以直接启动此应用程序。

9.3 SolidWorks 优化设计

为了提高操作大型装配体时的工作效率，在模型设计和进行装配时有一些规则需要遵循。因为一些不当的设计操作会额外加重系统负担，虽然模型可能并不那么庞大，但是依然会使运行变慢。本节介绍进行设计和装配时需遵循的准则。

9.3.1 设计技巧

在设计模型时为了令模型更加精简，少占用系统资源，以确保大型装配体可以顺利操作，需要注意如下几点：

1．使用“完全定义草图”

在零件设计中，应尽量使用完全定义的草图。完全固定的草图会减少很多可能性，从而减少系统的计算量。

2．圆角特征技巧

建议在模型创建的最后添加圆角特征；此外，可利用 FilletXpert（圆角专家，圆角特征右侧选项卡）整合规划圆角特征；最后，应减少变半径、面圆角等高级圆角特征的使用。

3．减少高级特征

应尽量减少扫描、放样、抽壳、弯曲和变形等高级特征的使用，如必须使用此类特征，应使其轮廓线尽量规则。

4．减少使用组合特征

应尽量减少相交、组合、分割等组合特征的使用。

5．阵列特征优先选择“几何阵列”选项

几何阵列比实体阵列运算少、速度快，所以能在草图中进行的阵列应在草图内完成。此外，应避免使用超大规模的复杂阵列特征。

6．避免使用螺旋实体特征

避免创建复杂的螺旋实体特征，非必要的螺旋细节特征可通过贴图实现。

7．主要特征在前，次要特征在后

先创建模型主体，然后创建细节特征，先创建模型大致形状，然后创建内部结构。此外，建模时步骤要精简，可以一步完成的就不用两步。

9.3.2 装配技巧

采用合适的装配手段对模型进行装配，是保证大型装配体顺利操作的关键，也是用户必须掌握的操作技巧。这些技巧主要有如下几点。

1．使用子装配体

应避免所有零件都平铺在一个装配体内进行装配，而应该适当地采用子装配体，这样可以减少总装配的配合数量，从而大大减少操作时系统的计算量。

2．避免循环配合参考

避免循环配合参考。最好设置主要零件为固定，然后将其余大多数配件（或子装配体）

装配到此固定零件上。

3. 应避免参考几何体与装配体特征配合

在装配体中应避免参考几何体（如坐标系、参照面等）与装配体中创建的特征（如拉伸切除、圆角、孔等）之间添加配合。因为这样会需要较长的计算时间。

4. 避免与阵列配合

应避免在零件与阵列零件（或阵列特征）之间添加配合。

5. 尽量减少关联特征

虽然关联特征是自上而下建模的关键，但是也应尽量少用关联特征，如必须使用关联特征，则应以某个主要零件为参照，创建其余关联特征（同样应避免循环配合参考）。

6. 避免使用过多配合

一定要避免使用过多配合（当在一个装配体中配合较多时，会明显降低打开速度），应多使用固定约束。

7. 压缩暂不参与装配的零部件

装配时，若装配的零部件与现有的零部件没有关系，可以单击“压缩”按钮，暂时压缩零部件。压缩的零部件不参与计算，将极大提高运行速度。

8. 孤立只参与装配的零部件

选择只与当前装配件关联的零部件，然后右击，选择“孤立”命令，其他零部件将暂时不参与计算。然后执行装配操作，将大大提高运行速度。

在孤立状态下，单击“孤立”工具栏中的“保存”按钮，打开“保存显示状态”对话框，输入一个状态名称，并单击“确定”按钮，可以保存当前的孤立显示状态；单击“退出孤立”按钮，可以退出孤立显示状态。保存孤立状态后，可在“配置”栏的底部“显示状态”分格中双击保存的“孤立”显示状态，调出此状态，然后对模型进行调整，如图 9-11 所示。

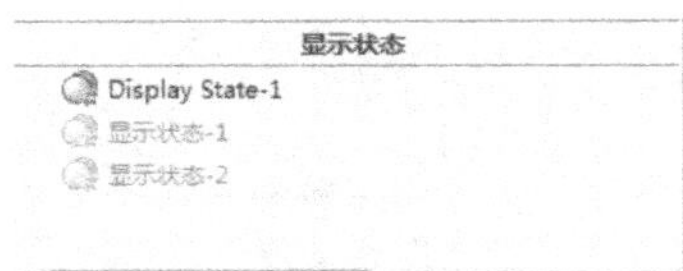

图 9-11 “孤立”工具栏和保存使用孤立“显示状态”界面

知识库

孤立和隐藏的功效是一样的，都是暂时不显示某些零件。零件不显示，在操作零件时，计算机不会考虑隐藏零件的位置，所以操作的速度同样会快很多。

9.3.3 简化配置

可以采取简化配置的方式，如压缩一些特征细节，或者去掉模型参数，或分段添加零件和配合等，加快装配体的运行速度。具体如下。

1. 去细节

为了加快运行速度，可以将模型的细节特征压缩（或不创建），如螺纹特征、一些不重要的阵列特征等（实际操作时，可用贴图等来代替）。

2．子装配体去参数化

可以将子装配体保存成零件，去除子装配体的参数，这样既可以保留装配体的外观与形状，又可以提高总装配体的性能。去除参数的子装配体，仍然适用于大型装配体的设计或者动力学分析。

打开子装配体后，选择“文件”>“另存为”菜单命令，打开“另存为”对话框，在“保存类型”下拉列表中选择 Part (*.prt;*.sldprt) 格式，“要保存的几何:”选择“所有零部件”，单击“确定”按钮，即可去除子装配体的特征。

在“另存为”对话框中，如选中“外部零部件”单选按钮进行保存，将不会保存装配体内部的零件；如选中“外部面”单选按钮，会将子装配体零件全部保存为曲面格式；如选择“保留几何体参考”单选按钮，将一同保存参考几何体（如坐标系等）。

3．压缩新特征或零件，分段添加配合

在左侧控制区中，切换到“ConfigurationManager”配置选项卡，右击某个配置，选择“属性”命令，然后选中“压缩新特征和配合”和“压缩新零部件”复选框，如图 9-12 所示，单击“确定”按钮，可以令在其他配置中添加的新零部件、新特征和新配合，在此配置中默认压缩。

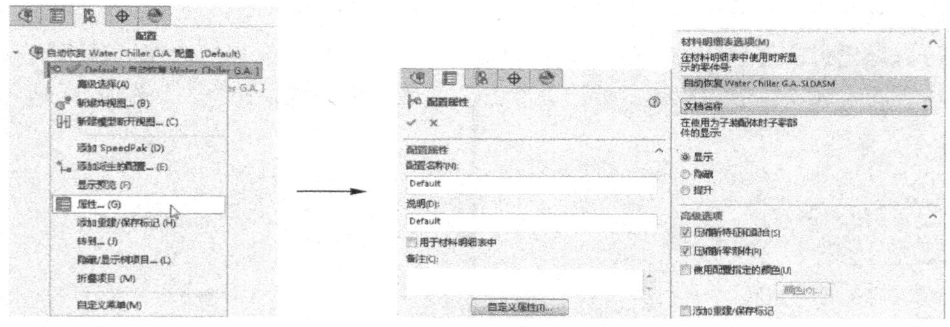

图 9-12 设置装配体属性

设置在不同配置中压缩其他配置中添加的新零件和新特征的好处是，可在不同配置中装配装配体的不同部分，而总装配体的运行速度不会受到太大影响（因为其他配置中添加的新零件或子装配体，在当前装配体中默认都被压缩了）。

9.3.4 输入诊断和检查实体排除建模错误

对于导入的零件（如导入.step 格式的零件），经常会出现重建模型错误的情况，图 9-13 所示是提示模型错误对话框。错误的模型会降低 SolidWorks 计算生成模型的速度，而使用“输入诊断”命令，可以尝试自动修复此类错误。操作如下。

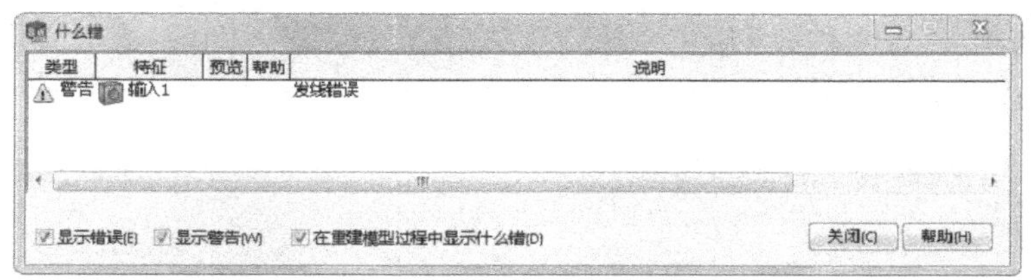

图 9-13　模型错误“什么错”对话框

在出现了建模错误的零件空间中，选择“工具”>“评估”>“输入诊断”菜单命令，打开“输入诊断”操控面板，如图 9-14 所示。此时可以单击“尝试愈合所有面”按钮，对错误面进行修复。如无法自动修复错误的面，可右击错误面，在弹出的快捷菜单中，选择“删除面”等命令（或放大所选范围等），如图 9-15 所示，对错误进行详细的观察和操作，最终达到修复错误面的目的。

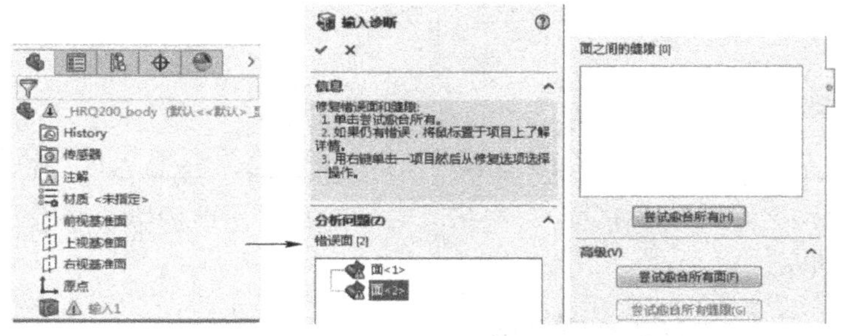

图 9-14　通过“输入诊断”操控面板修复错误

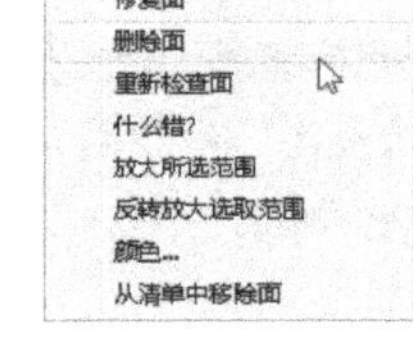

图 9-15　右击错误面出现快捷菜单

“输入诊断”命令，只对零件有效，装配体中不可用，且只在模型有错误的时候，才能使用“输入诊断”命令。

无论在装配体还是零件体中，都可以选择“工具”>“评估”>“检查”菜单命令，打开“检查实体”对话框，然后单击“检查”按钮，对模型执行相应的检查操作，如图 9-16 所示（检查完成后，在结果清单中，选择找到的项，可在右侧用箭头指明此错误的位置）。

在“检查实体”对话框中，如选中“严格实体/曲面检查”复选框，将从头开始执行检查操作；取消选中此复选框，系统检查时将使用之前的几何体检查结果，此时可以提高运行速度（此项，默认为不选中）。

该对话框“检查”选项组中的“所有”是指对所有实体、曲面（或两者）执行检查操作；“所选项”是对所选的项执行检查操作；“特征”是对所选的特征执行检查操作。

“查找”选项组中可设置检查的具体项，其中“无效的面”在检查完成后，会在右侧文本框中显示找到的无效面的个数；同样，“无效的边线”和“短的边线”项，分别用于显示找到的无效的边线和短的边线的个数。

“最小曲率半径”用于指定检查当前指定范围内边线的最小曲率半径，并在下面的文本框中显示出来；同理，“最大边线间隙”用于指定检查的最大边线间隙；“最大顶点间隙”则指定检查当前范围内的顶点的最大间隙。

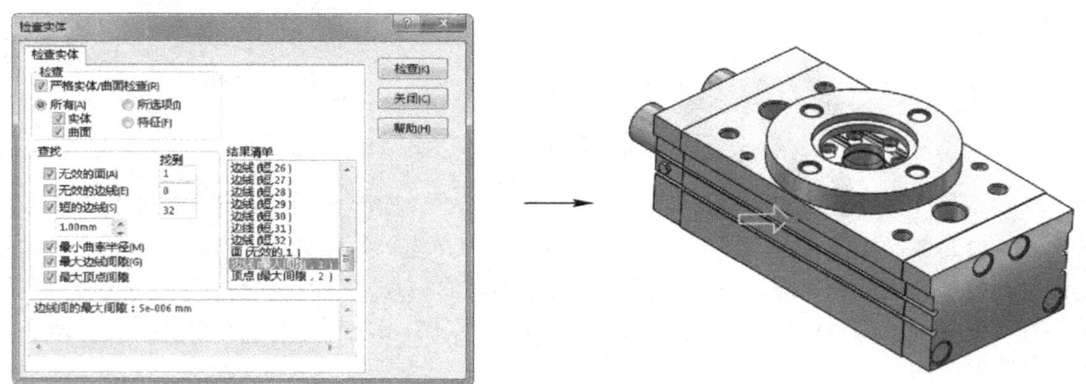

图 9-16 通过“检查实体”对话框对模型执行检查

9.3.5 使用 MateXpert 工具排除配合错误

在系统提示配合错误的装配体中，选择“工具”>“评估”>“MateXpert”菜单命令，打开“MateXpert”操控面板，然后单击“诊断”按钮，可以分析当前装配体中出现的错误配合，以及错误配合的位置，如图 9-17 所示。

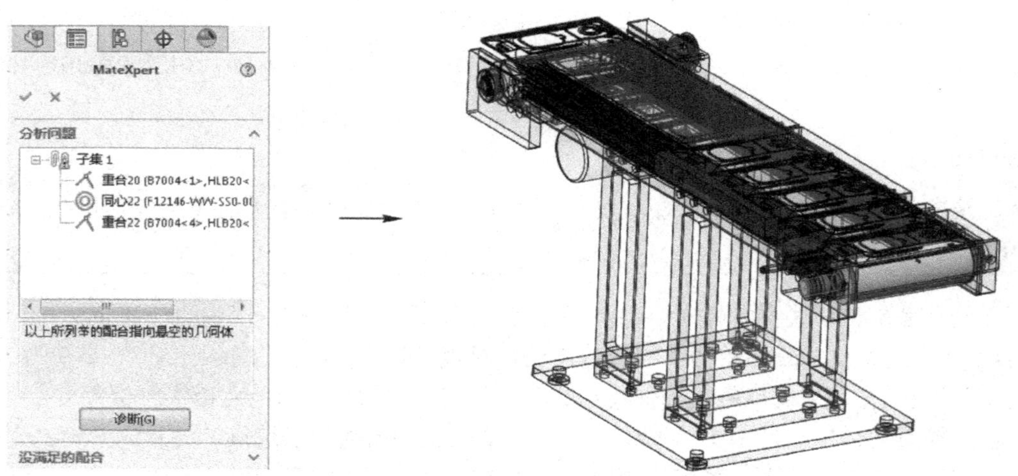

图 9-17 通过“MateXpert”工具查找的错误配合

右击系统找出的错误配合，选择“编辑配合”菜单命令，可以对错误配合进行编辑，选择“压缩”菜单命令，可以将错误配合压缩，从而完成对错误配合的修复。

9.3.6 使用“软件 OpenGL”排查显卡故障

在用户计算机显卡不符合 SolidWorks 要求时（也可能是显卡驱动没装好），会造成所绘模型显示不正常。此时可以开启 SolidWorks 的使用软件 OpenGL 功能，使用软件来模拟 OpenGL

功能，从而令模型正常显示。

打开 SolidWorks 后，在不打开任何模型的状态下，选择“工具”>“选项”菜单选项，打开“系统选项”对话框，在左侧列表中选择“性能”项，然后在右侧选中“使用软件 OpenGL”复选框即可。如图 9-18 所示。

图 9-18 “系统选项-性能”对话框设置界面

启用软件 OpenGL 后，通常会解决显示问题，但是，由于是使用软件来模拟显卡的性能（相当于原显卡没什么作用了），必然加重 CPU 的负担，会大大影响装配体的运行速度。所以如非必要，绝对不要开启此模式。

9.4 SolidWorks 软件设置提速

通过对软件进行设置，如设置模型显示细节的程度，设置在装配体过大时自动使用“大型装配体模式”等，也可以在操作大型装配体时节约一些系统资源，从而保障在操作大型装配体时系统能够流畅运行。本节介绍这些软件设置技巧。

9.4.1 性能设置

选择“工具”>“选项”菜单选项，打开“系统选项”对话框，如图 9-19 所示（按右侧选项设置，为最佳性能）。在左侧“系统选项”列表中选择“性能”项，然后可以通过右侧选项的设置，对软件在操作大型装配体时的性能进行优化。具体如下。

图 9-19 “系统选项-性能”对话框设置界面

1. 检查

“重建模型时验证”复选框，设置在重建模型时，是否启用“高级实体检查”命令来检查模型错误，取消选中此复选框，重建模型的速度会更快；“为某些钣金特征忽略自相交叉检查”复选框，选中该复选框后，将压缩某些钣金零件的警告信息（选中，可提高运行速度）。

2. 透明度

“正常视图模式高品质”复选框。选中该复选框，在平移、移动或旋转零件时，透明度降低为低品质（不操作时，透明度为高品质，应选中）；“动态视图模式高品质”复选框，选中该复选框，在平移、移动或旋转零件时，透明度仍然使用高品质（应取消选中）。

3. 曲率生成

“只在要求时”列表选项，第一次显示时曲率显示速度较慢，但占用较少的内存；“总是(针对每个上色模型)”列表选项，第一次显示时曲率显示速度较快，但生成或打开的每个零件需要占用额外的内存（默认选用“只在要求时”即可）。

4. 细节层次

将“细节层次”的滑块设定到“关闭”，在缩放、平移或旋转模型时，将完整显示模型的所有细节，如图 9-20 左图所示；将滑块从“更多(更慢)”设定到“更少(更快)”，在缩放、平移或旋转模型时，将逐渐减少模型细节的显示，如图 9-20 右图所示（此时不显示细节的模型，将以方块形式显示出来。很明显，不显示模型细节可以提高模型的显示速度）。

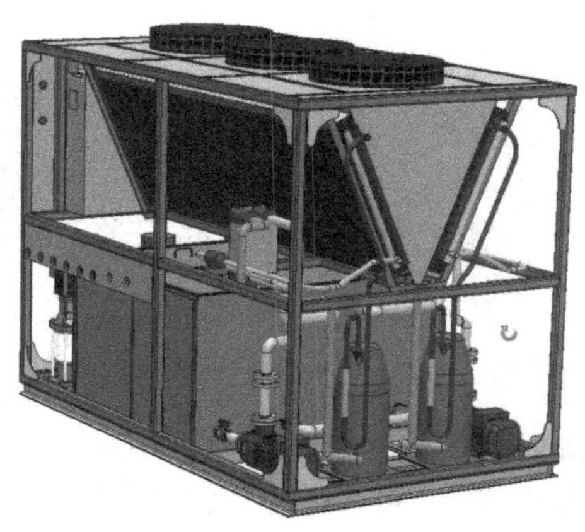

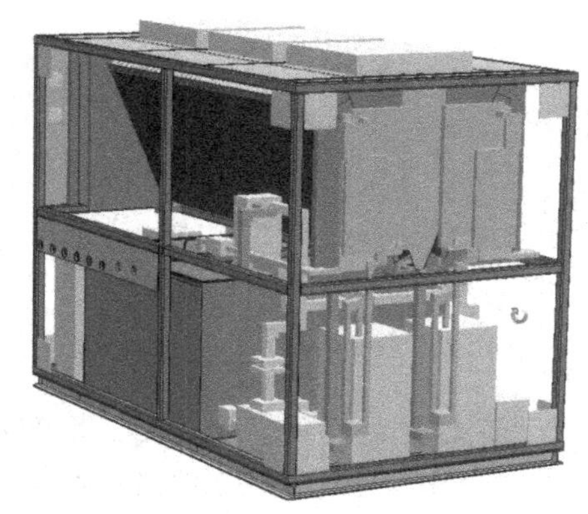

图 9-20　关闭细节（左）和细节更少（右）旋转模型时的不同显示效果

5．装配体选项组

“自动以轻化状态装入零部件”复选框，选中该复选框，所有打开的装配体中的所有零件和子装配体将均以轻化状态装入；“始终还原子装配体”复选框，选中该复选框后，子装配体将不会以轻化模式被打开（如以轻化模式打开装配体，子装配体的所有零部件将仍然保持轻化状态）。

“检查过期的轻量零部件”下拉列表框：“不检查”项指定装入装配体，不检查过期的零部件；“指示”项，如果装配体包含过期零件，将用图标进行标记（但是并不更新）；“总是还原”项，指定在装入时还原所有过期装配体。

“解析轻化零部件”下拉列表框。当轻化零部件调入了某些数据后（即由于某项操作不得不改变零件的轻化状态），完成操作后，系统是提示还原到轻化状态（“提示”选项），还是完成此类操作后，自动还原到轻化状态（“始终”选项）。

“装入时重建装配体”下拉列表框，指定在打开装配体时是否希望重建以更新零部件。“提示”和“始终”选项的作用与“解析轻化零部件”相同；“从不”选项即从不重建模型。

“配合动画速度”设置是否展示配合动画，将滑块移到“关闭”位置，将不显示配合动画（此时显示速度最快）。“SmartMate 灵敏度”，设置 SmartMate（智能装配体）时，零件智能装配的灵敏度（该项需要大量的计算，会影响装配速度，可取消）。

6．其他

“清理缓存配置数据”复选框，选中该复选框后，在保存文档时将不保存非激活配置的改变，而只保存当前配置的更改数据。

“保存文件时更新质量属性”复选框，保存文件时设置更新质量特性（不关心的话，可以不令其更新质量数据，而只在需要时更新即可，减少计算量）。

“使用上色预览”复选框，在特征编辑模式中，设置是“使用上色预览”模式（选中）预览特征效果（图 9-21 右图），还是不“使用上色预览”模式预览特征效果（仅以线框模式预览，如图 9-21 左图所示）。

“使用软件 OpenGL”复选框，该选项在 9.3.6 节中已做过解释。

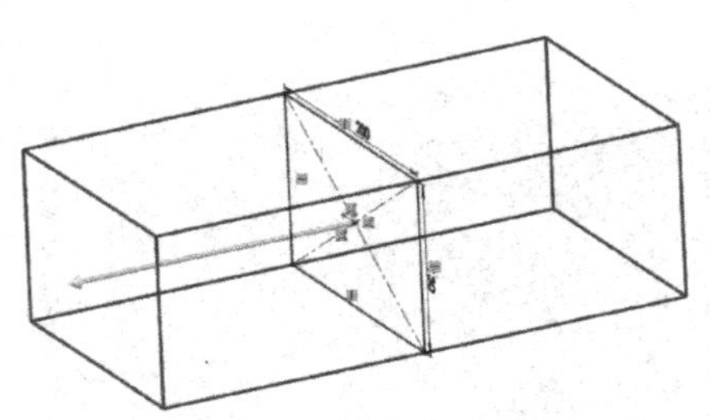

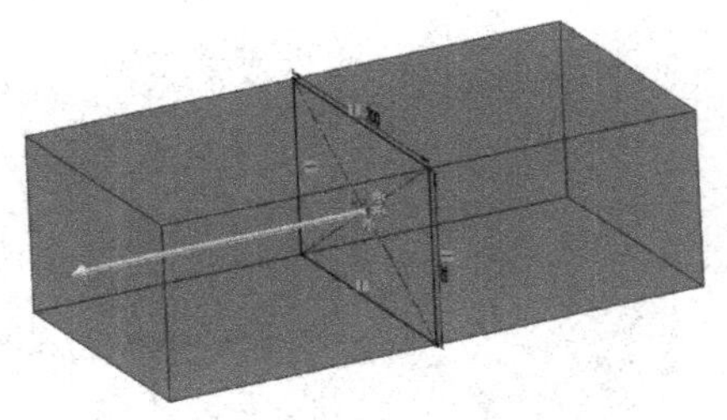

图 9-21 不“使用上色预览”（左）和“使用上色预览”（右）拉伸操作预览效果的区别

“打开时无预览(较快)”复选框，选中此复选框，将取消打开时的预览，而直接按设置将零件导入到内存，然后一次性地显示零件；取消选中该项，将首先在操作区中显示模型预览效果，然后顺次导入模型。

提示

在打开模型的状态下，“系统选项”选项卡还将显示“查看图像品质”单选按钮，单击该按钮，将转换到“图像品质”设置界面，通过该界面可以设置当前打开的模型的图像显示品质（关于图像品质的设置，详见 9.4.4 节中的讲述）。

9.4.2 设置和使用大型装配体模式

选择“工具”>“选项”菜单选项，打开“系统选项-装配体”对话框，在左侧“系统选项”选项卡列表中选择“装配体”项，如图 9-22 所示，然后选中右侧选项中的相应复选框，单击“确定”按钮，可以开启大型装配体模式。

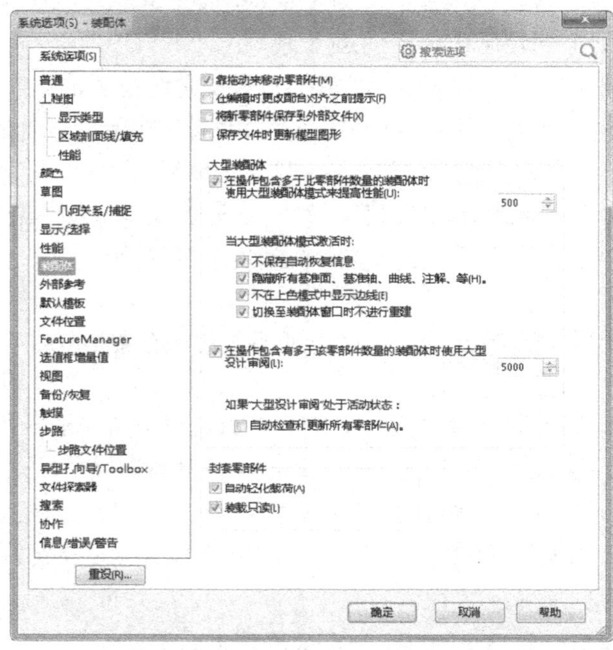

图 9-22 “系统选项-装配体”对话框设置界面

开启此模式后，当打开的装配体模型数超过所设置的数目后，将自动进入大型装配体模式。在大型装配体模式下，系统将通过降低画质、隐藏部分内容等来提高运行速度。

如果模型虽然很大，系统运行变慢，但是并未触动大型装配体开关（如模型个数只有100个），此时，也可选择“工具”>“大型装配体模式”菜单选项，手动设置进入此模式，以提高系统运行速度。

下面对“系统选项-装配体”对话框右侧的选项功能做一下介绍，具体如下（最上部的四个选项，与大型装配体模式关联不大，此处不做介绍）。

1. 大型装配体选项组

- 选中“在操作包含多于……”复选框，并在右面文本框中设置模型个数，当打开的模型所包含的零件数超过此数目时，即自动开启大型装配体模式。
- “不保存自动恢复信息”复选框：选中此复选框后，表示禁用模型的自动保存操作。
- “隐藏……”、“不在……”和“切换……”复选框的意义较简单，此处不做介绍。
- “在操作包含……”复选框。选中此复选框，并在右面的文本框中设置零件个数，表示超过此零件个数后，自动使用“大型设计审阅模式”显示装配体。
- “自动检查……”复选框，设置是否要自动检查和更新零部件，为了节省系统资源，采用手动更新即可。

2. 封套零部件选项组

- “自动轻化载荷”复选框：选中此复选框后，对于封套的零件将自动进行轻化处理，以轻化状态载入和显示。
- “装载只读”复选框，是指以只读状态载入封套的零部件。

在装配体模式下，单击“插入零部件”按钮，在打开的“插入零部件”属性管理器界面中，选中“封套”复选框，然后单击“浏览”按钮，选择插入的零部件，即可插入封套模式的零部件，如图9-23所示。

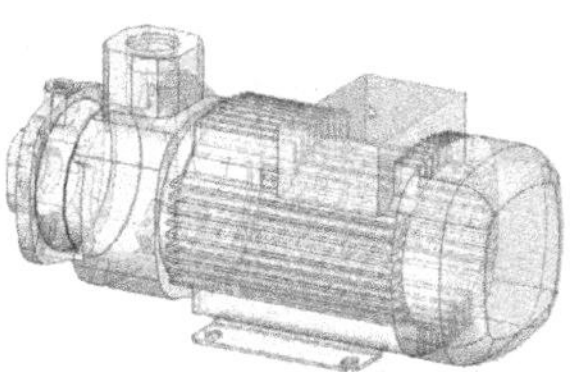

图 9-23　插入封套零件

封套模式的零部件默认以半透明状态显示，面和边线等均可选。封套模式零件的主要功能是可以作为其他零件装配的参照；此外，封套状态与其他状态的零部件状态不同，可方便选择。

实际上封套零件并不比“还原”模式少占用多少资源，其仅仅少了零件质量等的计算量（封套件在执行诸如“制作材料明细表”，以及“计算质量属性”等全局装配体命令时，将被忽略，相当于装配体中不存在）。所以，封套零件可看作一种临时性的导入零件，在参照完成其余零件的装配后，可将其隐藏或删除。

也可将封套件直接设置为还原状态，此时右击要设置为还原状态的封套件，在弹出的快捷工具栏中单击“零部件属性”按钮，打开“零部件属性”对话框，如图 9-24 所示，取消选中“封套”复选框，即可将此零件设置为还原状态。

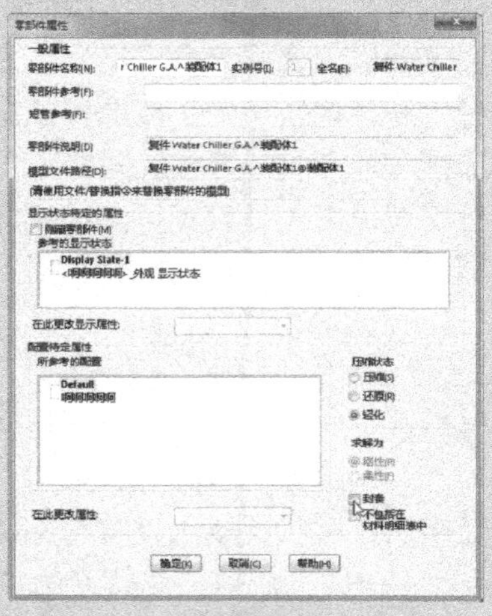

图 9-24 “零部件属性”对话框

9.4.3 取消选择“滚动显示所选项目”

装配体模式下，在模型区中选择某个零件时，同时将在左侧模型树中选择与所选对象相关联的模型或特征，如图 9-25 所示。此自动关联选择操作在大型装配体中也会降低系统运行速度，不妨将其关闭。

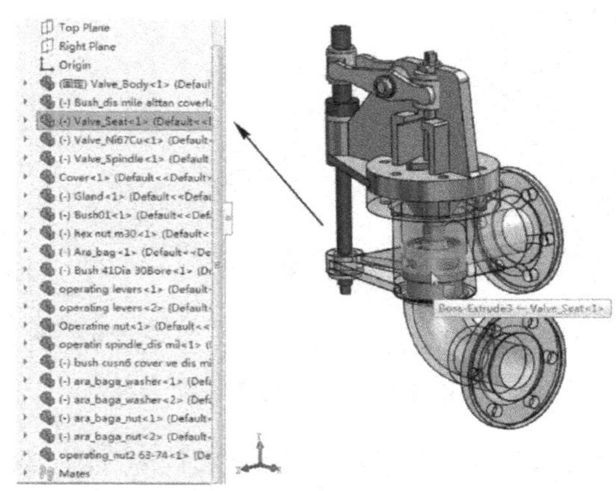

图 9-25 选中“滚动显示所选项目”效果

选择“工具”>“选项”菜单选项，打开“系统选项”对话框，在左侧“系统选项”选项卡列表中选择“FeatureManager”项，如图 9-26 所示，然后在右侧选项中取消选中“滚动显示所选项目”复选框即可。

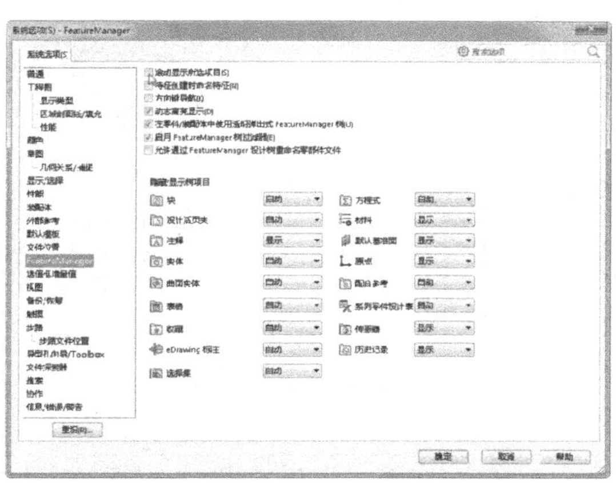

图 9-26 取消选中“滚动显示所选项目”

不使用滚动显示所选项目功能后，如要在操作区中从所选对象跳转到模型树中的关联特征，应如何操作呢？实际上，系统考虑到了这个功能。此时只需要右击所选对象，然后从弹出的快捷菜单中选择“转到零部件(在树内)”命令即可。

9.4.4 设置图像品质

打开要设置图像品质的大型装配体后，选择“工具”>“选项”菜单选项，打开“文档属性-图像品质”对话框，切换到“文件属性”选项卡，在左侧列表中选择“图像品质”项，如图 9-27 所示。然后选中右侧选项中的相应复选框，向左调整两个滑块的位置（降低图像品质，提高运行速度），单击“确定”按钮即可。

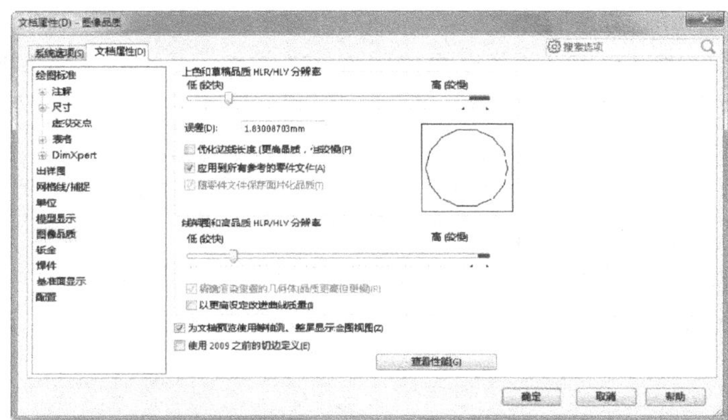

图 9-27 “文档属性-图像品质”对话框设置界面

此选项卡中各个选项的作用介绍如下。

1．上色和草稿品质 HLR/HLV 分辨率

向左调整此滑块的位置，或增大“误差”文本框的值，可以降低“上色”和“草稿品质 HLR/HLV”的分辨率，从而提高系统的运行速度，如图 9-28 所示。

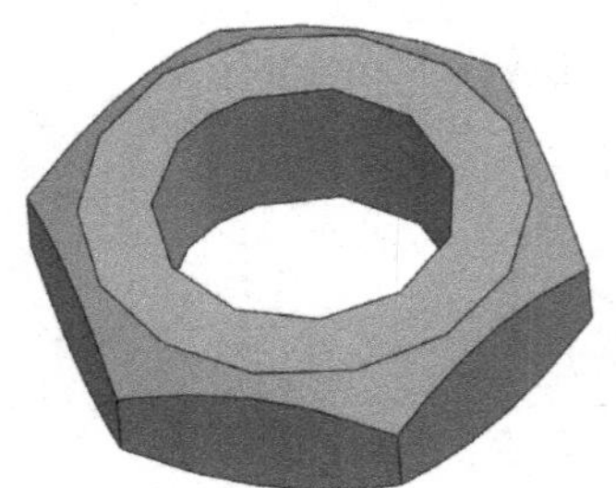
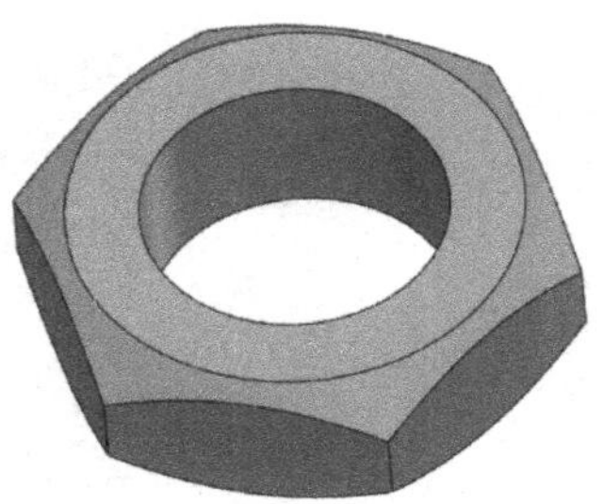

图 9-28　上色和草稿品质 HLR/HLV 分辨率，低（左）和高（右）的对比图

“上色”显示模式，包括“带边线上色”和“上色”两种模式（用户可通过操作区顶部工具栏中“显示样式”按钮自行切换这两种样式），用户可以选择“视图”>“显示”>“草稿品质 HLR/HLV”菜单命令切换到“草稿品质 HLR/HLV”显示模式。

当模型处于“消除隐藏线”或“隐藏线可见”显示模式时，“草稿品质 HLR/HLV”可更快显示复杂的零件、装配体或工程图。

- “优化边线长度”复选框。选中后可提高图像品质，但降低系统运行速度，所以在大型装配体中，通常不要选。
- “应用到所有参考的零件文件”复选框，设置将设定应用到被激活文件所参考的所有零件文件。
- “随零件文件保存面片化品质”复选框。该选项仅对零件文件起作用，用于设置是否保存零件的显示信息。取消选中该复选框，保存零件时会减少零件尺寸，但是此时的零件，在 SolidWorks Viewer 等工具中打开，无法显示预览图像，且重新打开此类文件，需要重新生成显示数据，会影响系统运行速度。若以空间换时间，此项应选中。

2．线架图和高品质 HLR/HLV 分辨率

选择“视图”>“显示”>“草稿品质 HLR/HLV”菜单选项，取消“草稿品质 HLR/HLV”显示样式，即切换到“高品质 HLR/HLV”显示样式；然后向左调整此滑块的位置，可以降低“消除隐藏线”“隐藏线可见”和“线架图”显示样式下的图线分辨率，从而提高系统的运行速度。

- “精确渲染重叠的几何体”复选框，只用于设置工程图文档，当工程图包含许多小的交叉点时，禁用此选项可提高系统性能。
- “以更高设定改进曲线质量”复选框，只适用于工程图文档，选中时，通过允许为面纹曲线指定更为精细的公差，来重新生成工程图以提高曲线质量。

上面两项在操作大型装配体的工程图时都应禁用。特别是“以更高设定改进曲线质量”复选框，对性能影响较大，最好在需要非常高的曲线质量时再选中。

3．其他选项

➢ “为文档预览使用等轴测、整屏显示全图视图”复选框，为预览图像提供标准视图，在取消选中时，预览使用上次保存的视图显示文档。

➢ “使用2009之前的切边定义”复选框，选中时，将按SolidWorks 2009之前的版本实施将切边保持可见，在取消选中时，当相邻面之间的角度<1°时则隐藏切边。

此外，在“系统选项”选项卡“显示/选择”项下，将“反走样”设置为“无”，并取消选中“高亮显示所有图形区域中选中特征的边线”（图9-29），也可以提高系统的运行速度。

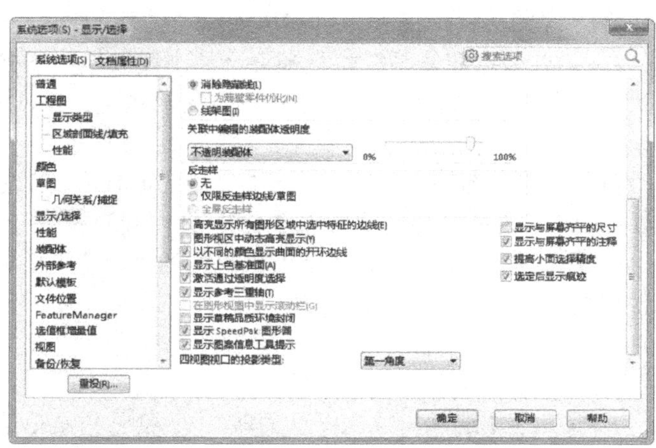

图9-29 “系统选项-显示/选择”对话框设置界面

➢ “反走样”可平滑锯齿状边线，从而使图像看起来更逼真（同时也更耗费系统资源）。

➢ “高亮显示所有图形区域中选中特征的边线”复选框，用于设置在选择特征时高亮显示特征的所有边线。

9.4.5 工程图显示优化

选择“工具”>“选项”菜单选项，打开“系统选项”对话框，选择“工程图”>“性能”项，取消选中右侧所有复选框，如图9-30左图所示，然后选择左侧列表中“工程图”项，在右侧选项中取消选中“生成视图时自动隐藏零部件”，如图9-30右图所示。

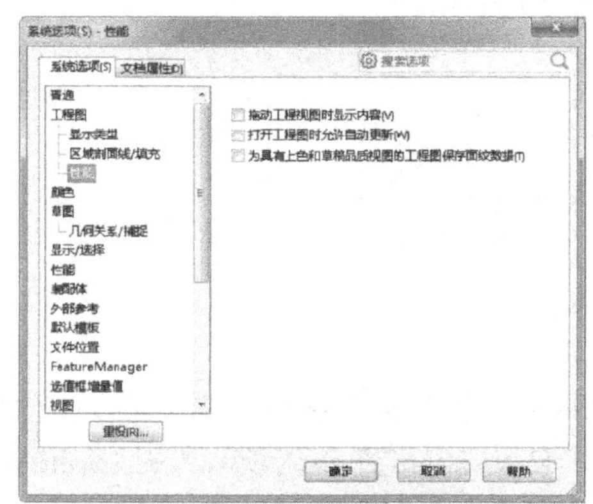

图9-30 “系统选项”对话框关于工程图的优化设置

通过上述设置，可提高操作大型装配体工程图时的运行速度，这几个选项的作用解释如下。

- **“拖动工程视图时显示内容”**复选框：取消选中该复选框，工程图中拖动视图时将只显示视图边界，否则拖动视图时显示模型的所有边线。
- **“打开工程图时允许自动更新”**复选框：选中该项，工程图视图会在工程图文档打开时自动更新，取消选中该复选框可以更快地打开工程图。
- **“为具有上色和草稿品质视图的工程图保存面纹数据”**复选框：如果取消选中该复选框，系统将不在工程图文档中保存上色和草稿品质的面纹数据（相当于一个副预览图）；而当需要使用此数据时，系统将从模型文件中读取（由于打开工程图时，读取数据少，所以可以提高运行速度）。取消选中该项的缺点是，在 eDrawings 下工程图视图不能正常显示。
- **“生成视图时自动隐藏零部件”**复选框：选中此复选框时，将在工程图中自动隐藏不可见的零部件。由于计算哪些零件需要隐藏会耗费计算机资源，所以大型装配体中可以先取消选中该项（当需要调整时，可通过工程图的“属性”操控面板中的“显示样式”按钮进行调整）。

9.4.6 关插件

选择“工具” > “插件”菜单选项，或选择“选项” > “插件”菜单选项，打开“插件”对话框，根据需要取消选中不需启用插件复选框，如图 9-31 所示（左侧复选框表示启用或取消启用插件，右侧复选框表示打开 SolidWorks 时同时启动该插件），单击“确定”按钮，即可以节省不少系统资源。

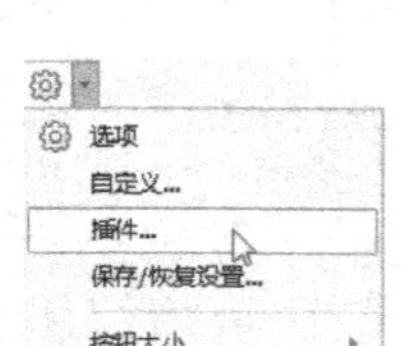

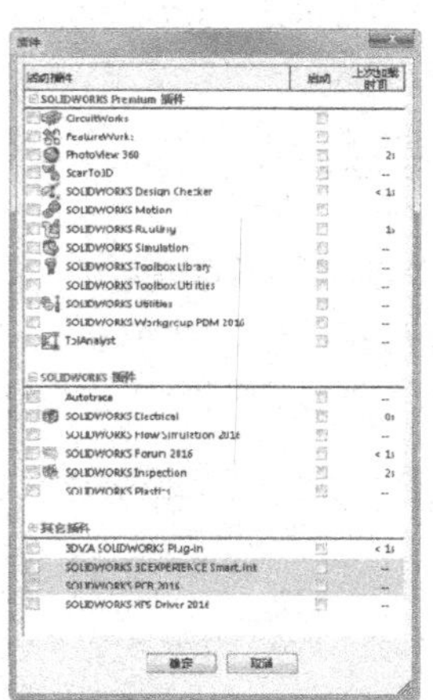

图 9-31 关闭所有插件操作界面

9.4.7 保存设置

完成软件设置后，可以选择“工具” > “保存/恢复设置”菜单选项（或可选择操作系统“开始”>“所有程序”>“SolidWorks 2016”>“复制设定向导 2016”菜单选项），打开“SolidWorks 复制设定向导”对话框，然后按照向导提示（可以选择要保存的系统项），将软件设置保存为注册表文件，如图 9-32 所示。

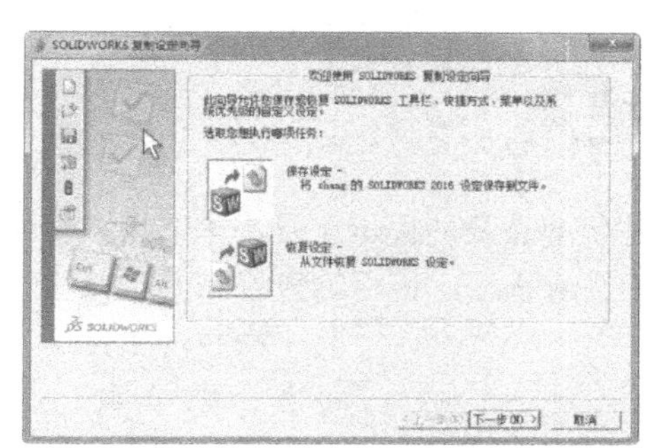

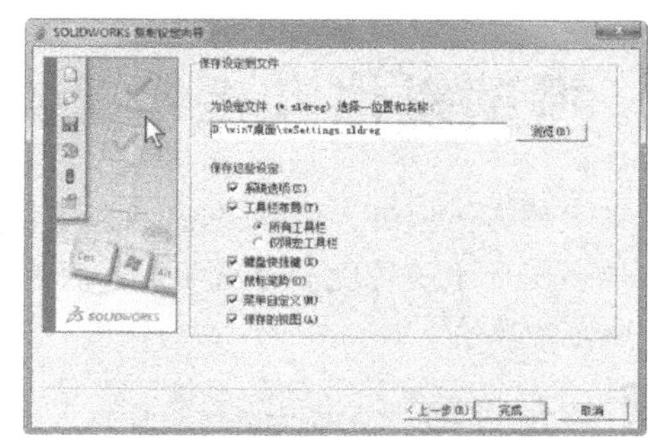

图 9-32　保存系统设置

当有需要时可以重新运行此向导，将注册表文件导入到系统中。

文件的设置如何保存呢？实际上，关于文件的设置是保存在文件属性中的，由于每个文件的属性都可以不同，那么应如何快速设置大型装配体的文件属性呢？可以通过文件模板来解决这个问题。

首先新建空白装配体文件（或零件类型的文件，或工程图），然后按照需要进行相关文件属性的设置，最后选择“文件”>“另存为”菜单命令，如图 9-33 所示，“保存类型”设置为“*.asmdot”格式（或其他.dot 格式），系统自动跳转到文件模版目录，然后命名保存。

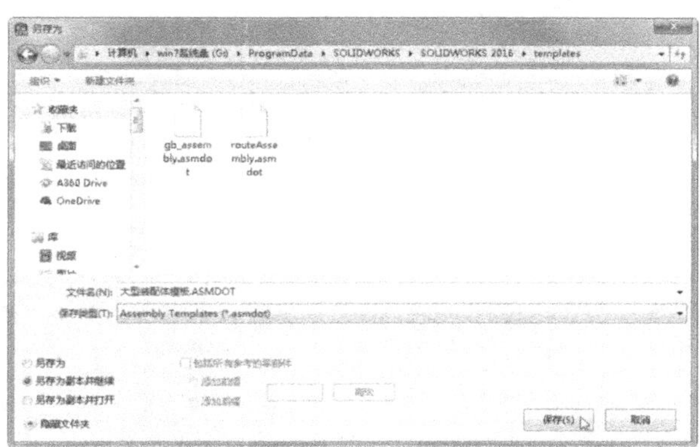

图 9-33　将当前装配体的属性设置保存为模版

在新建文件时单击“高级”按钮，选择创建的模板新建文件即可，如图 9-34 所示。

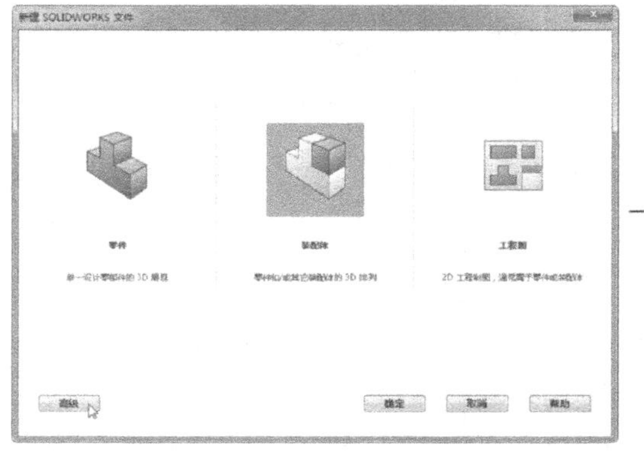

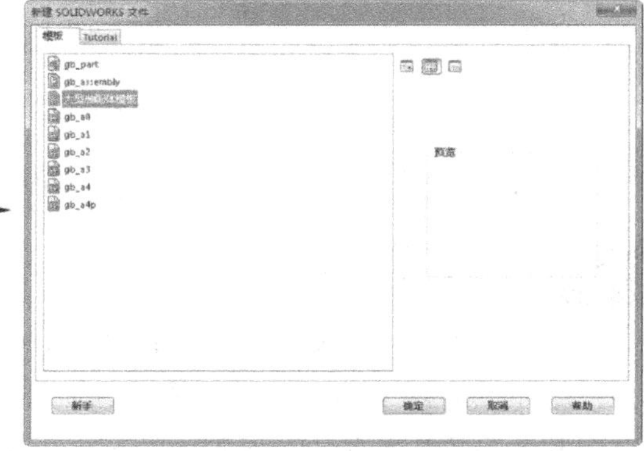

图 9-34　新建装配体时选用自定义的装配体模版

9.5 提速操作和提示工具的使用

除了上述方法之外，SolidWorks 还提供了一些快速有效的提速工具，本节之前介绍的措施，对很多用户来说可能有些繁杂，本节所讲的工具或方法，将更加直接和易于操作且效果明显，应重点掌握。

9.5.1 性能评估（AssemblyXpert）

性能评估在 SolidWorks 早期版本中称为 AssemblyXpert。此工具可以用来查找是什么不合理装配体操作降低了系统性能（这些不合理操作并不是错误），找到后系统会给出建议，从而帮助用户提高系统性能。

选择“工具”>“评估”>“性能评估”菜单选项，可以打开“性能评估*”对话框，在此对话框中，系统以列表形式显示对当前模型的评估结果；对于需要修正的不合理之处，会以“叹号”⚠的形式标记处理，用户可以选择“显示这些文件”链接，查看是哪些文件出了问题并对其进行修正。如图 9-35 所示。

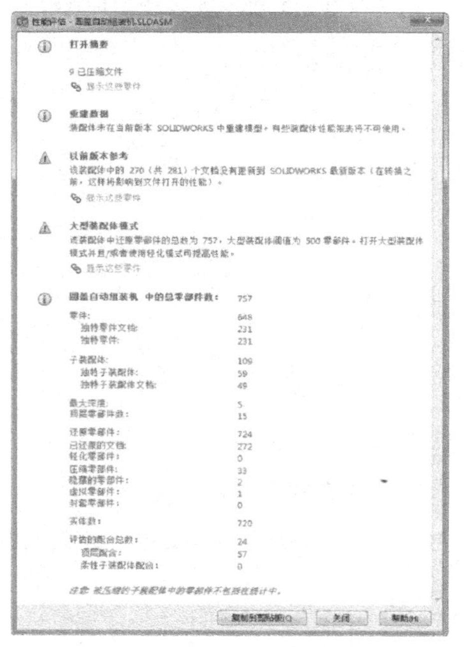

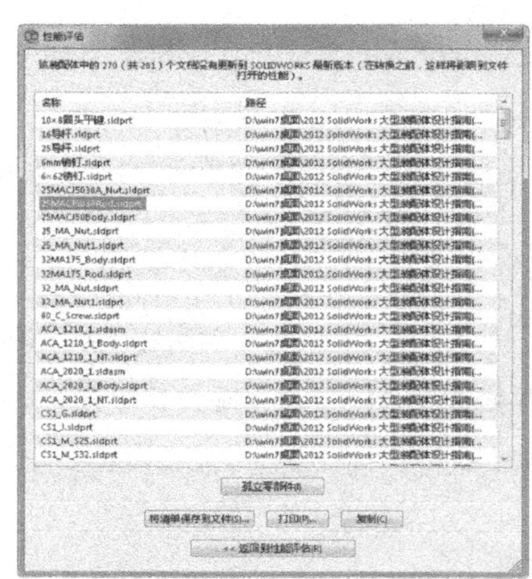

图 9-35 性能评估

9.5.2 分离的工程图

分离的工程图在早期版本中称作“快速草稿图样”，是一种提高大型装配体图样运行性能的方法。正常打开工程图后，选择“文件”>“另存为”菜单命令，打开“另存为”对话框，在“保存类型”中选择“分离的工程图”类型，然后保存工程图，即可得到分离的工程图，如图 9-36 所示。

如要将分离的工程图转为正常模式，同样直接将分离的工程图另存为“工程图”格式即可，如图 9-37 所示。

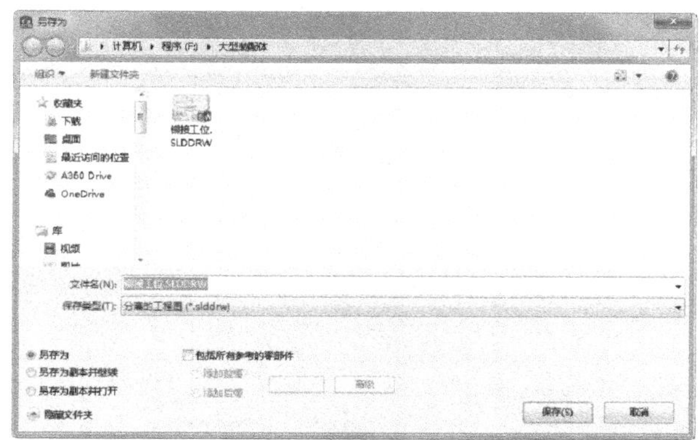

图 9-36　将工程图转为分离的工程图

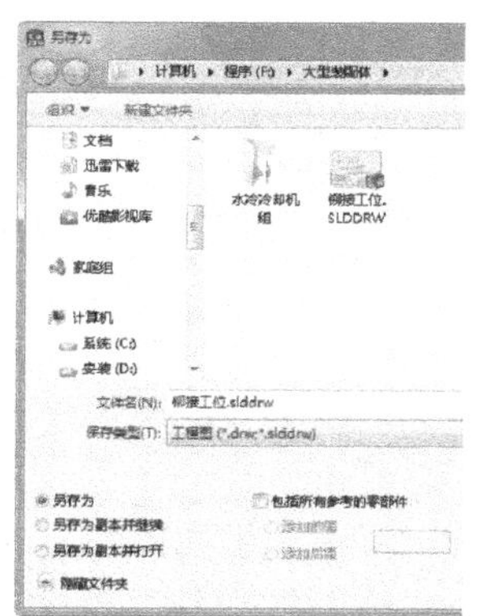

图 9-37　将分离的工程图转为正常工程图

分离的工程图之所以可以提高系统性能，原因在于其在打开时，并不会加载图样视图中引用的模型（或者说不需要加载，因此是一种可以离线浏览的图样模式），所以会大大节省打开图样的时间。

需要注意的是，分离的工程图实际上并未与模型真正分离，它只是不加载引用的模型数据，但是与模型仍然有联系，下面还会有讲述。

分离的工程图的图标与正常工程图不同，如图 9-38 所示，左上角有一个分离的标志；如工程图中有图样所引用的模型发生了更改，在此图样上会有警示灯符号出现，如图 9-39 所示，此时按〈Ctrl+Q〉，可以将模型更改、更新到当前视图。

图 9-38　正常显示的分离工程图符号　　图 9-39　更新模型分离工程图符号

9.5.3 轻化

打开模型时，在“模式”下拉列表中选择“轻化”项，如图 9-40 所示，即可以轻化模式打开模型；或者在打开模型后，右击要设置为轻化的模型，选择“设定还原到轻化”菜单选项，如图 9-41 所示，也可以将此模型设置为轻化模式。

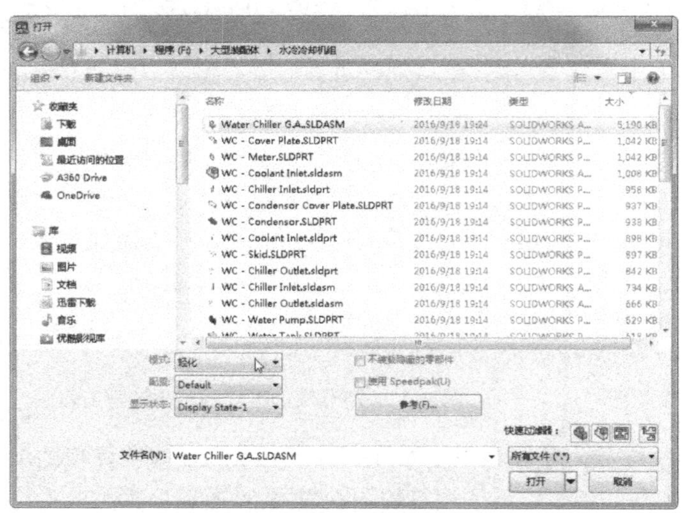

图 9-40　以轻化模式打开模型

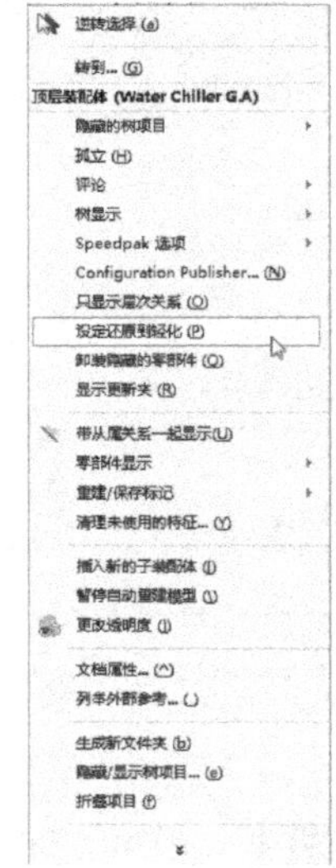

图 9-41　将模型转为轻化模式

设置为轻化模式模型图标，显示效果如图 9-42 所示（轻化模式下，模型效果并没有多大变化）。

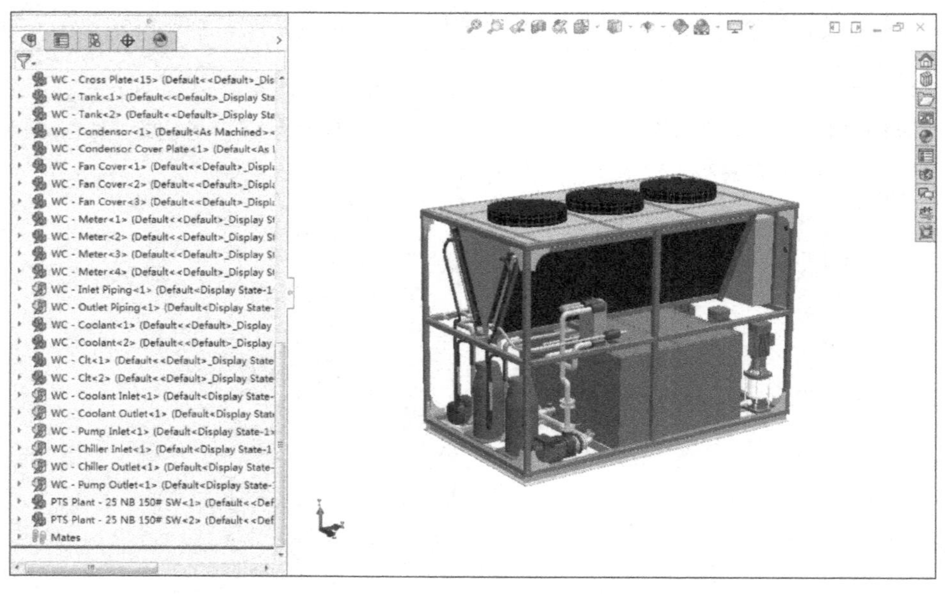

图 9-42　轻化模式下的模型图标和显示效果

轻化可以解释为以轻量模式载入零部件，此模式下可以实现对模型的大部分操作，如配合、边面选取、干涉检查、注解、测量、创建爆炸视图、添加装配体特征等，但是其所占内存仅为还原模式的二分之一，所以此模式下速度会更快。

> 右击轻化的零件，选择“设定为还原”菜单选项，可重新导入所有零件数据，恢复还原状态。

9.5.4 使用 SpeedPak 只显示零件表面

打开装配体后，在左侧控制区中切换到“ConfigurationManager”配置选项卡，右击要添加 SpeedPak 的配置，选择“添加 SpeedPak”菜单命令，打开“SpeedPak”属性管理器操作界面，单击“启用快速包括”按钮，如图 9-43 所示，并拖动下部的滑块（或保持默认），此时模型效果如图 9-44 所示，单击“确定”按钮，即可启用 SpeedPak 配置显示状态。

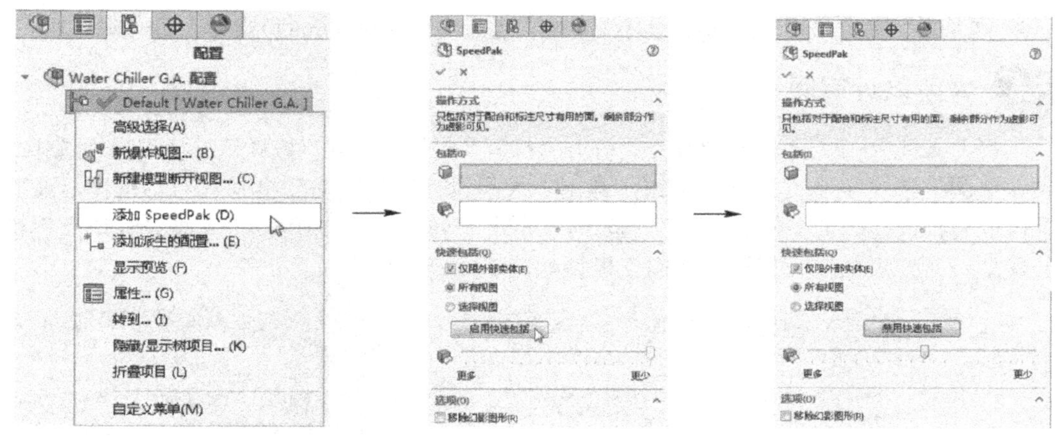

图 9-43　添加 SpeedPak

启用 SpeedPak 显示状态后，移动鼠标到模型上，如图 9-45 所示，在图 9-44 中未隐藏的零件，将以透视的形式显示出来。

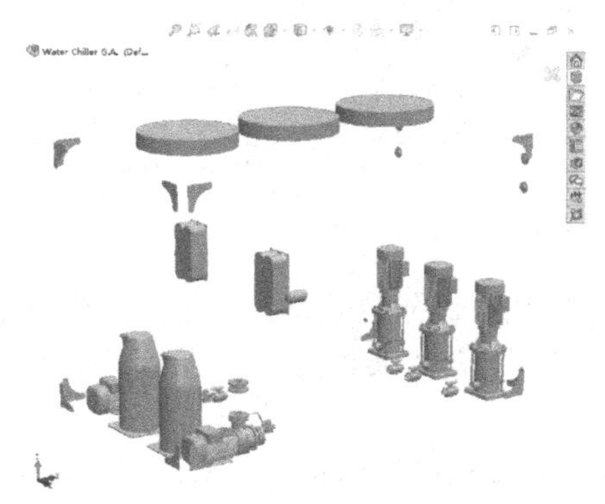

图 9-44　SpeedPak 操作过程中模型视图

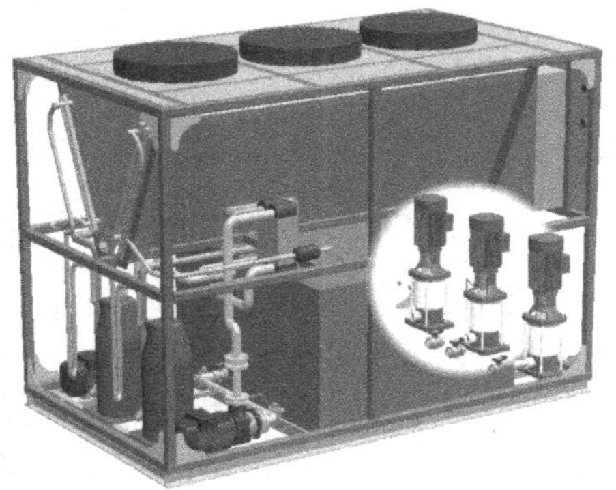

图 9-45　SpeedPak 鼠标显示效果

SpeedPak 模式，是一种按照设定保持某些模型细节（某些模型隐藏细节）的一种查看模型的方式，在此方式下，模型不可以被选中（看不到模型树），也不可以执行爆炸视图等装配体操作，因此内存占用更少，速度更快（不过它仅仅是一种查看方式）。

下面解释一下，如图 9-41 中图所示“SpeedPak”属性管理器中，相关选项的作用。

- **“包括”**选择框：“要包括的面”，切换到该选择框后，在操作区中选择面，可将其包括在此选择框中（被选择的面将保留细节）；“要包括的实体”，切换到该选择框后，在操作区中选择实体，可将其包括在此选择框中（被选择的实体将保留模型细节）。
- **“仅限外部实体”**复选框：快速操作时，仅对外部实体起作用。
- **“所有视图”**复选框：快速操作时，不考虑视图方向。
- **“选择视图”**复选框：快速操作时，选择从特定方向可见的组件。
- **“启用快速包括”**按钮：单击“启用快速包括”按钮，然后通过拖动下部滑块来快速选择实体（滑块向左，包括细节的模型增加，向右减少）。
- **“移除幻影图形”**复选框：选中后，将只显示包括细节的面和实体，而隐藏其他实体。

9.5.5 大型设计审阅

选择“文件”>“打开”菜单命令，打开“打开”对话框，在“模式”下拉列表中选中“大型设计审阅”项，单击“打开”按钮，弹出“大型设计审阅”对话框（此对话框提示在此模式下可以进行的操作），单击“确定”按钮，如图 9-46 所示，即可以“大型设计审阅”模式打开模型，打开后的“大型设计审阅”模型如图 9-47 所示。

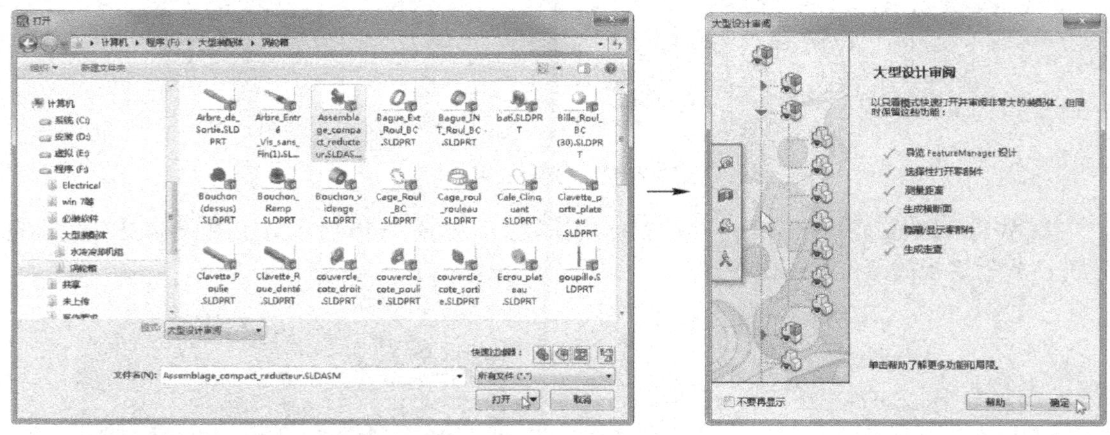

图 9-46　以“大型设计审阅”模式打开装配体

“大型设计审阅”模式是一种查看装配体，或只打开一部分装配体的方法，此模式下可以看到模型列表，但是没有导入特征，也不可以执行添加配合等装配操作。因为只是很小的一部分模型数据被导入，所以对系统性能提高很大。

可以右击“大型设计审阅”对话框中的 FeatureManager 设计树顶部，选择“选择性打开”菜单选项，然后在打开的对话框中，选中“所选零部件”单选按钮，在操作区中选择要打开的零部件，单击“打开选定项”按钮，打开某些零部件进行调整，如图 9-48 所示（选择其他选项，可以从“大型设计审阅”模式，切换到“轻化”或“还原”模式）。

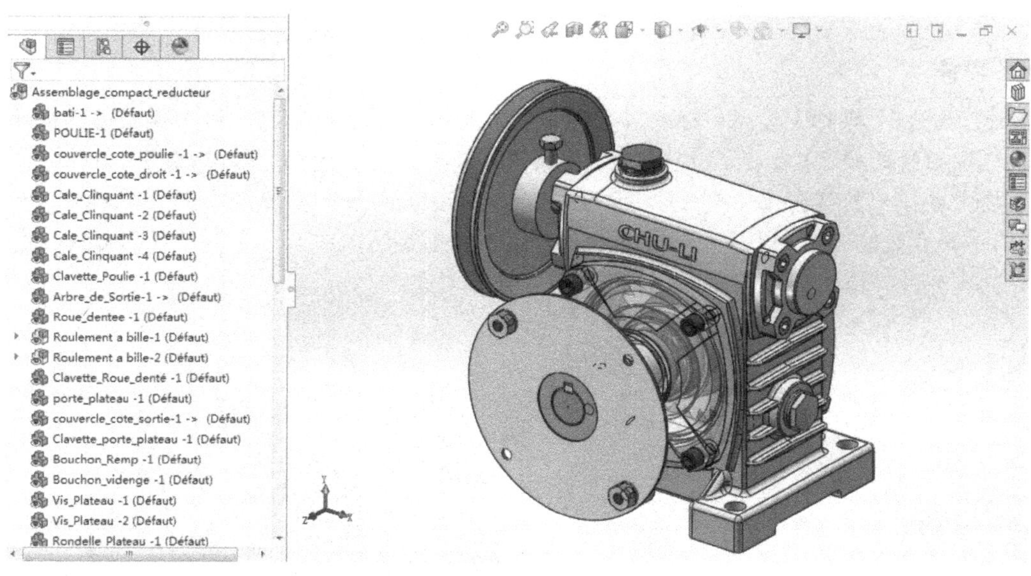

图 9-47 以“大型设计审阅”模式打开的装配体模型

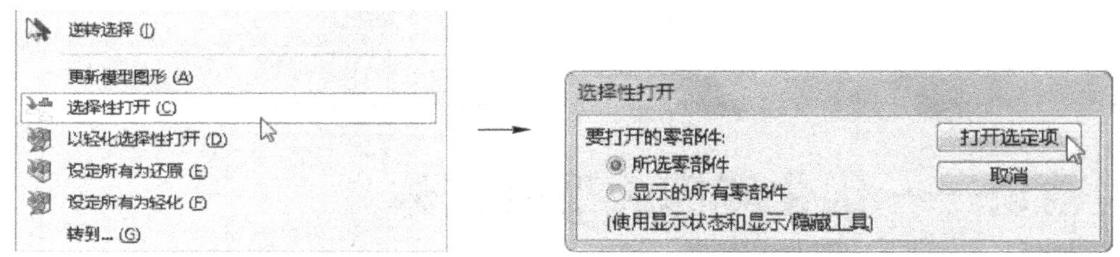

图 9-48 选择性打开模型

9.5.6 卸装隐藏的零部件

右键单击 FeatureManager 设计树顶部特征，在弹出的快捷菜单中选择“卸装隐藏的零部件”菜单选项，如图 9-49 所示，即可将隐藏的零部件从内存中完全卸装（零部件被隐藏而不卸装，实际上在操作模型时也是参与计算的），从而提高运行速度。

图 9-49 卸装隐藏的零部件

提示

这里讲一个操作大型装配体的其他技巧。在操作大型装配体时，由于模型通常较多，查找模型往往比较困难，为了快速选择要操作的模型，可以使用“特征树搜索过滤”工具栏来搜索要操作的模型。如图 9-50 所示，在 FeatureManager 设计树顶部的文本框中（称作“特征树搜索过滤”工具栏），可以输入一部分或者完整的零件名称来显示此零部件，并隐藏其他零部件。

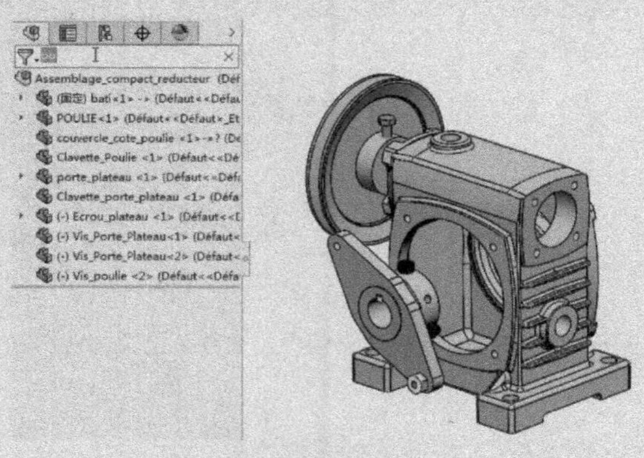

图 9-50 使用“特征树搜索过滤”工具栏

实例精讲——优化车床大型装配体

本实例将通过对车床装配体进行优化，如使用子装配体、去除参数、设置图像品质等，达到减少系统资源占用，提高运行速度的目的。要优化的车床装配体如图 9-51 所示。

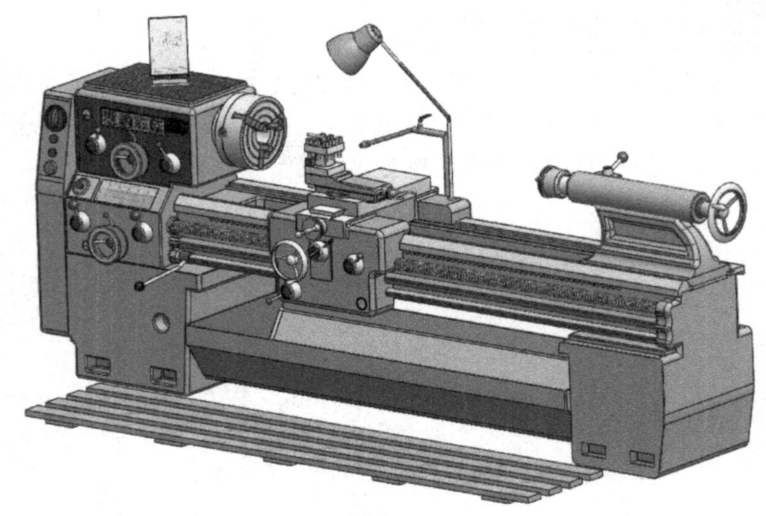

图 9-51 本实例要进行优化的车床装配体和其当前特征树

【制作分析】

本实例素材文件中总装配体的特征较为混乱，且仅使用了较少的子装配体，所以应该进行优化。此外，在本实例中也将练习压缩模型细节特征，使用大型装配体模式，以及对模型进行轻化处理等操作（本模型并不算特别复杂，仅做演示）。

【制作步骤】

STEP 1 打开本书提供的素材文件“车床总装.SLDASM”，如图 9-51 所示，删除溜板箱和尾座部分的实体模型，如图 9-52 所示。然后新建文件夹，将目前的装配体（含所有文件）保存为“主轴箱挂轮箱卡盘和床身等子装配.SLDASM”，如图 9-53 所示。

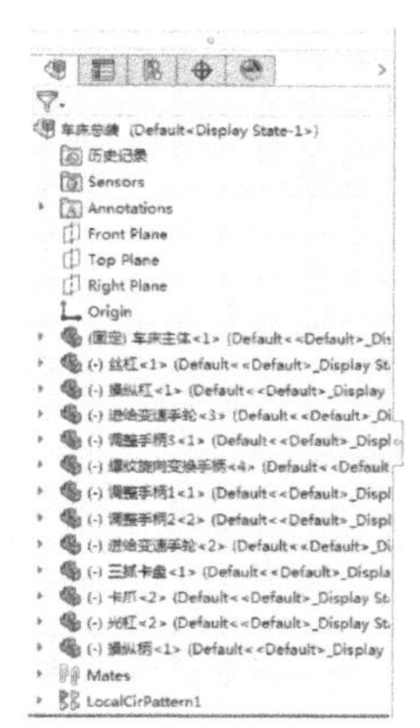
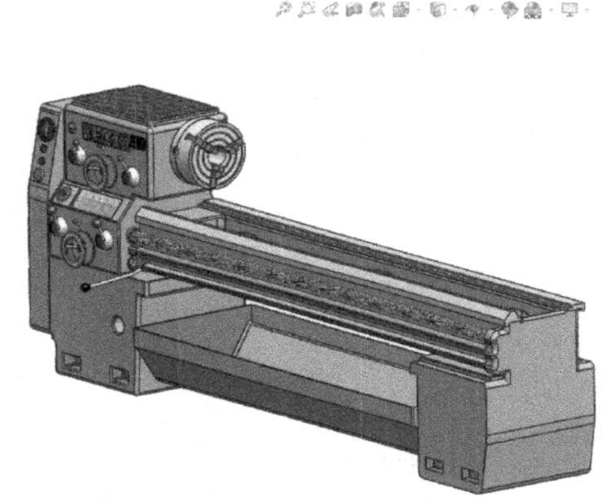

图 9-52 删除溜板箱和尾座后的装配体

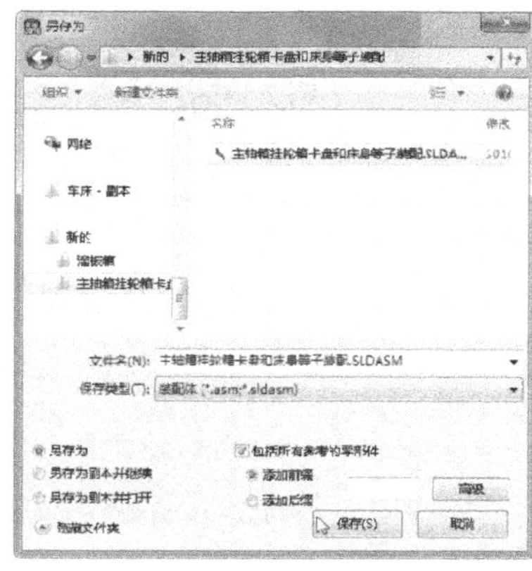

图 9-53 将装配体另存

STEP 2 通过与步骤 1 相同的操作，重新打开本书提供的素材文件“车床总装.SLDASM”，分别删除步骤 1 保留的模型文件和尾座部分，然后将装配体（含所有文件）保存为“溜板箱子装配.SLDASM”，如图 9-54 所示。

STEP 3 第三次执行同样操作，重新打开本书提供的素材文件“车床总装.SLDASM”，分别删除步骤 1 保留的模型文件和“溜板箱”部分，然后将装配体（含所有文件）保存为“尾座子装配.SLDASM”，如图 9-55 所示。

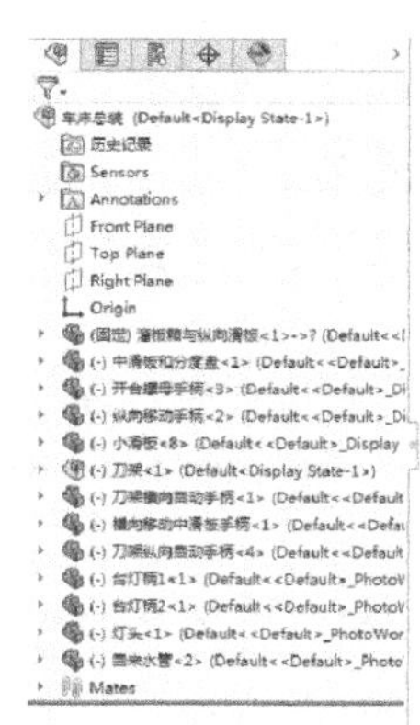
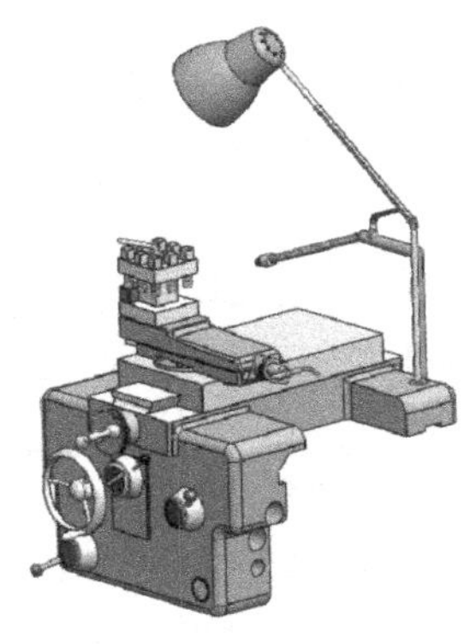
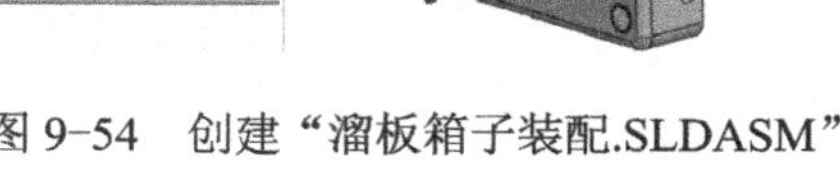

图 9-54 创建“溜板箱子装配.SLDASM”

图 9-55 创建“尾座子装配.SLDASM”

STEP 4 新建装配体文件，然后分别导入上面步骤1～3导出的子装配体，再导入未放入子装配体中的“图样展板.SLDPRT”和“木踏板.SLDPRT”文件，如图9-56所示。然后对模型进行重新装配，效果如图9-57所示。

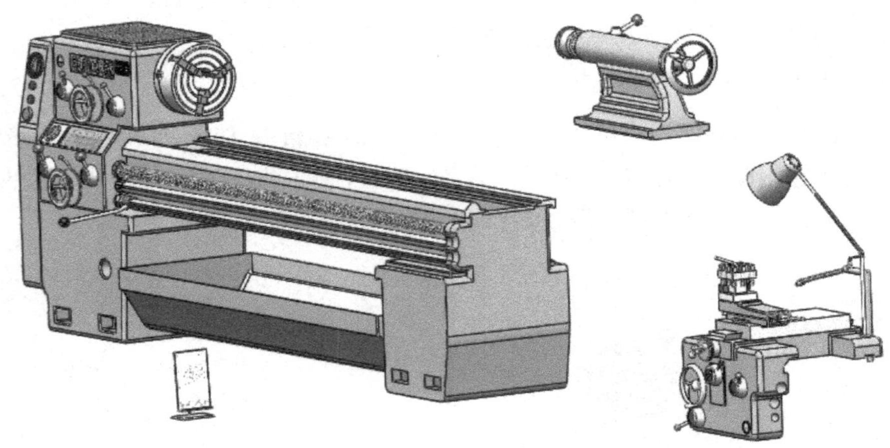

图 9-56 创建装配体并导入所有模型文件

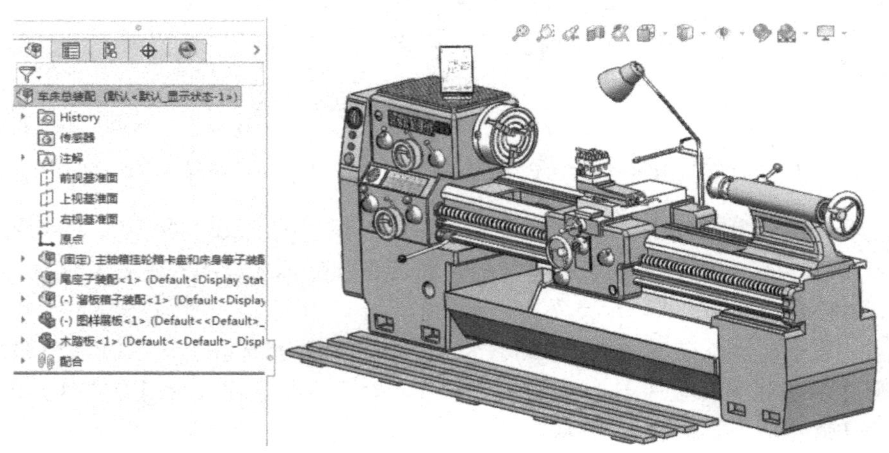

图 9-57 对模型进行重新装配后的模型树和模型效果

STEP 5 将新创建的装配体保存为新的总装配体，并命名为“车床总装配.SLDASM”。通过上述操作后，可以发现模型的总装配体比原来精简了许多，且使用了较少的配合，这样更加利于管理和操作。

STEP 6 打开“丝杠.SLDPRT”模型文件，压缩丝杠的螺旋线和扫描切除特征，然后为丝杠添加“黑白条”贴图（或者直接在丝杠表面添加“装饰螺纹线”也可以），效果如图9-58所示，然后将丝杠保存。

STEP 7 选择“工具”>“选项”菜单选项，打开“系统选项……”对话框，选中左侧列表中的“装配体”项，按照图9-59所示右侧选项设置模型的大型装配体模式，然后关闭“车床总装配.SLDASM”装配体，再重新打开，使用大型装配体模式浏览装配体。

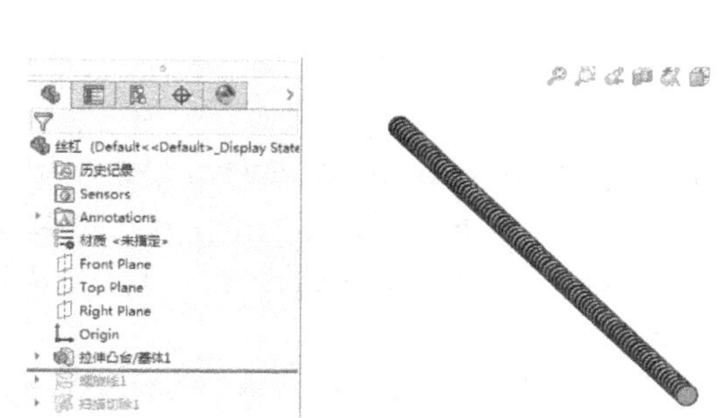

图 9-58 压缩模型的细节特征

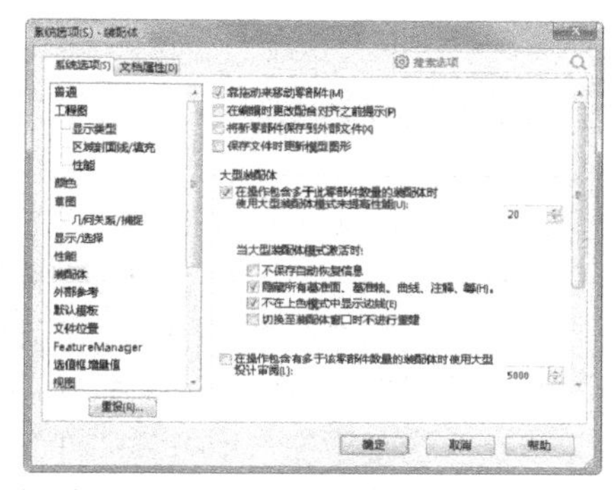

图 9-59 设置大型装配体

STEP 8 选择“工具”>“选项”菜单选项，打开“文档属性-图像品质”对话框，切换到“文档属性”选项卡，然后按照图 9-60 所示设置模型的图像品质。

STEP 9 右击 FeatureManager 设计树顶部特征，选择“设定还原到轻化”菜单选项，将模型设置为轻化模式，完成后的模型树如图 9-61 所示。

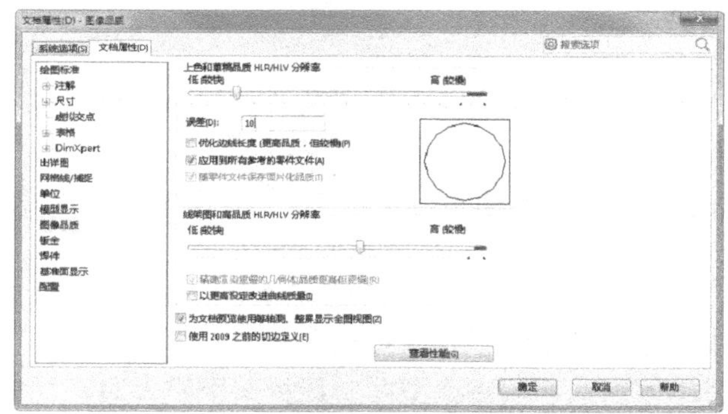

图 9-60 设置图像品质

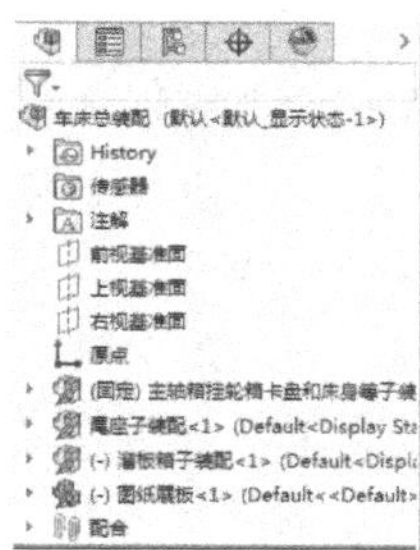

图 9-61 轻化装配体

STEP 10 切换到“ConfigurationManager”配置选项卡，右击默认配置，选择“添加 SpeedPak”菜单命令，打开“SpeedPak”属性管理器界面，然后使用快速包括操作，设置 SpeedPak 的模型范围，创建 SpeedPak 显示状态，并查看效果，如图 9-62 所示。

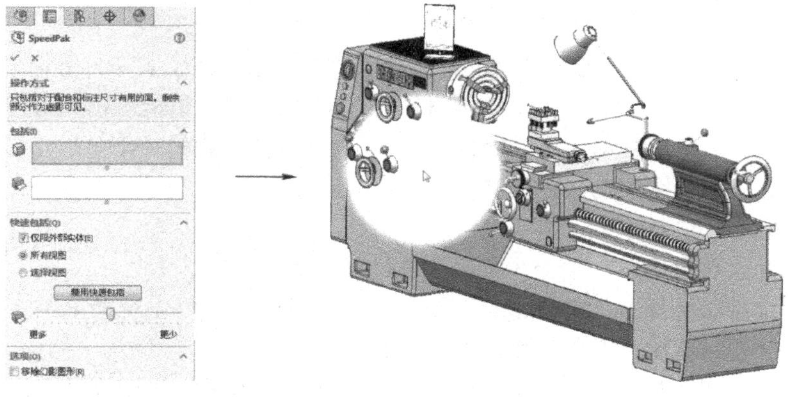

图 9-62 使用 SpeedPak

9.6 本章小结

本章主要讲述了使用 SolidWorks 操作大型装配体的相关操作技巧，如硬件要求和相关的软件系统设置，及在设计和装配时需要注意的操作要点。此外，本章还介绍了在大型装配体中，可以快速提高系统性能的一些工具的使用，如轻化、大型装配体模式等。读者可以在适当的时候，灵活运用这些知识来提高系统的运行效率。

需要注意的是不能将所有零件都向一个装配体内"装"，如果考虑到所有零件的所有细节，一个机械可以是无限大的，这样任何机械设计软件都会吃不消，所以操作时必须有所取舍，如分析时用哪些模型等都要进行细节规划。

9.7 思考与练习

一、填空题

（1）在装配体中，模型有四种基本的状态，其分别是__________、__________、__________和__________。

（2）可使用__________工具，对当前的软硬件系统配置进行检测，并显示出不符合 SolidWorks 当前版本要求的项目。

（3）在零件设计中，应尽量使用__________的草图。此类草图，会减少很多可能性，从而减少系统的计算量。

（4）在装配体中，应避免__________与装配体中创建的特征（如拉伸切除、圆角、孔等）之间添加配合，此时会需要较长的计算时间。

（5）滚动显示所选项目是指在装配体模式下，在模型区中选择某个零件时，同时将在__________中选中与所选对象相关联的模型或特征。

（6）在"文档属性（D）-图像品质"对话框中设置模型的图像品质，其中"线架图和高品质 HLR/HLV 分辨率"调整的是__________、__________和"线架图"显示样式下的图线分辨率。

（7）__________在 SolidWorks 早期版本中，称为 AssemblyXpert。此工具可以用来查找装配体中降低了系统性能的不合理操作。

（8）__________之所以可以提高系统性能，原因在于其在打开时，并不会加载图样视图中引用的模型，所以会大大节省打开图样的时间。

（9）__________可以解释为"以轻量模式载入零部件"，此模式下可以实现对模型的大部分操作，但是其所占内存仅为还原模式的二分之一。

二、问答题

（1）什么是大型装配体？请至少列举出它的三个特点。

（2）针对大型装配体，同等性能计算机，多核好还是单核好？说明原因。

（3）什么是 MateXpert 工具？其作用是什么？

（4）软件 OpenGL 启用后，对系统性能有好处还是无好处？说明为什么。

（5）什么是"大型设计审阅"模式？在此模式下可以进行哪些操作？试列举三项。

（6）如何保存系统设置？如何保存装配体模型设置？请简单说明。

三、操作题

（1）按照本章的讲解，尝试将大型装配体的工程图设置为最优性能状态，并使用向导将设置保存为“大型工程图最优.sldreg”文件。

（2）设置启用大型装配体打开模式，然后使用此模式打开本书提供的装配体文件“WIFI测试总装配体.SLDASM”，如图 9-63 所示，然后尝试轻化所有零部件，并创建 SpeedPak 对模型进行查看，以复习本章所学内容。

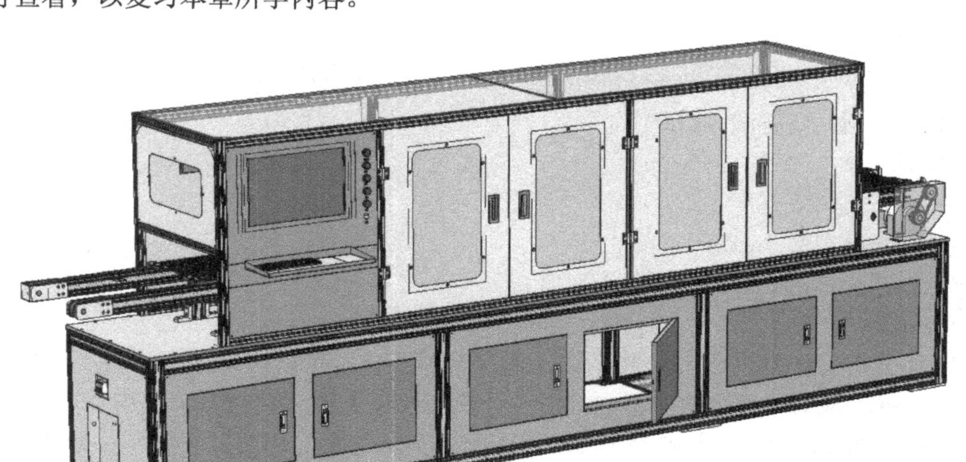

图 9-63 “WIFI 测试总装配体”打开后的效果

第 10 章　静应力有限元分析

本章要点

- SolidWorks Simulation 概论
- 分析流程
- 分析选项解释
- 分析结果查看

学习目标

有限元分析是仿真的重要功能模块，通过有限元分析可以解决很多问题：如在设计一个货架时，可以提前通过分析获得当前所设计货架的最大载质量（不会压塌货架）。从而可提前验证设计的合理性，节约原料成本，进而缩短产品开发的周期。本章讲述有限元分析的操作。

10.1　SolidWorks Simulation 概论

Simulation（意为“模拟”）是一款基于有限元分析技术（FEA）的设计分析软件。实际上 SolidWorks 还提供了另外一款有限元分析软件——SolidWorks Flow Simulation，而 Flow Simulation 主要用于流体分析，本书第 12 章将对其进行讲述。

FEA 技术是将自然世界中无限的粒子划分为有限个单元，然后进行模拟计算的技术。FEA 技术不是唯一的数值分析工具，在工程领域还有有限差分法、边界元法等多种方法，但是 FEA 技术却是功能最为强大，也是最常使用的分析技术。

有限元即有限个单元。就像是要计算一个圆的周长，可以通过计算其内接多边形的周长来近似得到，要得到更加准确的周长值，可以将多边形的边数无限增加，当然最终计算的圆的周长值也只能是一个近似值。

为什么要划分为有限个单元呢？这主要是因为，在计算机中，同样不能将一个物体的所有因素完全考虑清楚，那将是一个永远无法完成的计算量，所以使用有限个单元模拟无限的物理量不失为高明的做法，虽然仅得到了一个近似值，但是在很多领域已经足够了。

单击“常用”工具栏“选项”下拉菜单中的“插件”按钮，在打开的“插件”对话框中可以启用 SolidWorks Simulation 插件，如图 10-1 所示。

Simulation 插件启用后，在 SolidWorks 顶部菜单栏中会增加一个“Simulation”菜单，如图 10-2 所示，此菜单下的子菜单项包含了所有在有限元分析过程中可以进行的操作。此外，如启用了 CommandManager 功能，在顶部工具栏中将显示“Simulation”标签栏，此标签栏中包含了有限元分析的大多数工具并进行了归类整理，是一个具有智能化特点的有限元分析工具栏，如图 10-3 所示。

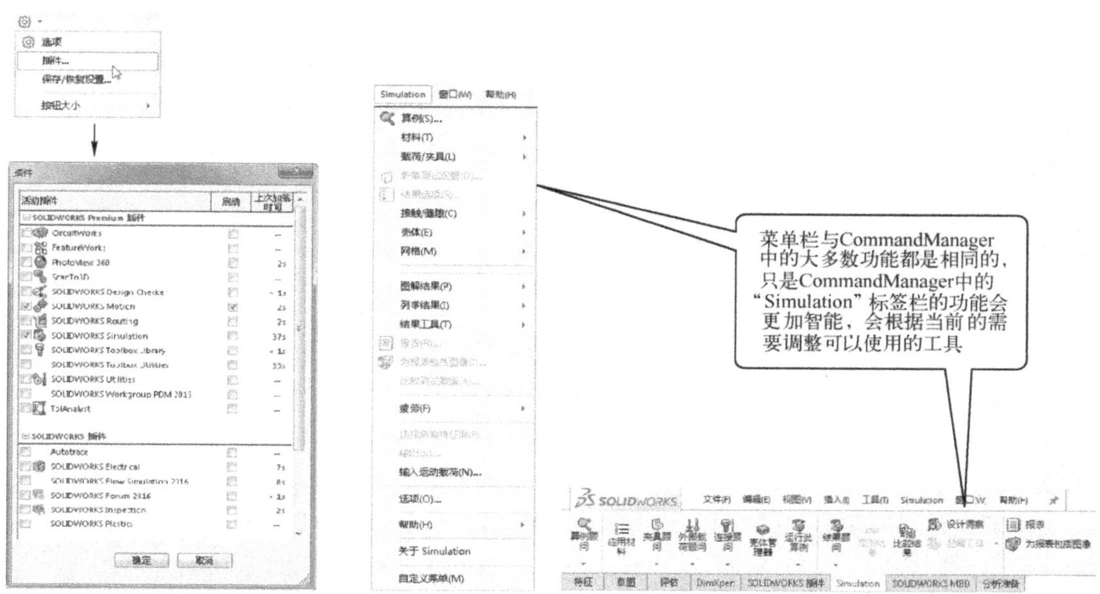

图 10-1 “插件”对话框　图 10-2 “Simulation”菜单　图 10-3 “Simulation”标签栏

实际上在 Simulation 中，使用“Simulation”工具栏加模型树右键菜单操作的方式，更不失为一种更加直接和简便易学的操作方法，如图 10-4 所示。通过“Simulation”工具栏新建需要使用的算例类型后，在左侧算例树中，使用右键菜单自上而下顺序对算例树中的选项进行设置，然后进行分析，即可初步完成有限元分析操作。

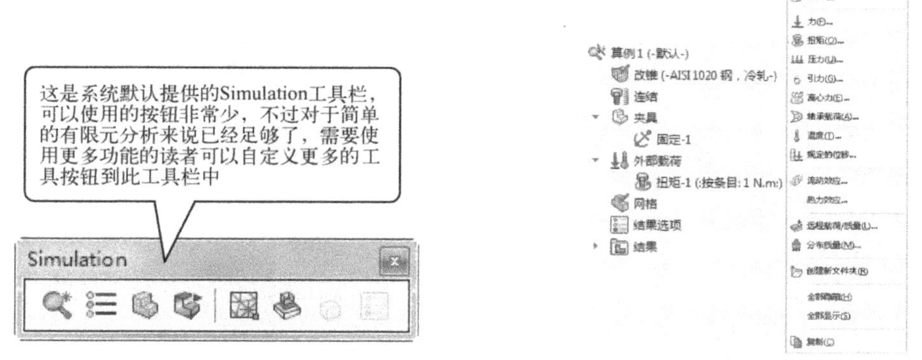

图 10-4 Simulation 菜单和算例树（及其右键菜单）

建议初学者学习时，首选“Simulation”工具栏加模型树右键菜单的操作方式，此方式虽然有些“避重就轻”，但是对于初学者入门，或者对于非工程专业人员逐步掌握 Simulation 分析工具的使用确实非常必要。

提示

有限元分析是一个复杂的过程，在学习的后期读者会发现得到分析结果并不难，难的是能够用较快捷的算例得到比较准确的数据。因为这其中既要考虑软件算法的局限性和误差因素，也要考虑机械、声学、电磁学等很多工程学科的因素，需要读者具有比较多的专业知识。

10.2 分析流程

10.1 节介绍过在有限元分析的过程中，使用“Simulation”工具栏加模型树右键菜单的操作方式，是一种简单直观的操作方法，本节将介绍这种操作方式，从新建有限元算例到最后的分析，逐项介绍（实际上也是一个完整的操作过程）。

10.2.1 新建有限元算例

通过前面章节的学习已经知道动画中的运动算例是一个“算例”一个“算例”的，同一个装配体可以创建多个运动算例，从而创建多种动画。有限元分析也是以算例形式出现的，也可创建多个，以对模型的不同方面进行分析。例如，“算例 1”可以用来分析静应力，“算例 2”可以用来分析频率等。

打开要分析的模型或装配体（此处可打开本书提供的挂钩模型），启用 Simulation 插件，单击“Simulation”工具栏中的“新算例”按钮，打开“算例”选择属性管理器，设置算例类型，单击“确定”按钮，可以创建一有限元算例，如图 10-5 所示。

所创建的算例，默认位于运动算例的右侧，算例树默认位于模型树的下面，如图 10-5 右图所示。

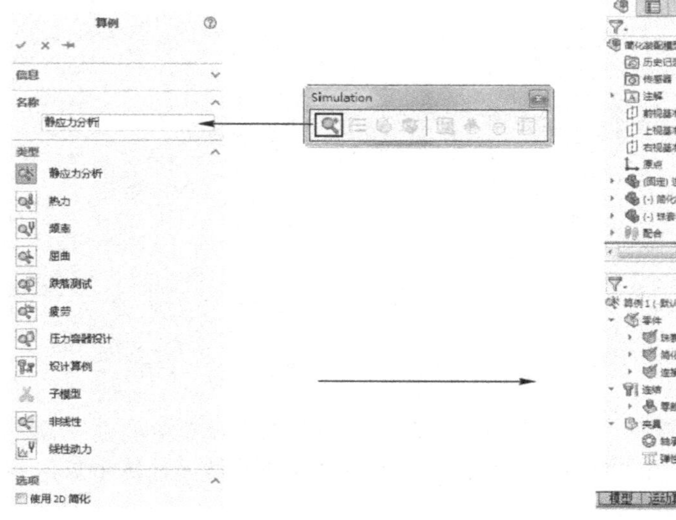

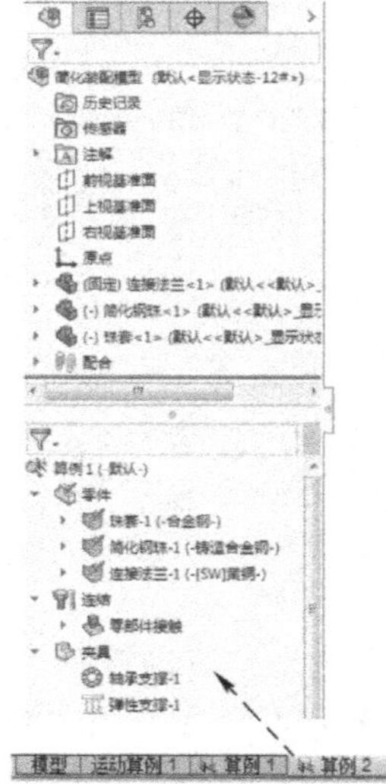

图 10-5 添加新算例

Simulation 有限元分析共提供了从静态到压力容器设计等 9 种有限元分析方法，其中静态算例（静应力分析）是最常使用的分析算例，可以用于分析线性材料的位移情况、应变情况、应力及安全系数等（其他各算例的作用，可见第 11 章的讲述）。

提示

注意静态分析的“静”字。所谓静态，即只是考虑模型在某时刻的状态，如受力状态、位移效果等，绝对没有动的因素，即使分析的是一个运动的装配体，例如，链轮、带轮间力矩的传递，也应使用静的理念进行分析。

静态算例的算例树中通常包含 5 项，这些算例项的意义解释如下：

- **零件**：主要用于设置零件材料。若未对零件设置材料，分析过程中会给出错误提示；若未设置材料的零件，其图标上无“对勾”，设置过的以“对勾”标识。
- **连结**：用于在分析装配体时，添加零部件间的联接关系，可以添加弹簧联接、轴承联接和螺栓联接等多种联接关系（添加联接关系后，可将原有的一些分析因素省掉，如添加了螺栓联接，就可在分析模型中不包含螺栓）。
- **夹具**：设置模型固定位置的工具。为了分析的方便，模型总有一部分是固定不动的，添加夹具后可以省去对原有夹具的分析，以进一步理想化分析模型。
- **外部载荷**：设置模型某时刻点的受力情况，可添加力、压力、转矩、引力、离心力等，也可对温度等进行模拟。
- **网格**：用于对模型划分网格，也可以控制模型个别位置网格的密度，以保证分析结果的可靠性。

10.2.2 设置零件材料

完成算例的添加后，通常首先为零部件定义材料，即确定零部件是什么材质的（如是塑料材质还是金属材质等）。材质不同，其性能会有很大不同，所以在每次分析时，都需要为模型定义材质。

右击“算例”树中的“零件”项，在弹出的快捷菜单中选择“应用材料到所有”菜单选项（或右击“零件”项下的某个零件，在弹出的快捷菜单中选择 “应用/编辑材料”菜单选项），打开“材料”对话框，可以为所有零件或某个零件选用材料，如图 10-6 所示。

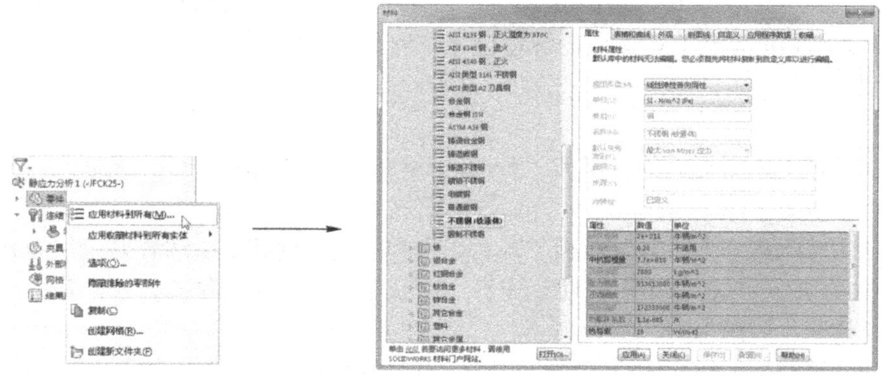

图 10-6　应用材料

用户无法对默认材料库中的材料属性进行编辑（只可以选用），如需要使用系统未定义的材料，可以在下部的“自定义材料”分类中进行添加。添加自定义材料时需要注意，红色的选项是必填项，是必需的材料常数，在大多数分析中都会用到；蓝色的为选填项，只在特定的载荷中使用。

10.2.3 固定零部件

静应力分析多是分析模型在受到某个作用力时模型的受力状况，如得出某个位置受力较大，所以在制造此零件时，此位置即需要注意或进行加强处理等。模型受力时，不可能没有支撑点，而固定零部件就是确定支撑点的位置和支撑方式的。

固定零部件的操作和其意义，实际上就是给零部件添加一个支撑，如完全固定支撑、滑竿支撑、弹性支撑、轴承支撑等。

右键单击算例树中的“夹具”项，在弹出的快捷菜单中选择“固定几何体”菜单选项（或其他固定工具），打开“夹具”属性管理器，选择模型的某个面、线或顶点，可为模型添加固定约束，如图 10-7 所示。

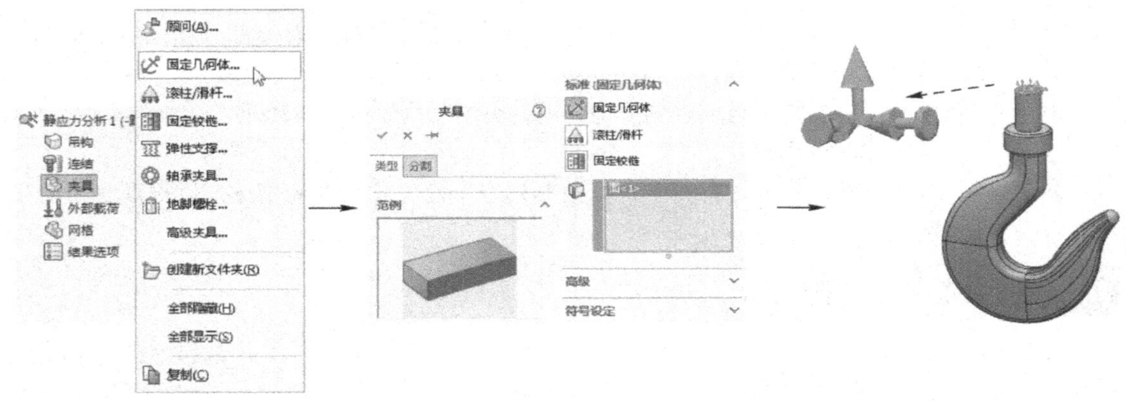

图 10-7 固定几何体操作

固定几何体是完全定义模型位置的约束（关于其他约束的意义，详见本章 10.3.2 节中的讲述），被约束的对象在没有弹性变形的情况下将完全无法运动。被添加夹具的面或线上将显示夹具标记，表示对点的 6 个自由度（三个平移自由度和三个旋转自由度）做了限制（不同夹具所限制的自由度个数有所不同，标记也会有所不同）。

10.2.4 添加载荷

载荷就是定义模型受到的作用力，所以同材料和固定零部件一样，在静应力分析中，载荷肯定也是必设的条件之一。

右键单击算例树中的“外部载荷”项，在弹出的快捷菜单中选择要添加的载荷（如选择“力”项），打开“力/力矩”属性管理器，然后设置力的受力位置、方向和大小等要素，可添加外部载荷，如图 10-8 所示。

在添加外部载荷的过程中，关键是对载荷的大小和方向的设置，如在“力/扭矩”属性管理器中，除了可以通过面的“法向”设置力的方向，还可以通过“选定的方向”设置力的方向。在“单位”卷展栏中可设置力的单位（SI 为国际单位，即牛顿，也可以使用英制和公制），在“符号设定”卷展栏中可以设置力符号的颜色和大小。

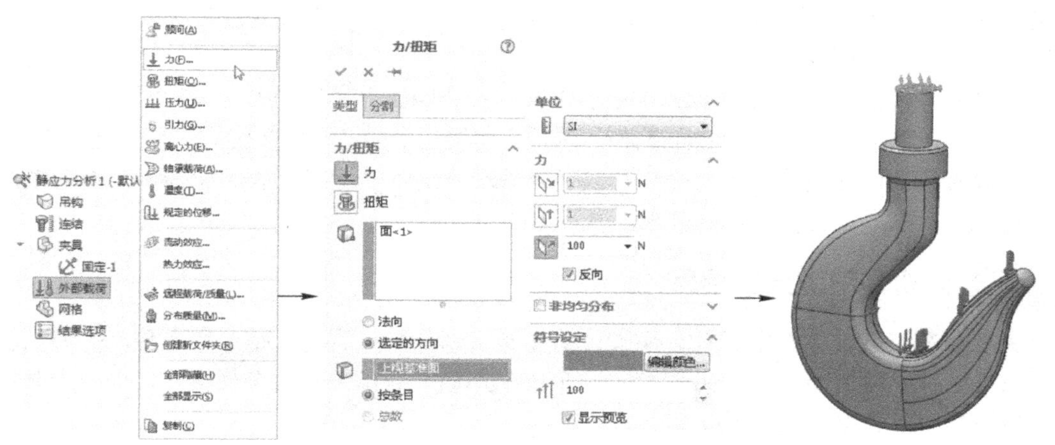

图 10-8　添加压力

一次可同时在多个面上添加不同方向的多个力，在“力/扭矩”卷展栏中，“按条目”是指在每个面上添加单独所设置的力值，而按“总数”则是在两个面上按比例分配所设置的力值。

10.2.5 网格划分

本章第 1 节讲过有限元也就是有限个单元，即在分析时需要将模型划分为有限个单元，而确定网格大小等指标，以将模型划分为有限个单元的过程，即是网格划分的操作。

右键单击算例树中的“网格”项，在弹出的快捷菜单中选择“生成网格”菜单选项，打开“网格”属性管理器，设置合适的网格精度或保持系统默认设置，单击“确定”按钮，即可为模型划分网格，如图 10-9 所示。

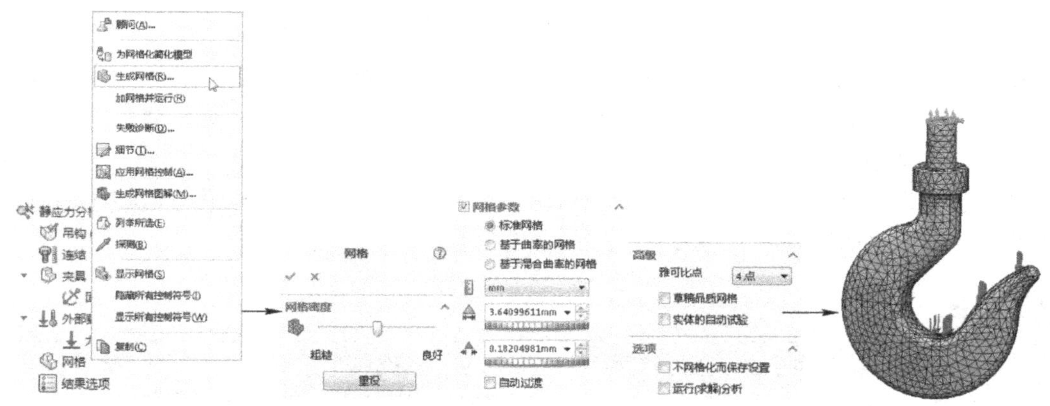

图 10-9　生成网格

通过“网格”属性管理器“网格密度”卷展栏中的精度条可以调整网格的精度，网格精度越大，模型分析结果越接近真实值，但是用时也越长。

SolidWorks 提供了两种网格单元（针对实体）：一种为一阶单元，另一种为二阶单元。一阶单元（即所谓的草稿品质）具有 4 个节点，二阶单元具有 10 个节点。系统默认选用二阶单元划分网格，如需选用一阶单元划分网格，可选中“网格”属性管理器“高级”卷展栏中的“草稿品质网格”复选框。

“高级”卷展栏中的“雅可比点”用于设定在检查四面单元的变形级别时要使用的积分点数，值越大计算越精确，所用时间越长。“选项”卷展栏中的“不网格化而保存设置”复选框，表示只设置新的网格数值而不立即进行网格化处理；选中“运行（求解）分析”复选框，可在网格化之后立即运行仿真算例分析。

10.2.6 分析并看懂分析结果

完成材料设置、固定零部件、添加载荷和网格划分后（这几个是分析之前，需要设置的分析条件，其中网格划分有时也可省略，即使用默认值），即可执行分析操作，以查看分析结果，取得需要的数据。具体操作如下。

右键单击算例树顶部的“算例名称”，在弹出的快捷菜单中选择“运行”菜单选项，可以对仿真模型进行分析（即进行有限元计算，有时会耗时较长）。完成有限元计算，系统将默认显示有限元“应力”的图解结果，如图 10-10 所示。

图 10-10 运行有限元分析

如图 10-10 右图所示，在有限元分析图解结果中，右侧的颜色条与模型上的颜色紧密对应，在应力图解中，默认使用红色表示当前实体上所受到的最大应力，使用蓝色表示所受到较小应力，根据颜色条上的值可以读出应力大小。

在颜色条的下端显示当前模型的屈服力值，如实体材料已处于屈服状态，将在颜色条中用箭头标识屈服点的位置。

提示

如应力颜色条下面未显示出当前材料的屈服力，可选择“Simulation”>“选项”菜单命令，打开“系统选项”对话框，在“普通”>“结果图解”选项组中选中“为 vonMises 图解显示屈服力标记”复选框即可。

静态分析后，系统默认生成三个分析结果，分别为应力、位移和应变，如图 10-11 左图所示。右击算例树中的“结果”项，可在打开的快捷菜单中选择需要的菜单选项，添加其他算例分析结果。如选择“定义疲劳检查图解”菜单选项，在打开的对话框中选择“负载类型”，或保持系统默认，单击“确定”按钮可添加疲劳检查图解，如图 10-11 所示。

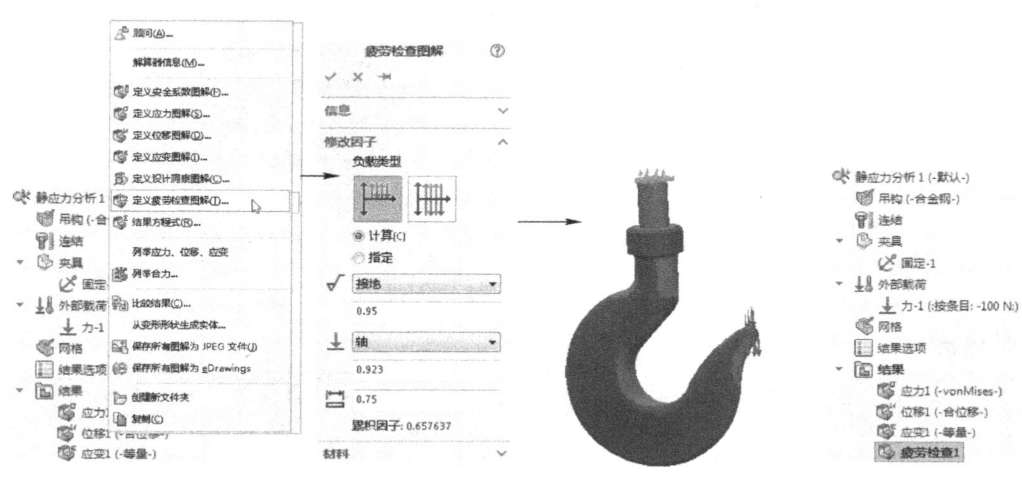

图 10-11　加载疲劳检查图解

应力就是模型上某点所受到的力，而应变是指在应力作用下，模型某单元的变形量与原来尺寸的比值。

疲劳检查图解用于提醒模型的某些区域是否可能在无限次反复装载和卸载后发生失效，分析完成后，系统会使用红色标识可能会出现疲劳问题的区域（关于“疲劳分析”对话框中各选项的设置，请参考工程学中的专业书籍）。

关于更多分析结果的查看工具，详见 10.4 节中的讲述。

实例精讲——安全阀有限元分析

安全阀是一种常用的排泄容器内压力的阀门，当容器压力超过一定值时，阀门自动开启，排出一部分流体令容器内压力降低，当压力降低到一定程度时，阀门自动关闭，以保持容器内的压力固定在一定的范围内。

安全阀按照单次的排放量，可以分为微启式安全阀和全启式安全阀。微启式安全阀阀瓣的开启高度为阀座内径的 1/15～1/20，全启式安全阀阀瓣的开启高度为阀座内径的 1/3～1/4。

本实例所设计安全阀为全启式安全阀，如图 10-12 所示。其中需要使用有限元验证的是：在安全阀整定压力下弹簧的长度，以此来确定调整螺栓和固定螺栓的初始位置，以及分析在排放压力下本安全阀能否达到所设计的开启高度。

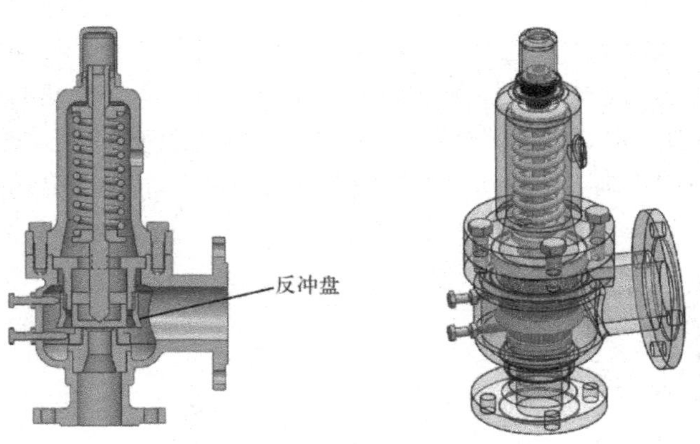

图 10-12　安全阀剖视图和透视图

整定压力是指阀瓣开始开启时的压力，其与安全阀的预紧力相等；排放压力是指整定压力加超过压力。对于全启式安全阀，超过压力与反冲盘的开口角度和长度等有很大关系。

【制作分析】

本节的终极目的是得到弹簧的预紧力长度，并验证本实例所设计安全阀的设计合理性。在进行仿真之初，首先对整个模型进行了简化（理想化），以快速得到需要的分析数据，然后通过常用的有限元分析步骤——添加应用材料、设置夹具和外部载荷，进行分析，得到模型分析结果，如图 10-13 所示。

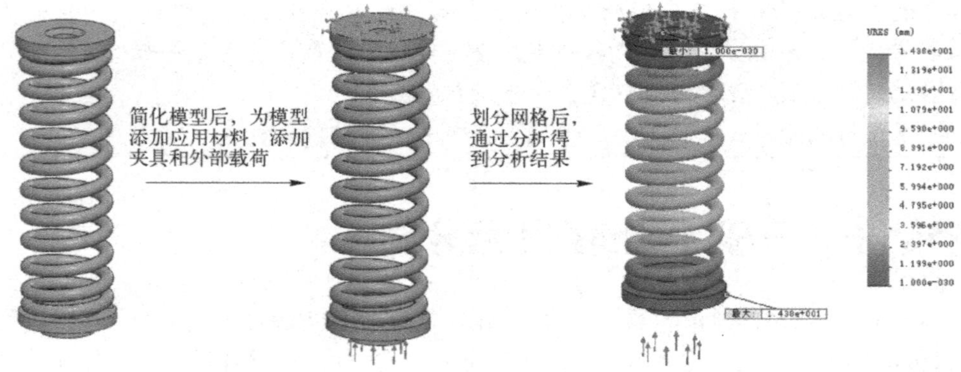

图 10-13　安全阀有限元分析的基本操作流程

安全阀的整定压力通常为容器工作压力的 1.05 倍，安全阀开启后，阀瓣所受压力通常只有整定压力的 0.3 倍，这两个参数在下面计算过程中需要用到。

【制作步骤】

STEP 1 打开本书提供的素材文件“安全阀仿真用有限元模型 1.SLDASM”，单击“常用”工具栏“选项”下拉菜单中的“插件”按钮，在打开的“插件”对话框中选中 SolidWorks Simulation

前的复选框，单击“确定”按钮，启用 Simulation 插件。

STEP 2 单击“Simulation”工具栏中的“新算例”按钮，打开“算例”选择属性管理器，设置算例类型为“静应力分析”，单击“确定”按钮，创建一有限元算例，如图 10-14 所示。

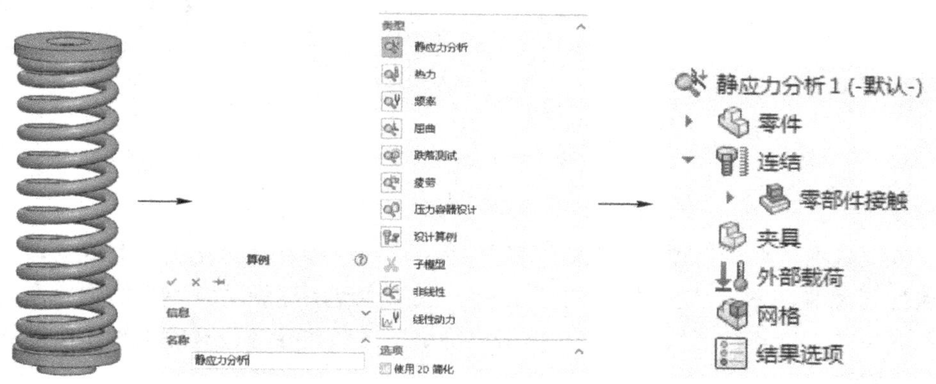

图 10-14　添加新算例

提示

> 关于为什么如此理想化仿真模型，这里稍做说明：因为在此次有限元分析中，会忽略重力的影响，所以弹簧两侧弹簧座的大小对仿真值的影响可以忽略，而理想化后的下部仿真座的圆面大小与阀座的开口面积相同，可代表阀门的实际受压面积。

STEP 3 右键单击算例树中的“零件”项，在弹出的快捷菜单中选择“应用材料到所有”菜单选项，打开“材料”对话框，为所有零件选用“不锈钢（碳素体）”材料（此材料耐蒸汽等的腐蚀，也是制作弹簧的常用材料），如图 10-15 所示。

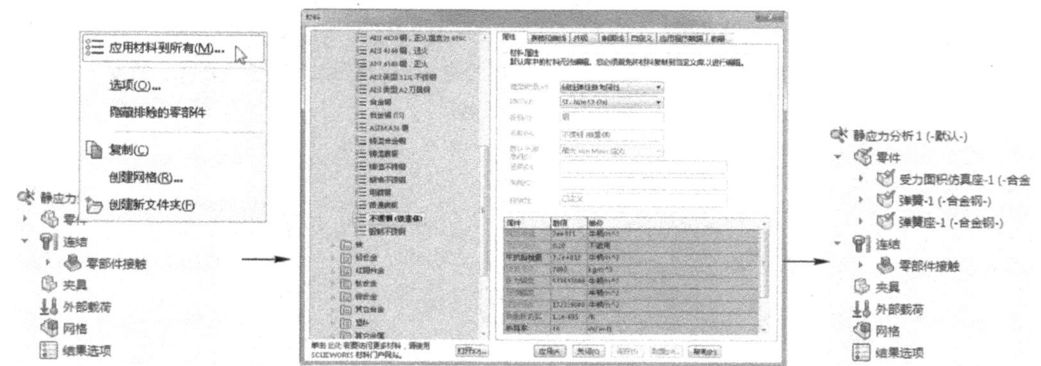

图 10-15　应用材料

STEP 4 右键单击算例树中的“夹具”项，在弹出的快捷菜单中选择“固定几何体”菜单选项，打开“夹具”属性管理器，选择装配体的上边的模型面为固定面，单击“确定”按钮，将此面完全固定，如图 10-16 所示。

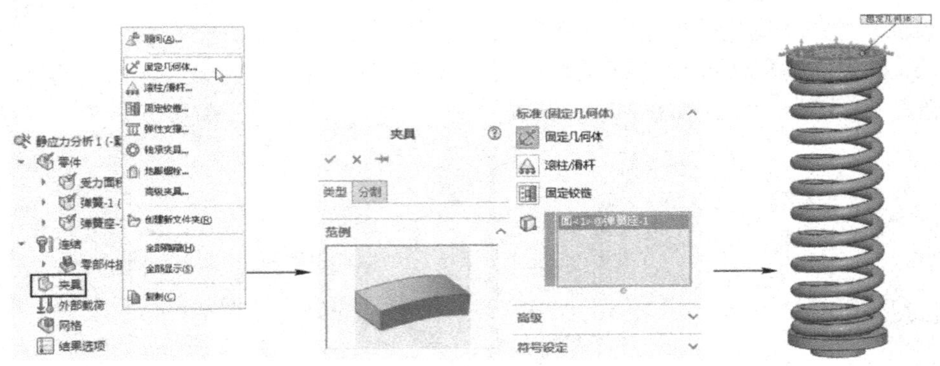

图 10-16 固定几何体

STEP 5 再次右击“夹具”项，在打开的快捷菜单中选择“高级夹具”菜单选项，打开“夹具”属性管理器，单击“在圆柱面上”按钮，选择“受力面积仿真座”的圆柱面为只可切向运动的面，并单击“径向”按钮，单击“确定”按钮，令弹簧只能沿轴向压缩或伸长，如图 10-17 所示。

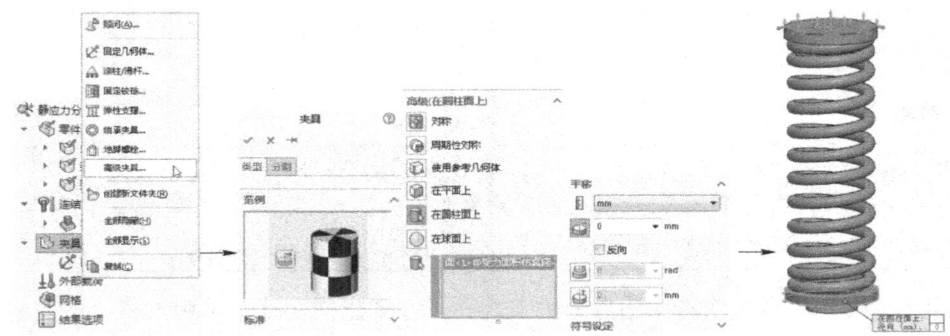

图 10-17 添加高级夹具

STEP 6 右键单击算例树中的“外部载荷”项，在弹出的快捷菜单中选择“压力”菜单选项，打开“压力”属性管理器，选择“受力面积仿真座”的底部面为受力面，设置压力大小为 525000N/m^2，单击“确定”按钮，为弹簧添加外部载荷，如图 10-18 所示。

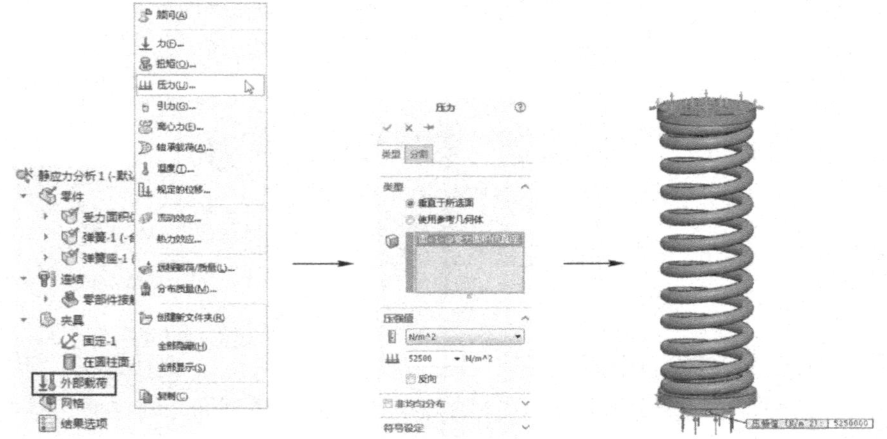

图 10-18 添加压力

之所以设置压力大小为 525000N/m²，主要与所设计安全阀的额定工作压力有关。本书所设计的安全阀的额定工作压力为 0.5MPa，即 50000N/m²，而安全阀的开启压力，也就是整定压力通常为容器工作压力的 1.05 倍，所以取值为 525000N/m²。

STEP 7 右键单击算例树中的“网格”项，在弹出的快捷菜单中选择“生成网格”菜单选项，打开“网格”属性管理器，保持系统默认设置，单击“确定”按钮，经过软件自动计算为仿真模型添加网格，如图 10-19 所示。

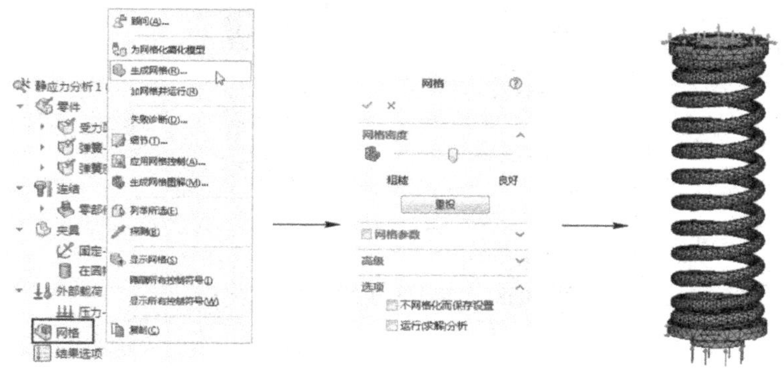

图 10-19　生成网格

STEP 8 右键单击算例树顶部的算例名称项，在弹出的快捷菜单中选择“运行”菜单选项，系统自动开始对仿真模型进行有限元计算。计算过程中系统会弹出“静态分析”对话框，单击“否”按钮继续（其原因详见下面提示），完成有限元计算，并默认显示有限元“应力”图解结果，如图 10-20 所示。

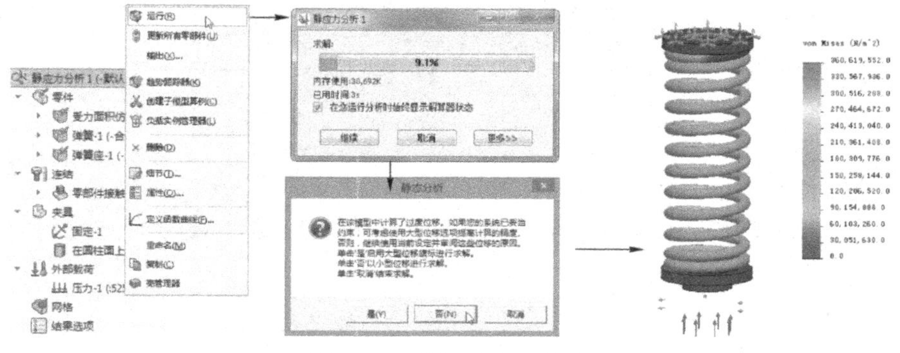

图 10-20　运行有限元分析

如图 10-20 中图所示的“静态分析”对话框中，如单击“是”按钮，将对模型进行“大型位移”分析。启用“大型位移”分析后，在分析时将考虑模型由于形状变化而带来的对材料刚度变化的影响（即非线性）；而“小型位移”分析中，会将材料视为线性材料，不考虑上述情况。由于弹簧的特殊性，此处单击“否”即可。

STEP 9 右键单击算例树底部“结果”文件夹中的“位移 1”项，在弹出的快捷菜单中选择“显示”菜单选项，在右侧视图中将图解显示模型的位移效果，如图 10-21 所示。其最顶部为模型的最大位移，即弹簧的压缩长度，为 1.402e+001，即 14.02mm，而弹簧的自然长度为 126mm，所以可大概确定装配时应使弹簧压缩后的长度接近 112mm。

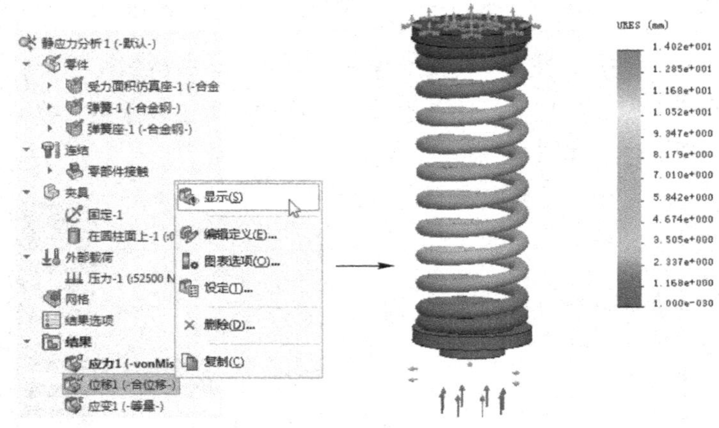

图 10-21 显示分析后的位移效果

提示

仿真结果以科学计数法来标识数字。为取得正常数值，“+”时可将小数点右移，“-”时可将小数点左移，后面是移动的位数。

仿真后的图示位移往往不是模型的默认位移。右击算例树中的“位移”结果项，在弹出的快捷菜单中选择“编辑定义”菜单选项，打开“位移图解”属性管理器，如图 10-22 所示，在“变形形状”卷展栏中选中“真实比例”单选按钮，可以在模型上显示真实的位移。

图 10-22 设置真实比例

STEP 10 通过与步骤 1～9 相同的操作，打开素材文件“安全阀仿真用有限元模型 2.SLDASM”，设置压力大小为 157500N/m^2，其他设置与前面操作相同，进行有限元仿真，可得出此时弹簧的最大位移为 26.3mm，如图 10-23 所示。

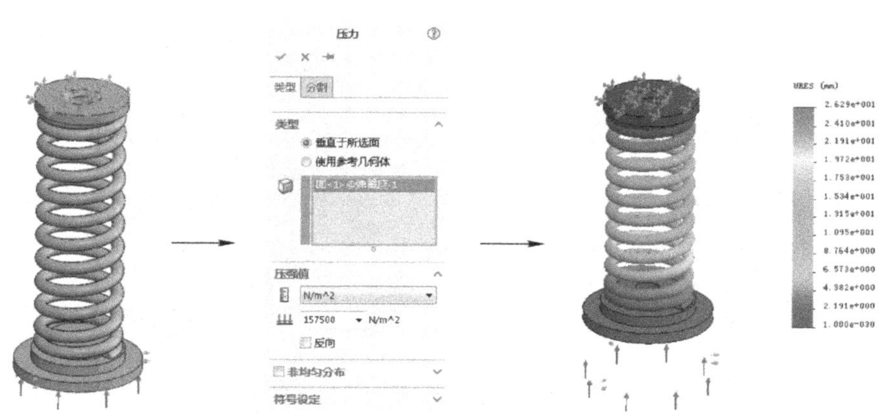

图 10-23 仿真排放压力时弹簧状态

因为模型的阀座内径为 24mm，根据全启式安全阀的要求，其开启高度实际上应在 6mm 到 8mm 之间，而 26.3mm-14.02mm=12.28mm，其值远远大于额定值，所以存在设计缺陷，应缩小反冲盘的面积，或者增强弹簧的强度以符合设计要求。

此外，在“安全阀仿真用有限元模型 2.SLDASM”文件中，“受力面积仿真座”底部的平面面积与反冲座的平面面积相同，这也是理想化的模型。

10.3 分析选项解释

在 10.2 节中只介绍了有关分析选项的其中一个功能，除此之外，如“固定零部件”还有更多的类型（即 10.3.2 将要讲到的常用夹具），本节将讲解这些操作中同样需要经常用到的扩展功能的作用和使用方法。

10.3.1 装配体中的常用连结关系

对于装配体在进行有限元分析时，还可以为其添加连结关系，以模拟装配体中两个对象间的关系（类似于装配体中的配合，需要注意的是，在有限元算例中并不会继续使用装配体中的配合，而需重新定义）。

打开“装配体”，并新建有限元算例，可在算例树中发现一个名称为“连结”的文件夹，右击这个文件夹，选择弹出菜单中的菜单选项，如图 10-24 所示，可以指定装配体中零部件之间的连接关系，这些连接关系的意义解释如下。

➢ **相触面组**：定义单个相触面组间的配合关系。选择此选项后，将打开“相触面组”属性管理器，如图 10-25 所示，选择两个相触面组，可以为其设置配合关系，并可设置配合面间的摩擦因数。共有 5 种类型的相触面关系，其意义详见表 10-1。

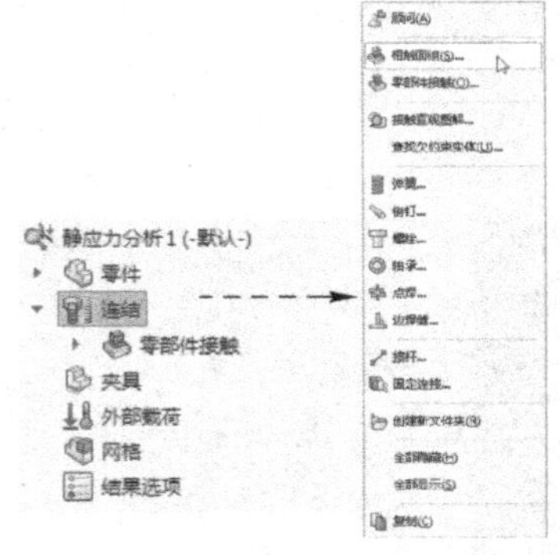

图 10-24 连结关系右键菜单

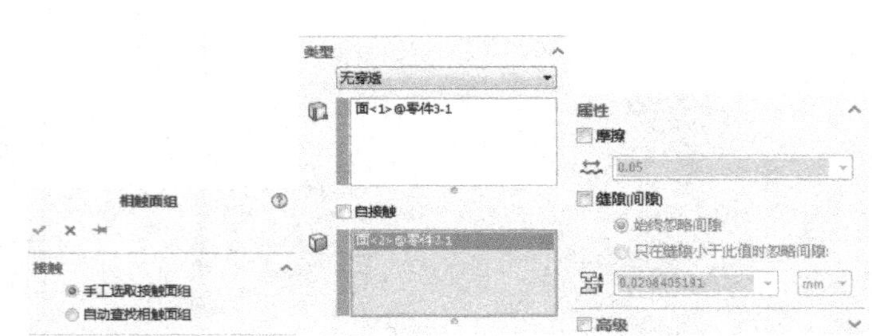

图 10-25 “相触面组”属性管理器

表 10-1 5 种类型相触面组的意义

类型	意义	图示
无穿透	定义面间不能互相穿透，但是允许滑移，较接近真实的物体接触，但是计算较耗时	
接合	在选定面处将两个零部件“粘合”在一起，分析时将其看作一个整体，面间不可滑移	
允许贯通	在分析时，允许所选面处互相贯通，而不会计算其间的应力，如果可以确定两个零部件不会产生干涉，那么使用此项可以节省计算时间	
冷缩配合	冷缩配合用于模拟将对象装配到略小的型腔中。由于型腔较小，所以在接合处会产生预应力，力的大小与材料属性等有关	
虚拟壁	可以定义某个实体面到基准面（虚拟壁）的接触关系，通常应使实体面在虚拟壁上滑动，如移动过程中实体面与虚拟壁发生碰撞，虚拟壁将阻止实体面的穿越	

提示

在“相触面组”属性管理器中，选中“自动查找相触面组”单选按钮，选择要检查相触面组的零部件（或全部零部件），再单击“查找面”按钮，可以自动查找相触面组，然后在分析结果中，选择要使用的相触面组，并单击“确定”按钮即可。

需要注意的是在设置相触面组时，可以自定义零部件的摩擦因数，也可以不指定，当不指定摩擦因数时，并不表明这两个面间没有摩擦，分析时系统将会使用 Simulation“选项”中设置的默认摩擦因数，通常为 0.05。

- **零部件接触**：定义实体间的接触关系。共有三种类型，分别为：无穿透、接合和允许贯通，其意义同上。当此配合与定义的接触面组配合冲突时，系统使用接触面组中定义的配合。
- **弹簧**：定义只抗张力、只抗压缩或者同时抗张力和压缩的弹簧（其意义可参考 Motion 中的弹簧）。
- **销钉**：用于模拟无旋转或无平移的销钉，联接的销钉面可整体移动。

➢ **螺栓**：模拟真实装配体中两个零件间的螺栓联接（需选择对应的圆孔面）。螺栓联接不同于面的固定约束，在进行仿真分析时，会在螺栓联接处产生应力。
➢ **轴承**：用于模拟杆和外壳零部件之间的轴承接头。
➢ **点焊和边缝焊**：用于模拟零部件间的焊接关系，以仿真验证零件间焊接的牢固性。
➢ **接杆**：定义零部件间的两个对应的支撑点（相当于在这两个支撑点间创建了一个刚性的不可压缩的连杆）。在仿真分析时，这两个支撑点间的距离保持不变。
➢ **固定连接**：类似于"接杆"，定义零部件间两个对应面，这两个对应面永远保持刚性，在分析时，面上任何两点的距离保持不变。

10.3.2 常用夹具

除了上面介绍的固定零部件操作，右键单击算例树中的"夹具"项，在弹出的快捷菜单中可发现除了"固定几何体"，还有更多的夹具选项可供选择，以定义模型的固定约束，如图 10-26 所示。

图 10-26 夹具快捷菜单

提示

在"夹具"属性管理器"分割"选项卡中，选择草图和要进行分割的面，可以将面分割，然后将夹具定义在此面的某个区域内，如图 10-27 所示（此功能能在连结关系和载荷中同样可以使用）。

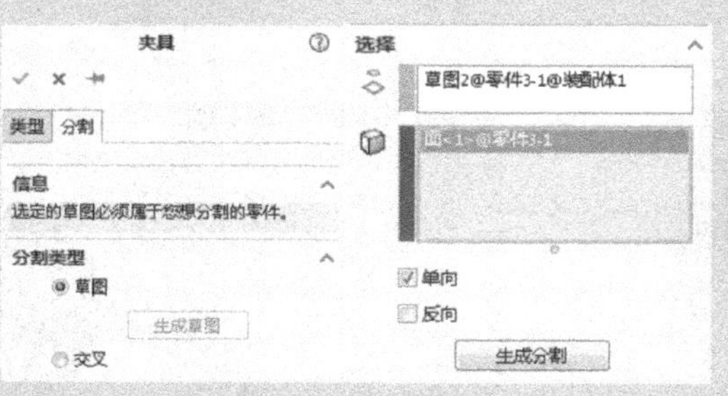

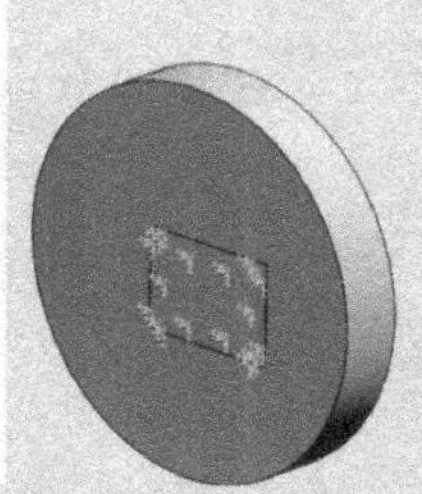

图 10-27 "夹具"属性管理器"分割"选项卡的作用

这些常用夹具的作用解释如下：

➢ **固定几何体**：令所选择的面、线或点的位置完全固定，即包括位移和旋转的 6 个自由度完全固定，不可移动、不可旋转。
➢ **滚柱/滑杆**：定义某面只能在原始面的方向移动，但不能在垂直于其原始面的方向移动。
➢ **固定铰链**：定义类似合页的固定轴。固定铰链与销钉的不同之处在于，定义了固定铰链轴面的位置处于夹具的锁紧位置，不可移动。
➢ **弹性支撑**：定义某面受到的弹性支撑力。与连结关系中的弹簧不同的是，弹性支撑无需选择对应面，而只是当零件所选面处发生位移或变形时的一个支撑。弹性支撑可用于模拟弹性基座和减震器。
➢ **轴承夹具**：在所选圆柱面处模仿轴承面，仿佛有一个潜在的固定轴承将所选的圆柱面进行了固定。所选面可自由旋转，但不可有轴向的位移。在执行此操作时，如单击“允许自我对齐”按钮，可模仿球面自位轴承接头。

➢ **地脚螺栓**：定义圆孔到基准面间的螺栓联接关系。定义螺栓的边线必须位于目标基准面（可被看作虚拟壁），否则无法使用此夹具。

➢ **高级夹具**：可限制零件在某平面、球面或圆柱面等上的移动。在对其选项进行设置时（如单击按钮），选择的项表示在此方向上进行限制，0 值表示在此方向不可移动，输入数值可设置移动的范围，未选择的项表示在此方向上不做限制。

10.3.3 常用外部载荷

除了 10.2.4 节中介绍的力载荷，右键单击算例树中的“外部载荷”项，在弹出的快捷菜单中还可为零件选择更多的载荷，如图 10-28 所示。这些常用载荷的意义解释如下。

➢ **力、扭矩、压力、引力、离心力**：这几种载荷较为常用，用于在选定面上模拟零件受到的作用力，其设置和使用方法也较易理解，此处不做过多说明。

➢ **轴承载荷**：定义接触的两个圆柱面之间或壳体圆形边线之间具有的轴承载荷。如图 10-29 所示，轴承载荷将在接触界面生成非均匀压力，用于模拟机组由于重力作用对轴承造成的压力（或某个方向上的冲击力），所选坐标系是受力方向的参照。

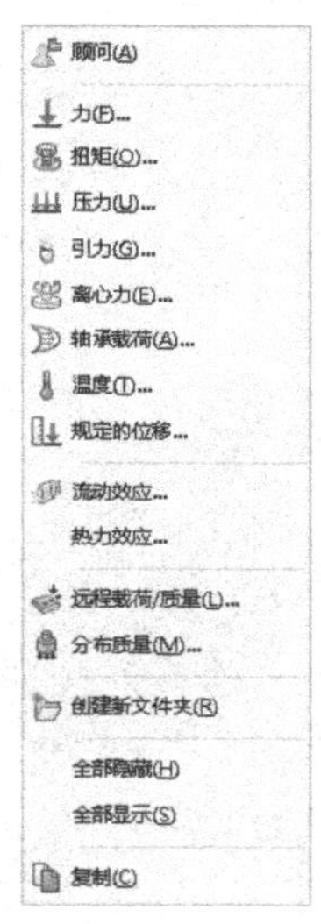

图 10-28 外部载荷快捷菜单

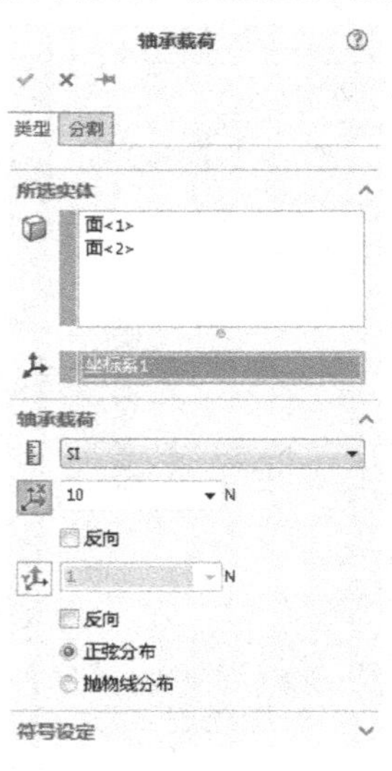

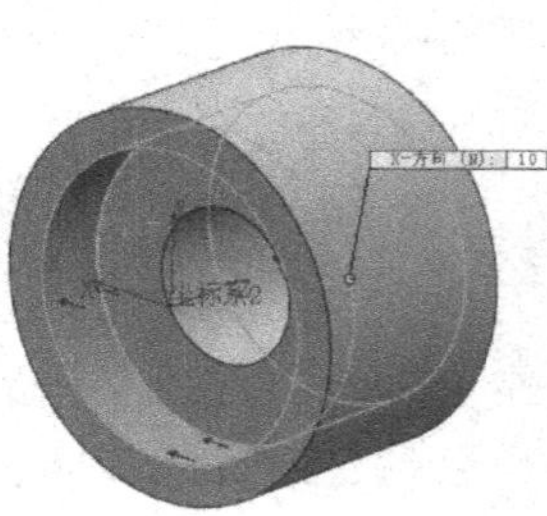

图 10-29 添加轴承载荷的

➢ **温度**：可通过此菜单选项设置某面、边线、顶点或零部件的温度，以模拟零件受热时的状态。

➢ **远程载荷/质量**：将远程载荷、质量或位移转移到所选面、线或顶点处，如图 10-30 所示。当选择“载荷（直接转移）”项时，将从所选坐标系原点（或系统）处为所选面增加载荷（此时会将远程力和由此力形成的到所选面的力矩同时转移到所选面上）。当选用质量或位移时，将通过刚性杆固定的质量或设置的位移加载到所选面上。

➢ **分布质量**：在选定的面上分布指定的质量值。可使用此功能模拟已压缩或未包括在建模中的零部件。

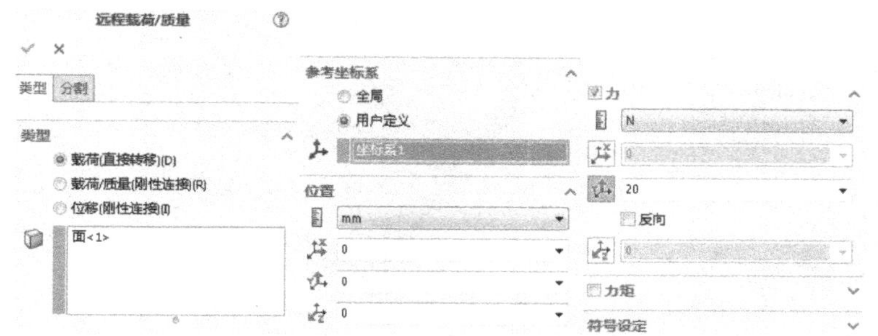
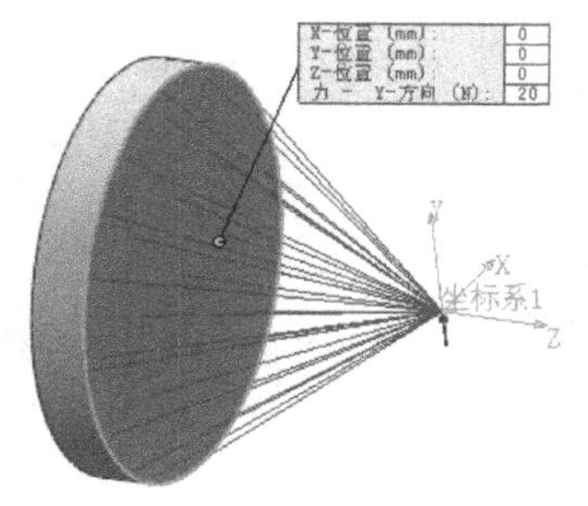

图 10-30 添加远程载荷/质量操作

10.3.4 细分网格

右键单击算例树中的“网格”项，在弹出的快捷菜单中选择相应的菜单选项，如图 10-31 所示。可以设置零件的网格密度，或控制网格的显示等，此快捷菜单中各菜单选项的作用解释如下：

➢ **应用网格控制**：根据需要为模型中的不同区域指定不同的网格大小，如图 10-32 所示。局部细化的网格有利于对受关注处受力情况的分析，而又不会对整个分析时间造成太大的影响。

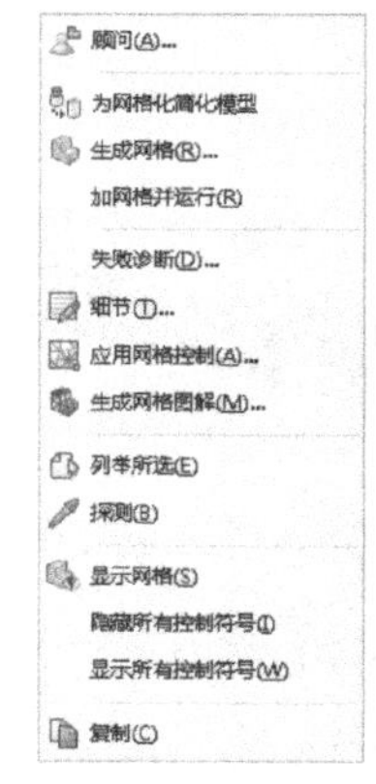

图 10-31 网格操作快捷菜单

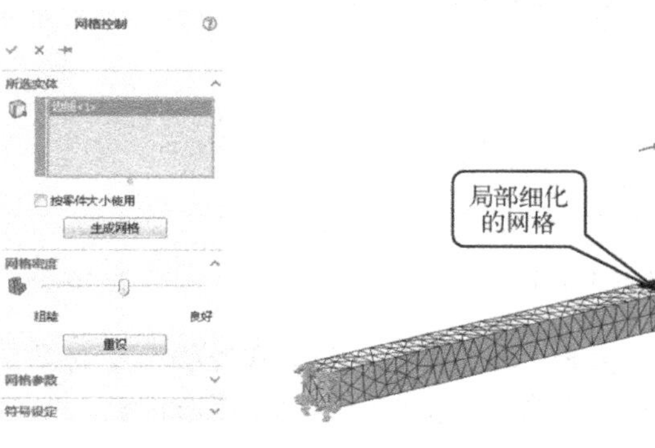

图 10-32 添加应用网格控制操作

提示

需要注意的是有限元分析中网格存在应力的奇异性。对于尖角处的网格，随着网格的逐步细化，所得出的应力值也会越来越大（图 10-33）。

这主要是因为，根据弹性理论在尖角处的应力应该是无穷大的，但是有限元模型不会产生一个无穷大的应力，而是将此应力分散到邻近单元中。所以在进行有限元分析时，如果对边角处或邻近区域的应力感兴趣，应为其设置圆角，否则由于模型的自身问题，所得出的分析数据与实际值会有很大差异。

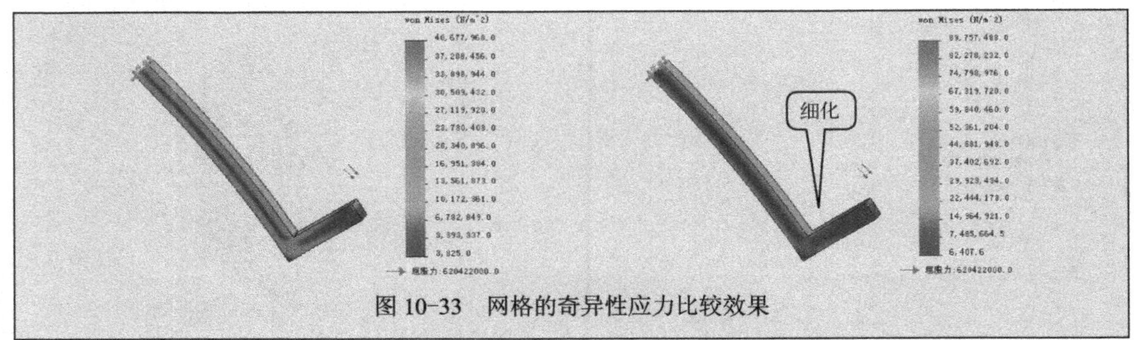

图 10-33 网格的奇异性应力比较效果

- **为网格化简化模型**：当模型过于复杂时，选择此选项，系统可根据零件的大小判断出实体中“无意义的体积”，并列举在任务窗格中。用户可以首先将其抑制，然后对装配体进行分析，以节省有限元分析的时间。
- **细节**：打开“网格细节”窗口，如图 10-34 所示，显示当前网格划分的所有信息，包括节总数和单元总数等内容。
- **生成网格图解**：系统默认显示网格化的图解信息。选择此选项，除了可显示网格化的图解信息外，还可以显示“高宽比例”和根据“雅可比”显示的图解信息，如图 10-35 所示。

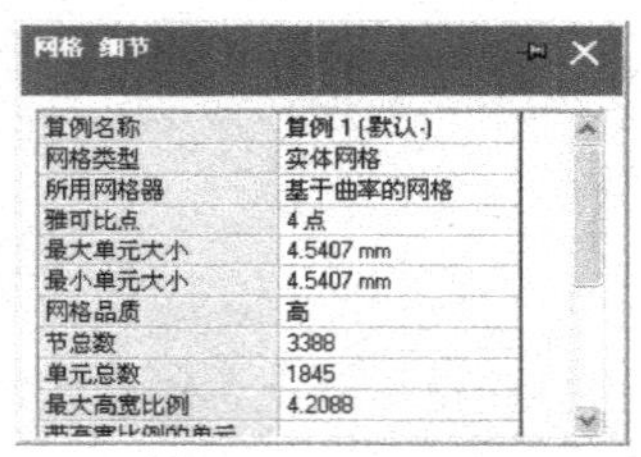

算例名称	算例 1 (-默认-)
网格类型	实体网格
所用网格器	基于曲率的网格
雅可比点	4 点
最大单元大小	4.5407 mm
最小单元大小	4.5407 mm
网格品质	高
节总数	3388
单元总数	1845
最大高宽比例	4.2088

图 10-34 “网格细节”窗口

图 10-35 设置“雅可比”显示的图解网格

- **列举所选**：列表显示所选位置处的单元或节信息，如图 10-36 所示。
- **探测**：探测所选位置处的单元或节信息，如图 10-37 所示。

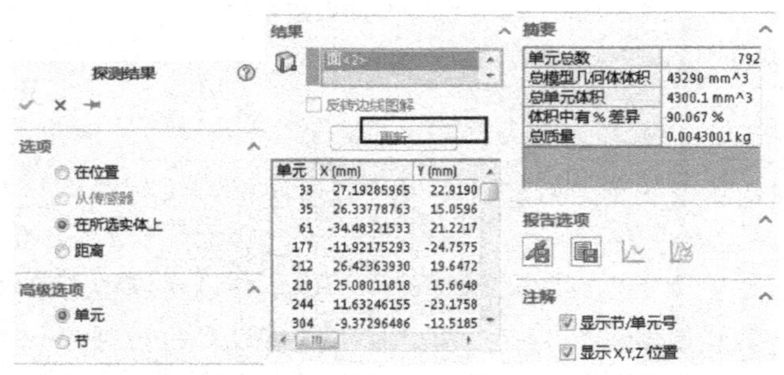

图 10-36 列举所选操作结果

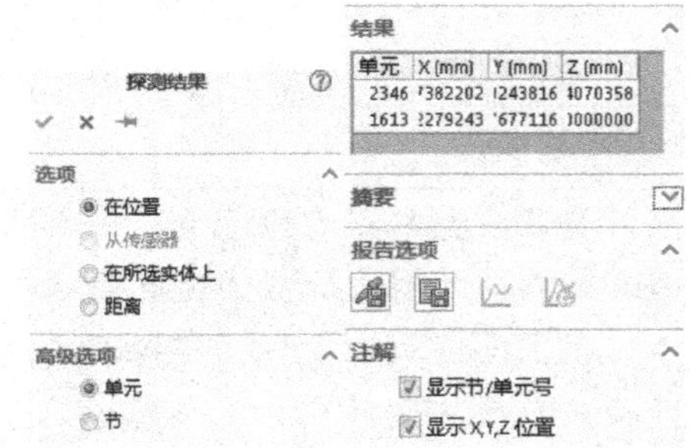

图 10-37 探测操作结果

10.4 分析结果查看

为了获得分析后的有用数据，需要通过很多方法来找到某个数据，而这个查看的过程是需要使用一定的工具并掌握一定技巧的。系统主要提供了列举、观看动画、截面剪裁、图表选项、探测、设计洞察和报表等查看分析结果的工具，本节将讲述其使用方法。

10.4.1 列举分析结果和定义图解

在模型分析完毕后，右键单击算例树中“结果”项，选择“列举应力、位移、应变”菜单选项，打开“列举结果”属性管理器，选择要列表显示的项（如应力），单击“确定”按钮，可以列表的形式显示模型中各节的受力状况，如图 10-38 所示。

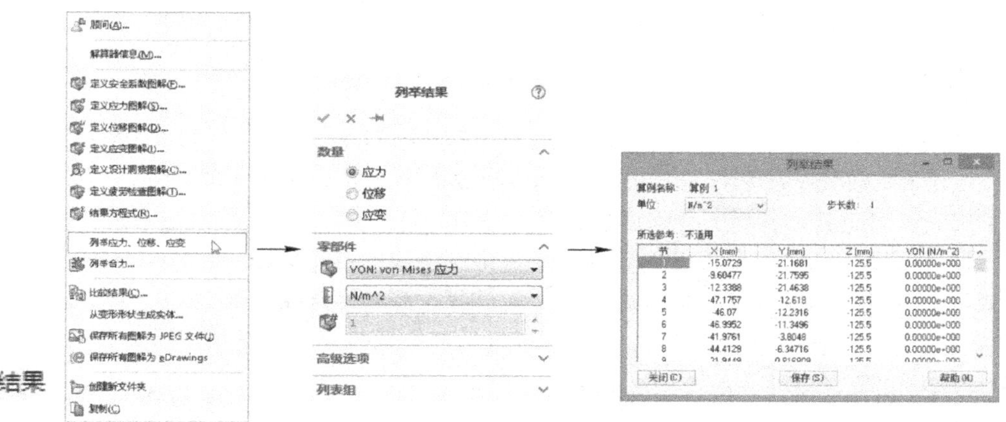

图 10-38　列举分析结果操作

如右键单击“结果”项后，选择“列举合力”菜单选项，打开“合力”属性管理器，可选择要分析合力的点，然后单击“更新”按钮，查看所选点处的受力信息；选择“列举铆钉/螺栓/轴承力”菜单选项，则可直接列表显示螺栓或轴承等的受力信息，如图 10-39 所示。

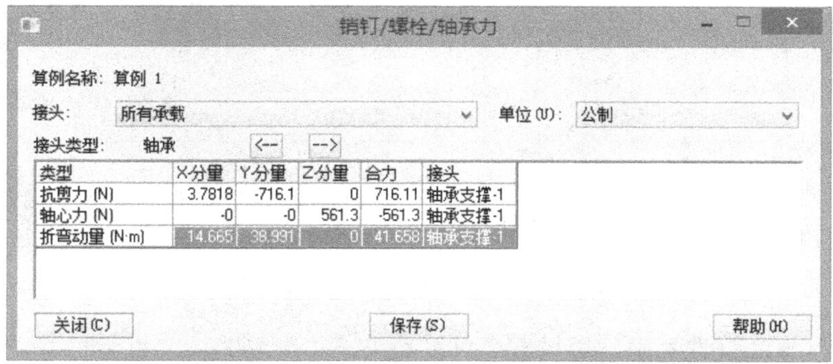

销钉/螺栓/轴承力

算例名称：算例 1

接头：所有承载　　单位(U)：公制

接头类型：轴承

类型	X分量	Y分量	Z分量	合力	接头
抗剪力 (N)	3.7818	-716.1	0	716.11	轴承支撑-1
轴心力 (N)	-0	-0	561.3	-561.3	轴承支撑-1
折弯动量 (N·m)	14.665	38.931	0	41.658	轴承支撑-1

关闭(C)　保存(S)　帮助(H)

图 10-39　“铆钉/螺栓/轴承力”列表对话框

右键单击“结果”项，在弹出的快捷菜单中选择“从变形形状生成实体”菜单选项，可打开“变形形状实体”属性管理器，然后通过选择不同的按钮，可将模型的变形形状保存为零件或配置，如图 10-40 所示（不选择保存零件，零件将被默认保存到桌面）。

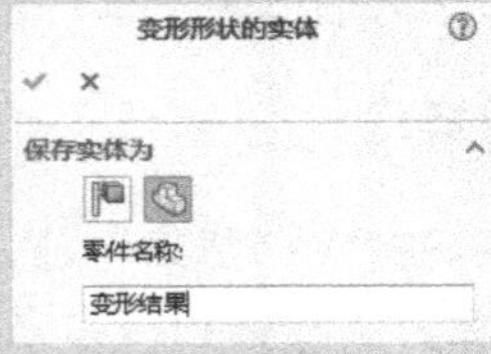

图 10-40 “变形形状实体”属性管理器

10.4.2 观看动画

在模型分析完毕后，右键单击算例树中“结果”项下的任一子项（此子项应处于显示状态），在弹出的快捷菜单中选择“动画”菜单选项，可查看零件受力变形后的动画。

通过拖动“动画”属性管理器中的“速度”滑块，可调整动画演示的快慢，选中“保存为 AVI 文件”复选框，可将动画保存为 AVI 文件，如图 10-41 所示。

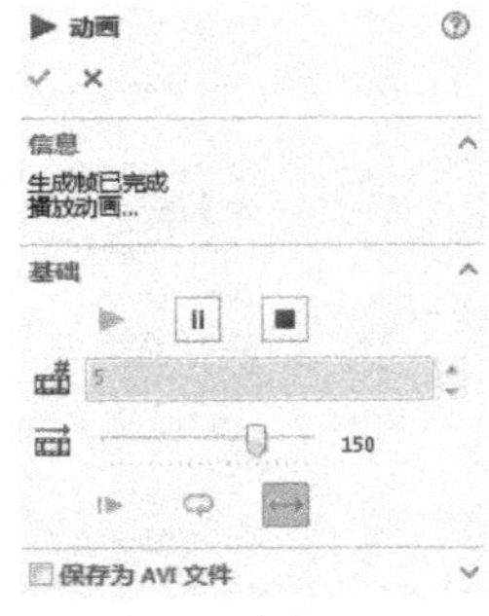

图 10-41 “动画”属性管理器

10.4.3 截面剪裁和 ISO 剪裁

在模型分析完毕后，右键单击算例树中“结果”项下的任一子项（此子项应处于显示状态），在弹出的快捷菜单中选择“截面剪裁”菜单选项，可通过剪裁查看模型内部的受力、位移或应力情况，如图 10-42 所示。

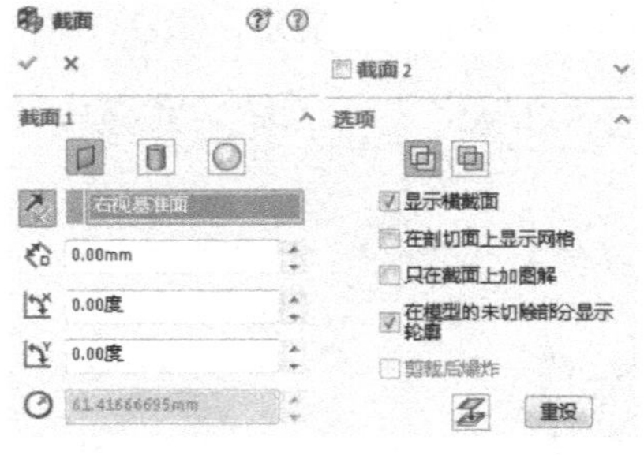

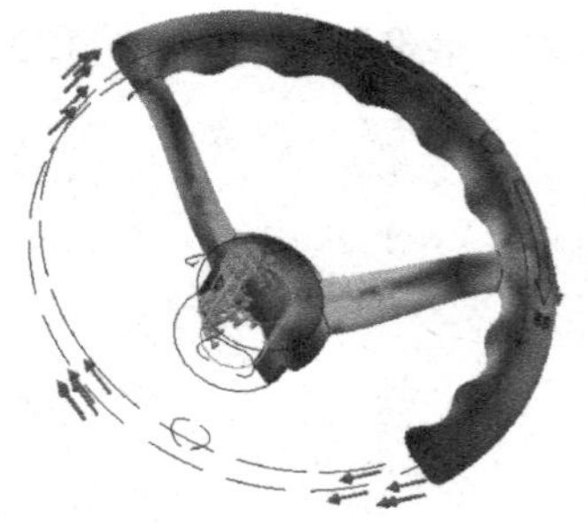

图 10-42 通过截面剪裁查看内部受力情况

在“截面”属性管理器中，可设置三种剪裁方式，分别为面、圆柱面和球面剪裁。三种剪裁方式都需要选择参考面等为参照，以定位截面的位置（如选择面为参照，在使用圆柱面或球面进行剪裁时，将只能在垂直于面的方向调整横截面）。

“截面”属性管理器中某些重要选项的意义解释如下：

- **“截面 2”卷展栏**：可通过此卷展栏设置多个剖面。
- **“联合”按钮**：显示所有剖面信息。
- **“交叉”按钮**：显示所有剖面交叉区域的截面信息。
- **“只在截面上加图解”复选框**：只显示截面的信息，而不显示其他实体信息。
- **“剪裁开/关”按钮**：打开或关闭剪裁信息。

提示

右键单击算例树中“结果”项下的任一子项（此子项应处于显示状态），在弹出的快捷菜单中选择“ISO 剪裁”菜单选项，可查看指定受力值、位移值等指定值的曲面（可同时生成多个曲面），以查看零件上相同值的部位，这里对此不做过多解释。

10.4.4 图表选项

在模型分析完毕后，右键单击算例树中“结果”项下的任一子项（此子项应处于显示状态），在弹出的快捷菜单中选择“图表选项”菜单选项，打开“图表选项”属性管理器，可设置在当前图解界面上要显示的图解信息。简单说明如下（可参考图 10-60）。

- **“显示选项”卷展栏**：用于设置要显示的图解模块。“显示最小注解”和“显示最大注解”复选框用于设置要显示的注解（其余选项，读者不妨自行尝试）；“定义”和“设定”选项用于定义右侧“图例”的起始范围。
- **“位置/格式”卷展栏**：用于设置图例的位置。
- **“颜色选项”卷展栏**：用于设置图例颜色。

10.4.5 设定显示效果

在模型分析完毕后，右键单击算例树中“结果”项下的任一子项（此子项应处于显示状态），在弹出的快捷菜单中选择“设定”菜单选项，打开“设定”属性管理器，可设置模型图解的显示效果，如图 10-43 所示。如选中“将模型叠加于变形形状上”复选框，将在模型图解效果上叠加模型未变形前的形状（其他选项较易理解，此处不做过多说明）。

图 10-43 “设定”属性管理器和操作效果

10.4.6 单独位置探测

在模型分析完毕后，右键单击算例树中“结果”项下的任一子项（此子项应处于显示状态），在弹出的快捷菜单中选择“探测”菜单选项，在模型上选择探测位置，可在打开的“探测结果”属性管理器中列表显示探测点的值（如受力值、位移值等），如图 10-44 所示。

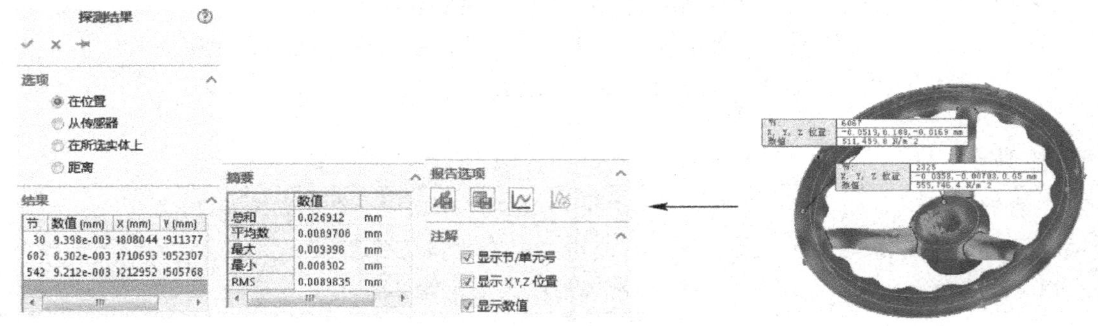

图 10-44 “探测结果”属性管理器和操作效果

“探测结果”属性管理器中，部分选项的作用解释如下。

- **“选项”卷展栏：** 其中“在位置”项表示探测选定位置的值；“从传感器”选项是指检测“传感器”中存储的位置的值；“在所选实体上”选项是指剪裁所选实体上所有节点的值。
- **“报告选项”卷展栏：**“保存为传感器”按钮用于将所选点保存为传感器的检测点；“保存”按钮用于将检测结果保存为 Excel 文件，后两个按钮用于生成对应的图解信息；“响应”按钮只能用于瞬时计算。
- **“注解”卷展栏：** 用于设置在图解视图上需要显示的项。

右击“结果”项下的子项，选择“变形结果”快捷菜单选项，可查看或取消查看当前图解视图的变形效果。

10.4.7 设计洞察

单击“CommandManager”工具栏“Simulation”标签栏下的“设计洞察”按钮，可查看当前视图的设计洞察效果，如图 10-45 所示。“设计洞察”命令用于突出显示零件中受力的分布状况，实体为主要受力区域，半透明的部分受力较少，在生产时可以考虑较少用料。拖动“设计洞察”属性管理器中的滑块可调整有效载荷的分界点。

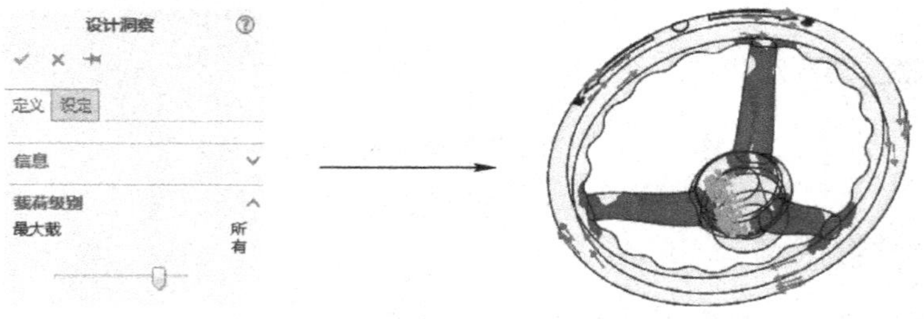

图 10-45 “设计洞察”属性管理器和操作效果

10.4.8 报表的取得和编辑

单击“CommandManager”工具栏“Simulation”标签栏下的“报表”按钮，打开“报表选项”对话框，在此对话框中设置报表输出的项目，以及公司信息和输出路径等，单击“出版”按钮，可将设计信息输出为 HTML 或 Word 格式的设计报告，以方便演示、查阅或存档。

在“报表选项”对话框（参见图 10-62）的“报表分段”选项组中可设置报表中主要主题的组成部分，包括封页、说明、假设、模型信息、算例属性、单位、材料属性、载荷和约束等。选择后可对分段信息进行编辑。

实例精讲——转矩限制器受力分析

转矩限制器又称安全离合器（或安全联轴器），常安装在动力输出轴与负载的机器轴之间。当负载机器出现过载故障时（转矩超过设定值），转矩限制器会自动分离，从而可有效保护驱动机械（如内燃机、电动机等）以及负载。

常见的转矩限制器形式有摩擦式转矩限制器和滚珠式转矩限制器，本实例讲述反应较为灵敏的滚珠式转矩限制器的设计和有限元分析方法。

滚珠式转矩限制器，如图 10-46 所示，内置滚珠机构，通过碟形弹簧的压缩量调节过载转矩，可在过载瞬间使主被动传动机械脱离。滚珠式转矩限制器在消除过载后，需要手动或使用其他外力使限制器复位。

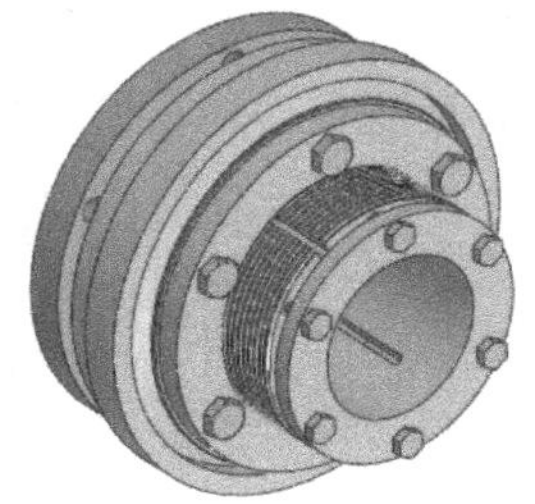

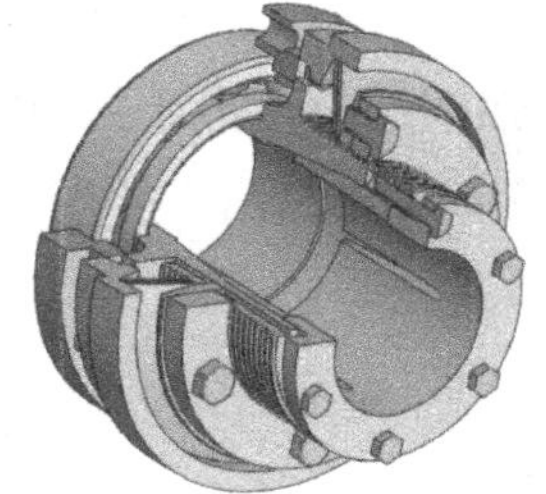

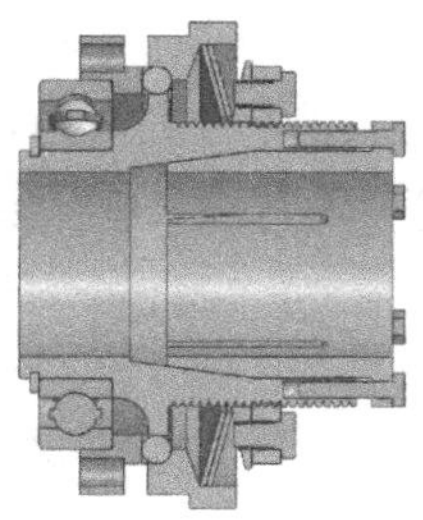

图 10-46　滚珠式转矩限制器装配图和剖视图

【制作分析】

本实例的结构有些复杂，为了能够快速、准确地计算出需要的数值，在进行有限元分析前，首先对模型进行理想化处理，设置模型材料、添加夹具、力等元素，然后进行分析，得到分析结果，如图 10-47 所示。在分析完成后，本实例的重点是对有限元分析结果的查看，将通过观看动画和设置图表选项等方式，观测零部件的受力状况。

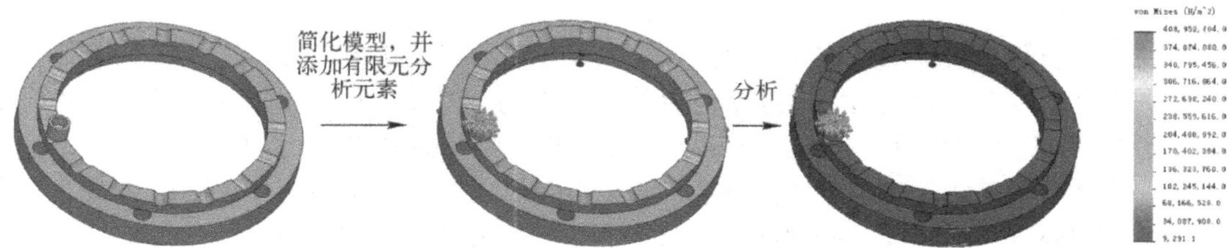

图 10-47　对滚珠式转矩限制器的分析操作流程

【制作步骤】

STEP① 打开本书提供的素材文件"滚珠离合器简化模型.SLDASM"，如图 10-48 所示。启用 Simulation 插件，单击"Simulation"工具栏中的"新算例"按钮，创建一个新的静态有限元算例。

STEP② 右键单击算例树中的"零件"项，在弹出的快捷菜单中选择"应用材料到所有"菜单选项，打开"材料"对话框，为所有零部件选用"锻制不锈钢"材料（SolidWorks 材料库中未提供钢珠常用的轴承钢材料，此处权且选用此材料），如图 10-49 所示。

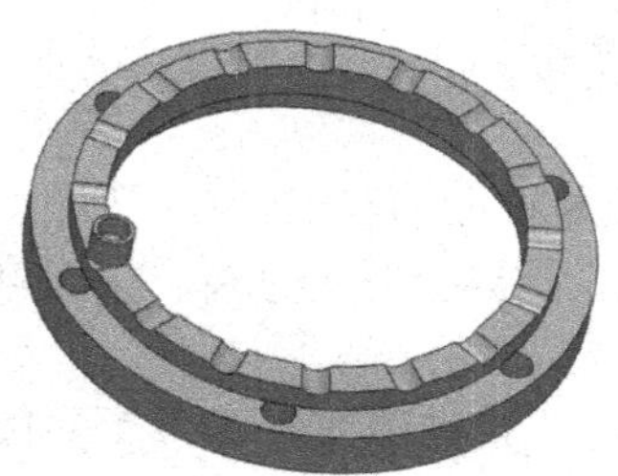

图 10-48 添加新算例

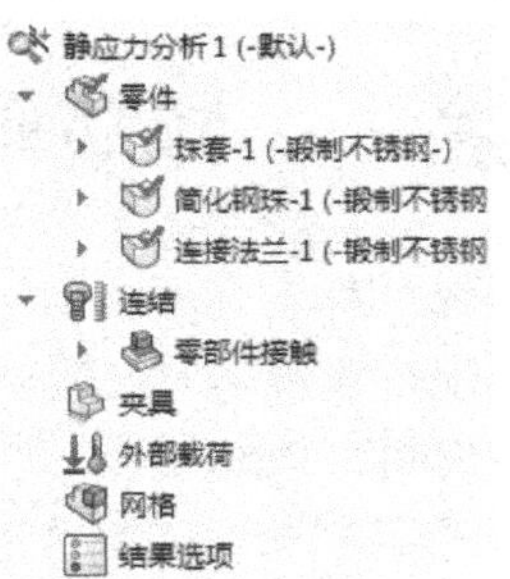

图 10-49 设置材料效果

STEP③ 右击算例树中"连结"项下的"全局接触"项，选择"编辑定义"快捷菜单选项，打开"零部件相触"属性管理器，设置接触类型为"无穿透"，如图 10-50 所示。

STEP④ 右键单击算例树中"夹具"项，在弹出的快捷菜单中选择"轴承夹具"菜单选项，打开"夹具"属性管理器，然后选择连接法兰的内表面为轴承连接面，并取消"允许自我对齐"按钮的选中状态，添加轴承夹具，如图 10-51 所示。

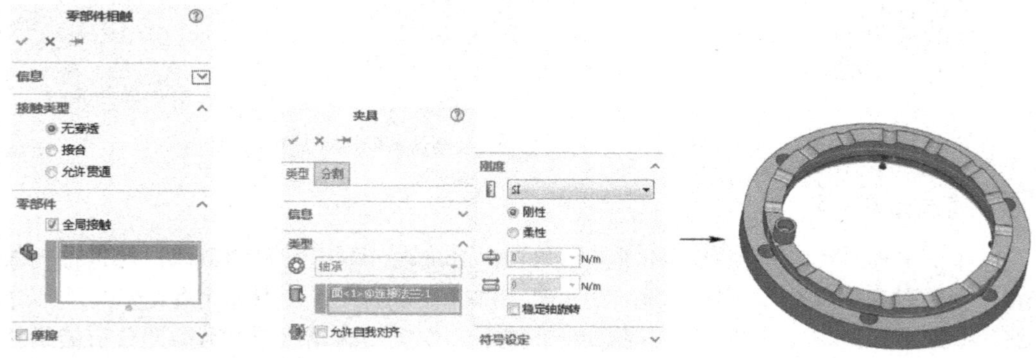

图 10-50 设置零部件的接触关系　　图 10-51 添加轴承夹具

STEP⑤ 右键单击算例树中"夹具"项，在弹出的快捷菜单中选择"弹性支撑"菜单选项，打开"接头"属性管理器，然后选择简化钢珠的上表面为弹性支撑的压载面，并设置"弹性支撑"法向系数为 10（N/m）/m^2，用于模拟蝶形弹簧，如图 10-52 所示。

STEP⑥ 右键单击算例树中"夹具"项，在弹出的快捷菜单中选择"固定几何体"菜单选项，选择珠套的上表面为固定面，将珠套固定，如图 10-53 所示。

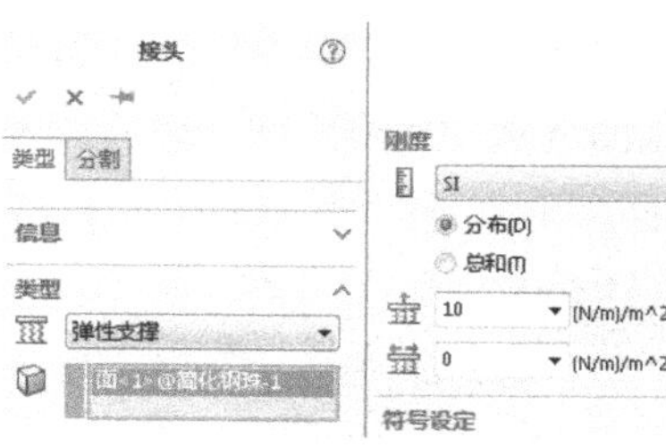
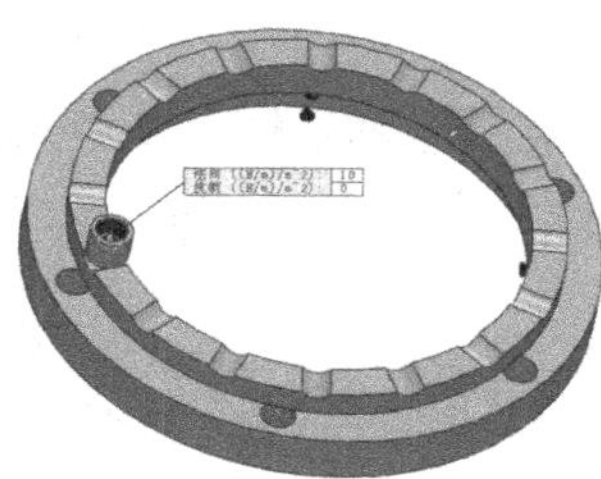

图 10-52 设置弹性支撑

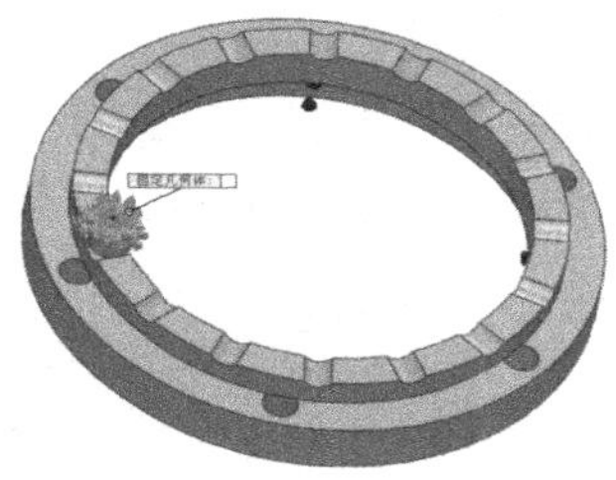

图 10-53 设置固定夹具

STEP 7 右键单击算例树中“外部载荷”项，在弹出的快捷菜单中选择“扭矩”菜单选项，选择模型外表面力矩的面（内表面为方向参照面），添加一转矩，如图 10-54 所示。

STEP 8 右键单击算例树中的“网格”项，在弹出的快捷菜单中选择“生成网格”菜单选项，使用默认值划分网格，如图 10-55 所示。

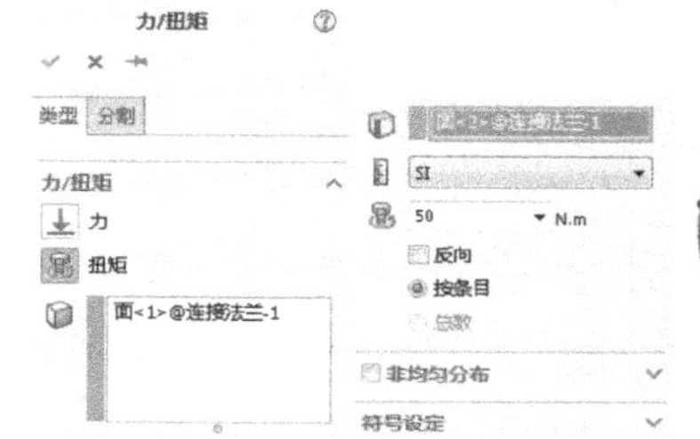
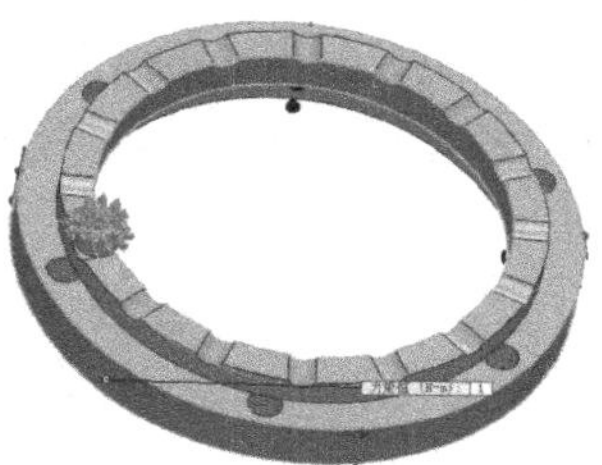

图 10-54 添加转矩操作

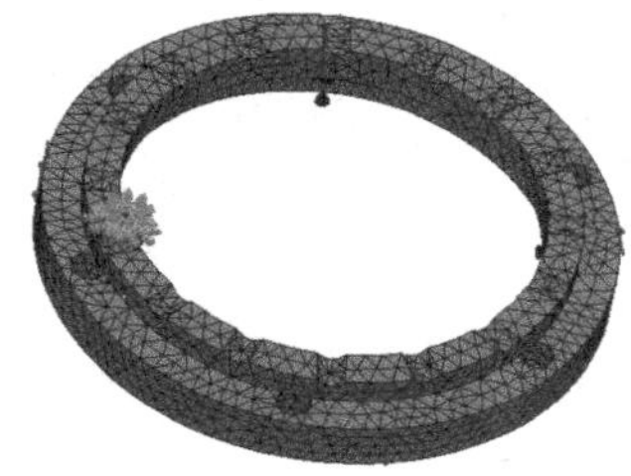

图 10-55 划分网格操作

STEP 9 右键单击算例树中的“算例 1”项，单击“运行”按钮，进行仿真分析，效果如图 10-56 左图所示（右图为此时的算例树效果）。

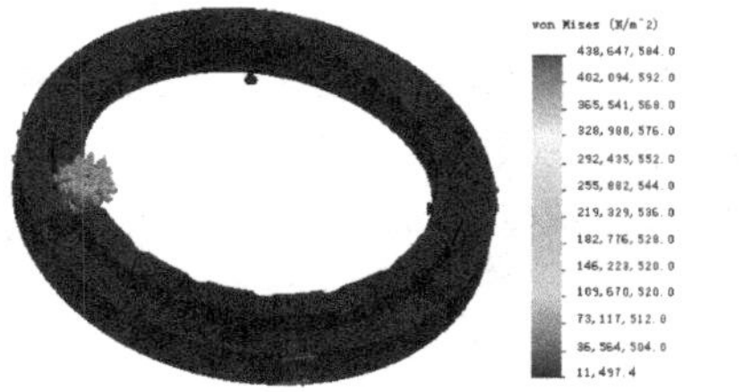

图 10-56 模型受力分析结果和算例树

STEP 10 右键单击算例树中“结果”项下的“位移 1”项，在弹出的快捷菜单中选择“显示”菜单选项，显示位移效果，再右击“位移 1”项，在弹出的快捷菜单中选择“动画”菜单选项，以动画形式显示位移效果，如图 10-57 所示。

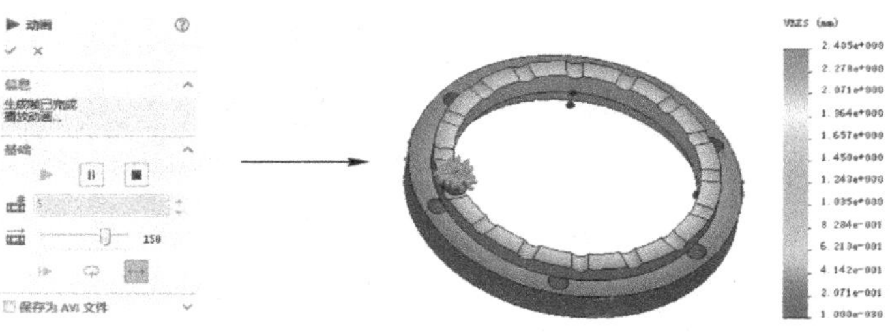

图 10-57 动画展示操作和位移动画效果

STEP 11 右键单击算例树中“结果”项下的“应力1”项，选择“显示”菜单选项，显示应力效果，再右击“应力1”项，在弹出的快捷菜单中选择“截面剪裁”菜单选项，选择上视基准面，并平移18mm，查看截面受力效果，如图10-58所示。

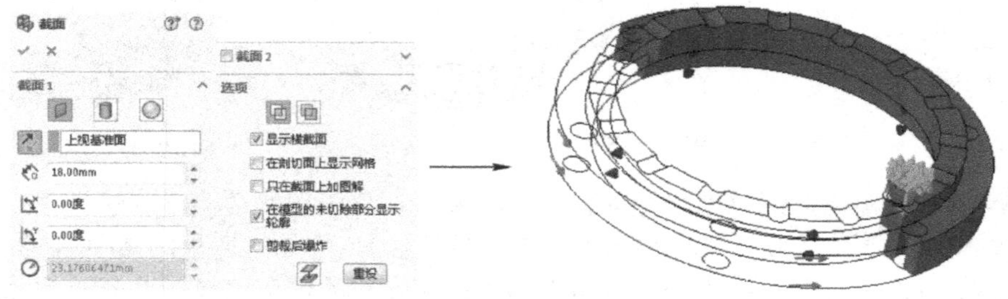

图10-58 设置截面剪裁操作和操作效果

STEP 12 在图10-59左图所示的“截面”属性管理器中单击“剪裁”开/关按钮，关闭截面剪裁效果，然后右键单击“应力1”项，在弹出的快捷菜单中选择“ISO剪裁”菜单选项，设置剪裁等值为“17500000”，查看剪裁效果，如图10-59右图所示。

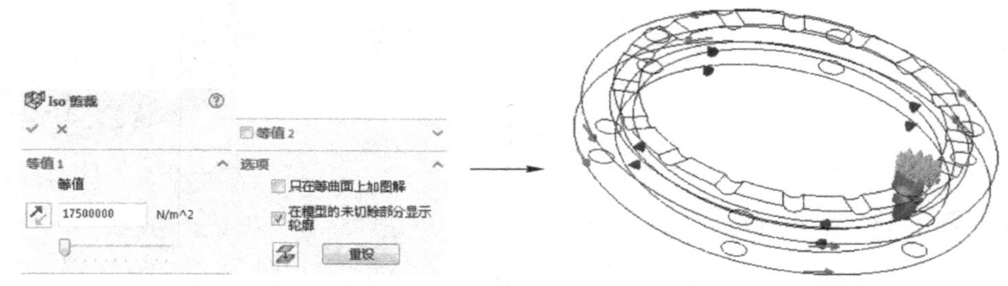

图10-59 设置ISO剪裁操作和操作效果

STEP 13 如图10-60左图所示的“ISO剪裁”属性管理器中单击“剪裁”开/关按钮，关闭ISO剪裁效果，然后右击“应力1”项，选择“图表选项”菜单选项，打开“图表选项”属性管理器，选中“显示最小注解”和“显示最大注解”前的复选框，在应力视图中显示模型最小和最大受力点的位置，如图10-60右图所示。

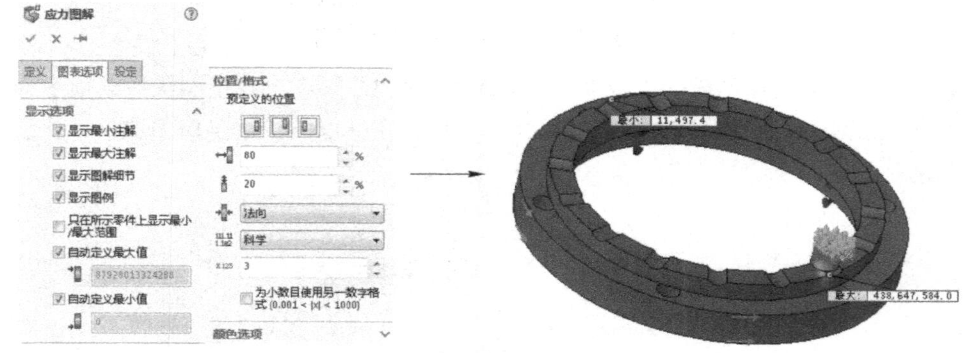

图10-60 设置图表选项操作和效果

STEP 14 右键单击“应力1”项，在弹出的快捷菜单中选择“探测”菜单选项，然后选择钢珠靠近连接法兰受力点的位置，查看钢珠此点受力状况，如图10-61右图所示。

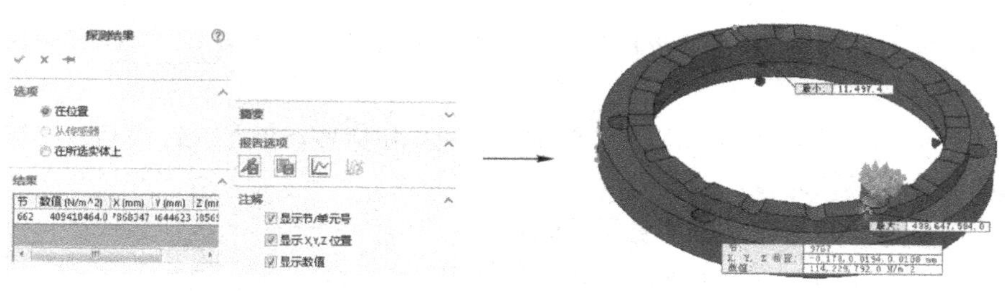

图 10-61 探测钢球受力情况

STEP 15 单击“CommandManager”工具栏“Simulation”标签栏下的“报表”按钮，打开“报表选项”对话框，在“报表分段”选项组中选择要报表输出的项目，在标题信息栏中设置公司信息，单击“出版”按钮，可输出当前文件的报表信息，如图 10-62 所示。

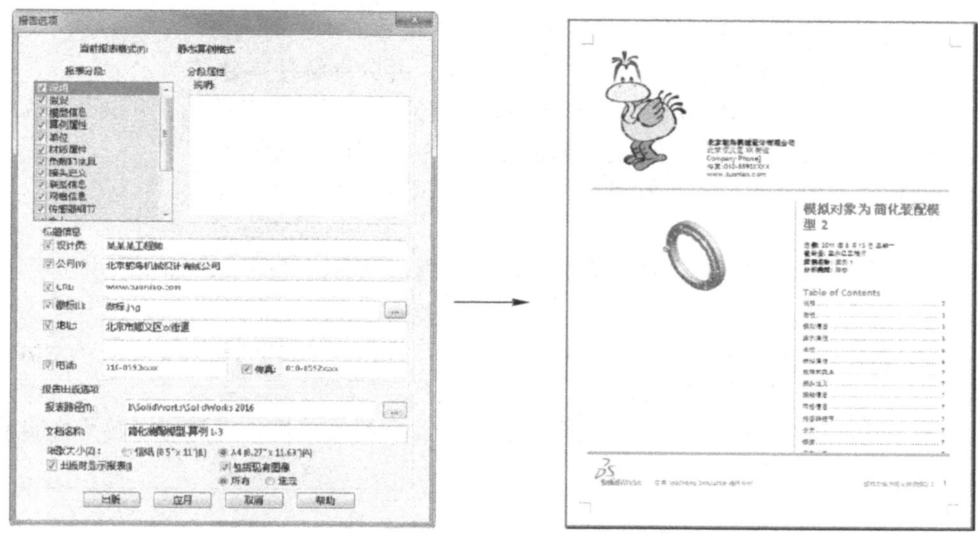

图 10-62 生成报表操作和报表效果

10.5 本章小结

本章主要介绍了静应力的有限元分析操作。静应力分析很具代表性，是有限元分析的一个重要模块，也是最常用的分析模块，熟练操作后，有助于其他分析功能的掌握（本书第 11 章将介绍 Simulation 的其余分析功能）。

10.6 思考与练习

一、填空题

（1）Simulation 是一款基于__________分析技术（FEA）的设计分析软件。

（2）SolidWorks 还提供了另外一款有限元分析软件——SolidWorks Flow Simulation，主要用于____________________。

（3）Simulation 有限元分析共提供了 9 种有限元分析方法，其中__________算例是最常使用的分析算例。

（4）__________接触面组，用于定义面间不能互相穿透，但是允许滑移较接近真实的物体接触，但是计算较耗时。

（5）__________用于定义类似合页的固定轴。

（6）可设置三种查看受力截面的方式，分别为______、________和____________。

（7）可探测三类位置的值，分别为__________、________和____________。

（8）______________用于突出显示零件中受力的分布状况，实体为主要受力区域，半透明的部分受力较少，在生产时可以考虑较少用料。

二、问答题

（1）试解释静态分析中，“静”字的主要含义。

（2）在设置零件载荷时，“按条目”和“总和”设置的力，有何区别？

（3）列举有限元分析中较常用的三个接触关系，并分别解释其含义。

（4）“夹具”中的“固定铰链”与“相触面组”连结中的“销钉”有何区别？

（5）应如何查看零部件内部的受力或位移状况？试简述其操作。

（6）通过“图表选项”可设置哪些图解信息？试列举常用的几项。

三、操作题

（1）使用本书提供的素材文件，进行有限元分析，观察在受到 1N·m 的力矩作用下的应力情况，如图 10-63 所示。

（2）使用提供的素材文件，结合本章所学知识，完成如图 10-64 所示有限元分析，观察在受到 500N 压力下，底部杆的受力情况。

（3）打开本书提供的素材文件，对叉架模型进行有限元分析，并通过各种手段查看模型的受力状况，如图 10-65 所示。

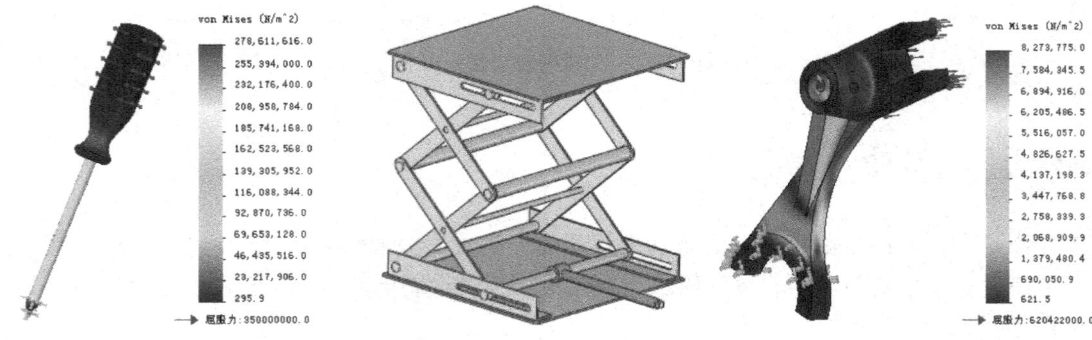

图 10-63　螺钉旋具模型受力分析结果　图 10-64　需进行分析的升降台　图 10-65　叉架模型受力分析结果

第 11 章 其他有限元分析

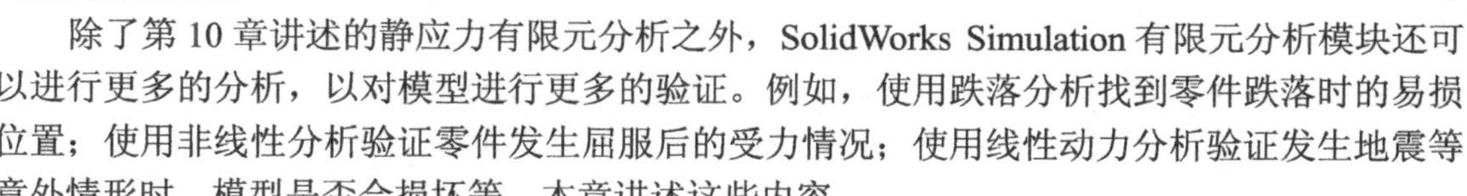

本章要点

- 频率分析
- 屈曲分析
- 热力分析
- 跌落测试分析
- 疲劳分析
- 非线性分析
- 线性动力分析
- 压力容器设计分析

学习目标

除了第 10 章讲述的静应力有限元分析之外，SolidWorks Simulation 有限元分析模块还可以进行更多的分析，以对模型进行更多的验证。例如，使用跌落分析找到零件跌落时的易损位置；使用非线性分析验证零件发生屈服后的受力情况；使用线性动力分析验证发生地震等意外情形时，模型是否会损坏等。本章讲述这些内容。

11.1 频率分析

每种物理结构都有固有的振荡频率。频率分析用于找出模型的这些固有频率，其用途可以检测所设计机器的多个零部件间是否存在共振，或者利用共振现象生产音乐器材、夯土机等。

在进行频率分析时，可以不添加载荷，也可根据需要设置或不设置支撑，只需设置材料，然后进行分析，即可得到模型固有的几种频率模式，如图 11-1 所示。

提示

进行频率分析，难道都不需要划分网格？事实上，频率分析也是需要划分网格的，只不过使用了默认的网格设置。在进行分析时，可以发现系统仍然进行了网格划分的操作。如果用户需要设置自定义的网格，或需要更加精确的频率分析结果，也可以自定义划分网格。

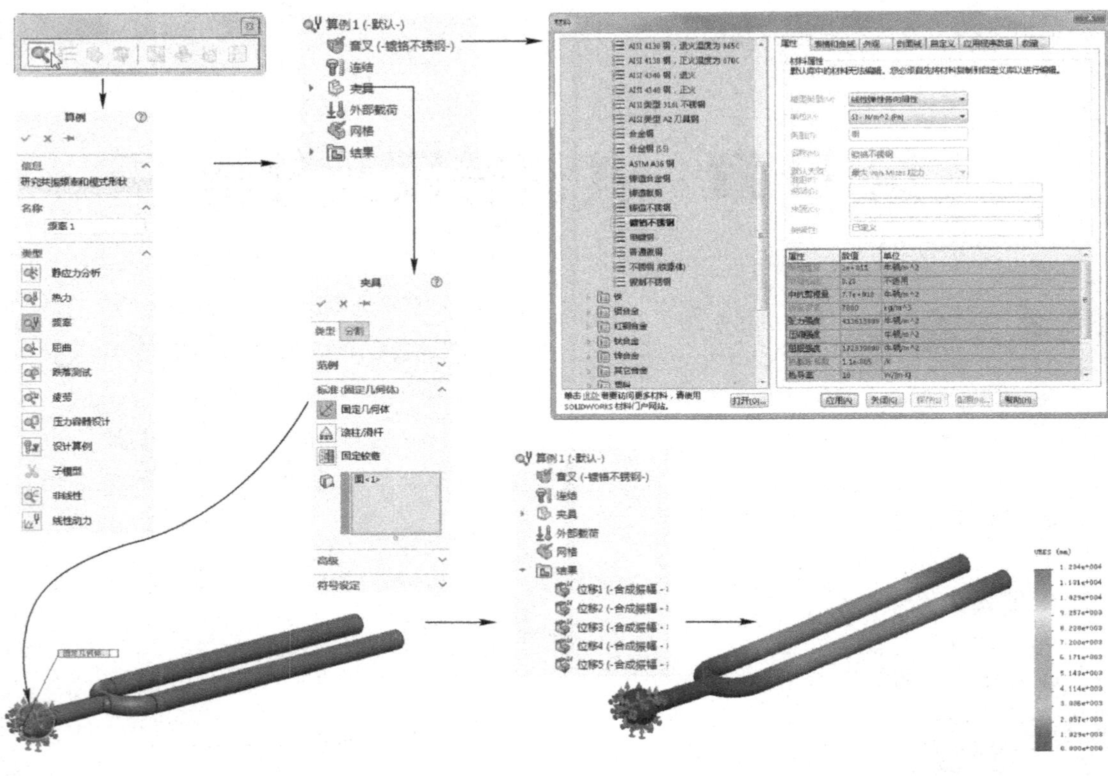

图 11-1 频率分析

频率分析中的位移实际上是没有实际意义的，位移结果只能代表相同振动频率下，模型不同位置振动的相对大小，因为模型实际的振动幅度与激励模型振动的初始激励力有关。

为什么同一个物体会存在多种振荡频率？因为振荡的方向和振动的形式不同，就像可以令音叉竖向振动还可以令其横向振动一样，横竖向振动时，由于参与振动的物理量不同，所以就会产生不同的振动频率。

11.2 屈曲分析

当一个较长的材料（如拐杖），在受到轴向载荷的作用时，如图 11-2 所示（此处为1000N，相当于 100 多千克），可以在小于其屈服系数的前提下发生扭曲（即不可自动恢复的弯曲）。

通过屈曲分析（即线性扭曲分析）可以计算出某材料的模型在发生屈服之前，是否已经产生了不可恢复的扭曲。如支撑凳子的凳腿，较长的杆状支撑体等都可能发生屈曲，所以需要用到屈曲分析。

在进行屈曲分析时，设置好夹具、力和外部载荷，然后进行分析即可，如图 11-2 所示。

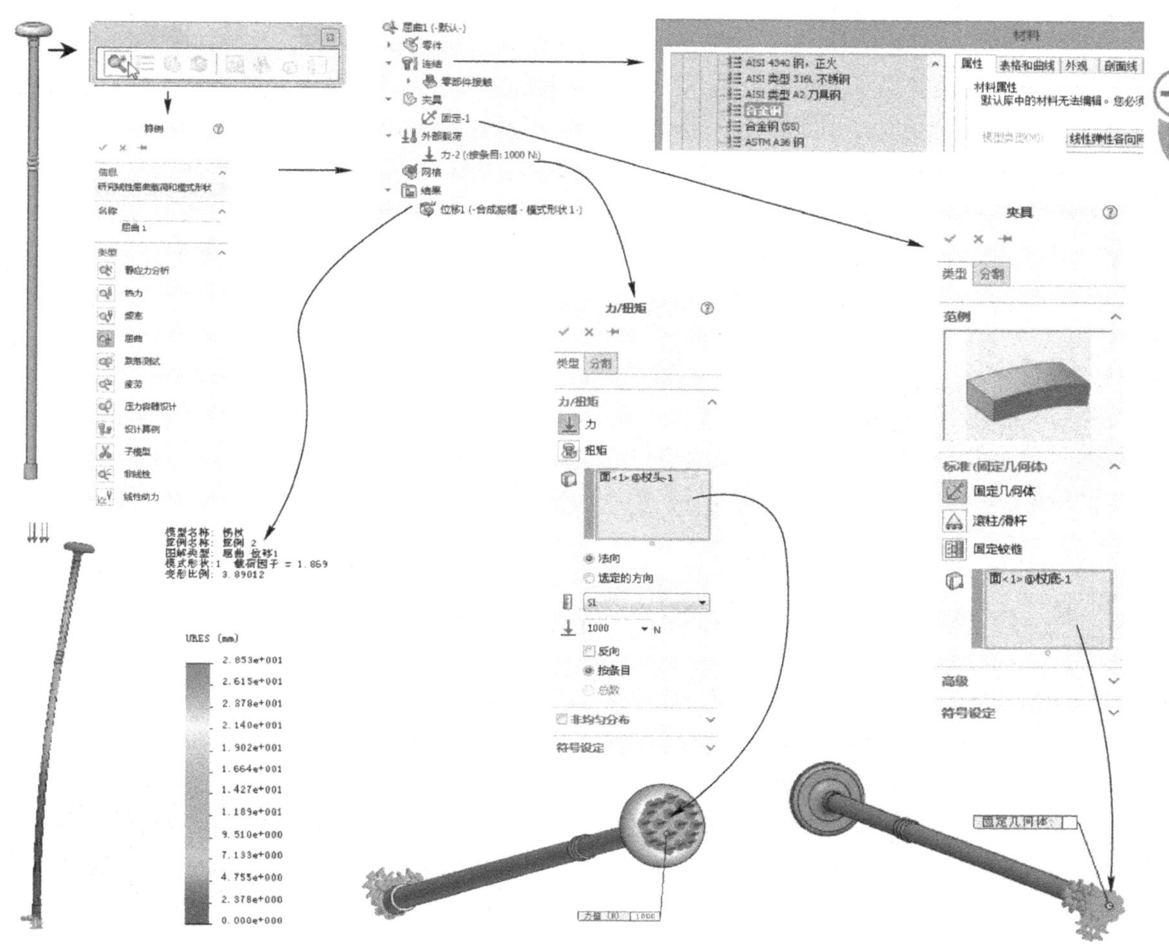

图 11-2　屈曲分析

屈曲分析完成后，系统会显示一图解，此图解显示的是所分析模型的位移量（但是此位移量并不具备实际意义，而仅可以理解为结构在发生屈曲分析、屈曲失效时变形的形状），通常可以通过分析后所显示文字中载荷因子的大小来判断在此压力下此物体是否发生了屈曲。

为什么通过载荷因子可以判断出此压力下物体是否会发生屈曲呢？先了解一下载荷因子：

$$载荷因子 = \frac{屈曲载荷}{所添加的载荷}$$

观察此公式不难发现，当屈曲载荷大于所添加的载荷时，即表示添加的载荷还未达到能够令模型发生屈曲的量（载荷因子>1），所以此处分析的模型理论上是不会发生扭曲的。

11.3 热力分析

热力分析主要用于分析某一稳态下，在一热源的作用下，发热件和受热件上的温度分布状况。如图 11-3 所示，可用其进行计算机桥片和散热片的热力分析操作。

其中桥片（芯片）模型材料选用陶瓷，散热片选用铸铁，桥片和散热片件的接触关系为“热随”（模拟导热胶），分布热阻为 3×10^{-6} K・m^2/W，此外需要设置散热片和桥片的对流参数，及桥片的发热功率（30W）。通过分析即可得出此种状态下，桥片的最高温度为 487−273=214℃（温度太高，需要采取降温措施）。

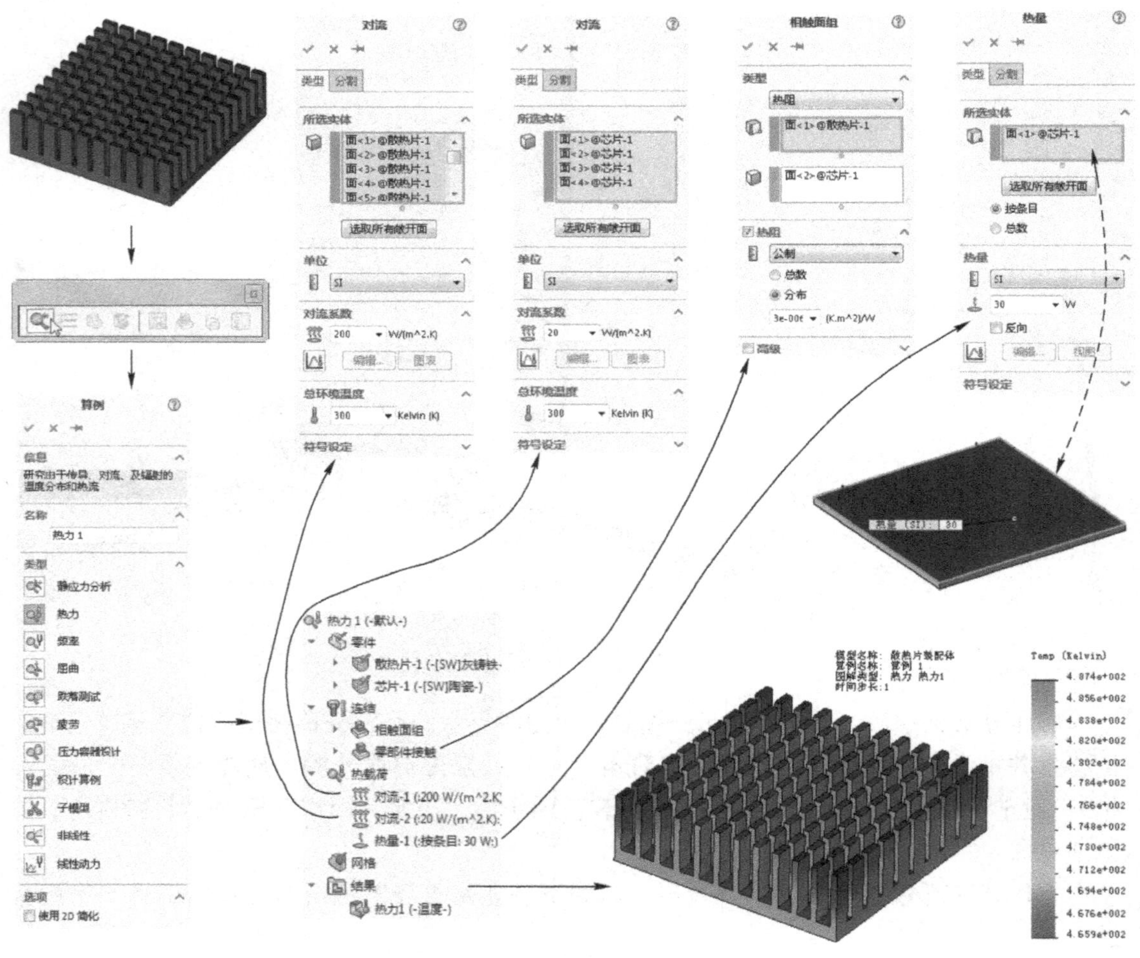

图 11-3 热力分析

右击算例树中的“热载荷”项，选择 “对流”菜单选项，可以打开“对流”对话框，可以为模型添加对流热载荷。对流主要是设置了模型外表面空气（或其他介质）的对流状况（对流系数，即外部介质的热传导速度，无风扇下此系数多<25W/m^2・K，有风扇时在 20～300W/m^2・K 之间，其余介质可查考其他专业书籍）以及环境温度。

分布热阻为什么大小选用 3×10^{-6} K · m²/W？因为分布热阻为介质（此处为导热胶）热传导系数（即传热系数）的倒数，而导热胶的传热系数大概为 330000W/K · m²（此值与材料有关），所以此处选用此值。

由于此分析得出在此散热片作用下，桥片的温度仍然过高，为了防止桥片被烧毁，可以尝试在桥片散热片上部添加散热风扇。此时，只需要更改散热片“对流”的对流系数即可，如改为 200 W/m² • K，然后重新进行分析。可以发现，此时桥片的最高温度降低为 54℃，已达标，不会令芯片烧毁了（可见添加散热风扇是非常必要的，也是可取的措施）。

11.4 跌落测试分析

Simulation 可以对跌落进行较简单的验证，只需设置材料，再在“设置”项中设置“跌落测试设置”参数，主要包括跌落高度、引力方向和目标的摩擦因数等参数，即可进行跌落分析，如图 11-4 所示。

图 11-4 跌落测试模型树和操作效果

如图 11-4 中图所示，在“跌落测试设置”属性管理器中，共可设置两种测试方式，一种是“落差高度”方式，另一种是“冲击时速度”方式，操作时，根据需要设置即可；“目标”卷展栏用于设置跌落面的状况，如“刚度目标”可用于模拟较硬的地面（大理石地面），“灵活目标”用于模拟软一些的地面（如模拟草地等，可进行更多的设置，如可设置草地厚度），图标⇄右侧文本框内的数值为地面的摩擦因数；“接触阻尼”是指接触面的阻尼，此值越大对零件的撞击越小；“符号设定”只用于设置表示跌落方向符号的颜色，无实际意义。

跌落测试模型树的“结果选项”项，主要用于设置“冲击后的求解时间”，如图 11-5 所示。“冲击后的求解时间”是指模型碰到地面后的一段响应时间（通常为几十微妙），此值越大计算越耗时。

通常系统会自动计算出此值，无需重新设置。如在分析时系统根据此值估算的求解时间过长（超过 1h），则会给出提示，建议缩小此值的时间，如图 11-6 所示。

冲击后的求解时间越长，计算出来的值越准确，当此值足够长时，可模拟多次碰撞和反弹的效果。

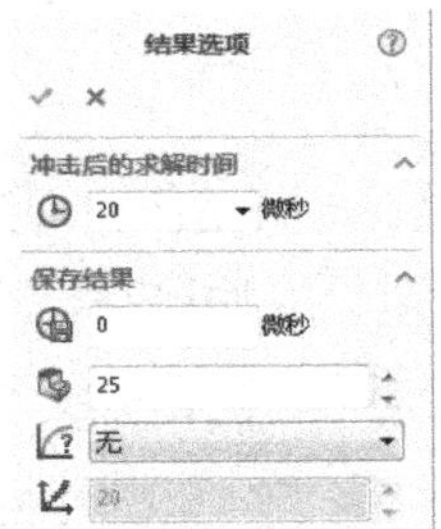

图 11-5 “结果选项”属性管理器

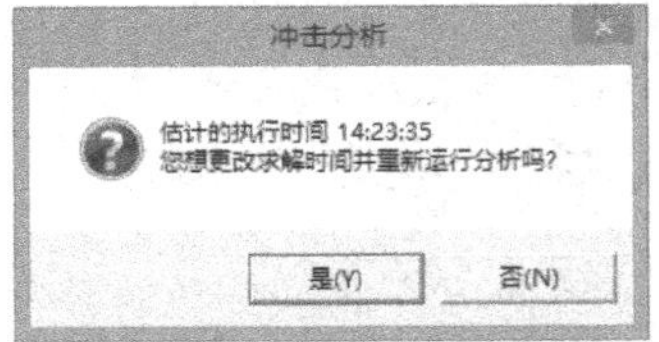

图 11-6 “冲击分析”对话框

“结果选项”属性管理器中的“保存结果”卷展栏，主要用于设置在什么时间点开始保存分析的图解结果（因为跌落分析分析的是一段时间，所以只能选取某个时间点来图解受力效果），以及时间间隔的个数。

11.5 疲劳分析

即使物体所承受的载荷低于其屈服强度，即在应力许可的范围之内，但是当载荷无限制地施加和卸载时，物体不可避免地也会损坏，也就是发生了疲劳。

本节将讲述使用 SolidWorks Simulation 分析模型疲劳特征的操作，以获得模型的耐疲劳次数、易损位置等数据，为零件制造提供参考。

要进行疲劳分析，需要首先分析模型上受到的交变力。因此，在执行疲劳分析之前，首先需要执行其他分析，如静应力分析、热力分析等，可以添加一个或多个，然后通过 Simulation 疲劳分析，可以将这些载荷复合到一起，统一计算出最终的疲劳效果。

下面是一个疲劳分析的操作。假设模型（篮筐，如图 11-7 所示），总是受到一个交变的作用力（只受一个作用力），所以在执行疲劳分析之前，需要先创建一个静应力分析，如图 11-7 所示。设置模型材料为合金钢，固定和施加力的位置如图中所示，外部载荷的大小为 1000N，然后执行分析操作即可。

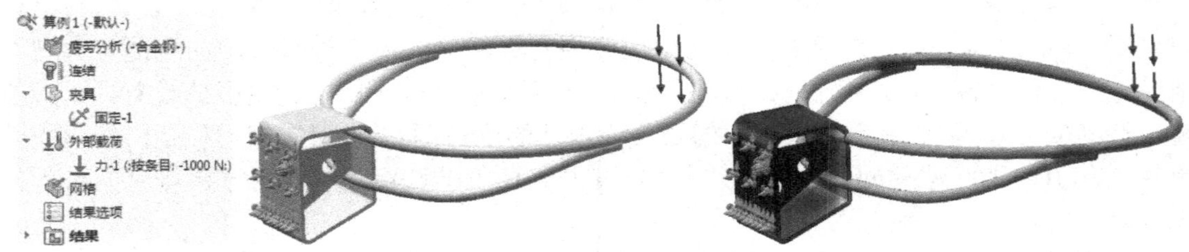

图 11-7 首先创建的静应力分析和分析效果

完成静应力分析后，再次创建分析。选择“疲劳”和“已定义周期***”按钮，创建疲劳分析，如图 11-8 左上图所示，然后设置材料的“疲劳 SN 曲线”（见下面“提示”），并添加“负载事件”（“负载事件”主要用于设置添加载荷的次数，即设置疲劳分析，计算在此次数下，模型的损坏情况，此处设置的值为 10000 次），即可执行分析操作。可默认得到“损坏”图解和“生命”图解两个图解效果，如图 11-8 所示。

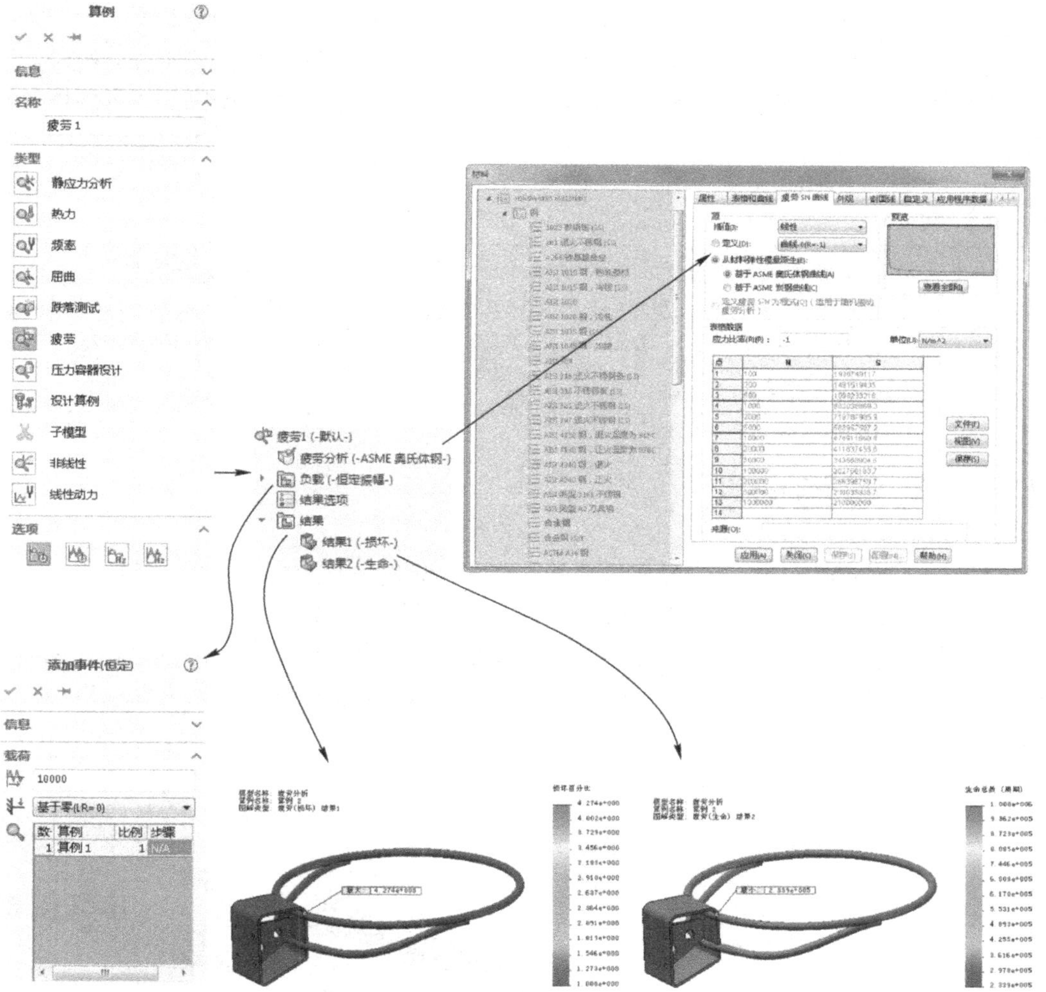

图 11-8 疲劳分析操作和分析结果

下面解释一下两个图解的意义。“损坏”图解如图 11-8 下面中图所示，由此图可以看出，在 10000 次 1000N 交变力的作用下，模型的最大损坏百分比为 4.274%（损坏并不大）；“生命”图解如图 11-8 下面右图所示，由此图可发现，在 1000N 交变力的作用下，模型的耐受次数最少为 233900 次（此时最易损的位置发生损坏）。

提示

> 什么是“疲劳 SN 曲线”呢？“疲劳 SN”就是交变应力和材料发生疲劳损坏周期之间关系的一个表格。它主要由材料性质决定，即材料不同，“疲劳 SN 曲线”肯定差异很大。“疲劳 SN”具体采用什么值，可由实际测试获得，或者由材料商提供的材料手册等获得。

当有多个复合的作用力要同时添加到疲劳分析中进行分析时，可右击算例树中的“负载”

项，为算例添加多个疲劳事件，一个事件可对应一个应力的其他算例，如图 11-8 左下图所示（其中列表中有个“算例 1”项，即是设置对应关系的地方，右面可在设置疲劳分析时，设置此应力的比例；其上面下拉列表框中“基于零……”，是指此力从零开始添加，另外也可设置其他值）。

> “材料”对话框如图 11-8 右上图所示，操作时还可以单击“可变高地幅度……”按钮，创建另外一种疲劳分析算例，此算例用于分析变幅载荷情况（上面算例分析的是等幅载荷情况）。变幅载荷下，载荷事件多为一个载荷幅度不定的历史值（如实际的测试值），即变载荷曲线，此处不做过多叙述。

11.6 非线性分析

非线性分析与静应力分析的操作步骤基本相同，只是分析的情形不同。静应力分析多是用在模型未发生屈服、未出现大位移的情形下，而非线性分析则多用于模型发生了屈服并出现了大位移的情形，但是它们的分析步骤几乎相同。如图 11-9 所示，打开模型后，创建“非线性”算例，设置材料后为模型添加夹具和力，即可执行分析操作，分析后默认也是得到三个结果项。

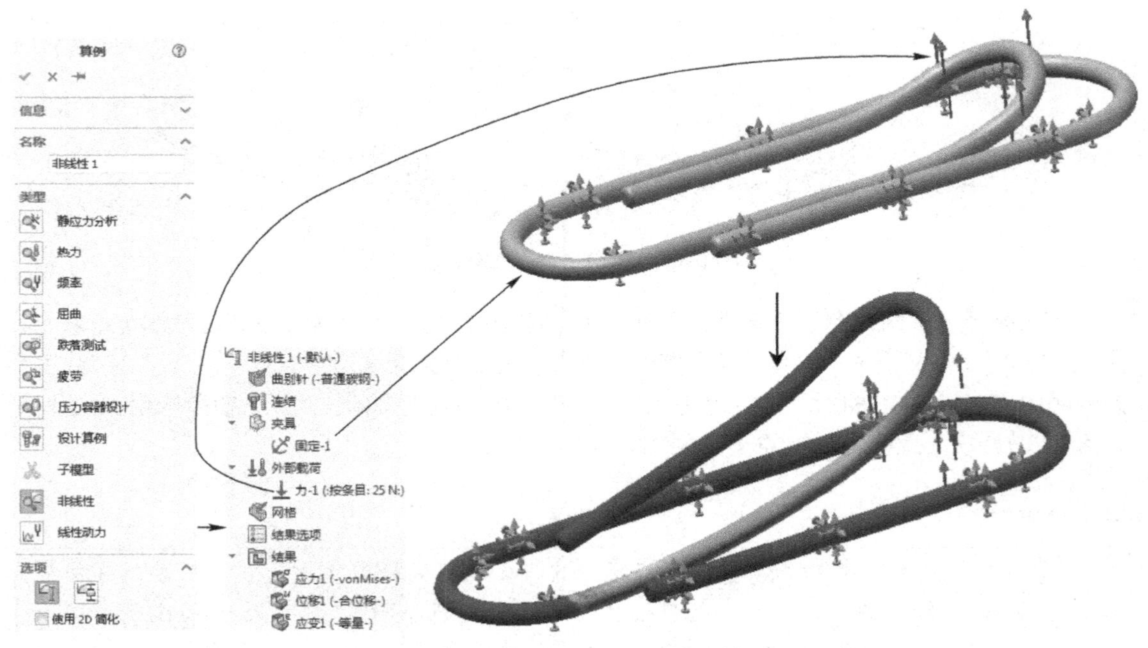

图 11-9 非线性分析操作和分析结果

如图 11-9 左图所示，在创建非线性算例时，在“选项”卷展栏中，有两个选项可供选择。其中“静应力分析”按钮，表示此非线性分析所添加的为单纯的作用力（不考虑惯性等其他因素）；“动态”按钮则表示所添加的为一个动态的力，分析时会考虑惯性和阻尼等因素。

提示

> 什么是动态呢？此概念确实不易理解，这里举一个简单的例子。例如，用一根橡皮筋在桌面上拉动一个木块前进，在施加力的开始阶段，可能就不得不考虑惯性和阻尼的因素（关于动态，11.7 节还会讲到）。

11.7 线性动力分析

线性动力分析实际上应该为线性动态分析，因为它主要是用来解决动态问题的，即是在分析时，当需要考虑惯性和阻尼的作用时，需要使用这种分析。

如一辆吊车在 0.2s 内，将一个重 10t 的物体吊起来，在这个过程中，重物肯定会有一个上升的速度，然后当吊车的牵引装置不发生作用时，重物才会慢慢稳定下来，再慢慢停在某个高度。这个过程就同时有惯性和阻尼的作用。

下面介绍吊车吊重物的线性动力分析操作。如图 11-10 所示，实际上线性动力分析的算例树并不复杂，比静应力分析的算例树只是多了一个“阻尼”项。所以操作时，除了设置材料，添加夹具和作用力外（如图 11-11 左图所示，力的大小为 100000N，约等于 10t），额外需要设置的一个是“阻尼”（两个选项，“模态阻尼”需要设置“阻尼比率”，钢材的“阻尼比率”可取 0.03），另一个是动态“时间范围”（按照需要此处设置为 0～0.2s）。

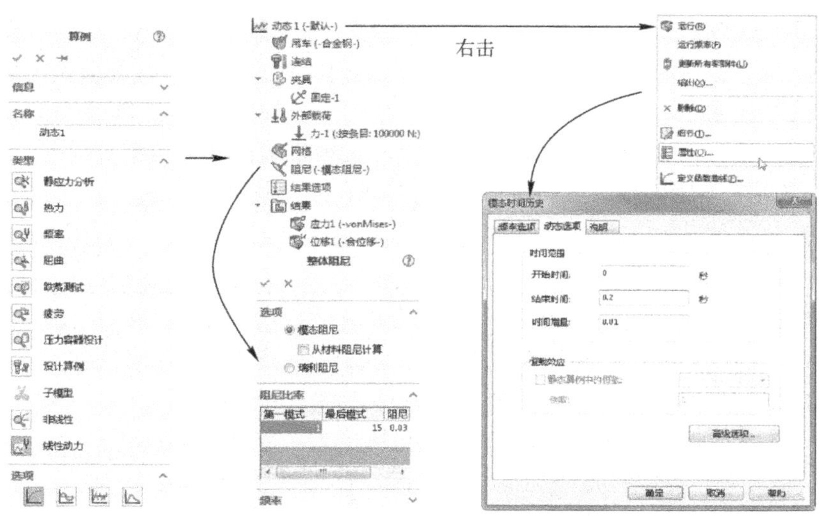

图 11-10 线性动力分析中主要需要设置的选项

设置完成后即可执行分析操作。分析完成后可得到图解，如图 11-11 右图所示。

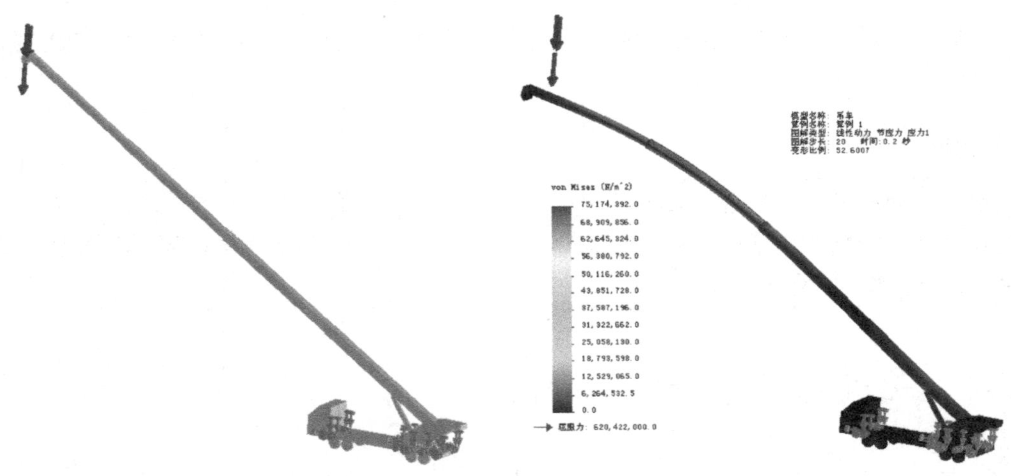

图 11-11 线性动力分析操作和分析结果

默认可得到“应力”和“位移”图解。观察“应力”图解可以发现，在吊车吊起此物体的过程中，吊车所受到的最大作用力，仍远远小于其屈服力。所以，可理解为，在理想情况下吊车可轻易吊起此物体。

下面解释一下如图 11-10 右图所示的“模态时间历史”对话框。同样是此模型，如将作用的时间范围更改为 0～10s，“时间增量”设置为“0.2”s，重新执行分析后，会发现此时吊车所受到的最大作用力已经接近其屈服强度。为什么会这样呢？因为在 10s 内（或上面的 0.2s），吊车所受到的是一个 100000N 的惯性和阻尼不断交合作用的一定频率的力（而且可能产生共振），所以时间越长，吊车损坏当然越大。从此点上也可以看出线性动态分析的重要性（虽然实际过程中，此模型下这个力不可能作用这么长时间）。

如图 11-10 左图所示，在创建线性动力分析时，在“选项”卷展栏中共有四个选项，上面操作中，选用的是“模态时间历史”选项，此模式适合于可以将载荷定义为时间的函数的情况；“谐波”选项，用于分析在惯性和阻尼的某个频率内（如 0～100000Hz），得到频率稳态下的响应情况；“无规则的振动”选项，可模拟地震和空气乱流等形成的压力；“响应波谱分析”选项，用于将已知载荷的波谱导入，然后进行分析。

如图 11-10 右图所示的对话框中，时间范围中的“时间增量”是什么意思？因为“动态分析”分析的是一定时间范围内模型的动态受力效果，系统不可能记录每一个时间点处的图解（如应力图解），所谓“时间增量”就是在这个时间点处，记录模型的图解效果。例如，分析的总时间长度为 10s，时间增量为 0.2s，那么就是记录 50 个图解效果（Simulation 称其为步长）。完成分析后，编辑定义图解，可查看不同时间点处的不同图解，如图 11-12 所示。

关于“模态阻尼”和“瑞利阻尼”，请参考动力学的书籍。

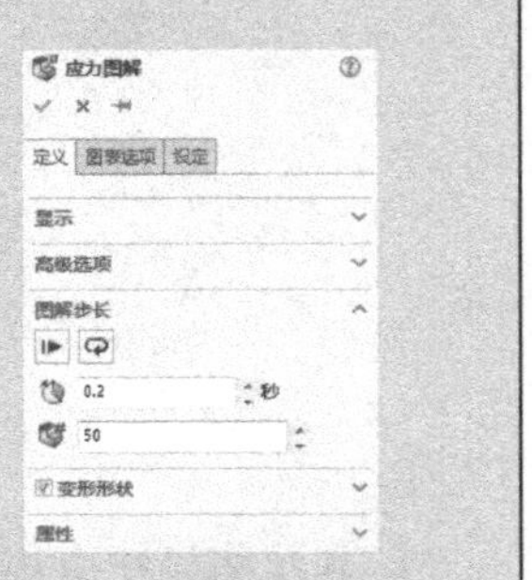

图 11-12 应力图解的更改

11.8 压力容器设计分析

将压力容器受到的压力、温度和其他作用力，以及地震载荷、风载荷等多种因素复合在一起,可以进行压力容器的分析。

在分析时需要首先单独分析其他载荷（如图 11-13 所示的内部静压载荷，使用静应力分析，如图 11-14 所示的热力载荷，使用热力分析），然后在压力容器算例中进行复合，即可得到压力容器分析效果，如图 11-15 所示。

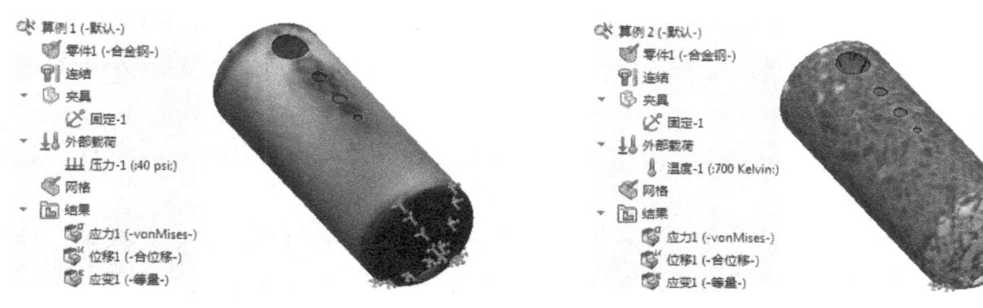

图 11-13 静压载荷分析和效果　　图 11-14 热力载荷分析和效果

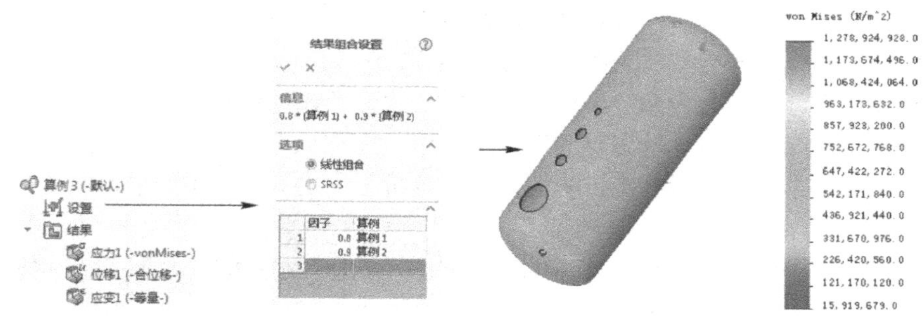

图 11-15 压力容器组合设置和分析效果

所以说压力容器分析实际上就是一个复合的操作，此处不做过多讲解。

11.9 本章小结

本章讲述了 SolidWorks 的其他有限元分析功能。上一章所讲的静应力分析是 SolidWorks 有限元分析的基础功能，也是有限元分析的入门模块，本章对其进行了扩展，讲述了 SolidWorks 的其他有限元分析功能，如频率分析、跌落测试分析和疲劳分析等。

有限元分析的这些扩展功能，虽然针对的对象和所关注或所要获得的分析值等都有所不同，但是其分析过程却大同小异，基本上都是先设置分析环境（如通过添加夹具固定分析对象，设置对象的材质，再添加载荷等来模拟自然环境），然后进行分析，最后得到需要的数据，并查看分析数据。所以本章内容应在上一章的基础上进行学习（不可跳章学习），这样学习和掌握起来会较为容易。

11.10 思考与练习

一、填空题

（1）每种物理结构都有固有的振动频率。____________用于找出模型的这些固有频率，其用途可以检测所设计机器的多个零部件间是否存在共振，或者利用共振现象生产音乐器材、夯土机等。

（2）进行频率分析时，可以____________，也可根据需要设置或____________，只需设置材料，然后进行分析，即可得到模型固有的几种频率模式。

（3）当一个较长的材料，在__________________的作用下时，可以在小于其屈服系数的前提下发生扭曲。

（4）____________主要用于分析某一稳态下，在一热源的作用下，发热件和受热件上的__________状况。

（5）Simulation 可以对跌落进行较简单的验证，只需设置材料，并在“设置”项中设置____________参数，主要包括跌落高度、引力方向和目标的摩擦因数等参数，即可进行跌落分析。

二、问答题

（1）简述什么是疲劳分析，可否直接进行疲劳分析？

（2）什么是非线性分析？它主要用在什么场合？

（3）线性动力分析是在需要考虑什么因素时，才会考虑使用？

（4）解释一下线性动力分析中时间增量的作用。

（5）什么是压力容器设计分析？应如何进行分析？

三、操作题

（1）使用本书提供的素材文件（相机盖.SLDPRT），进行跌落测试分析，验证相机盖从 10m 高处跌落其受力状况，如图 11-16 所示。

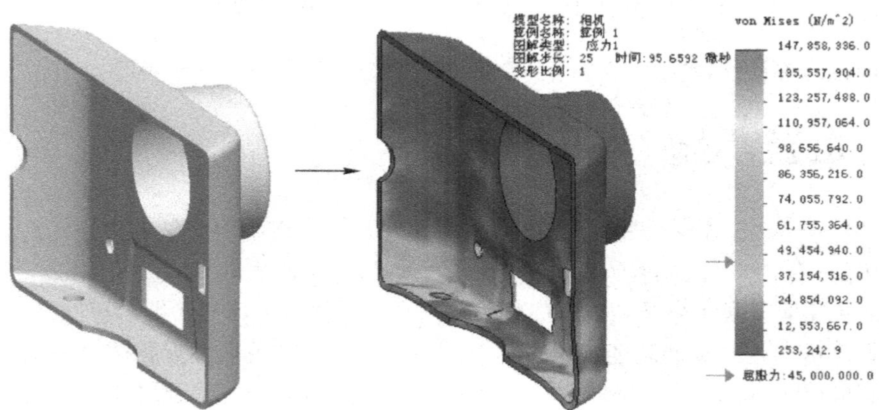

图 11-16 对相机盖的跌落测试分析状况

第 12 章 流体分析

本章要点

- 认识流体分析
- 流体分析流程
- 分析结果查看
- 关于外流分析

学习目标

流体分析可用于解决什么问题呢？如水流经过阀门时，对阀门哪部分的冲击力最大（内流），选粉机内空气的流动情况（内流），飞机在高速飞行时的受力情况（外流）等。总之，只要是分析流体对其他物体的影响时，即可以使用流体分析。本章讲解流体分析操作。

12.1 认识流体分析

SolidWorks 中的流体分析模块为 SolidWorks Flow Simulation（早期版本中也称作 COSMOSFloWorks），新版本中该模块是以插件形式出现的，所以在使用之前，需要首先将其调出，调出方法如图 12-1 所示。

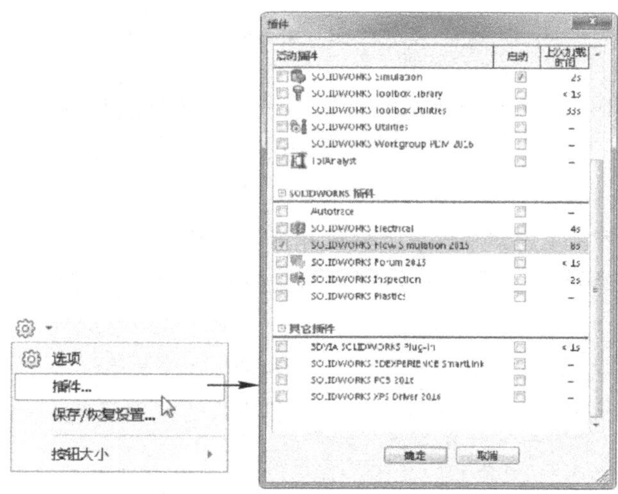

图 12-1　启用流体分析插件操作

流体分析（SolidWorks Flow Simulation）与第10，11章介绍的有限元分析（SolidWorks Simulation）有很多相似之处，如也是以算例形式出现（这里称作项目），可以为一个对象创建多个分析项目。如图12-2所示，打开一个素材文件，启用Flow Simulation插件后，可见到已经创建的流体分析项目。

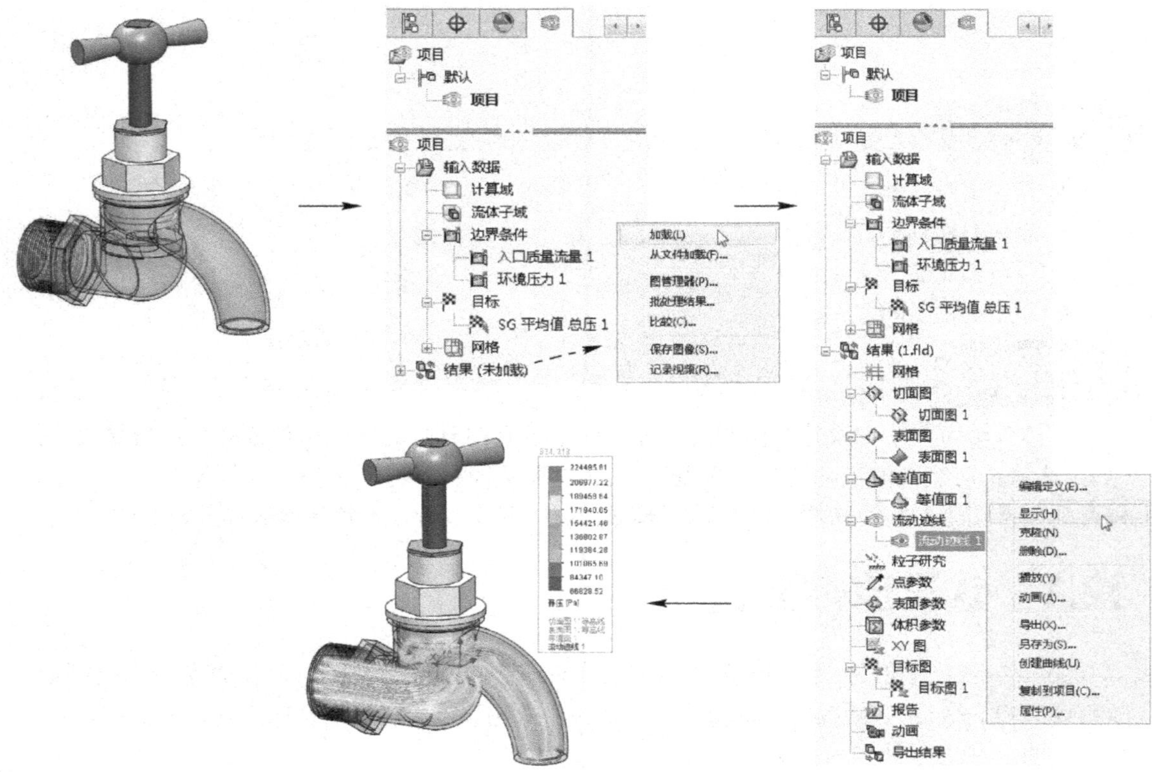

图 12-2　打开素材并查看流体分析结果

Flow Simulation也存在一个关于分析的模型树，且模型树也包含两部分，分别是条件部分和结果部分。所以，在执行流体分析时，要做的主要操作也是先设置条件，然后分析，再查看分析结果。

在进行流体分析时通常需要设置4方面的条件，具体如下：

- 首先是**“总体条件”**：用于选择流体介质类型（水还是空气等），内流、外流和总的压强等。
- 其次是**“域”**：也就是分析的区域，一个黑框，比较简单。
- 然后是**“边界条件”**：设置边界处（进口和出口等）的流量和压力等（外流，通常不设置边界条件）。
- 最后设置一下**“分析目标”**即可（即关注的内容，如某面处的压强、流量等）。

如图 12-2 所示，有一个流体分析中的“流动迹线”结果，其中旁边有个颜色柱，它的作用是与“流动迹线”中的压力相对应的，并显示颜色所表示的单位值。如蓝色表示较小的压力值，红色表示较大的压力值等（其他分析结果，大多也会显示颜色柱，也是与分析图中的颜色对应的）。

12.2 流体分析流程

本节讲述流体分析的基本流程，包括使用向导设置初始流体环境，设置边界条件，设置分析目标和进行分析等操作。通过本节的学习，读者应该可以领会到底什么是流体分析。

12.2.1 流体分析向导用于设置总体条件

向导既是设置分析总环境的途径，也是新建流体分析项目打开流体树的方式。下面以操作的方式介绍向导中需要设置的内容和其意义。

STEP① 打开本书提供的素材文件“水龙头.SLDASM”（启用流体分析插件）。单击“Flow Simulation”选项卡中的工具栏“向导”按钮，启动向导，如图 12-3 所示（也可选择“工具”>“Flow Simulation”>“项目”>“向导”菜单命令，启动向导）。

STEP② 向导的第 1 个操作界面为“向导-项目名称”界面，如图 12-4 所示。此界面用于设置所建项目（即算例）的名称，并可选择要进行分析的模型配置。关于配置，前面讲过一个模型可以有多个配置，但此模型只有一个配置，所以此处只需保持系统默认设置（名称不重要，可取一个用户容易记忆的或保持默认），直接单击“下一步”按钮即可。

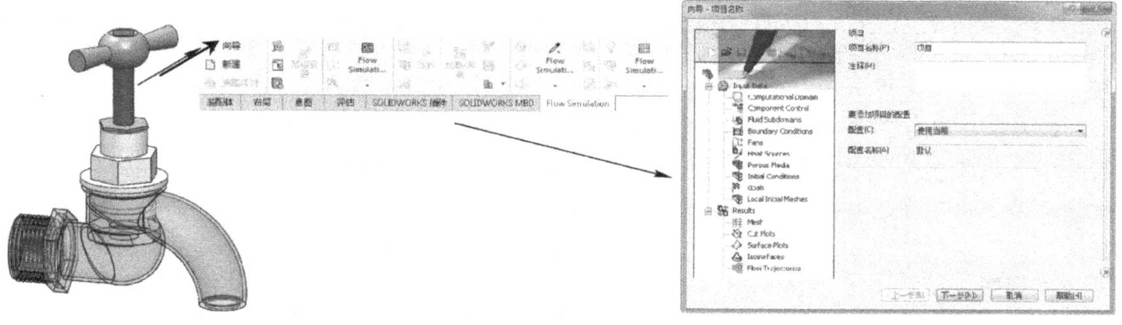

图 12-3 打开素材并调出工具栏　　图 12-4 向导的第 1 个操作界面

STEP③ 向导的第 2 个操作界面，为“向导-单位系统”界面，如图 12-5 所示。此向导界面用于选用单位系统（同建模开始时弹出的界面一样），有 CGS、FPS、IPS、NMM、SI（N-m-kg-s）和 USA 等多种形式，通常选用默认的 SI 国际单位制，然后单击“下一步”按钮继续。

STEP④ 向导的第 3 个操作界面，为“向导-分析类型”界面，如图 12-6 所示。此向导界面用于设置向导类型，主要是确定本项目分析的是内流还是外流，主要有两个选项，下面的“物理特征”，可根据需要设置或保持系统默认（内流和外流的意义，以及物理特征的意义，详见下面提示），此处保持系统默认设置，单击“下一步”按钮继续。

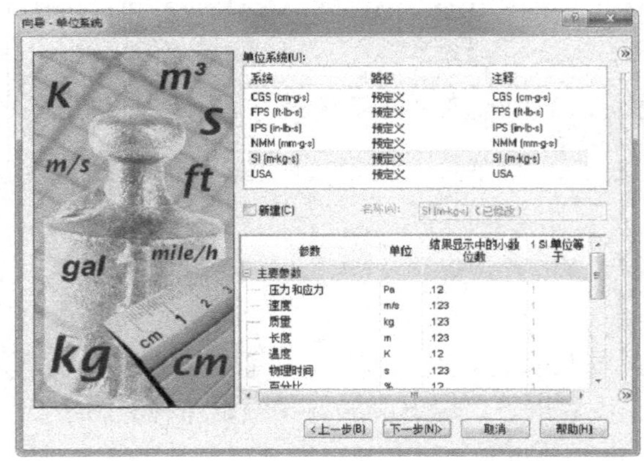

图 12-5 向导的第 2 个操作界面

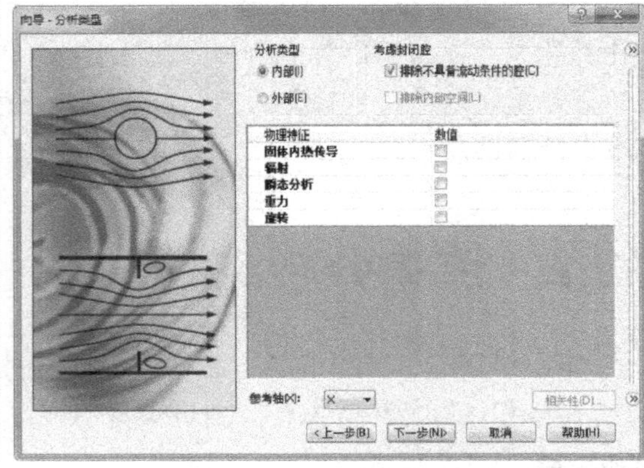

图 12-6 向导的第 3 个操作界面

Flow Simulation 主要可以进行两种分析，一种是内流，也就是流体在固体内流动的情况（固体包着流体），如管道内的流体，一定空间内的流体等；另一种是外流，就是大面积的流体包着固体的情况，典型的如飞机在空气中飞，轮船在水面航行等。

第 3 个操作界面中“分析类型”下的“物理特征”是指在流体分析时要考虑的量。例如，分析空调对房间的影响，即需要考虑“固体内热传导”和“辐射”；“瞬态分析”是相对于稳态而言的，瞬态考虑某个时刻的状态，稳态是流体稳定后的状态（也是默认分析状态）；“重力”是考虑重力因素；“旋转”用于设置某个固体部分旋转，如风机的涡轮。“分析类型”右侧的复选项，用于设置分析时“自动排除不具备流动条件的腔”，以节省分析计算的时间。

STEP 5 向导的第 4 个操作界面，为“向导-默认流体”界面，如图 12-7 所示。此向导界面用于设置要分析的流体，如水、空气等，单击“添加”按钮，添加“水”流体（系统会默认选中“水”介质），然后单击“下一步”按钮即可。

在界面的“流动特征”中，可以设置流体具有的特征。“层流和湍流”是指既考虑层流也考虑湍流，“空化”是指液体震动时自动出现气泡的现象，此处可不考虑。

STEP 6 向导的第 5 个操作界面，为“向导-壁面条件”界面，如图 12-8 所示。此向导界面用于设置包裹流体对象的壁面条件，可为壁面设置一定的粗糙度，如不考虑热量问题（流体分析，可以分析两种不同温度液体的热交换现象，此时即需要考虑热量问题），可以使用默认的“绝热壁面”，此处全部保持系统默认，然后单击“下一步”按钮继续。

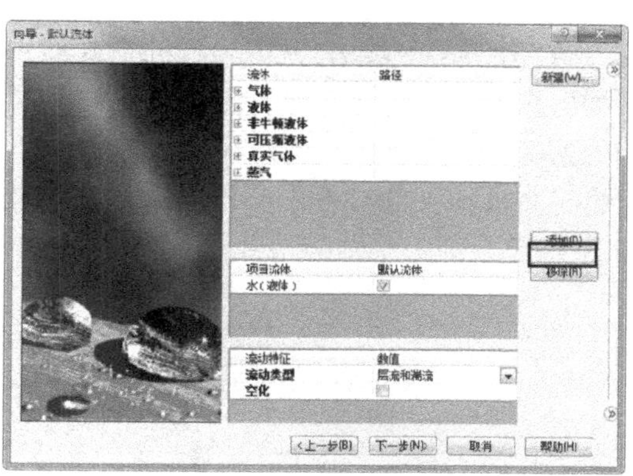

图 12-7　向导的第 4 个操作界面

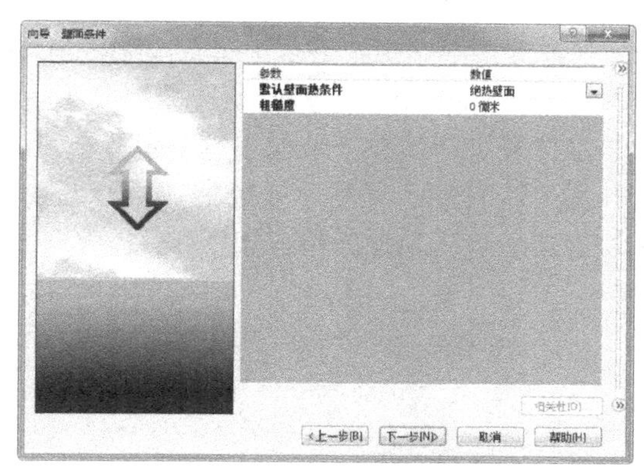

图 12-8　向导的第 5 个操作界面

STEP 7 向导的第 6 个操作界面，为“向导-初始条件”界面，如图 12-9 所示。此向导界面用于设置被分析流体的初始值，因为需要的是稳态时的结果，所以在开始分析时，肯定要有个初始状态，此值越接近分析结果分析越快，未知的话保持系统默认设置即可。单击“完成”按钮，可完成总体条件的设置，并创建项目树，如图 12-12 所示。

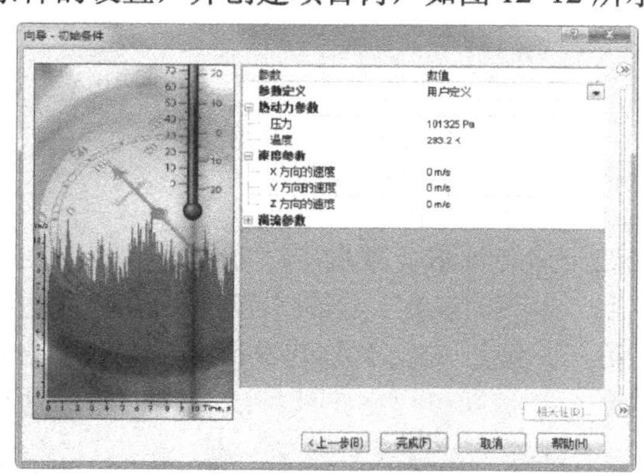

图 12-9　向导的第 6 个操作界面

提示

Flow Simulation 之前的版本，向导还有第 7 个操作界面，用于为模型设置精度，如设置网格大小（同有限元分析）、缝隙和壁厚等。新版本中取消了该步骤，如需要进行设置，可单击“Flow Simulation”选项卡中的“全局网格”按钮，打开“全局网格设置”属性管理器，然后进行自动或手动设置，如图 12-10 所示。

网格大小受到分析域和分析精度的影响，可设置忽略模型中的一些细小的缝隙或壁厚，也可设置封闭细孔和缝隙等（网格划分越细、越小，分析越耗时），在没有特殊要求时都可保持系统默认设置。此外还可以单击“局部网格”按钮，设置局部区域的网格，其主要作用都是设置网格密度等，以令计算机可以有选择地进行分析。由于篇幅限制，此处不再做过多讲解。

图 12-10　“全局网格设置”属性管理器

完成向导操作后，系统将自动查找分析域（即进行分析的区域），并以黑框的形式标识出来，如图 12-11 所示。如自动选择的域不正确，则可选择“计算域”项，通过拖动箭头对其大小和位置进行调整（域越小越节省分析时间，但是应包含要分析的腔）。

如系统自动选择的分析域正确，因为域框会妨碍分析结果的查看，所以通常在确认分析区域无误后将其隐藏即可。如图 12-12 所示。

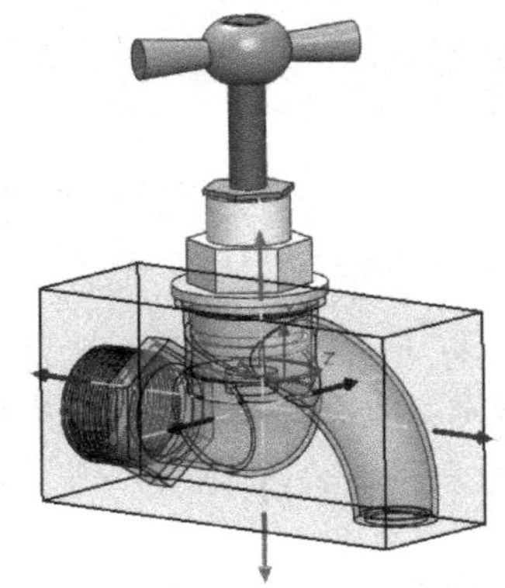

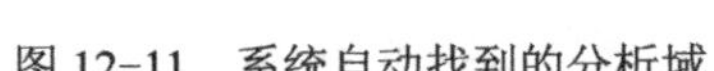

图 12-11 系统自动找到的分析域

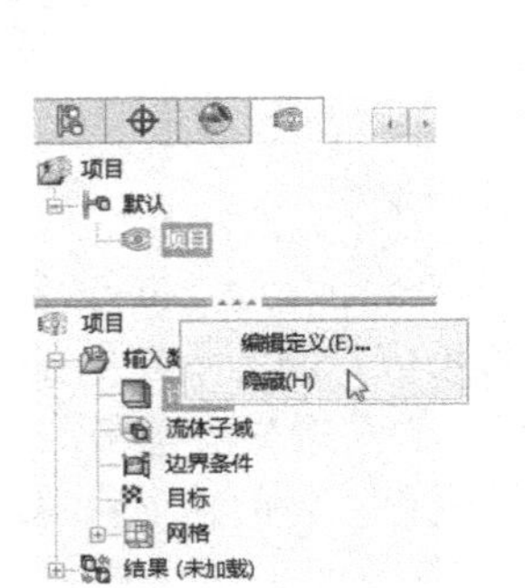

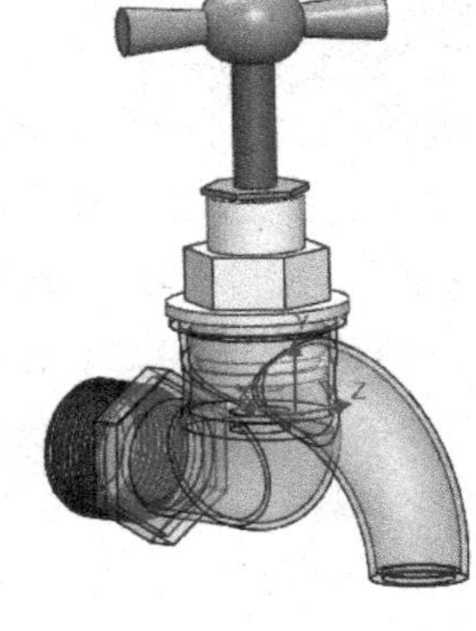

图 12-12 隐藏分析域

12.2.2 边界条件是内流分析的必设项目

边界条件是指出入口处流体的状态（流量、速度、压力等），是内流分析必须设置的项，外流分析无需设置。继续 12.2.1 节的操作，下面讲解边界条件的设置。

STEP 1 如图 12-13 所示，继续 12.2.1 节的操作。右击新建项目的“边界条件”项，选择“插入边界条件”菜单命令，打开“边界条件”属性管理器，选择入口处封盖的内表面，再单击“流动开口”按钮，并选择“入口质量流量”项，然后设置“流动参数”为“0.5kg/s”，即入口处的水流量为 0.5kg/s，单击“确定”按钮完成入口边界条件设置。

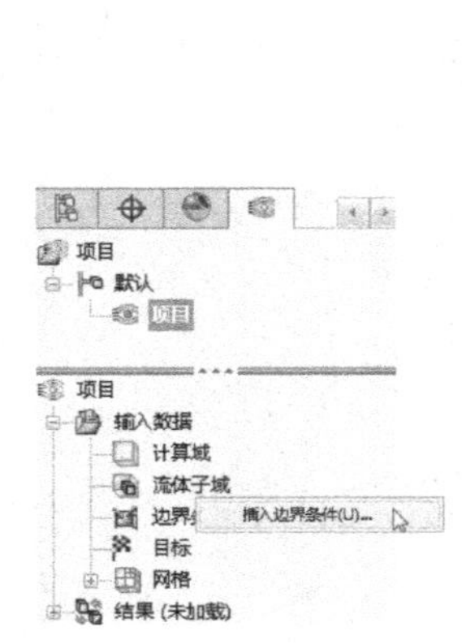

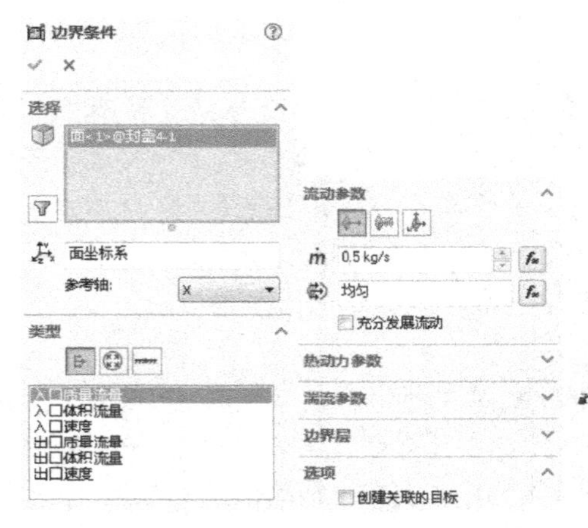

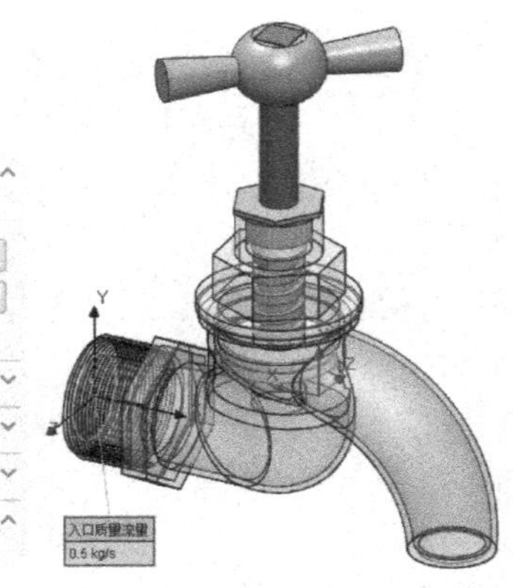

图 12-13 设置入口边界条件

提示

关于封盖，这里做一下解释。在进行内流分析时，内流区必须是一个封闭的区域，所以通常在分析之前都要给出口和入口添加封盖。单击“Flow Simulation”选项卡中的“创建封盖”按钮，可以为平整的面位置添加封盖（本书素材已添加封盖），对于其他位置，也可以导入模型文件作为封盖，或创建新的拉伸体作为封盖，总之最终形成封闭的区域即可。

STEP 2 再次右击新建项目的“边界条件”项，选择“插入边界条件”菜单命令，打开“边界条件”属性管理器，然后选择出口处封盖的内表面，如图 12-14 所示。再单击“压力开口”按钮，并选择“环境压力”项，其他选项保持系统默认设置，即设置出口处的环境压力为 1atm[1]，单击“确定”按钮完成出口边界条件的设置。

观察“边界条件”属性管理器，会发现共可以设置三种边界条件：“流动开口”“压力开口”和“壁面”条件。下面解释一下其意义。

- **“流动开口”**是对量的规定，如质量、体积和速度等。
- **“压力开口”**是对力的设置，如环境压力、静压和总压等，总压等于静压加动压。环境压力若在进口处添加，被作为总压解释，若在出口处添加，则被作为静压解释。
- **“壁面”**用于设置某个固体壁具有的单独特征，如泵内的螺旋桨旋转，或外流时，固体的平移等。

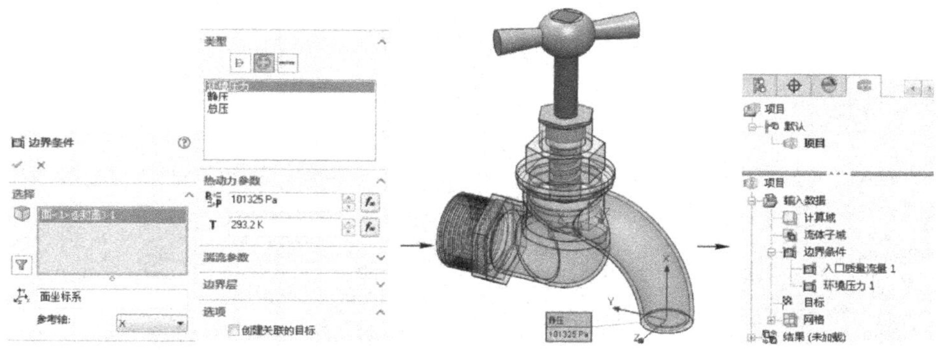

图 12-14 设置出口边界条件操作

提示

“边界条件”属性管理器中的“层流和湍流”，在前面的“向导—默认流体”的界面中出现过；这里再做一下通俗的解释：层流就是平稳的流动，一层一层的，所有分子的流向都与边界平行，而湍流是指流体内的分子“乱撞”现象严重。

“热动力参数”是指热量引起的动能。此处可设置某固体位置具有较高的温度，从而引起外部气体的流动，可用于模拟电热管、CPU 发热等。如不考虑热量，则此处使用默认的环境温度即可。

[1] 1atm=101 325Pa。

12.2.3 目标是要获得的流体分析值

当只是需要得到流体的运行轨迹，知道流向等基本的流体分析图时，也可以不设置分析目标。

当关注某个具体值时，即分析后需要得到这个值，如此处我们想知道对于这个水龙头，在 1atm 下要保证出口处能有 0.5kg/s 的流量，需要在进口位置处为其施加一个多大的压强，这个压强的平均值是多少？这时就需要添加目标值了。

继续 12.2.2 节的操作。右击新建项目的“目标”项，选择“插入表面目标”菜单命令，打开“表面目标”属性管理器，然后选择入口处封盖的内表面，再选择“表面目标”属性管理器中的“参数”卷展栏中的“总压”的“平均值”复选框，单击“确定”按钮，即可添加分析目标，如图 12-15 所示。

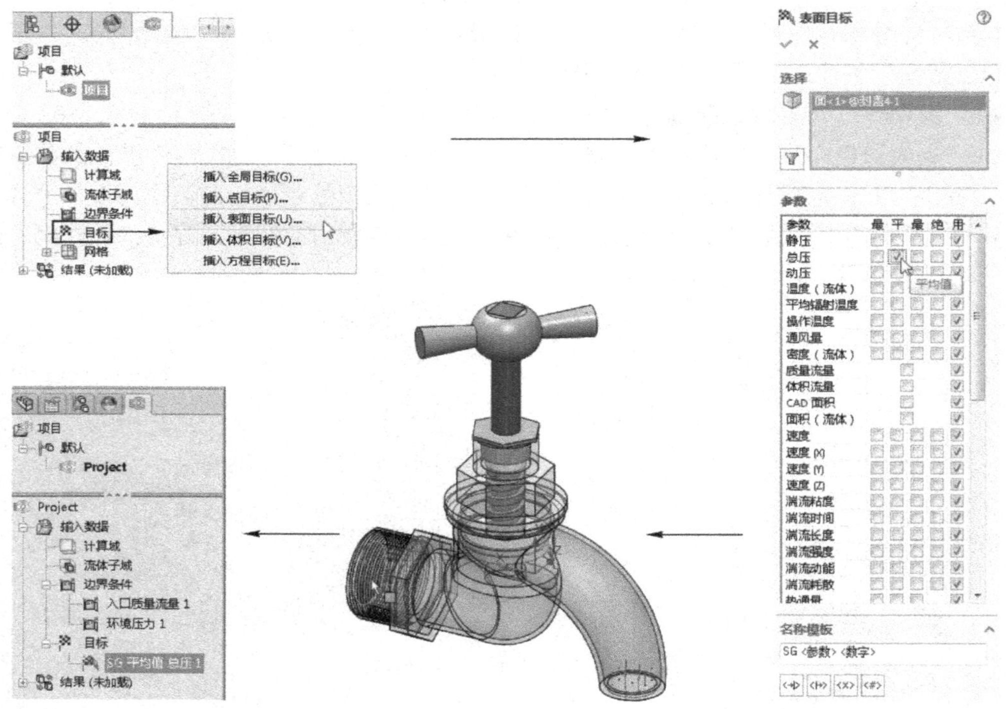

图 12-15 设置分析目标

添加了目标值后，在进行分析时模型会特意记录下目标值的量和收敛特性，完成分析后，可选择“结果”的“目标图”项查看目标值。

右击“目标”项，在弹出的快捷菜单中共可以添加 4 种目标：全局目标、点目标、面目标和体积目标。其意义如下：

- **“全局目标”**是对流体总量的一个考量，如所有流体的平均压力、平均流速、密度等。
- **“点目标”**是指记录某个点的值，如压力的变化等。
- **“面目标”**就是面上值的变化，如平均压力，温度、热量等。
- **“体积目标”**可测算流量。

在“表面目标”属性管理器中，前三项是静压、总压和动压，这三种压力也是流体中，平时经常会关注的，这里略做解释。

总压=静压+动压，而静压就是指流体不流动时对外的静止压力，这就像是物体处于静止的空气中所受到的大气压；动压则是指流体具有一定的流动速度（相对于目标体来说），假设目标体是静止的，那么流体流动到目标体位置处，受目标体阻挡而停止流动时，目标体受到的压力就称为动压。这就像是人们外出时，遇到大风受到风的吹力是一样的。如逆风行驶是很费劲的，如顺着风的方向跑，在与风的速度相同时，所受的动压为0。

12.2.4 完成设置后，可以进行分析

完成上述设置，就可以执行分析操作了。分析操作比较简单，单击“Flow Simulation”选项卡中的“运行”按钮▷，或右击分析项目的名称，选择“运行”命令，然后在打开的对话框中，单击“运行”按钮，即可执行分析操作。分析完成后，将在左侧分析树的“结果”项中显示可以查看的结果项，如图12-16所示。

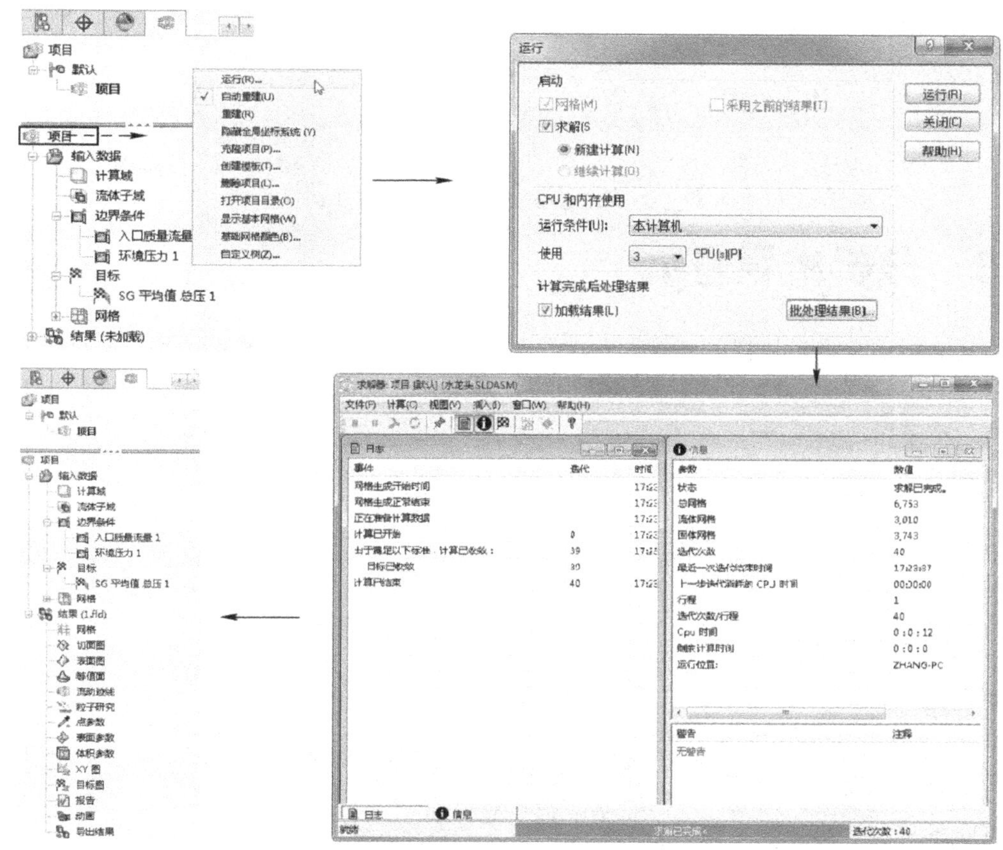

图12-16 进行分析

在执行分析前会打开“运行”对话框（图 12-16 右上图）。在此对话框中，除了可以选择使用当前计算机的几个 CPU 参与流体计算之外，还可以在“运行条件”下拉列表中选择其他计算机参与共同分析，参与计算的计算机应该是用“SolidWorks 网络监视器”设置为节点计算机的成员。

12.2.5 分析时可以做点什么

当模型稍复杂时分析的过程会很漫长，那么可否人为缩短分析的时间呢？实际上在分析时，可单击“求解器”对话框“插入目标图”按钮，打开目标图来查看所关注的目标值的变化，如图 12-17 所示。当发现所分析的目标值已经发生收敛时，即可提前中断分析，而单击“插入预览”按钮则可在分析时，查看分析结果的变化，如图 12-18 所示。

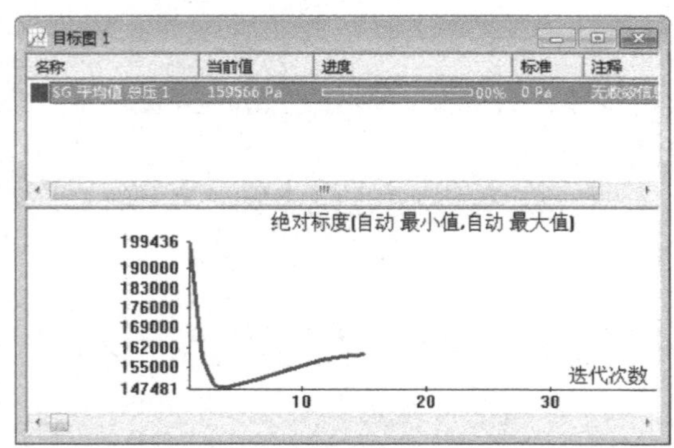

图 12-17　目标图

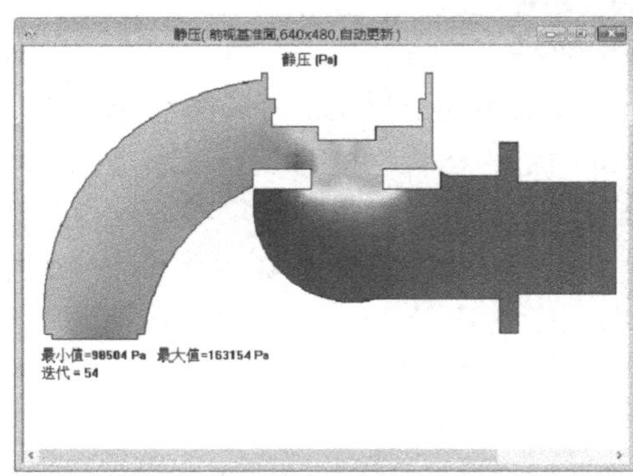

图 12-18　预览窗口

12.3 分析结果查看

分析完成后，在项目树的“结果”项下会出现关于结果的一些分析内容（分析之前，此项为空），如何查看这些项目呢？流体分析与有限元分析稍有不同，操作过程中大多需要选择目标面，本节讲述相关操作。

12.3.1 切面图

右击项目树“结果”项下的“切面图”项，选择“插入”菜单命令，打开“切面图”属性管理器，选择一个面（这个面应切过流体），然后单击“确定”按钮，可以显示此面切过的流体的切面图，如图 12-19 所示（可添加针对不同面的多个切面图）。

在“切面图”属性管理器的“显示”卷展栏中，可以设置以何种方式显示切面图，如“等高线”“等值线”“矢量”“网格”和“流线”等（其余结果图形，很多也可进行相同设置），读者不妨自行尝试。

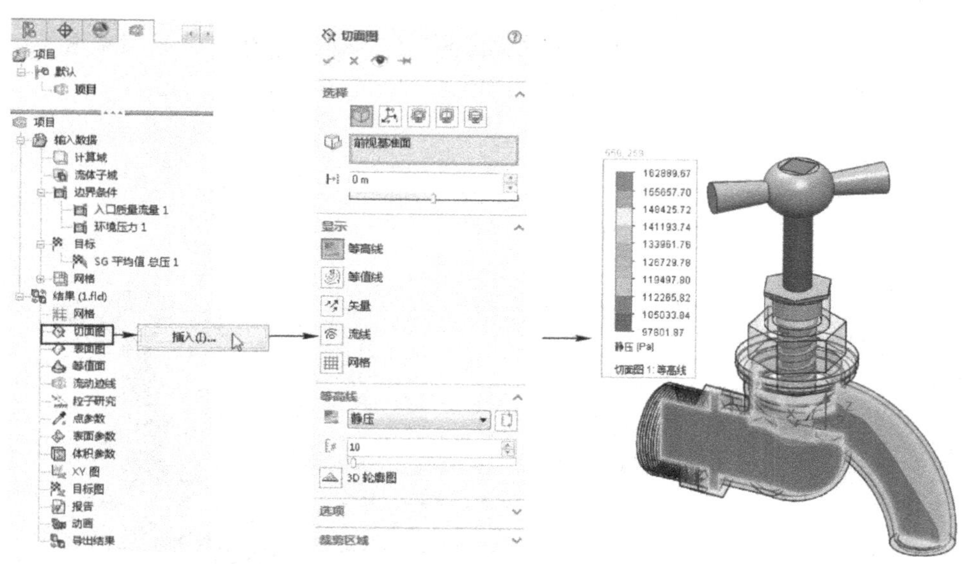

图 12-19 查看切面图操作

12.3.2 表面图

右击项目树“结果”项下的“表面图”项，选择“插入”菜单命令，打开“表面图”属性管理器，选择一个面（这里选中“使用所有面”复选框，就是表示对内侧的所有表面进行分析），然后单击“确定”按钮，可以显示所选面的表面图，如图 12-20 所示（此图显示所有内侧面的静压情况）。

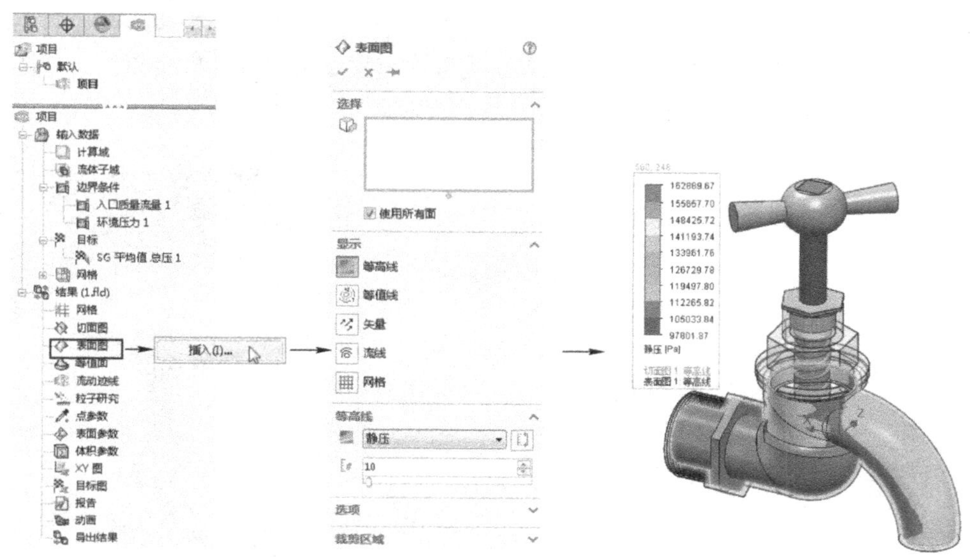

图 12-20 查看表面图操作

12.3.3 等值面

右击项目树“结果”项下的“等值图”项，选择“插入”菜单命令，打开“等值面”属性管理器，设置一个值（此值即是要显示的等值面的值，如压力值等），然后单击“确定”按钮，即可显示所选值的等值面，如图 12-21 所示。

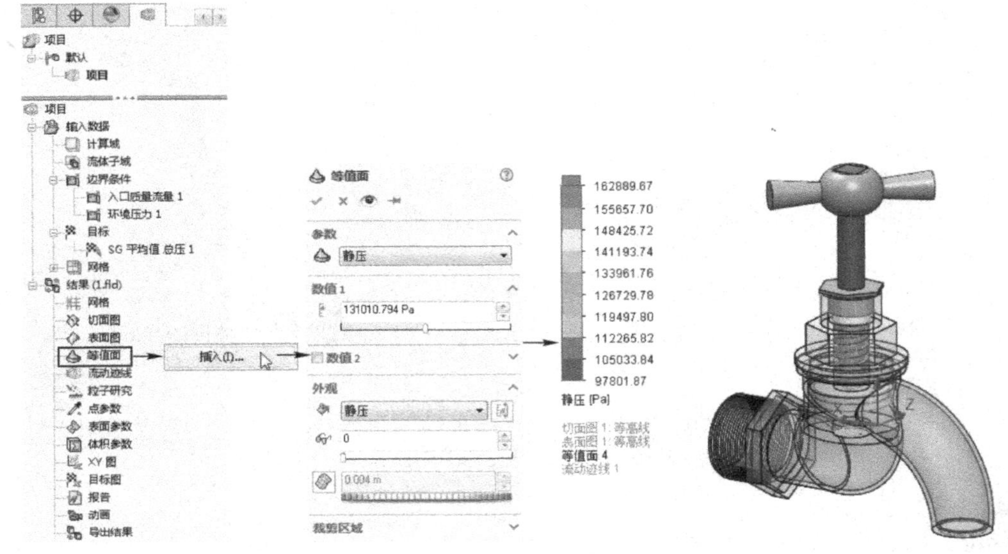

图 12-21 查看等值面

12.3.4 流动轨迹

右击项目树“结果”项下的“流动轨迹”项，选择“插入”菜单命令，打开“流动轨迹”属性管理器，然后设置点数或其他参数。这里的参数主要用于设置所生成轨迹线的形状（如导管形、带形等）和密度，也可保持系统默认设置，直接单击“确定”按钮，即可以显示流体的流动轨迹，如图 12-22 所示。

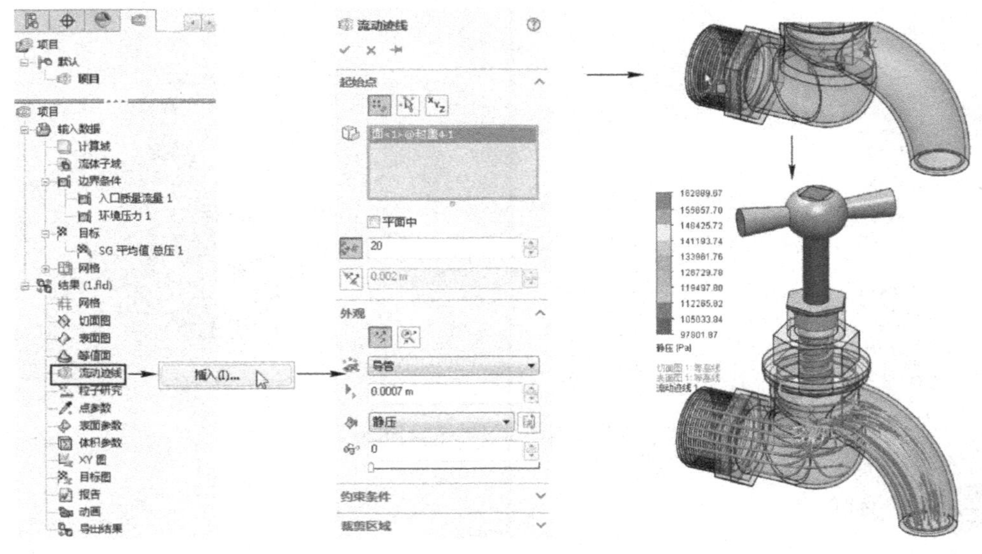

图 12-22 查看流动轨迹

流动轨迹所设置的点数越多，生成的线就越密、越多，反之线越稀、越少；流动轨迹所设置的间距越小，生成的线就越密、越多，反之线越稀、越少。通常先令线少一些，然后根据需要进行调整，否者设置的线太多运算会很费时。

12.3.5 目标值

如需查看 12.2.3 节中设置的目标值，可右击项目树“结果”项中的“目标值”项，选择“插入”菜单命令，打开“目标图”属性管理器，然后，选择要查看的目标值，单击“显示”按钮，即可查看目标的值，如图 12-23 所示的“数值”项，并且可单击“图表”项切换到图表样式，也可将其导出到 Excel 表格中。

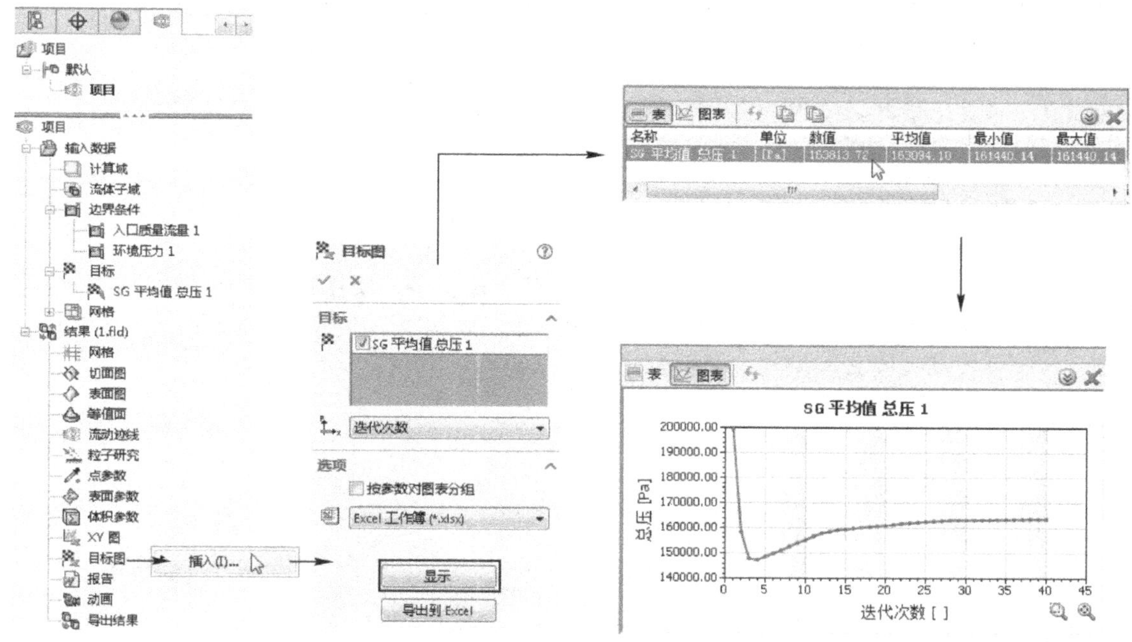

图 12-23 查看目标值

12.3.6 其余值

其余目标值，不太常用，下面集中解释一下：

- **“粒子研究”**：可将不同流体对壁面的侵蚀，壁面对不同流体产生的吸积等现象，以粒子的形式显示出来，如图 12-24 所示（进行粒子研究时，需要设置入口面和注入的流体）。
- **“点参数”**：显示某个点（选择的点）的静压力等，如图 12-25 所示。

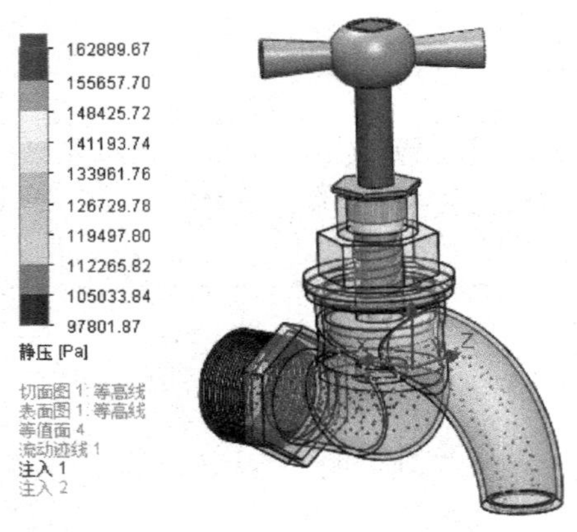

图 12-24　粒子研究效果

X [m]	Y [m]	Z [m]	介质	静压 [Pa]
0.008	0.004	7.861e-019	流体/固体	138118.90

图 12-25　查看点参数效果

➢ **"表面参数"**：显示某个面（选择的面）的结果值情况，如图 12-26 所示。

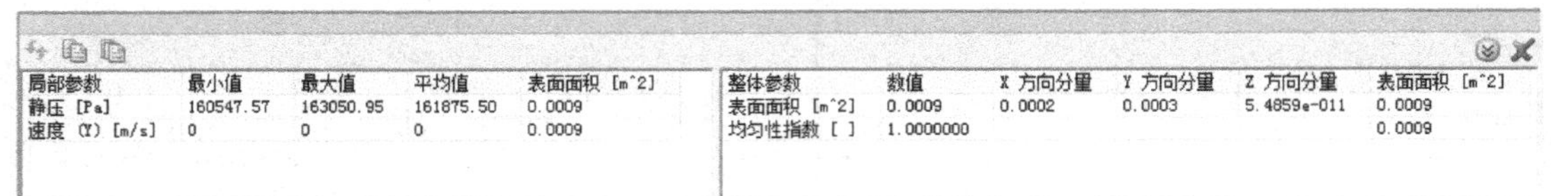

局部参数	最小值	最大值	平均值	表面面积 [m^2]
静压 [Pa]	160547.57	163050.95	161875.50	0.0009
速度 (Y) [m/s]	0	0	0	0.0009

整体参数	数值	X 方向分量	Y 方向分量	Z 方向分量	表面面积 [m^2]
表面面积 [m^2]	0.0009	0.0002	0.0003	5.4859e-011	0.0009
均匀性指数 [ ]	1.0000000				0.0009

图 12-26　查看表面参数效果

➢ **"体积参数"**：用于计算流体内某部分的体积压力等。操作之前需要首先在流体内导入一个不参与计算的组件（操作过程如图 12-27 左上图所示），经运算后，选中此组件计算体积参数，如图 12-27 所示。

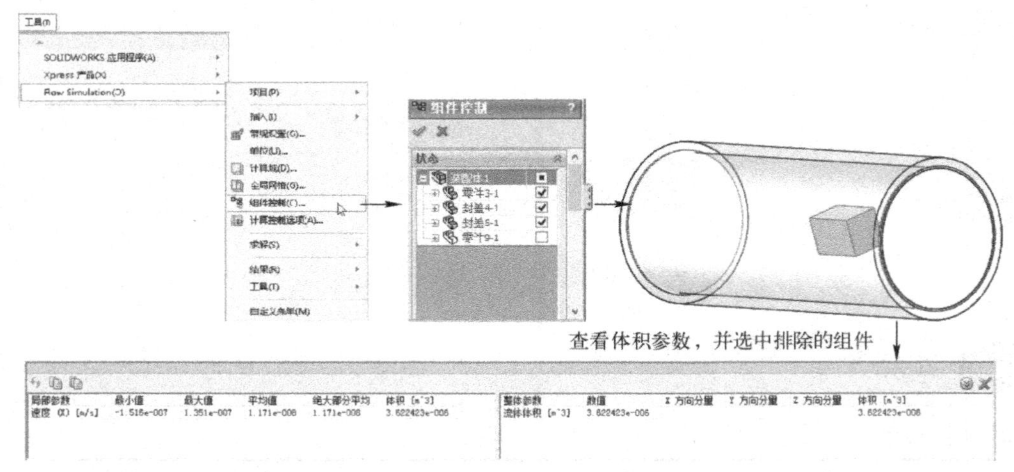

局部参数	最小值	最大值	平均值	绝大部分平均	体积 [m^3]
速度 (X) [m/s]	-1.516e-007	1.351e-007	1.171e-008	1.171e-008	3.622423e-006

整体参数	数值	X 方向分量	Y 方向分量	Z 方向分量	体积 [m^3]
流体体积 [m^3]	3.622423e-006				3.622423e-006

图 12-27　查看体积参数操作和结果

➢ **"XY 参数"**：可以图表的形式显示某条边线处的结果值情况，如图 12-28 所示。

➢ **"报告"**：与动画制作中的报告有相同之处，用于自动生成 Word 形式的报告文档。

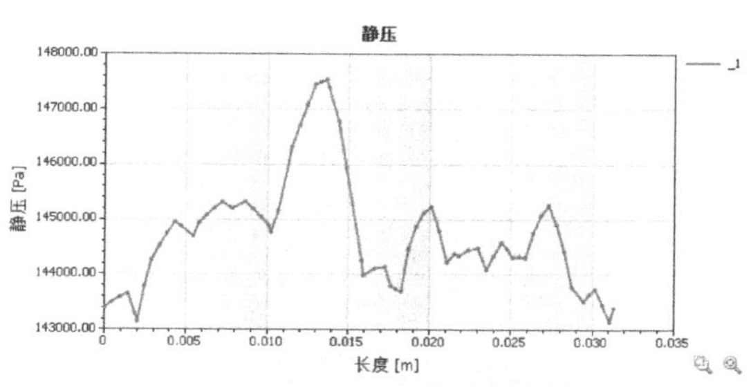

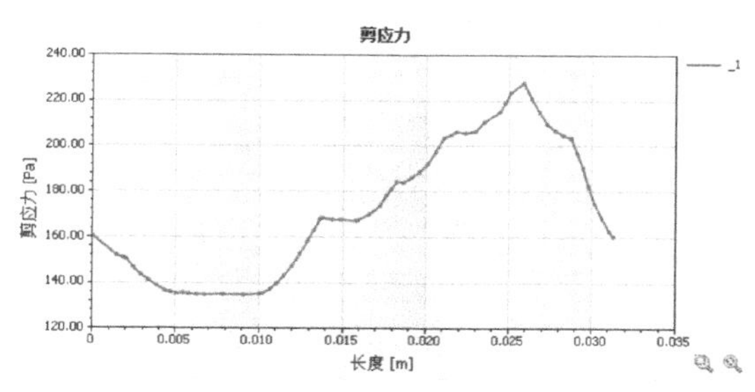

图 12-28 查看 XY 参数操作

实例精讲——离心泵流体分析

离心泵是使用叶轮将水甩向压水管路，同时在叶轮芯部产生负压达到吸水目的，从而进行供水的装置，如图 12-29 所示。本实例将对离心水泵的供水过程进行流体分析，分析其工作时泵体所受压强和出口处的压强等。

【制作分析】

本模型为离心式水泵，已知入口流量为 0.0001 m^3/s，环境压力 1atm，转速 2000rad/s，求出口处的总压强。操作时将首先创建封盖，然后进行分析并取得分析结果，其中叶轮旋转的设置和其余不旋转部分的设置是关键。下面介绍操作过程。

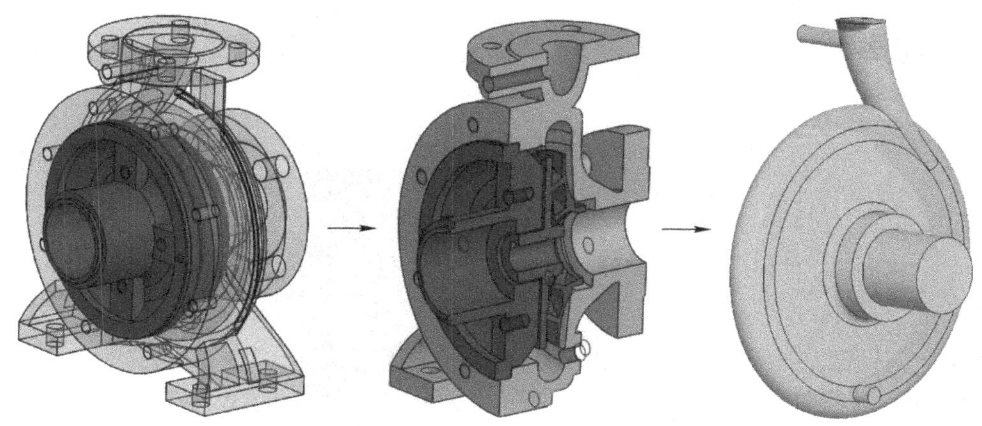

图 12-29 离心泵结构和分析后的表面压强图

【制作步骤】

STEP① 打开本书提供的素材文件“离心泵.SLDASM”，启用“SolidWorks Flow Simulation”插件，然后将泵盖压缩（令其不参与运算，而在原位置创建封盖，以简化模型的运算量），如图 12-30 所示。

STEP② 单击“Flow Simulation”选项卡中的“创建封盖”按钮，在模型的多个位置创建封盖，如图 12-31 所示（个别位置所创建的封盖可能不太准确或者无法创建，此时，需要直接创建新的拉伸零件作为封盖）。

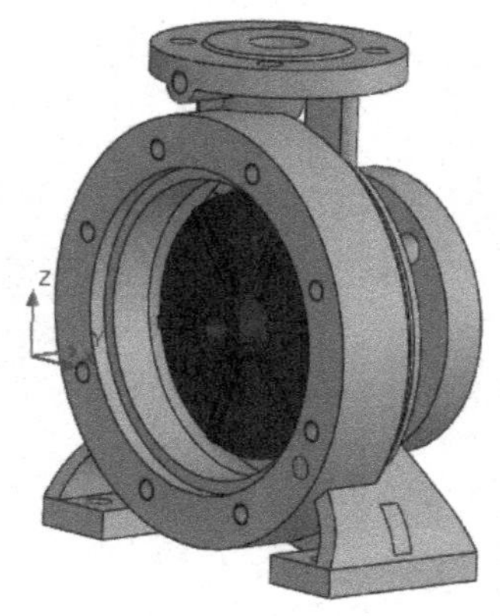

图 12-30 打开模型并隐藏泵盖

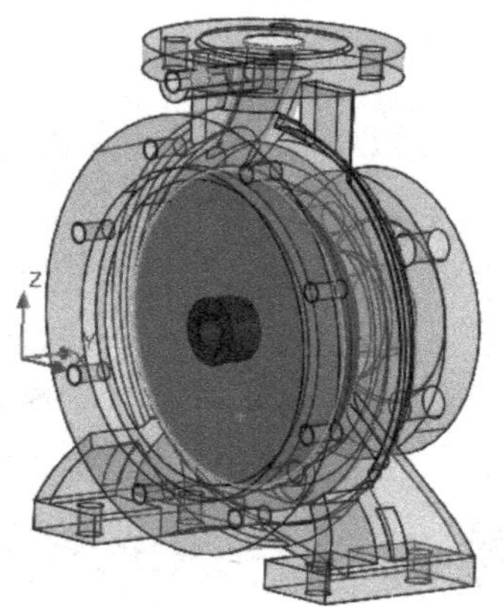

图 12-31 创建的封盖

提示

> 共需创建 5 个封盖，其中三个封盖可使用“创建封盖”按钮创建，其余两个需要执行“新零件”命令创建（应注意泵体上部侧面和底部侧面的螺纹孔，一定要盖住，否则无法执行分析操作）。

STEP 3 单击“Flow Simulation”选项卡中的“向导”按钮，启动向导，进行向导设置。操作时其他选项都可保持系统默认设置，而只需在“向导-分析类型”界面中，设置绕 Y 轴旋转，旋转速度设置为 2000rad/s，并在“向导-默认流体”界面中，添加“水”介质即可，如图 12-32 所示。

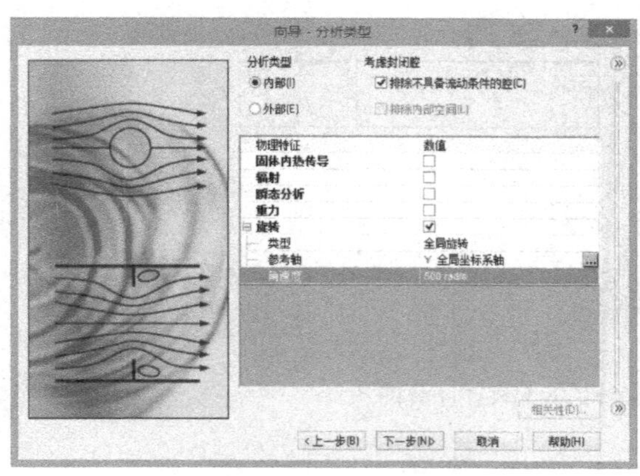

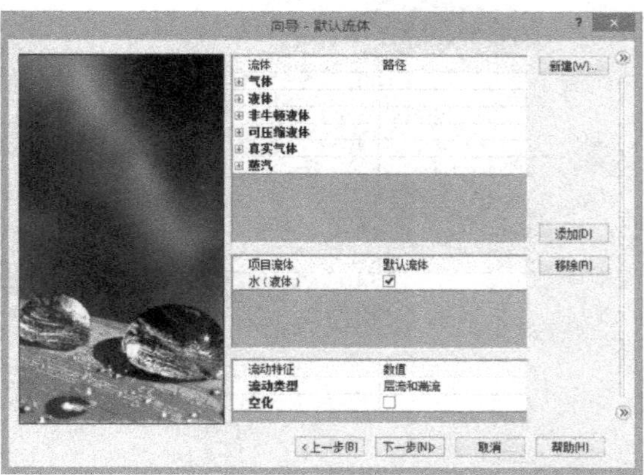

图 12-32 向导中需要设置的两个操作界面

STEP 4 右击“边界条件”项，选择“插入边界条件”菜单命令，选择入口处封盖内表面，添加入口处的边界条件为“入口体积流量”，“流动参数”为 0.0001m³/s，如图 12-33 所示。

STEP 5 通过与步骤 4 相同的操作，选择出口处封盖的内表面，设置出口处的边界条件为“环境压力”，“热动力参数”为“101325Pa”，如图 12-34 所示。

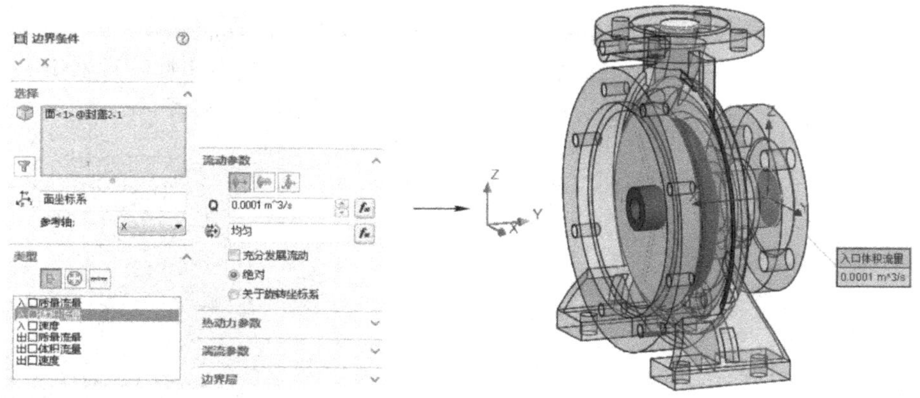

图 12-33 添加入口边界条件

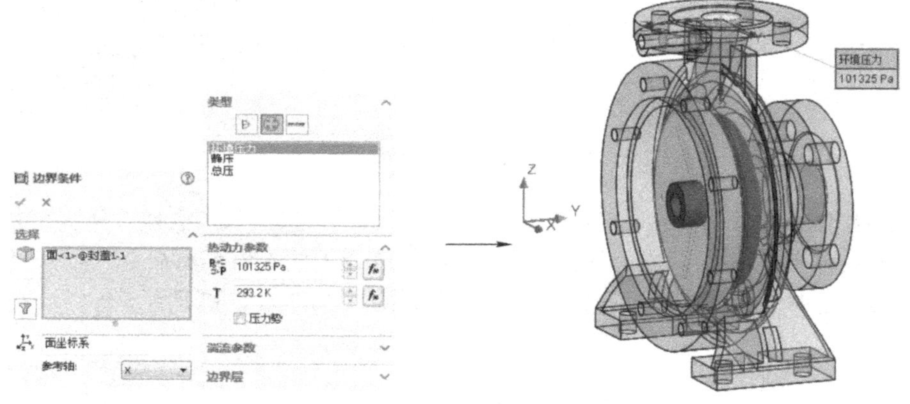

图 12-34 添加出口边界条件

STEP 6 再次执行添加边界条件操作，设置模型内部除叶轮表面外的其余所有面为“真实壁面”，并选中“定子”复选框，单击“确定”按钮继续，如图 12-35 所示（因为在向导中设置了整体旋转，此处操作是设置机器运行时不动的部分）。

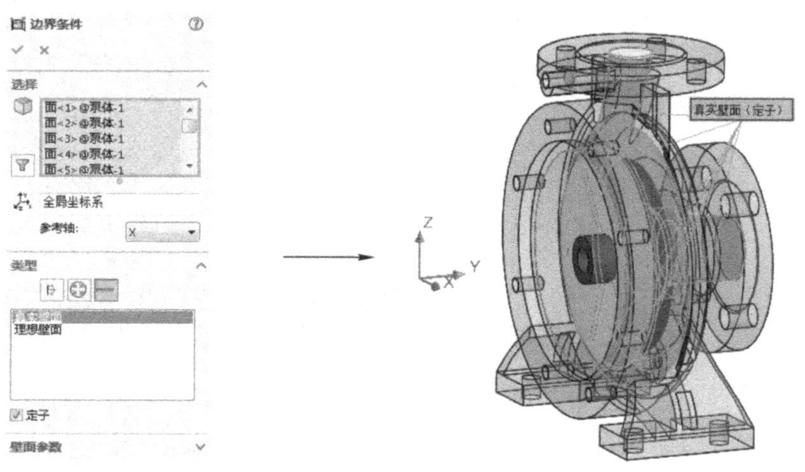

图 12-35 设置定子真实壁面

STEP 7 右击项目树的“目标”项，选择“插入表面目标”菜单命令，打开“表面目标”属性管理器，然后选择入口处封盖的内表面，再选中“表面目标”属性管理器中的“参数”卷展栏中“总压”的“平均值”复选框，设置分析目标，如图 12-36 所示。

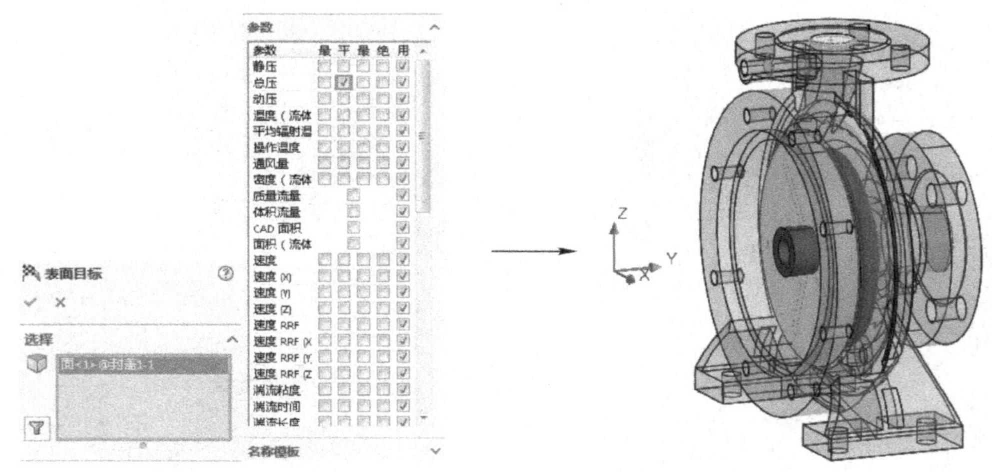

图 12-36 设置分析目标

STEP 8 单击“Flow Simulation”选项卡中的“运行”按钮，执行“分析”命令。分析完成后右击项目树“结果”项下的“表面图”项，选择“插入”菜单命令，打开“表面图”属性管理器，选中“所有面”复选框，创建“表面图”，如图 12-37 所示。

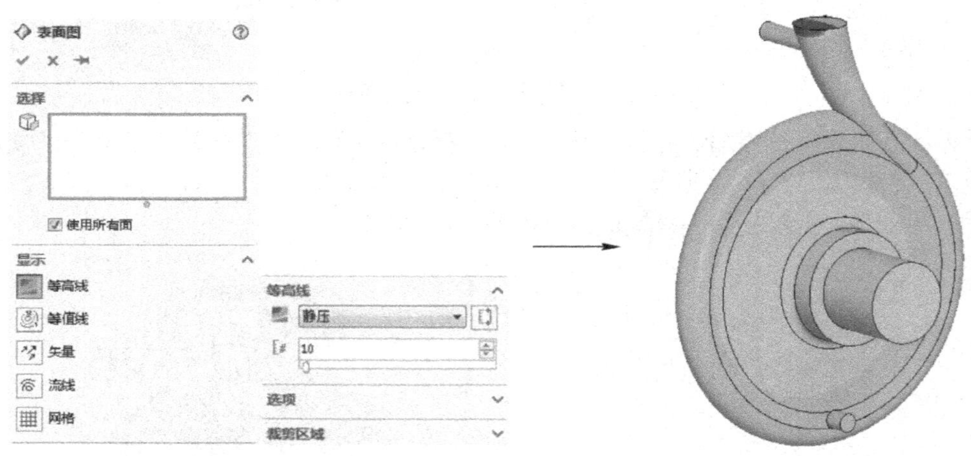

图 12-37 表面图静压效果

STEP 9 右击项目树“结果”项下的“流动轨迹”项，选择“插入”菜单命令，打开“流动轨迹”属性管理器，设置点数为“20”，“外观”为带箭头的线，添加流动轨迹，如图 12-38 所示。

STEP 10 右击项目树“结果”项中的“目标值”项，选择“插入”菜单命令，打开“目标图”属性管理器，单击“显示”按钮，即可查看目标的值，如图 12-39 所示（此处目标值说明，出口处的总压力，即静压加动压，约等于 117630Pa）。

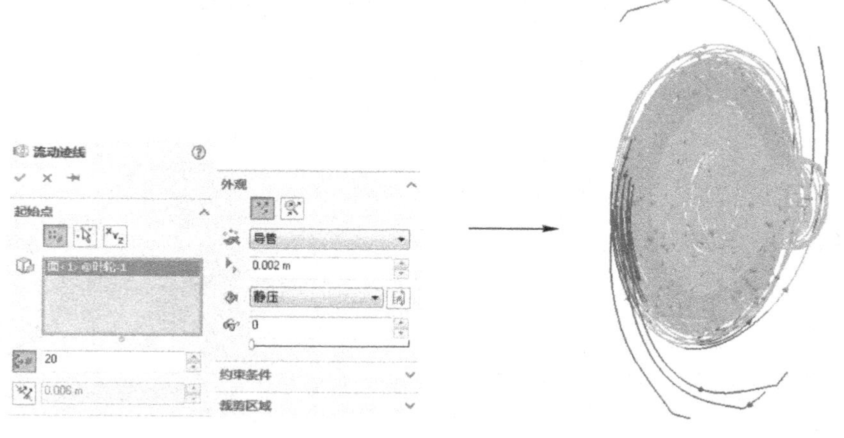

图 12-38　添加流动轨迹线效果

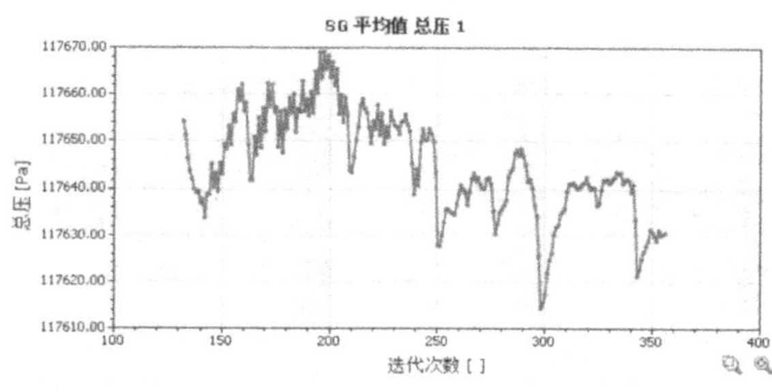

图 12-39　得到的目标值

12.4　关于外流分析

外流分析相对来说比内流分析要简单，例如，要进行模拟风扇旋转的外流分析，只需要在执行向导操作时，设置“分析类型”为外流分析，并设置旋转轴和风扇转速，再选择“空气”为流动介质，即可进行分析了（无需添加边界条件），如图 12-40 所示。

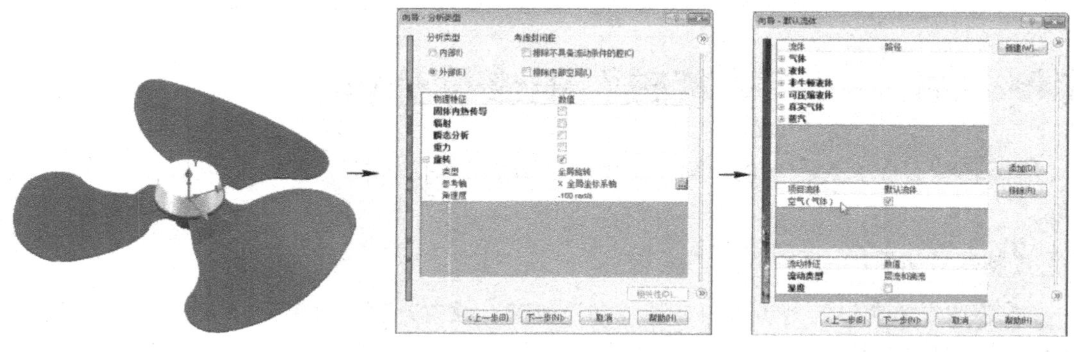

图 12-40　风扇的外流分析操作

外流分析完成后，添加经过前视基准面的流动迹线，即可查看风扇旋转时周围气体的运动，如图 12-41 所示。

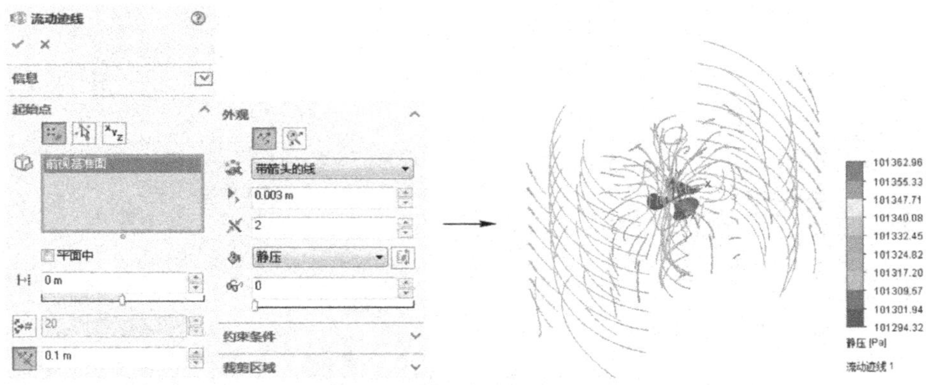

图 12-41 风扇的流动轨迹图

提示

图 12-41 所示是对风扇转动的一个分析。风扇转动时扰动周围的空气，从轨迹图可以发现，风扇中心区域在风扇的作用下，气流向上旋转流动，而在风扇区域外侧，气流以反方向流动。有兴趣的读者不妨创建风扇表面压力图，以查看在什么位置风扇受力最大。如图 12-42 所示。

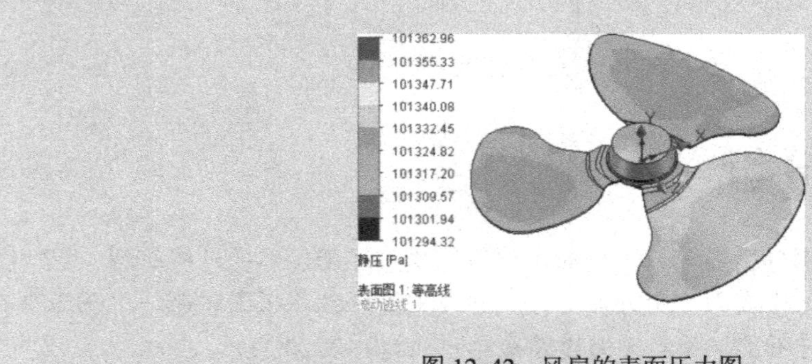

图 12-42 风扇的表面压力图

实例精讲——“香蕉球”的流体分析

“香蕉球”是怎么踢出来的？为什么球体不沿着直线方向前进呢？本实例研究并模拟这个问题。

【制作分析】

“香蕉球”是典型的外流分析，操作并不复杂。设置外流，为壁面添加一定的摩擦因数；并为足球模型的外表面添加一壁面运动速度以及法向的旋转速度，即可得到需要的操作效果，如图 12-43 所示。

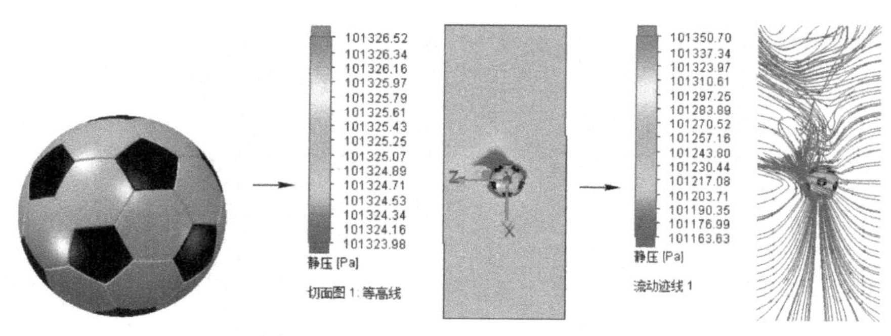

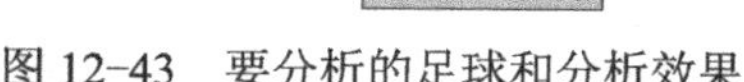
图 12-43　要分析的足球和分析效果

【制作步骤】

STEP① 打开本书提供的素材文件"足球.SLDASM"，如图 12-43 左图所示，启用"SolidWorks Flow Simulation"插件。

STEP② 单击"Flow Simulation"选项卡中的"向导"按钮，启动向导，设置"分析类型"为外流分析，设置"默认流体"为"空气"，设置"壁面条件"的粗糙度为"500μm"，如图 12-44 所示（其他选项使用系统默认设置）。

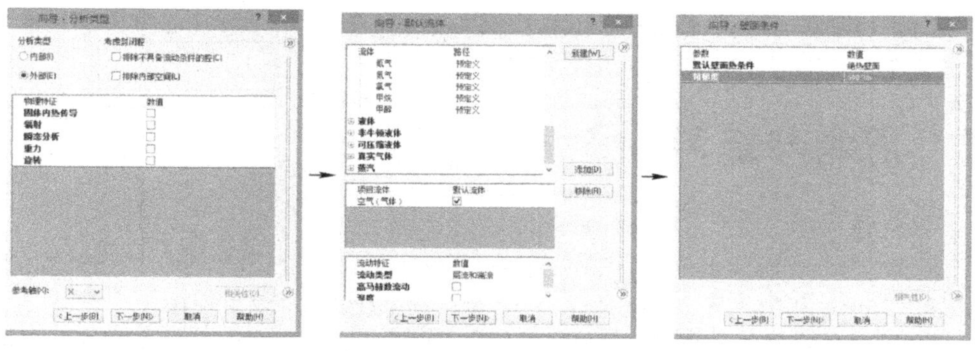
图 12-44　向导中要设置的选项

STEP③ 右击"边界条件"项，选择"插入边界条件"菜单命令，然后选择所有面，为其设置"真实壁面"边界条件。"粗糙度"系统默认使用向导中的数值，选中"壁面运动"复选框，设置径向运动的值为"-20m/s"，设置旋转的值为"3000rad/s"，如图 12-45 所示。

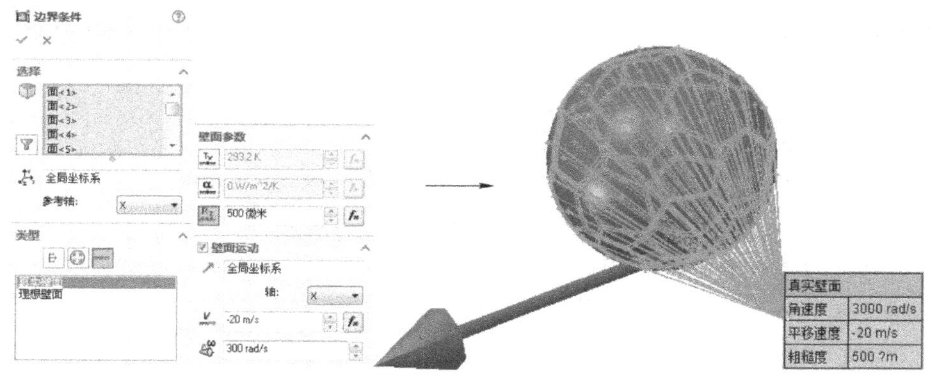

图 12-45　设置壁面条件操作

STEP 4 单击“Flow Simulation”选项卡中的“运行”按钮▷执行“分析”命令。

STEP 5 分析完成后，选择上视基准面创建距离此基准面一定距离的切面图（切面大概经过球的中心点），如图 12-43 中图所示；然后右击“流动轨迹”项，选择“插入”菜单命令，创建流动轨迹（流动轨迹的面与切面的位置相同），如图 12-43 右图所示。

提示

由切面图可发现足球前方左侧有一低压区，而通过流线图可发现，足球在旋转时在左前方甩出了大量粒子，这些运动的粒子对足球的阻碍较小，所以足球才会偏向运动，这样就很好地解释了足球的运动路线问题。

12.5 本章小结

本章讲述了 SolidWorks 的简单流体分析操作，主要包括内流分析和外流分析两方面，所叙述内容较为简单，但都是流体分析的基础内容，所以都应重点掌握。

需要指出的是 Flow Simulation 还可以进行更多的分析操作，如热分析、传热分析、多孔介质分析等，由于 Flow Simulation 已经属于很深的功能模块了，且由于章节限制，本书就不再一一叙述了。

12.6 思考与练习

一、填空题

（1）流体分析（SolidWorks Flow Simulation）与第 10，11 章介绍的有限元分析（SolidWorks Simulation）有很多相似之处，如也是以__________形式出现的（这里称作__________），

（2）Flow Simulation 也存在一个关于分析的模型树，且模型树也包含两部分，分别是__________部分和__________部分。

（3）在进行流体分析时，通常需要设置 4 个方面的条件，分别为______________、______________、______________和______________。

（4）流体分析包括____________分析和______________分析。

（5）共可以设置三种边界条件：____________、____________和____________条件。

二、问答题

（1）分析结果旁边的颜色柱有什么作用？。

（2）什么是分析域？试解释其作用。

（3）封盖有什么用？必须使用“创建封盖”按钮创建封盖吗？为什么？

（4）是不是流体分析不需要划分网格？请进行扩展说明。

（5）简述如何手工缩短分析时间。

三、操作题

（1）使用本章提供的素材文件，进行流体分析，观察飞机飞行时的受力状况，如图 12-46 所示。

图 12-46　流体分析后的飞机受力效果图